"十三五"普通高等教育本科部委级规划教材

化纤专业开放教育系列教材

# 高性能化学纤维生产及应用

张清华　主编

张国良　朱　波　赵　昕　副主编

徐坚　殷敬华　主审

中国化学纤维工业协会　组织编写

中国纺织出版社

## 内 容 提 要

本书主要包括高性能纤维概述、碳纤维、芳纶、超高分子量聚乙烯纤维、聚对亚苯基苯并二噁唑纤维、聚酰亚胺纤维、聚四氟乙烯纤维、聚苯硫醚纤维、聚醚醚酮纤维、碳化硅纤维、连续玄武岩纤维、其他高性能纤维以及高性能纤维的分析与检测方法等内容。

本书为高分子材料科学与工程专业的基础教材，同时也可供纺织工程、轻化工程等专业的科研人员参考阅读。

**图书在版编目（CIP）数据**

高性能化学纤维生产及应用/张清华主编．—北京：中国纺织出版社，2018.6

"十三五"普通高等教育本科部委级规划教材．化纤专业开放教育系列教材

ISBN 978-7-5180-4928-8

I．①高…　II．①张…　III．①纤维—高等学校—教材

IV．①TQ34

中国版本图书馆 CIP 数据核字（2018）第 079349 号

策划编辑：范雨昕　　　　　责任编辑：范雨昕
责任校对：楼旭红　　　　　责任印制：何　建

中国纺织出版社出版发行
地址：北京市朝阳区百子湾东里 A407 号楼　邮政编码：100124
销售电话：010-67004422　传真：010-87155801
http://www.c-textilep.com
E-mail：faxing@c-textilep.com
中国纺织出版社天猫旗舰店
官方微博 http://weibo.com/2119887771
北京玺诚印务有限公司印刷　各地新华书店经销
2018 年 6 月第 1 版第 1 次印刷
开本：787×1092　1/16　印张：18
字数：400 千字　定价：88.00 元

# 丛书编写委员会

# 序

党的十九大报告指出"中国特色社会主义进入了新时代，我国经济发展也进入了新时代"，我国经济已由高速增长阶段转向高质量发展阶段。高质量发展根本在于经济活力、创新力和竞争力的持续提升，这都离不开高质量人才的培养。

近年来，化纤科技进步快速发展，高性能化学纤维研发、生产及应用技术均取得重大突破，生物基化学纤维及原料核心生产技术取得新进展，再生循环体系建设成效显著，化纤产品高品质和差异化研发创新成果不断涌现，随着化纤行业的科技进步，专业知识爆炸性的增长亟须相应人才的培养以及配套的化纤教材和图书作支撑，专业人才和专业知识是保证行业科技持续发展的源泉。为此，中国化学纤维工业协会携手"恒逸基金"和"绿宇基金"与中国纺织出版社共同谋划组织编写出版"化纤专业开放教育系列教材"，为促进化纤行业技术进步，加快转型升级，实施行业高质量发展和提高人才培养质量等提供智力支持。

该系列教材力求贴近实际，突出体现化纤领域的新技术、新工艺、新装备、新产品、新材料及其应用。这是一套开放式丛书，前期先从《高性能化学纤维生产及应用》《生物基化学纤维生产及应用》《循环再利用化学纤维生产及应用》三本书开始编写，将根据化纤行业技术进步和图书市场的需要，适时增编其他类化学纤维生产技术及应用分册。

该系列教材由纺织化纤领域的专家、学者以及企业一线技术人员共同编写，详细介绍高性能化学纤维、生物基化学纤维、循环再利用化学纤维的原料、生产工艺、装备及其应用，内容翔实，与生产实践结合紧密，具有很强的行业权威性、专业性、指导性和可读性，是一套指导生产及应用拓展的实用教材。

在该系列教材的编写过程中，得到了行业内知名专家、学者和行业领导的指导和帮助，同时，得到业内龙头企业的大力支持，在此一并表示衷心的感谢！

中国化学纤维工业协会
2018 年 6 月

# 前　言

近年来我国纤维产业得到了快速发展，通用纤维的加工量达到了全世界产量的 60% 以上，高性能纤维产量虽然较小，但其以优异的力学性能、环境稳定性及优良的服役行为，在国民经济发展和国防建设中发挥了重要作用，甚至成为不可或缺的战略新材料。随着国际及国内市场对高性能纤维需求的不断攀升，行业的市场更加广阔，因此我们需完善自主创新体系，增强企业综合竞争力，以下游的应用开发带动纤维制造技术的进步，从而大力推动高性能纤维发展，满足工业领域日益增长的市场需求，为此应中国化学工业协会和中国纺织出版社之约，组织编写了该书。

作为化纤专业开放教育系列教材，这本《高性能化学纤维生产及应用》从国家对高性能化学纤维持续发展的需求出发，介绍了多种重要的高性能化学纤维的发展、制备技术及发展趋势，选择了近年来发展迅速且备受广大科研工作者和工程技术人员广泛关注的重要研究领域，力求突出重要的学术意义和实用价值。该书的出版希望对纤维制造和应用开发等科技人员均有所裨益，更希望能够推动和促进我国高性能化学纤维的研究、开发及化纤工业的快速发展。

高性能纤维品种较多，各品种间有共性问题，也存在较大的科学与工程差异。为确保内容的准确性和前沿性，本书组织了多个团队，分别负责全书十三章的编写工作。第一章高性能纤维概述由东华大学张清华主稿，第二章碳纤维由山东大学朱波和中复神鹰碳纤维有限责任公司刘宣东、张国良主稿，第三章芳香族聚酰胺纤维由四川大学刘向阳、罗龙波和王旭主稿，第四章超高分子量聚乙烯纤维由中国纺织科学研究院李方全和孙玉山主稿，第五章聚对亚苯基苯并二噁唑纤维由哈尔滨工业大学胡祯和黄玉东主稿，第六章聚酰亚胺纤维由东华大学董杰、张清华和江苏奥神新材料股份有限公司王士华主稿，第七章聚四氟乙烯纤维由浙江理工大学郭玉海和张华鹏主稿，第八章聚苯硫醚纤维由中国纺织科学研究院史贤宁、黄庆和吴鹏飞主稿，第九章聚醚醚酮纤维由吉林大学栾加双和王贵宾主稿，第十章碳化硅纤维由南京航空航天大学马小民主稿，第十一章连续玄武岩纤维由东华大学汪庆卫、王宏志和浙江石金玄武岩纤维有限公司胡显奇主稿，第十二章其他高性能纤维由东华大学赵昕和张清华主稿，第十三章高性能纤维的分析与检测方法由中科院宁波材料所李德宏主稿。此外，还有不少研究生参与文献的调阅工作，在此一并表示诚挚的感谢。感谢徐坚和殷敬华老师对本教材的审稿。本书在编写过程中，得到了中国化学纤维工业协会、纤维材料改性国家重点实验室、中复神鹰碳纤维有限责任公司及其他相关企业等的大力支持和公众的关注，在此一并致谢。

限于时间紧、涉及内容多及主编水平所限，书中疏漏之处在所难免，欢迎广大读者批评指正。

张清华

2018 年 3 月

# 目　　录

# 第一章　高性能纤维概述

新材料技术、信息技术和生物技术被认为是 21 世纪三大支柱高新技术，也是当前全球高度关注的最为重要、发展最快的科技领域之一。高性能纤维是新材料的重要组成部分，是国民经济、国家安全、航天航空、科技进步等方面不可或缺的战略物资，已成为支撑国防现代化建设和国家经济发展的重要材料。

自 20 世纪 30~40 年代开始，各种合成纤维不断研发出来，部分品种得到了规模化生产，其所具有的新性能不仅满足了日常服装、装饰及工业的需求，而且推动了制造业的不断升级。在工业应用的早期，纤维主要用作劳动工具，如制作渔线、渔网和绳索等，而汽车工业的快速发展带动了人造纤维、特别是化学合成纤维工业的迅猛崛起。技术纤维及纺织品的发展历程中都有类似的发展阶段，即由天然纤维到再生纤维，再到化学合成纤维。随着纤维材料在高端制造业、航空航天、武器装备等领域的广泛应用，各种高性能纤维应运而生[1,2]。

第二次世界大战后，美国为确保其军事、尖端科学和支柱产业在全球的领先地位，将高性能纤维的研发和应用作为其重要的技术支撑严格掌控。20 世纪 60 年代末，研究者发现了芳香族聚酰胺的溶致性液晶现象，经过数十年的发展，最终实现了 Kevlar 纤维（DuPont）和 Twaron 纤维（Akzo Nobel）工业化生产与应用。70 年代中期以后，出现了高强的聚苯并噻唑（PBZT）和聚对亚苯基苯并二噁唑（PBO）纤维，之后通过知识产权的转移由日本东洋纺（Toyobo）进行商业化生成。70 年代末，荷兰帝斯曼（DSM）公司发明了凝胶纺丝方法（Gel spinning），促成了超高分子量聚乙烯（UHMWPE）纤维的成功产业化。80 年代后期，特别是进入 21 世纪以来，日本靠不断壮大具有世界领先水平的碳纤维产业，从而确立了当今世界高性能纤维的领先地位[3]。

作为新兴经济体之一，我国通过几个五年计划的布局和投入，先后突破了芳纶、超高分子量聚乙烯纤维、碳纤维三大高性能纤维的关键技术，实现了工业化生产，打破了发达国家的技术垄断，基本满足了我国国民经济和国防建设的需要，部分产品出口海外。

## 第一节　高性能纤维的定义、分类及基本特性

### 一、高性能纤维的定义

高性能纤维，顾名思义在于"高性能"，是指具有特殊的结构、性能和用途，或具有某些特殊功能的化学纤维。高性能纤维早期定义的依据是力学性能，往往指断裂强度超过 15cN/dtex 的纤维，比如碳纤维、对位芳纶、超高分子量聚乙烯纤维等，但该定义在实际生产和应用中有一定的局限性；广义上，具有耐高温、耐辐照、耐腐蚀等特性的纤维，也称为高

性能纤维，比如间位芳纶、聚四氟乙烯纤维、聚苯硫醚纤维等，这些产品主要特点在于耐热性和阻燃性等方面。

## 二、高性能纤维的分类

高性能纤维可根据材料的属性进行分类，包括金属纤维、无机纤维和有机纤维。金属纤维因其密度高、比强度低等特点，在高性能纤维家族中的规模相对较小。无机纤维的主要特点是耐高温、耐腐蚀、优良的力学性能，在航空航天、武器装备等领域应用广泛，包括碳纤维、碳化硅纤维、氮化硼纤维、硅硼氮纤维、氧化铝纤维、玄武岩纤维、玻璃纤维等。

有机高性能纤维品种较多，根据大分子链的特性可分为柔性链纤维和刚性链纤维。柔性链有机纤维的典型代表是超高分子量聚乙烯纤维、高强聚乙烯醇纤维等，其大分子主链由—CH$_2$—组成，因分子链的高度取向使纤维的力学性能得到明显提升。刚性链纤维包括芳香族聚酰胺纤维（即芳纶）、聚芳酯纤维、聚酰亚胺纤维、聚对亚苯基苯并噁唑纤维（PBO）、聚苯并咪唑纤维等，其中后三种纤维又称为芳杂环类纤维。另外，也可依据纤维的典型特性对有机高性能纤维进行分类，如高强高模纤维（如对位芳纶、高强聚酰亚胺纤维、PBO 纤维、超高分子量聚乙烯纤维等）、耐高温纤维（间位芳纶、聚苯并咪唑纤维、聚醚酰亚胺纤维等）等。

## 三、高性能纤维的物理机械性能

无机纤维除了具有优良的力学性能外，耐热性好是其明显的优势，无机纤维还具有韧性低、密度高、制备相对复杂等特点，几种典型的无机纤维的性能见表 1-1。

表 1-1　部分无机纤维和金属纤维的力学性能

| 纤维名称 | 断裂强度（GPa） | 初始模量（GPa） | 断裂延伸率（%） | 密度（g/cm³） | 软化温度（℃） |
|---|---|---|---|---|---|
| E 玻璃纤维 | 3.5 | 72 | 4.8 | 2.54 | 1316 |
| S 玻璃纤维 | 4.8 | 85 | 5.4 | 2.49 | 1650 |
| 碳纤维 T300 | 3.5 | 230 | 1.5 | 1.76 | — |
| 碳纤维 T700 | 4.9 | 230 | 2.1 | 1.80 | — |
| SiC 纤维 | ~3.0 | ~200 | ~1 | 3.2 | ~1500 |
| 玄武岩纤维 | 3.0~4.8 | 79~100 | 3.2 | ~2.8 | 960 |
| 钢纤维 | 2.8 | 200 | 1.8 | 7.81 | 1621 |

注　数据来自相关产品说明书。

与无机纤维相比，有机高性能纤维不仅具有优良的力学性能，而且其低密度、高韧性的特点，使其在轻质复合材料领域得到广泛应用，部分有机高性能纤维的特性见表 1-2。

表 1-2 部分有机高性能纤维的特性

| 纤维名称 | 断裂强度 /GPa | 初始模量 /GPa | 断裂延伸率 /% | 初始分解温度 /℃ | 极限氧指数 /% |
|---|---|---|---|---|---|
| Kevlar-49，US | 2.9 | 124 | 2.8 | 550 | 29 |
| Technora-HM，Japan | 3.2 | 115 | 4.5 | 500 | 25 |
| Armos，Russa | 5.5 | 140 | 3.5 | | 32 |
| Zylon HM，Japan | 5.8 | 280 | 2.5 | 650 | 68 |
| Dyneema SK-66，Netherland | 3.0 | 95 | 3.7 | 150（熔融） | <28 |
| Vectran-HT，Japan | 3.2 | 75 | 3.0 | 350 | >30 |
| Zyex，UK PEEK 纤维 | | | | | 32 |
| 耐热型聚酰亚胺纤维 | 0.7 | 30 | 15% | 576 | 38 |
| 高强型聚酰亚胺纤维 | 4.0 | 150 | 2.2% | 550 | 36 |

**注** 聚酰亚胺纤维的数据来自东华大学研发的纤维指标，其他均来着相关产品手册。

高性能纤维的品种较多，各自表现为不同的应力—应变行为，图 1-1 给出了几种典型的纤维应力—应变曲线。可见，高强高模纤维的断裂延伸率普遍小于 4%，其应力—应变曲线呈现线性行为，初始模量较高。耐热型纤维则不强调其力学性能，其应力—应变曲线与普通纤维比较近似。

与传统的金属和无机陶瓷材料相比，由有机高性能纤维增强的聚合物基复合材料具有高比强度、高比模量、可设计性强等优点，已在国防军事、航空航天、风力发电、建筑补强、环境保护、汽车行业等诸多领域得到广泛应用。作为轻质复合材料的重要组成部分，增强纤维的比强度和比模量指标在某些领域（如航空航天等）显得尤为重要。图 1-2 给出了几种典型高性能纤维的比强度和比模量对比图，可见有机纤维以其低密度体现出明显的优势。

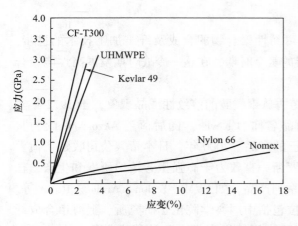

图 1-1 几种纤维典型的应力—应变曲线

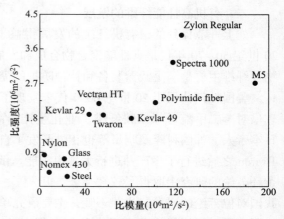

图 1-2 几种典型高性能纤维的性能对比

## 第二节　国内外研究发展史

### 一、高性能纤维的起源

几千年前人类仅会利用天然材料，那时把牛皮裁剪成带子用于弓箭的弦，提供足够的张力和弹性，或许这可以称为"高性能带子"。工业革命以来，随着人类对科技的快速推进，尤其是近百年来，人造材料逐步进入人们的视野，高性能纤维也应运而生。

早在 1860 年，英国科学家约瑟夫·威尔森·斯万爵士（Sir Joseph Wilson Swan, 1828—1914 年）发明了一盏以碳纸条为发光体的半真空碳丝电灯，也就是白炽灯的原型。1879 年，爱迪生发明了以碳纤维为发光体的白炽灯。他将椴树内皮、黄麻、马尼拉麻或大麻等富含天然线性聚合物的材料定型成所需要的尺寸和形状，并在高温下对其烘烤。受热时，这些由连续葡萄糖单元构成的纤维素纤维被碳化成了碳纤维。1892 年爱迪生发明的白炽灯泡碳纤维长丝灯丝制造技术（Manufacturing of Filaments for Incandescent Electric Lamp）获得了美国专利（USP470925）[4]。

有机高性能纤维的快速发展始于 20 世纪中期，随着有机合成化学和纤维成型技术的发展，科学家可以通过分子结构设计，合成出分子链刚性或半刚性的聚合物，具有高强度、高模量、耐高温等特性，为高性能纤维的纺制提供了原材料；而液晶纺丝技术的出现为高性能纤维规模化制备提供了技术保障。其典型的例子是，聚对苯二甲酰对苯二胺（PPTA）在浓硫酸中易形成液晶，PBO 在多聚磷酸中也能形成液晶，可通过液晶纺丝技术使分子链或液晶单元沿纤维轴方向高度取向，从而得到高强高模的 Kevlar 纤维和 PBO 纤维；而聚芳酯纤维则是利用本体的热致性液晶特征使其分子链取向，从而得到高强纤维。

图 1-3 是通过 SciFinder 检索的高性能纤维及特种纤维的全球专利量和论文发表量。很明显，21 世纪以来高性能纤维的研究得到了快速的发展，尤其是应用领域的不断开拓和使用量的增加，促进了高性能纤维的技术进步和规模化生产，降低了纤维的生产成本，扩大了应用市场。

### 二、有机高性能纤维的发展

如上一节提到的，有机纤维的发展得益于可纺性聚合物的合成及纤维加工技术的进步，20 世纪 50~70 年代是高性能聚合物合成和发展的黄金时期，在这一冷战时期发展高性能聚合物及纤维主要是满足武器装备和特种防护的需要。

美国杜邦公司于 20 世纪 60 年代末发现了芳香族聚酰胺的溶致性液晶现象，于 1972 年实现聚对苯二甲酰对苯二胺纤维工业化生产，商品名称为 Kevlar。随后荷兰 Akzo Nobel 公司、日本帝人、韩国科隆及晓星等也相继开发了自己的产品。2000 年，日本帝人公司收购了荷兰 Twaron 之后进行了生产并进行大规模扩能。俄罗斯一直致力于高强型芳纶的研发和生产，在杂环芳纶的研究中取得了较大突破，开发了一系列产品，如 SVM、Terlon、Armos、Rusar 等。我国对位芳纶的研发起步并不晚，主要研究单位包括中国科学院化学研究所、上海市合成纤维研究所、四川晨光化工研究院、东华大学（原中国纺织大学）和清华大学等。在 1972~1991 年，先后经历了实验室研究、小试和中试等阶段，并多次被列为国家重大科技攻关项目

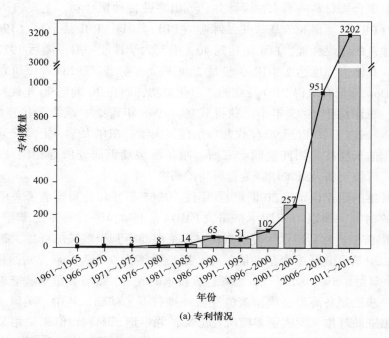

(a) 专利情况

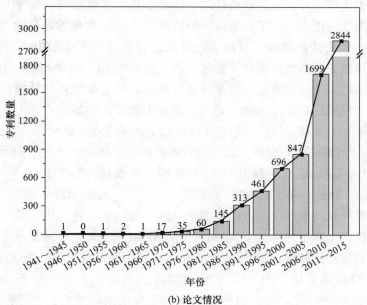

(b) 论文情况

图 1-3　以 "high performance fibers" 或者 "special fibers" 为关键词，
通过 SciFinder 检索的国际上发表的专利和论文情况

和科技部 "863" 计划，取得了一批研究成果，但当时我国科技总体水平的局限性影响了该纤维实现产业化。21 世纪初，我国对位芳纶迎来了一个新的发展热潮，并在工程化研究方面取得了重大突破，在山东烟台、河北邯郸等多地形成了规模化产业。

　　同样是 20 世纪 60 年代，美国 SRI（Stanford Research International）材料实验室为满足美

国空军对耐高温聚合物材料的要求，设计并合成出多种特种聚合物，主要包括 PBO、聚亚苯基苯并二噻唑（PBZT）、聚亚苯基苯并二咪唑（PBI）。其中 PBI 是最早（1961 年）研制出的纤维，具有优良的阻燃性能，LOI 值达到 40，但其力学性能一般。随后 1977 年 PBZT 纤维也被制备出来，其断裂强度达 2.4GPa，模量 250GPa。最先投入 PBO 纤维研发的企业是 Dow 化学公司，但 Dow 并没有取得 PBO 纤维的产业化成功，而在 20 世纪 90 年代初将专利转让给了日本东洋纺，东洋纺于 1995 年小试获得成功，1998 年建立中试线，并开始商业化生产，商品名为 Zylon。国内于 20 世纪 90 年代起华东理工大学、东华大学、上海交通大学、哈尔滨工业大学、中国航天科技集团四院四十三所、哈尔滨玻璃钢研究所等相继开展了 PBO 的单体、聚合工艺、纤维制备及纤维增强复合材料的研究[5]。

聚酰亚胺纤维的研究也始于 20 世纪 60 年代，1965 年杜邦公司报道了采用湿法纺丝制备聚酰亚胺纤维的内容，即以均苯四甲酸酐（PMDA）和 4,4′-二氨基二苯甲烷（MDA）在 DMF 中合成聚酰胺酸，然后以水为凝固浴在室温下湿纺得到聚酰胺酸纤维，初生丝经拉伸和干燥后得到的二甲基甲酰纤维力学性能较差，断裂强度为 9.7cN/dtex，初始模量为 38.8cN/dtex，断裂延伸率为 6.5%。80 年代，随着合成技术的改进，部分聚酰亚胺能够溶解在酚类溶剂中，为采用一步法制备高强高模型聚酰亚胺纤维打下了基础。其中，美国 Akron 大学从合成开始制备聚酰亚胺纤维，发表了多篇研究论文，并申请了专利，但未见相关的产品投放市场。同时，日本也出现了有关聚酰亚胺纤维一步法纺丝的文献报道，除了具有耐高温、耐辐射等性能外，其力学性能也达到了高强高模的特性[6]。90 年代俄罗斯科学家在聚合物中加入嘧啶单元，采用两步法纺丝制得的聚酰亚胺纤维的强度达到了 4.2GPa，模量为 144GPa[7]。但真正意义上的聚酰亚胺纤维并没有工业化生产。21 世纪初，东华大学、中国科学院长春应用化学研究所、四川大学、北京化工大学等单位相继开展了聚酰亚胺纤维的研究工作，期间国家通过科技部"863"计划、"973"计划、国家发改委战略新兴产业专项、国家自然科学基金等项目进行了大力支持，目前已形成了千吨级的产业化生产线两条。

20 世纪 30 年代 UHMWPE 纤维基础理论首次被提及。70 年代末期，荷兰帝斯曼公司采用凝胶纺丝方法（Gel spinning）纺制 UHMWPE 纤维获得成功，并于 1990 年开始工业化生产，商品名为 Dyneema。该公司是 UHMWPE 纤维的创始公司，也是该纤维世界上产量最高、质量最佳的制造商，年产量约 5000 t。80 年代美国 Allied-Singal 公司购买了荷兰帝斯曼公司的专利，开发出了自己的生产工艺并工业化。1990 年 Allied Signal 公司被霍尼韦尔公司兼并，继续生产超高分子量聚乙烯纤维，年产量约 3000t[8]。我国纺织科学院于 20 世纪 80 年代开展了该纤维生产工艺的研发工作，90 年代东华大学也加入研发工作，并于 1999 年研发成功，2000 年进入商业化生产阶段。国内目前普遍采用干湿法纺丝工艺，主要生产商有北京同益中、湖南中泰、宁波大成等公司，其设备成本是十氢萘法的 10%，产量为其 95%，整体制造成本低；少量企业采用十氢萘法，设备投资高，制造成本高，树脂溶剂依赖进口。2008 年年底，中国石化仪征化纤股份有限公司以中国纺织科学研究院和中国石化南化集团公司研究院合作开发的高性能聚乙烯纤维干法纺成套技术为依托，建成了国内第一条年产 300t 干法纺高性能聚乙烯纤维工业化生产线。

另一种耐高温纤维是聚四氟乙烯（PTFE）纤维，最早由杜邦公司开发，包括多种规格，如单丝、复丝、短纤维和膜裂纤维，并于 1953 年开始生产，商品名为"特氟龙"[9,10]。20 世纪 70 年代，奥地利 Lenzing 公司通过膜裂法成功制备了 PTFE 的膜裂纤维，其强度与乳液纺丝法所得纤维强度相近。1979 年德国研制出了聚偏氟乙烯纤维。2000 年日本东洋聚合物公司开发出全氟树脂组成的细氟纤维，直径分别为 15μm 和 20μm。

在这些主要的高性能纤维发展的同时，其他一些有机高性能纤维也得到较快发展，如聚芳酯纤维（典型代表是 Vectran）、聚苯并咪唑纤维、PIPD 纤维（M5）、聚醚醚酮纤维等，这些特种纤维以其特殊的性能（如耐腐蚀、耐高温、高压缩强度等）在某些高技术领域发挥了不可替代的作用。

### 三、无机高性能纤维的发展

玻璃纤维（Glass fiber）是最早被商业化的纤维之一，也是目前产能和应用最多的高性能纤维。1938 年美国 Owens Corning 公司成立，同时发明了连续玻璃纤维生产工艺，从此玻璃纤维工业正式诞生。1939 年 E 玻璃纤维（无碱玻璃纤维）问世，迄今仍是最重要的玻璃纤维品种。法国圣戈班集团公司于 20 世纪 50~60 年代开发出高强玻璃纤维，日本日东纺织株式会社于 70~80 年代开发了 T 型高强玻璃纤维，俄罗斯玻璃钢联合体开发了 BMП 高强玻璃纤维，中国南京玻璃纤维研究院也于 70 年代开发了 HS2 高强玻璃纤维，90 年代又开发出 HS4 高强玻璃纤维，美国 PPG 公司 2010 年推出了 Hybon 高强玻璃纤维[11]。

与玻璃纤维的制备方法相似，玄武岩纤维（Basalt fiber）是玄武岩石料在高温熔融后，通过铂铑合金拉丝漏板高速拉制而成的连续纤维。该纤维于 20 世纪 50 年代由苏联莫斯科玻璃和塑料研究院开发出来，到 2002 年，苏联每年约有 500t 连续玄武岩纤维产品，主要用于军工行业。美国玄武岩纤维池窑现已发展到 1000~1500t 规模，使用 800 孔漏板拉丝技术[7]。

以上两种纤维是以玻璃或玄武岩为原材料，通过高温熔融拉丝制得。与此不同的是，碳纤维、陶瓷纤维、氧化铝纤维、氧化锆纤维、碳化硅纤维、硅硼氮纤维等无机纤维的原材料不是其本身，而是采用了前驱体-高温转化的技术路线，如碳纤维的前驱体为聚丙烯腈、纤维素等，其发展路径各不相同。

碳纤维的制作和使用最早可以追溯到 19 世纪 60 年代，这与 1860 年前后灯泡的发明和改进有着密切的联系。现代工业意义上的碳纤维是 1959 年联合碳化公司以黏胶纤维（Viscose fiber）为原丝制成商品名为 "Hyfil Thornel" 的纤维素基碳纤维。1961 年日本产业技术综合研究院（Government Industrial Research Institute）的進藤昭男（Akio Shindo），在实验室中制得了模量 140GPa 的聚丙烯腈基碳纤维，该发明在日本得到了快速产业化，并于 1964 年建成了中试工厂[12]。20 世纪 60 年代中期，英国的碳纤维技术快速实现了商业化，并开发了高强度、低模量的聚丙烯腈基碳纤维。80 年代至 90 年代，在民用航空、体育用品为中心的市场引领下，顺利扩大了应用市场，碳纤维得以快速发展。到 90 年代后期，因工业领域的应用扩大造成碳纤维供给不足，相关企业开始新的投资扩能，但导致了 2000 年前后 PAN 基碳纤维供给过剩。2003 年随着经济复苏，碳纤维生产技术已经成熟，在民用航空、工业领域等开始了又一轮的需求增加，直到 2008 年由于世界金融危机，市场对碳纤维的需求增长停止。2010 年以后，随着经济的复苏和能源等领域应用需求的增加，对碳纤维的需求快速增加，促进了碳纤维产业的日趋成熟，新一轮的产能扩张在所难免。我国从 20 世纪 60 年代开始研发聚丙烯腈基碳纤维，最早从事碳纤维研究的机构主要有中科院山西煤炭化学研究所、北京化工大学、东华大学、中国科学院长春应用化学研究所、中国科学院研究所等。当时受我国工业整体技术落后、工艺基础薄弱、装备能力较差等因素影响，生产的碳纤维质量低下、性能稳定性差，国产化技术长期徘徊在低水平状态。近年来，在国家的大力扶持下，碳纤维及应用领域的技术水平和产业化程度出现了加速发展的势头，进入前所未有的发展新阶段。形成了以二甲基亚砜、硫氰酸钠、二甲基乙酰胺等多种体系共存的聚丙烯腈碳纤维国产化技术体系，湿法纺丝和干湿法纺丝工艺协调发展，实现了国产碳纤维技术与产品的从无到有、产业化建设初具规模和国产化产品初步满足军工需要的快速发展。

陶瓷纤维（Ceramic fiber）是一种集传统耐火和绝热材料优良性能于一体的纤维状耐高温材料。陶瓷纤维最早由美国的几家公司如巴布、维尔考克斯等于1941年发明，利用天然高岭土，使用电弧炉熔融喷吹而成。20世纪40年代后期，硅酸铝陶瓷纤维在航空航天领域的应用取得了非常好的效果，从此便打开了陶瓷纤维在航空航天领域的市场。此后20年的时间里，美国多家公司研制出各种陶瓷纤维制品，用作诸如工业窑炉壁衬方面的耐火材料。我国的陶瓷纤维事业起步相对较晚，70年代在北京和上海的耐火材料厂投入批量生产，改革开放后我国对引进的陶瓷纤维生产装备和制备工艺进行了消化、吸收、再创造，设计建成了不同类型的电阻丝甩丝（或喷吹）成纤法，目前已成为世界上陶瓷纤维最大的生产国[13~17]。

氧化锆纤维是一种多晶无机耐火纤维，具有熔点高、耐高温、抗氧化、耐腐蚀、热传导率低和优良的化学惰性等特点，其熔点高达2700℃。美国联合碳化物公司于20世纪60年代首先研制成功，英国、苏联、德国、日本、印度等国相继开始研制，我国70年代末也实现了氧化锆纤维的实验室研制。早期所获得的氧化锆纤维大都为1~3cm的短纤维，主要以纤维毯、纤维毡、纤维布、纤维纸和异形件等形式作为高温窑炉填充、隔热材料以及密封、过滤材料使用。随着对超高温复合材料需求的增加以及航天工业发展，碳纤维暴露出高温易氧化、隔热性能差等弊端，氧化锆连续纤维的研究日益受到关注[18]。

硼纤维是高性能复合材料重要的纤维增强体之一，具有相对于其他陶瓷纤维难以比拟的高强度、高模量和低密度等特点，是制备高性能复合材料的重要增强纤维。硼纤维拉伸强度超过了高强度钢，密度只有2.5g/cm³，强度是普通金属（钢、铝等）的4~8倍，摩氏硬度9.5，仅次于金刚石，刚度大大高于碳纤维，常用来制造高性能体系的飞行器。[19] 最早开发研制硼纤维的是美国空军增强材料研究室，其目的是研究轻质、高强增强用纤维材料，以Textron Systems公司（原名AVCO公司）为中心，面向商业规模生产并继续研发。现在能生产硼纤维的国家还有瑞士、英国、日本等国。[20]

# 第三节　国内外的产业状况

## 一、国外高性能纤维的生产状况

欧、美、日等发达国家和地区实施再工业化战略，加大对高新技术纤维、高功能性纤维的研发力度，进行大范围的行业重组，更加关注与下游终端需求的合作，凭借科技、品牌和渠道等以期继续保持竞争优势，表1-3列举了国外主要公司高性能纤维的产能情况。

表 1-3　国外主要公司的 2015 年高性能纤维的产能

| 品种 | 生产企业（国家） | 产能（吨/年） |
|---|---|---|
| 聚丙烯腈基碳纤维 | 东丽（日） | 27100 |
| | ZOLTEK 集团（日） | 17400 |
| | 东邦 Tenax（日） | 13900 |
| | 三菱丽阳（日） | 10200 |
| | SGL 集团（德） | 9000 |
| | Hexcel（美） | 7200 |
| | Cytec 工程材料（美） | 4000 |
| | AKSA（土） | 3500 |
| | Sabic（沙） | 3000 |
| | HCC（俄） | 2000 |
| 对位芳纶 | 杜邦（美） | 36100 |
| | 帝人（日） | 33000 |
| | 可隆（韩） | 2000 |
| | 晓星（韩） | 2000 |
| 杂化芳纶 | OAO Kamenskvolokno（俄） | 1000 |
| 超过分子量聚乙烯纤维 | 帝斯曼（荷） | 18200 |
| | 东洋纺（日） | 3200 |
| | 霍尼韦尔（美） | 3000 |
| 连续玄武岩纤维 | KamennyVek（俄） | 2000 |
| | Technobasalt Invest（乌） | 1000 |
| | Vulran（俄） | 1000 |
| | Asamer CBS（乌） | 200 |
| 碳化硅纤维 | 宇部兴产（日） | 180 |
| | 日本碳素（日） | 160 |

**注**　数据来自中国化学纤维工业协会。

## 二、我国高性能纤维的产业状况

作为纤维材料领域中的"金字塔"，我国的高性能纤维产业起步较晚，技术水平和规模化生产能力与发达国家有较大的差距，经过"十一五""十二五"及"十三五"规划的布局和国家的大力支持，高性能纤维在规模化生产、关键技术突破、产品应用等方面取得了显著成果，高性能纤维取得了重要突破，部分技术获得了国家科技奖励或"纺织之光"科技进步一等奖，如千吨级 T300/T700/T800 碳纤维、冻胶纺和干法纺超高分子量聚乙烯纤维、高模量芳纶、聚酰亚胺纤维、聚四氟乙烯纤维等。总体来说，我国高性能纤维行业部分技术已达国际先进水平，已成为全球范围内高性能纤维生产品种覆盖面最广、产能最大的国家之一，部分数据见表 1-4。

表 1-4　我国主要高性能纤维 2015 年的产能情况

| 纤维 | 产能（吨） | 主要生产基地 |
| --- | --- | --- |
| 碳纤维 | 13100 | 中复神鹰、江苏恒神、威海拓展、中安信科技、中化蓝星等 |
| | 8750 | 台湾塑胶（中） |
| 芳纶 | 21500 | 烟台泰和、河北硅谷、苏州圣欧、新会彩艳等 |
| 超高分子量聚乙烯纤维 | 12100 | 北京同益中、湖南中泰、宁波大成、仪征化纤等 |
| 聚苯硫醚纤维 | 10500 | 四川德阳、江苏瑞泰等 |
| 玄武岩纤维 | 18000 | 浙江金石、四川拓鑫、江苏天龙、山西晋投、山西巴赛奥特、河南登电、山东聚源等 |
| 聚四氟乙烯纤维 | 4500 | 浙江格尔泰斯、上海金由氟、常州中澳兴诚、上海灵氟隆膜、常州英斯瑞德等 |
| 聚酰亚胺纤维 | 3000 | 江苏奥神、吉林高琦、江苏先诺 |

注　部分数据来自中国化学工业协会。

# 主要参考文献

［1］　AFSHARI M，SIKKEMA DJ，LEE K，BOGLE M. High Performance Fibers Based on Rigid and Flexible Polymers［J］. Polymer Review，2008，48：230-274.

［2］　CHAE HG，KUMAR S. Rigid-rod polymeric fibers［J］. Journal of Applied Polymer Science，2006，100：791-802.

［3］　罗益峰. 世界高性能纤维竞争格局分析［J］. 纺织导报，2009（9）：42.

［4］　周宏，美国高性能碳纤维技术发展史研究［J］. 合成纤维，2017，46（2）：16-21.

［5］　汪家铭. 聚对苯撑苯并二噁唑纤维发展概况与应用前景［J］. 高科技纤维与应用，2009，34（2）：42-47.

［6］　张清华，陈大俊，丁孟贤. 聚酰亚胺高技术纤维研究进展［J］. 高分子通报，2001（5）：66.

［7］　SUKHANOVA T E，BAKLAGINA Y G，KUDRYAVTSEV V V，et al. Morphology，deformation and failure behaviour of homo- and copolyimide fibres：1. Fibres from 4,4'-oxybis（phthalic anhydride）（DPhO）and p-phenylenediamine（PPh）or/and 2,5-bis（4-aminophenyl）-pyrimidine（2,5PRM）［J］. Polymer，1999，40（23）：6265-6276.

［8］　赵刚，赵莉，谢雄军. 超高分子量聚乙烯纤维的技术与市场发展［J］. 纤维复合材料，2011（1）：50-56.

［9］　PEREPELKIN KE. Chemistry and technology of chemical fibres fluoropolymer fibres：physicochemical nature and structural dependence of their unique propertie，fabrication and use. A review［J］. Fibre Chemistry，2004，36（1）：43-58.

［10］　陈念. 国外聚四氟乙烯纤维的开发和应用［J］. 产业用纺织品，1992，10（3）：15-19.

［11］　韩利雄，赵世斌. 高强度高模量玻璃纤维开发状况［J］. 玻璃纤维，2011（3）：34-38.

［12］　全国合成纤维科技信息中心. 聚丙烯腈（PAN）基碳纤维的发展和应用［J］. 合成纤维，2004，33（5）：1-4.

［13］　石钱华. 国外连续玄武岩纤维的发展及其应用［J］. 玻璃纤维，2003（4）：27-31.

［14］　刘长雷. 我国玄武岩纤维发展现状及存在的主要问题［J］. 中国纤检，2011（15）：76-77.

［15］　朱俊. 简谈陶瓷纤维的发展和未来［J］. 江苏陶瓷，2011，44（1）：3-5.

[16] 刘潇.陶瓷纤维的发展现状及新品种的种类与应用 [J].佛山陶瓷，2015，25（10）：22-23.

[17] 王小雅，曹云峰.新型纤维材料——陶瓷纤维 [J].纤维素科学与技术，2012，20（1）：79-85.

[18] 刘和义，侯宪钦，王彦玲，赵相金，许东.氧化锆连续纤维的制备进展与应用前景 [J].材料导报，2004，18（8）：18-21.

[19] 李承宇，王会阳.硼纤维及其复合材料的研究及应用 [J].塑料工业，2011，39（10）：1-4.

[20] 毕鸿章.硼纤维及其应用 [J].高技术纤维及应用，2003，28（1）：32-34.

# 第二章　碳纤维

## 第一节　引言

　　碳纤维是由聚丙烯腈（PAN）、黏胶丝或沥青等有机纤维原丝经过预氧化、低温碳化、高温碳化、石墨化等一系列物理化学变化得到的含碳量大于93%的纤维材料[1,2]，其微观为乱层石墨结构，具有高强度、高模量、热膨胀系数低、摩擦系数小、耐腐蚀、抗高温、导电、导热等突出特性，既可以用来制备承受负载的结构材料，又可以用来制备电化学材料、电磁屏蔽材料、电热材料等功能材料[3]，因此有人称碳纤维为新材料中的王者。

　　碳纤维的制备方法最早是在1860年由英国人瑟夫斯旺提出，瑟夫斯旺将绳状纸片碳化成碳丝，用来作灯丝使用，然而未能成功。1879年，美国人爱迪生将焦油与油烟的混合物做成丝状，然后碳化成灯丝，将碳丝应用于电灯上，虽然后来碳丝被钨丝等材料代替，但这算是碳纤维的雏形，打开了碳纤维研制、生产、应用的大门，但一度进展较慢。

　　20世纪50年代，美国出于军用需求，急需新型耐烧蚀材料和轻质结构材料，开始研究碳纤维，使碳纤维重返新材料的舞台。美国最早开发出的是黏胶基碳纤维，主要用于隔热和耐烧蚀材料，使得黏胶基碳纤维一度处于鼎盛时期[4-9]。与此同时，日本人近藤昭男在1959年发明了PAN基碳纤维，这一发明推进了碳纤维工业化的发展，使PAN基碳纤维成为主流产品。之后瓦特、约翰逊等通过控制原丝在热处理过程中的收缩、在预氧化过程中施加张力、改进预氧化装置等措施，奠定了制造高性能PAN基碳纤维的基础，使PAN基碳纤维成为用量最大的碳纤维。日本人大谷衫郎1965年成功研制出沥青基碳纤维，使得沥青成为制备碳纤维的新材料，并成为仅次于PAN的第二大原材料[1]。

　　碳纤维有多种分类方法，可按碳纤维的前驱体种类、力学性能及丝束大小等方法分类。以前驱体为分类方法，主要包括黏胶基碳纤维、聚丙烯腈基碳纤维、沥青基碳纤维。

　　（1）黏胶基碳纤维。黏胶基碳纤维由黏胶原丝碳化制得，碱金属含量较低，全灰分含量小于200mg/kg，因此，黏胶基碳纤维适用于要求焰流中碱金属离子含量低的耐烧蚀、防热型复合材料。

　　（2）PAN基碳纤维。PAN基碳纤维由聚丙烯腈纤维碳化制得，是目前使用量最大、应用领域最广的碳纤维。PAN基碳纤维的主要特性有：

　　①高强度、低密度。实验室验证表明，其抗拉强度在9GPa以上、弹性模量在690GPa以上，而其密度仅在$1.8g/cm^3$左右。

　　②良好的自润滑性，摩擦因数小，耐磨性能好。

　　③热稳定性较好，是唯一一种在惰性环境下、2000℃高温环境中性能不下降的材料。

　　④良好的化学稳定性，在酸碱强氧化剂氧化等条件下性能稳定。

此外，碳纤维还具有良好的导电性、耐油、防辐射、抗放射、吸收有毒气体和减速中子等特性。

（3）沥青基碳纤维。沥青基碳纤维是以石油沥青或煤沥青为原料，经过沥青的精制、纺丝、预氧化、碳化或石墨化而制得[10]。高性能沥青基碳纤维由中间相沥青基制得，与 PAN 基碳纤维相比，沥青基碳纤维强度偏低，但模量较高。如日本三菱化学纤维的沥青基碳纤维（K13C2U），其模量可达 900GPa。另外，沥青基碳纤维轴向热传导率高，用 K13C2U 纤维增强的复合材料，热传导率和铜相近。由于沥青基碳纤维以上特点以及较低的生产成本，在应用上形成了与 PAN 碳纤维互补的局面，主要应用于人造卫星、电磁屏蔽、运动器具等领域。

黏胶基、PAN 基、沥青基碳纤维主要特性比较见表 2-1。

表 2-1 黏胶基、PAN 基、沥青基碳纤维主要特性比较

| | 黏胶基碳纤维 | PAN 基碳纤维 | 沥青基碳纤维 |
|---|---|---|---|
| 弹性模量（GPa） | 175~700 | 160~700 | 55~900 |
| 拉伸强度（MPa） | 1000~1800 | 3500~7000 | 2000~4000 |
| 密度（g/cm³） | 1.4~1.8 | 1.7~1.9 | 1.8~2.2 |
| 热导率［W/(m·K)］ | — | 30~200 | 100~900 |
| 主要用途 | 耐烧蚀复合材料 | 结构复合材料 | 高导热、导电复合材料 |

碳纤维按照力学性能可分为高强型碳纤维（HT）、超高强型碳纤维（UHT）、高模量型碳纤维（HM）和超高模量型碳纤维（UHM），其主要力学性能如图 2-1 所示（图中代号为日本东丽公司产品代号）。

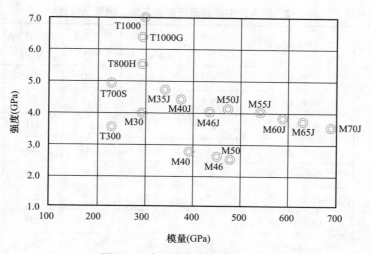

图 2-1 常用碳纤维的力学性能

碳纤维按照丝束大小可分为小丝束碳纤维和大丝束碳纤维，大丝束碳纤维包括 48 根、60

根、120 根、360 根和 480 根等，小丝束碳纤维包括 1 根、3 根、6 根、12 根和 24 根。

此外，按照碳纤维的状态还可分为长丝碳纤维、短切碳纤维和粉状碳纤维。

碳纤维的各种分类方式如图 2-2 所示。

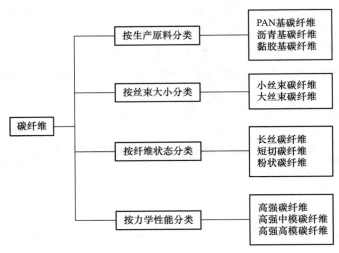

图 2-2　碳纤维的分类

目前，国际碳纤维市场以日本企业为主导，日本企业（东丽、东邦、三菱丽阳）生产的碳纤维占全球碳纤维市场份额的 55%，其他碳纤维生产企业还有德国西格里、美国 CYTEC 和 HEXEL、土耳其 AKSA、韩国晓星等。国内生产碳纤维的企业有台湾塑胶工业股份有限公司、山东威海拓展纤维有限公司、江苏中复神鹰碳纤维有限公司和江苏恒神股份有限公司等。国内外主要的碳纤维制造商、牌号、特性见表 2-2。

表 2-2　国内外主要的碳纤维制造商、牌号及特性

| 种类 | 制造商 | 纤维牌号 | 直径（μm） | 密度（g/cm³） | 拉伸强度（GPa） | 弹性模量（GPa） | 伸长率（%） |
|---|---|---|---|---|---|---|---|
| PAN—CF | Amoco | T-50 | 6.5 | 1.81 | 2.90 | 300 | 0.7 |
| | | T-40 | 5.1 | 1.81 | 5.65 | 290 | 1.8 |
| | | T-650/35 | 6.8 | 1.77 | 4.55 | 241 | 1.8 |
| | | T-300 | 7 | 1.76 | 3.45 | 231 | 1.4 |
| | BASF Grafil Inc | GelionGy-70 | 8.4 | 1.90 | 1.86 | 517 | 0.30 |
| | | GelionG30-500 | 7 | 1.78 | 3.79 | 234 | 1.62 |
| | | Grafil34-700 | 6.9 | 1.80 | 4.5 | 234 | 1.9 |
| | | Grafil43-750 | 5.0 | — | 5.5 | 305 | — |
| | | GrafilHM-ST | 6.9 | — | 3.2 | 390 | — |
| | | GrafilXA | 7.0 | — | 3.5 | 230 | — |

| 种类 | 制造商 | 纤维牌号 | 直径（μm） | 密度（g/cm³） | 拉伸强度（GPa） | 弹性模量（GPa） | 伸长率（%） |
|---|---|---|---|---|---|---|---|
| PAN—CF | Hercules | MagnamiteHMS4 | 7 | 1.80 | 2.34 | 345 | 0.8 |
| | | MagnamiteLM6 | 5.4 | 1.74 | 5.1 | 303 | 1.7 |
| | | MagnamiteLM7 | 5 | 1.80 | 5.3 | 303 | 1.8 |
| | | MagnamiteLM8 | 5 | 1.80 | 5.3 | 303 | 1.6 |
| | | MagnamiteAS1 | 8 | 1.80 | 3.1 | 228 | 1.3 |
| | | MagnamiteAS4 | 8 | 1.79 | 4.0 | 221 | 1.6 |
| | Toho Rayon | Besfight—HTA | 7 | 1.77 | 3.72 | 235 | 1.6 |
| | Toray | Torayca—M30 Torayca—M40 | 6.5 | 1.81 | 1.74 | 392 | 0.6 |
| | | Torayca—M40J | 6 | 1.77 | 4.41 | 377 | 1.2 |
| | | Torayca—M46 | 6.5 | 1.88 | 2.55 | 451 | 0.6 |
| | | Torayca—M50J | 5 | 1.8 | 3.92 | 465 | 0.8 |
| | | Torayca—M60J | 4.7 | 1.94 | 3.92 | 588 | 0.7 |
| | | Torayca—T300 | 7 | 1.75 | 3.53 | 230 | 1.5 |
| | | Torayca—T300S | 7 | 1.82 | 4.8 | 230 | 2.1 |
| | | Torayca—T800H | 5 | 1.81 | 5.49 | 294 | 1.9 |
| | | Torayca—T1000 | 5 | 4.8 | 6.37 | 294 | 2.2 |
| | 台塑 | Tairyfil—TC—33 | 7 | 1.8 | 3.45 | 230 | 1.5 |
| | | Tairyfil—TC—35 | 7 | 1.8 | 4.0 | 240 | 1.6 |
| | | Tairyfil—TC—36S | 7 | 1.81 | 4.9 | 250 | 2.0 |
| | | Tairyfil—TC42S | 5.1 | 1.81 | 5.69 | 290 | 2.0 |
| | 威海拓展 | GQ3522 | 7.0 | 1.78 | 4.0 | 240 | 1.7 |
| | | GQ4522 | 6.8 | 1.79 | 4.6 | 255 | 1.8 |
| | | GQ4922 | 6.8 | 1.8 | 5.0 | 260 | 1.9 |
| | | QZ5026 | 5.2 | 1.8 | 5.2 | 270 | 1.9 |
| | | QZ5526 | 5.2 | 1.8 | 5.5 | 300 | 1.8 |
| | | GM3040 | 6.8 | 1.81 | 3.2 | 400 | 0.8 |
| | 中复神鹰 | SYT35 | 7 | 1.76 | 3.5 | 230 | 1.5 |
| | | SYT45 | 7 | 1.80 | 4.5 | 240 | 1.8 |
| | | SYT49 | 7 | 1.80 | 4.9 | 240 | 2.0 |
| | | SYT55 | 5 | 1.80 | 5.9 | 300 | 1.9 |
| | | SYT65 | 5 | 1.80 | 6.4 | 300 | 2.1 |
| | | SYM30 | 7 | 1.74 | 4.9 | 290 | 1.6 |
| | | SYM35 | 5 | 1.78 | 4.9 | 340 | 1.4 |
| | 江苏恒神 | HF10 | 6.9 | 1.78 | ≥3.53 | 221~242 | 1.50~1.95 |
| | | HF20 | 6.9 | 1.78 | ≥4.0 | 221~242 | 1.60~2.10 |
| | | HF30 | 6.9 | 1.80 | ≥4.9 | 245~270 | 1.70~2.20 |
| | | HF30S | 6.9 | 1.80 | ≥4.9 | 245~270 | 1.70~2.20 |
| | | HF40 | 5.1 | 1.81 | ≥5.49 | 284~304 | 1.70~2.10 |
| | | HF40S | 5.1 | 1.81 | ≥5.88 | 284~304 | 1.70~2.10 |

续表

| 种类 | 制造商 | 纤维牌号 | 直径（μm） | 密度（g/cm³） | 拉伸强度（GPa） | 弹性模量（GPa） | 伸长率（%） |
|------|--------|----------|-----------|--------------|----------------|----------------|-----------|
| 沥青基 MP—CF | Amoco | Thomel P-120 | 10 | 2.18 | 2.37 | 827 | 0.3 |
| | | Thomel P-100 | 10 | 2.15 | 2.37 | 758 | 0.3 |
| | | Thomel P-755 | 10 | 2.0 | 1.9 | 520 | 0.4 |
| | | Thomel P-555 | 10 | 2.0 | 1.9 | 380 | 0.5 |
| | | Thomel P-25 | 11 | 1.9 | 1.4 | 160 | 0.9 |
| | DuPont de Nemours | FiberG-E120 | 9.2 | 2.14 | 3.3 | 827 | 0.48 |
| | | FiberG-E105 | 9.3 | 2.14 | 3.1 | 717 | 0.5 |
| | | FiberG-E75 | 9.3 | 2.14 | 3.1 | 524 | 0.57 |
| | | FiberG-E55 | 9.35 | 2.10 | 3.2 | 393 | 0.75 |
| | | FiberG-E35 | 9.4 | 2.04 | 2.9 | 262 | 1.0 |
| | Misnbishi Nippon Steel | Dialead-K135 NT-20 | 10.0 | — | 2.08 | 201 | — |
| | | NT-40 | 9.5 | — | 3.5 | 400 | — |
| | | NT-60 | 9.4 | — | 3.0 | 595 | — |

# 第二节　碳纤维原丝制备技术

## 一、PAN基碳纤维原丝

原丝的质量是制约碳纤维性能提高的"瓶颈"，如何有效地改进PAN原丝质量，提高碳纤维性能，成为高性能碳纤维制备急需解决的关键问题[11]。PAN原丝制备通常由聚合、脱单、脱泡、过滤、纤维凝固成型、预牵伸、水洗牵伸、上油、干燥致密化、蒸汽牵伸、热定型、收卷等工序组成。

### 1. 聚合

（1）单体。丙烯腈（$CH_2 \text{=} CH\text{—}CN$）是合成聚丙烯腈的第一单体，通常含量在96%以上。PAN纤维对原料丙烯腈的纯度要求较高，各种杂质的总含量应在0.005%以下。

为改善PAN溶液的可纺性，并改善纤维预氧化过程中的集中放热，通常会添加一些共聚组分。常用的共聚组分为衣康酸、丙烯酸衍生物等，也有采用含磺酸基的不饱和单体作为调节纺丝液亲水性的第四单体。虽然添加共聚单体可以改善纤维制备过程中某些环节的可控性，但通常认为，高性能PAN基碳纤维共聚单体含量不宜过高[12-15]。

（2）引发剂。丙烯腈聚合使用的引发剂有三类，即偶氮类、有机过氧化物类和氧化还原体系引发剂。丙烯腈聚合因溶剂路线和聚合方法不同，对引发剂的选择也有所不同[16]。溶液聚合通常采用偶氮类引发剂，水相聚合则常采用氧化—还原引发体系。

（3）均相溶液聚合。按介质的不同可分为水相沉淀聚合和溶液聚合，两者分别以水和溶剂为介质，采用均相溶液聚合制得的聚合物可直接用于纺丝，又称为一步法[17]。

① 聚合工艺流程。溶液聚合所得的聚合液经过脱单、过滤及脱泡后可直接用于纺丝。该工艺流程短，但聚合时间长，稳定可控性不足。

图2-3所示是典型均相溶液聚合工艺流程。工业上采用计量泵来控制单体的加入量，参加反应的共聚单体通常需要配制成溶液后再进行反应，其目的在于提高混合的均匀性。

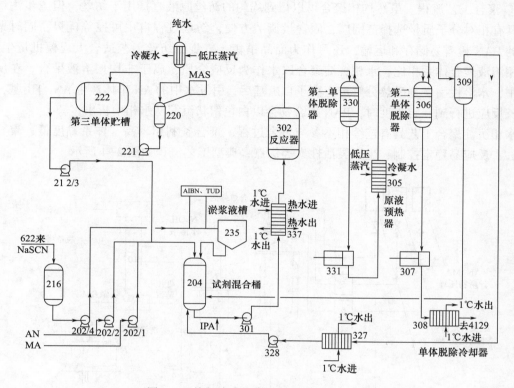

图2-3 均相溶液聚合工艺流程（NaSCN）

② 聚合影响因素。聚合工艺参数对聚合产物PAN共聚物的结构和性能有着重要影响，决定了聚合原液的黏度等特性。聚合过程中的各工艺参数对聚合工艺的影响如下所述。

a. 引发剂浓度。增加引发剂浓度可以加快聚合反应速度，提高反应的转化率，但同时也会造成聚合物的相对分子质量下降。因偶氮类引发剂的染色特性，而使制得的PAN共聚物的色泽加深，纤维的白度下降。

b. 总单体浓度。随着单体浓度的升高，相对分子质量会得到一定程度增加，聚合自加速效应加剧。为保证纺丝液的可纺性，通常总单体浓度会控制在15%~25%。

c. 聚合温度。引发剂的分解速度随着聚合体系温度的升高而加快，促使整个体系的总反应速度加快，聚合反应转化率提高，但是链转移或链终止速率加快，使得共聚物的黏均分子量降低，相对分子质量分布变宽。聚合反应温度一般控制在55~70℃。

d. 杂质。有机杂质的存在会严重降低聚合反应的反应速度；对于硫氰酸钠法工艺，硫氰酸钠中如果含有甲酸钠，会使聚合浆液黏度大大降低，导致纺丝困难；如果含有硫代硫酸钠（$Na_2S_2O_3$），会使纤维泛黄；体系中的$Fe^{3+}$和$Fe^{2+}$对聚合反应有阻聚作用。

e. 相对分子质量调节剂。适量的相对分子质量调节剂（如硫醇等）有利于降低聚合物相对分子质量，改善纺丝液的可纺性。

（4）水相沉淀聚合。非均相溶液聚合，即水相沉淀聚合物，所得聚合物沉淀析出后经洗涤干燥，得到粉末固体，纺丝前需要将粉末溶于溶剂中以制成纺丝原液，故此种纺丝工艺称为二步法。

① 聚合工艺流程。虽然均相聚合可以得到均匀的纺丝原液直接用于纺丝，但二步法纺丝工艺具有相对分子质量选择范围广，固含量调节方便，纺丝过程自主可控等优势；同时聚合完成的 PAN 粉料易储存和运输，还可作为商品销售，二步法纺丝工艺适合大规模批量生产。与均相溶液聚合体系相比，水相沉淀聚合以水作为反应介质，属于非均相溶液聚合。在反应过程中，水溶性引发剂受热分解产生离子自由基后，引发水中的 AN 单体产生 AN 自由基，当链增长反应进行到一定程度时，PAN 聚合物会以白色絮状沉淀从水相中析出[18]。

水相沉淀聚合工艺具有连续相不参与聚合过程、聚合釜利用率高、体系黏度低、聚合热易除去、反应易稳定控制、生产灵活性大等优点，典型工艺流程如图 2-4 所示。

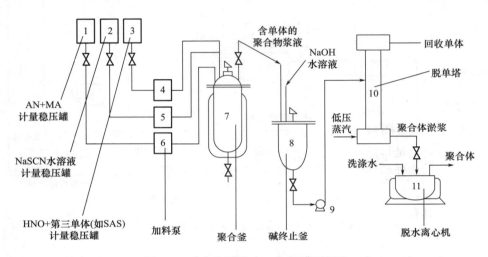

图 2-4　水相沉淀聚合工艺流程示意图

② 聚合工艺控制[19-22]。

a. 引发剂及浓度。通常采用水溶性氧化—还原引发体系，工业上常用的氧化剂为过硫酸盐、高氯酸盐，还原剂通常为亚硫酸盐、亚硫酸氢盐、硫代硫酸盐等。在体系中氧化剂增多，会导致增长链的生存时间变短，聚合物的相对分子质量降低，聚合反应的转化率增加；若还原剂过量，会导致聚合物的相对分子质量下降，转化率降低，但聚合物白度变好。

b. 单体浓度。随单体浓度的升高，AN 共聚合反应的转化率增加，聚合物的黏均相对分子质量呈现下降趋势，聚合物颗粒的形态均匀性提高。

c. 聚合温度。升高聚合温度有利于反应转化率的提高，同时链转移或链终止速率加快，共聚物的平均相对分子质量降低。在工业上，应严格控制聚合反应温度：当聚合温度过低时，聚合反应速度显著下降；当反应温度过高时，聚合体系容易发生爆聚反应。

d. 聚合时间。聚合反应时间过短，造成反应转化率很低，原料利用率低；聚合时间过长会导致设备生产能力下降。当聚合反应进行到一定程度时，为提高聚合反应的总转化率，通常采用延长反应时间的方法，聚合物的平均分子量不会有大的变化，同时聚合反应转化率和聚合物的平均分子量得到有效控制。在工业上，通常聚合时间取 1~3h。

此外，由于酸性介质对氧化—还原引发体系可以起活化作用，所以聚合体系的 pH 一般控制在 1.9~2.2。体系中的 NaCl、$Na_2SO_3$ 等杂质会降低聚合反应速度，大量空气存在也会降低反应速度，使相对分子质量升高，大量 HCN、HCHO、$CO_2$ 副产物产生。随着聚合釜搅拌器转速的增加，聚合反应转化率提高，聚合物的平均分子量下降，平均粒径减小，粒径分布变窄，沉降值下降。

（5）纺丝溶液制备。与一步法纺丝工艺不同，二步法纺丝需要将 PAN 粉料进行两次溶解，根据目标工艺制备出满足需求的纺丝原液，这就要求成熟的溶解设备，避免出现 PAN 溶解不充分，溶液黏度不均，微区凝胶等现象，溶液品质的好坏直接影响纺丝工艺的正常进行。

常用溶解设备主要有螺带式/锚式搅拌釜、行星搅拌釜、高速研磨机、超声波溶解机以及双螺杆溶解机组等。其中，螺带式/锚式搅拌釜主要适用于较低黏度溶液的制备，这是因为高黏度溶液中，螺带搅拌釜无法产生足够的下压力，浆液不能充分翻动，容易形成溶液随搅拌整体转动的现象。行星搅拌釜可以利用搅拌桨的自转和公转能力充分作用于溶液，但此种装置分配至轴芯的扭矩极大，长时间使用会逐渐磨损，金属离子以及润滑油等杂质进入溶液造成污染。超声波溶解机主要利用了超声波的空化作用，可配合搅拌桨使用，获得良好的溶解效果，但长时间的超声处理对金属釜壁以及物料本身都有刻蚀作用，研究发现空化作用会使 PAN 分子链断裂，增大相对分子质量分布[23]，同时，由于超声震动头无法长时间连续工作，一用一备的装配方式使得机组成本提高。

双螺杆溶解机组是目前制备高黏度溶液较为成熟的方案，其可利用不同功能的螺纹块，组装适合不同溶液特性的溶解机组，双螺杆螺纹块如图 2-5 所示。同时还可采用自动加料系统，连续稳定加料，形成连续化溶解，不受搅拌釜体积限制，大大提高生产效率，较大螺杆直径的溶解机组具有较大的生产能力，通常生产用双螺杆机组采用 43~133mm 直径，其生产 PAN 溶液能力为 15~120kg/h。常见双螺杆溶解机组结构如图 2-6 所示。

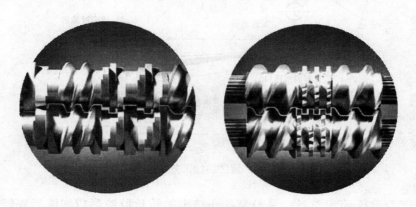

图 2-5　双螺杆溶解机组的结构

**2. 纺丝**

PAN 原丝纺丝工艺主要有两种，即湿法纺丝和干湿法纺丝。在大规模工业化生产应用中干湿法工艺控制、生产运行、操作难度大。这两种工艺的主要区别在于喷丝及凝固阶段，之

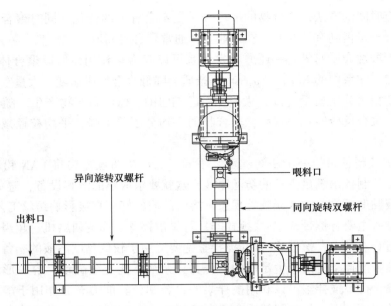

图 2-6  二阶平行双螺杆 T 型连接

后的工序（如水洗牵伸、致密化、上油等）基本相似。

（1）喷丝及凝固。湿法纺丝是 PAN 纤维制备的传统方法，湿法纺丝工艺如图 2-7 所示。湿法纺丝是指纺丝原液在一定压力下经喷丝板挤出形成聚合物溶液细流，而后直接进入凝固浴，在浴中凝固成型的纺丝方法。该工艺适合于大丝束碳纤维的制备，但由于挤出膨化与表皮凝固作用同时发生，丝条表面及内部缺陷较多，是影响纤维强度的一个主要原因。但湿法纤维表面具有沟槽，与基体树脂结合较好，对于复合材料的性能有利。

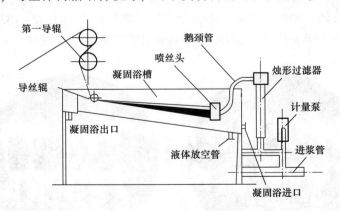

图 2-7  湿法纺丝工艺示意图

干湿法纺丝又称干喷湿纺丝，是经喷丝孔挤出的纺丝原液形成细流后先经过一段空气层[24]，而后进入凝固浴凝固成型的工艺方法，其纺丝流程如图 2-8 所示。纺丝原液经过空气层可以有多种形式，有的研究将喷丝板放在一个可调节保护气氛的封闭空间，目的是使干段气氛可控。

与湿法纺丝相比，干湿法纺丝可以进行高倍的喷丝头拉伸，纺丝速度远高于湿法工艺。

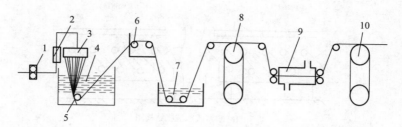

图 2-8　干喷湿纺纺丝工艺

1—计量泵　2—烛形过滤器　3—喷丝头　4—凝固浴　5—导丝钩　6—导丝盘
7—拉伸浴　8—干燥滚筒　9—蒸汽拉伸槽　10—松弛干燥辊筒

目前 PAN 基碳纤维原丝干湿法工艺产业化的收丝速度可以达到 400m/min 以上，而湿法工艺仅在 100m/min 左右。

这两种方法地喷丝板及组件也有不同，湿法纺丝喷丝板使用钽材料或黄铂金，孔的布置数量很大，可达近 10 万个；而干湿法因纺丝压力高、孔径大、喷出速度快，一般使用不锈钢制成。受到纺丝工艺和原液均匀性的限制，喷丝板孔数较少，一般在 6000 个以下。

（2）水洗。在凝固浴中形成的初生纤维凝固往往还不够充分，很多情况下是一种含有大量溶剂的冻胶，必须经过一系列后续加工处理才能得到原丝，如预牵伸、水洗、沸水牵伸、上油、干燥致密化、蒸汽牵伸、热定型、干燥等过程。

国内外各研究单位的水洗牵伸工艺不尽相同，如各级牵伸比率、水洗和牵伸次序等。有的先牵后洗，有的先洗后牵，也有的边牵边洗，但这些差别较大的工艺往往都可以殊途同归，得到指标接近的高性能碳纤维产品。

水洗的目的是除去纤维中的残余溶剂。纤维中残余溶剂可导致纤维发硬，容易发黄，甚至会导致碳化过程中纤维发脆、强度低下。随着水洗温度升高，丝条中溶剂分子和水分子实现双向扩散以达到洗净的目的，但随着水温过高可能会导致纤维解取向，结晶度降低，水温最好控制在 70℃ 以下。

水洗的方式分为喷淋和浸洗两种，也可两种方式相结合，水洗机分为喷淋式、U 型水洗机、长槽式和多层式水洗机和位差阶梯式水洗机，如图 2-9 所示。前四种水洗机结构不太复杂，便于观察水洗情况，操作也方便，可供多头丝束洗涤，且工艺较成熟，缺点是占地面积大，当各辊速度不同步时丝束易受意外张力，影响纤维结构均匀性。喷淋液进入喷淋管后，会通过喷淋管管壁上的一排小孔以较高的压力对原丝垂直喷淋，喷淋液流入下面的集液槽中，保证原丝各方面有效的水洗，如图 2-9（a）所示。长槽式水洗机采用多次连续水洗的方式进行，设置多个水洗槽，并使各区水洗液具有一定的浓度差，以提高水洗效果，如图 2-9（b）所示。叠层式水洗机较长槽式占地面积小，但导向时容易收幅、乱位和加捻，如图 2-9（c）所示。位差阶梯式无较长距离的导向辊，能避免丝条幅宽收幅，易制得真正无捻原丝，如图 2-9（d）所示。采用 U 型水洗槽时丝束在松弛状态下水洗，如图 2-9（e）所示，有利于水的渗透和丝束的收缩，水槽占地面积小，节省材料，但是操作不便，不易观察。多头丝束洗涤，存在洗涤过程中容易散乱而导致后面工序加工困难的问题，在碳纤维原丝中应用较少。其中后四种属于浸洗式水洗。

为进一步提高水洗效果，还可以在水洗装置中增加以下装置。

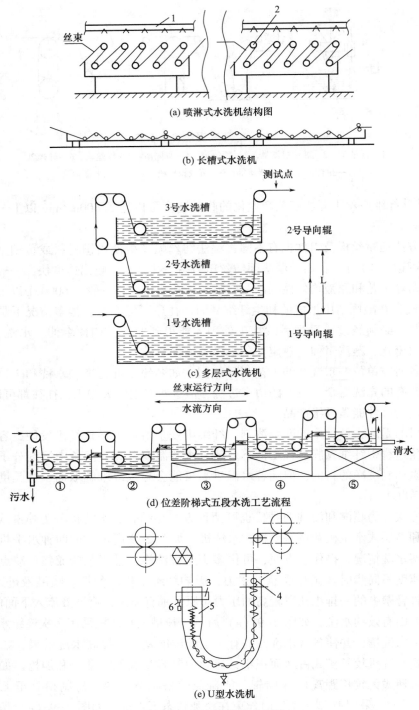

图 2-9　水洗机结构示意图

1—喷淋管　2—导丝辊　3—水空　4—洗涤水进口　5—扩大箱　6—洗涤水出口

（1）在水洗槽中加置笼辊或多角形辊，使得运行丝束处于一张一弛的状态，张紧时有利于水的挤出，松弛状态下有利于水的进入，两者交替加速丝条内水的置换。

（2）水洗槽中加置超声波装置，利用超声波的空化作用，加速溶剂脱除。

（3）牵伸。初生纤维取向程度较低，通常需要采用在一定浓度和温度的溶剂或高压水蒸气中做进一步牵伸，来提高纤维取向度。牵伸取向一般分两个阶段，一个阶段位于干燥致密化工序之前，在牵伸槽中进行，各浴槽一般为水或一定浓度溶剂介质，温度低于100℃，总牵伸倍数通常在5倍以下。为进一步牵伸只能采用更高牵伸温度，工业上主要有干热牵伸和蒸汽牵伸两种方案。其中，蒸汽牵伸实际使用效果更好，除了可以提供更高的牵伸温度，水分子还可以浸入纤维中，充当增塑剂的作用，有利于高分子链取向。一般蒸汽牵伸的压力控制在0.3~0.6MPa，温度控制在130~150℃。

典型的蒸汽牵伸机结构如图2-10所示。主牵伸室两侧为迷宫密封结构，密封腔可以是矩形或圆形，由多个或数十个密封单元串联组成在同心轴线上，组成迷宫密封室，密封单元的孔径一般在2~10mm间调节，该工艺一般在致密化处理之后进行。

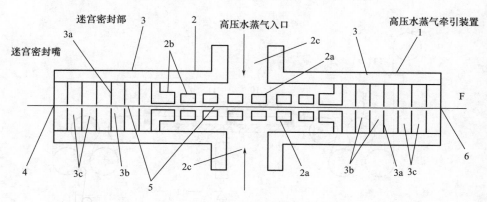

图2-10 加压饱和蒸汽牵伸机及相关部件

1—加压水蒸气牵伸装置 2—加压水蒸气处理部 2a—加压室 2b—多孔板
2c—水蒸气入口 3—迷宫密封部 3a—迷宫密封喷嘴 3b—走丝通道 3c—膨胀室
4—丝条入口 5—丝条运行通道 6—丝条出口 F—纤维（丝条）

为减少原丝毛丝和断丝，提高原丝质量，可设计二段蒸汽牵伸装置，设备前段为预热牵伸区，后段为加热牵伸区，保证纤维进行蒸汽牵伸之前受热充分，降低松弛活化能，实现均匀蒸汽牵伸。二段蒸汽牵伸装置如图2-11所示。该牵伸装置在牵伸管两端和中间位置设置密封结构，通过调节各密封口径等参数，可以确保合适的压力平衡条件。蒸汽牵伸装置设置有加湿器，目的是调节蒸汽饱和度，增加塑化效果，较适合的范围为10%~50%，水分含量过低在牵伸过程中容易产生毛丝和断丝。

为进一步提高聚丙烯腈纤维质量，可在牵伸开始前施加开纤处理，消除纤维粘连，同时也可促进蒸气有效地渗入纤维束内部。具有开纤功能的蒸汽牵伸装置如图2-12所示。

（4）上油。经过水洗牵伸后的聚丙烯腈纤维在进行致密化或烘干之前要先过一道油浴，常用原丝油剂为改性硅油。上油的目的是在纤维表面形成一层油膜，通过油膜的保护，既防止纤维在致密化或预氧化等高温过程中发生粘连，又可以改善纤维的集束性。

恒温油剂槽是较为普遍的上油装置，槽内设有多个小直径导向辊，使得丝条和导辊充分接触，保证上油均匀。在纤维离开油浴后用橡胶辊挤压丝束，以达到强化上油均匀的目的。

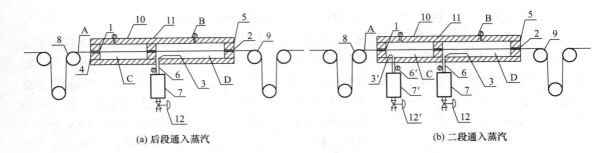

(a) 后段通入蒸汽　　　　　　　　　　　(b) 二段通入蒸汽

图 2-11　二段蒸汽牵伸装置

1—纤维进口　2—纤维出口　3、3′—蒸汽进口　4—进口密封　5—出口密封

6、6′—蒸汽导管　7、7′—加湿器　8—送丝辊　9—收丝辊　10—腔体

11—中间密封　12、12′—蒸汽压力控制

A—纤维　B—蒸汽牵伸装置　C—预热区　D—加热区

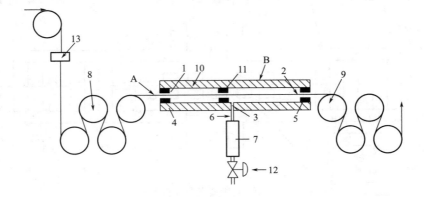

图 2-12　具有开纤功能的蒸汽牵伸装置

1—纤维进口　2—纤维出口　3—蒸汽进口　4—进口密封　5—出口密封　6—蒸汽导管

7—加湿器　8—送丝辊　9—收丝辊　10—腔体　11—中间密封　12—蒸汽压力控制

13—开纤器　A—纤维　B—蒸汽牵伸装置

油剂槽有恒温水浴，温度控制在 25~30℃，以保证油剂黏度恒定，保证上油均匀。槽内设置多个小直径导辊，以促进开纤，保证丝条内的单丝也能均匀上油。油剂要循环使用，以保证油槽内油剂浓度保持不变；纤维离浴后由橡胶轧辊挤掉多余油剂，防止在致密化辊上形成过多油剂结皮。随着连续的运行上油，油剂不断消耗，需补加新油剂，以保持油槽内油剂浓度恒定，使上油均匀。

（5）干燥致密化。经过沸水牵伸后的纤维处于溶胀和多孔状态，不利于进一步的高倍牵伸。将其在适当的温度下干燥，由于水分逐渐蒸发并从微孔移出，在微孔中产生内应力，导致微孔收缩，纤维的透光性提高，变得有光泽。

致密化后原丝尺寸的稳定性会增加，物理机械性能变好，可以承受后续高倍蒸汽牵伸。

（6）热定型装置。经过蒸汽牵伸之后，PAN 纤维中还存在较高的热应力，结构和性能还不够稳定，因此需要通过热定型改善纤维的分子结构，达到提高纤维的形状稳定性和力学性能的目的。热定型是一个热收缩动力学过程，随着温度升高，热收缩下降，收缩诱导时间减小。热定型时间超过诱导时间后，收缩不再发生变化。一般热定型的温度设置在 120~160℃，热定型时间控制在 0.5~3min。通过热定型，可以消除纤维中的内应力，提高原丝的综合力学性能。

热定型机一般采用悬臂式，辊上下交替排列结构，辊内部热介质采用中压蒸汽或导热油。牵伸定型辊结构一般分为两种：一种是采用虹吸结构的蒸汽加热方式，这种定型辊属于压力容器；另一种是夹层式蒸汽加热方式，这种定型辊不属于压力容器，但是加工复杂，成本较高。根据工艺的不同要求热定型机多组独立传动，每个独立的驱动单元都配有独立的强制润滑系统。

（7）烘干及收丝。经过牵伸、热定型处理后的丝束上含有一定的水分，需对丝束进行干燥，除去水分，待原丝彻底干燥后，利用收丝机，将聚丙烯腈原丝卷绕成辊，工业每辊重一般为 80~400kg。

**3. 原丝制备控制系统**

PAN 原丝生产线有湿法纺丝生产线和干喷湿纺生产线两种，这两种生产线的配置及控制参数差别较大，工艺控制过程也十分复杂，图 2-13 为 PAN 原丝生产工艺主要流程及控制参数。计算机控制系统应同时满足对整条生产线监控的能力，设备应具有抗干扰性和通讯实时性，具有较好的人机界面，方便操作控制。

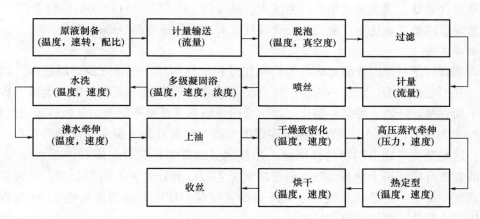

图 2-13　PAN 原丝生产工艺主要流程及控制参数

以某单位 PAN 原丝制备实验线为例，该控制系统具有 200 多组模拟量、开关量的输入输出，传动控制由多台高精度伺服电动机完成，采用触摸屏实现现场数据的显示与控制操作。

（1）温度控制。该生产线水洗牵伸槽的温度控制采用电动调节阀，调节蒸汽流量以控制温度。水箱加热采用固态继电器 PWM 调功方式。温度控制采用自整定 PID 控制，可手动/自动无扰切换。

（2）伺服控制。生产线上共有 19 台伺服电动机，系统可以同时调整 19 台伺服电动机的速度，而不需要停车。伺服配置功能可以检查伺服驱动器及伺服电动机的状态，如进行复位操作以消除错误，设定伺服电动机的转向等。

（3）报警功能。报警功能可以实时显示所有温度和压力是否超限（上限、下限）、变频电动机和伺服电动机的状态、急停开关状态等，可以手动关闭报警铃。为确保生产安全，在生产线上共设有多个急停开关，紧急情况下按下任何一个，可以停止所有伺服电动机。

实际工业化生产用控制系统远比此复杂，主要控制参数包括：液位控制、压力控制、气氛控制、原料传输控制、组分控制、温度控制、转速控制、冷却控制、真空控制、浓度控制、速度控制、湿度控制、长度控制、重量控制、机械动作控制、仓储控制、蒸汽控制、水质控制、电力能耗控制等诸多环节，控制参数超过数千点。

## 二、沥青基碳纤维原丝

### 1. 原料

沥青基碳纤维的原材料有石油沥青、煤沥青、人工合成沥青等，沥青经过精制工艺后，经纺丝、预氧化、碳化或石墨化制备而成。一般认为，芳香度越高，原料越好，但在实际制备过程中，由于原料中大 π 键共轭体系结构间的相互作用力较大，软化点升高，使得原料黏度加大，不易纺丝，因此要求制备中间相沥青的原料应含有一定量的氢，即结构中含有一定量的环烷基和脂肪基侧链。同时原料中的喹啉不溶物、含氮氧硫的杂环化合物以及含金属有机化合物或络合物要少，且活性组分不宜太多[25]。

目前，用于纺丝的沥青原料有乙烯裂解焦油、催化裂化澄清油（FCCDO）、热裂化渣油、焦化蜡油及润滑油精制抽出油等，这些原料具有芳烃含量高、C/H 比高、相对分子质量分布窄、杂原子含量低、重金属含量低、密度大、黏度低、沸程在 200～500℃等特点[26]。乙烯裂解焦油和煤焦油是工业化生产通用型沥青碳纤维和高性能沥青碳纤维的常用原料。

### 2. 制备工艺

沥青基碳纤维与聚丙烯腈基碳纤维的制作过程十分相似，它是先经熔融抽丝，再逐步碳化而成。其工艺过程为：沥青→熔纺→热定型→碳化→石墨化→表面处理→上浆→碳纤维收卷。对于沥青基碳纤维，除初步制作过程与聚丙烯腈基碳纤维不同外，其余过程大致相同。

（1）原料沥青的精制。沥青特别是在煤焦油沥青中常有游离碳和固体杂质存在，在纺丝过程中，这些杂质可能引起纺丝孔堵塞，并且这些细微颗粒会引起碳纤维断裂源头。所以，对原料沥青进行精制是十分必要的，通过精制工艺可以有效除去不溶物杂质。通常采取的方法是在沥青中加入一定量的溶剂[27]，在一定的氮气保护环境下将沥青加热至 100℃ 以上，采用不锈钢网或耐热玻璃纤维等进行过滤。

（2）沥青的调制。沥青调制的一般方法有空气吹扫法[28-30] 和热缩聚法[31,32]。可通过加热缩聚、加氢预处理、溶剂萃取等方式来完成，以达到除去沥青中的轻组分，防止纺丝过程中由于气泡的产生而造成原丝断裂；同时还可以提高沥青的软化点，使相对分子质量分布均匀[33]。调制后的沥青中通常含有二次喹啉不溶物，还需要进一步分离，主要分离方法有沉降法、热滤法和超声波分离法等。

（3）纺丝工艺。与一般的高分子材料不同，沥青纺丝后在极短的时间内会固化，固化后不能进行再牵伸，得到的原丝强度较低，因此，需纺成直径 15μm 以下的低线密度纤维，以提高最终碳纤维的强度[33]。

纺丝方法主要有挤压法、离心法、熔吹法、涡流法。挤压法是用高压泵将熔化的高温液体沥青压入喷丝头，挤出成细丝；离心法是将熔化的高温沥青液体在高速旋转的离心转鼓内通过离心力作用被甩出立即凝固成纤维丝；熔吹法是将熔化的高温沥青液体送到喷丝头内，沥青液体从小孔压出后立即被高速流动的气体冷却和携带牵伸成纤维丝；涡流法是将高温液体沥青由热气流在其流出的切线方向吹出并被牵伸，所纺出的纤维具有不规则的卷曲[33]。

纺丝温度是影响纤维性能的重要因素，纺丝温度可决定纺丝操作的稳定性，甚至影响最终碳纤维的性能，此外，挤出速度、收丝速度以及牵伸比都是影响纤维性能的重要因素[34]。

熔喷法和熔纺法是目前常用的纺丝方法，纺丝装置如图2-14所示[35]。

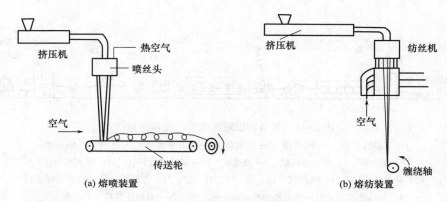

图2-14 纺丝装置

### 三、黏胶基碳纤维原丝[36]

黏胶基（纤维素基）碳纤维主要是以黏胶纤维为原丝。黏胶纤维是一种再生纤维素纤维，它不经熔融便可分解成碳的残渣，是工业上最早被用作碳纤维原丝的纤维。黏胶纤维首先在氮气或氩气等惰性气体中进行低温（400℃以下）稳定化处理，然后在惰性气体保护下在1000~1500℃的温度内进行碳化处理，制成含碳量≥90%的碳纤维。

黏胶纤维生产通常分为黏胶制备、纺丝成型和纤维后处理几个环节，如图2-15所示。

**1. 纺丝原液（黏胶）的制备**

由于纤维素分子间的作用力很强，不能直接溶于普通的溶剂，故必须把纤维素转化成酯类，溶解成纺丝溶液，经再生成型为再生纤维素纤维。黏胶纤维纺丝原液的制备过程包括浸渍、压榨、粉碎、老化、磺化、溶解、熟成、过滤、脱泡等工序。

（1）碱纤维素的制备。黏胶纤维生产的第一个化学过程是纤维碱化过程，工艺上称为浸渍。碱纤维素的制备主要包括碱化、压榨和粉碎三个过程。浸渍（碱化）过程纤维素发生一系列的化学、物理化学及结构上的变化，溶出浆粕中的半纤维素并使浆粕膨化，以提高其反应性能[37]。

碱化过程中，纤维素与NaOH发生化学作用，生成碱纤维素。反应既可形成复合物，又可生成醇化物。

$$[C_6H_7O_2 \cdot (OH)_3]_n + n \cdot xNaOH \Longleftrightarrow [C_6H_7O_2(OH)_3 \cdot xNaOH]_n + \Delta H$$

$$[C_6H_7O_2 \cdot (OH)_3]_n + n \cdot xNaOH \Longleftrightarrow [C_6H_7O_2(OH)_{3-x} \cdot xNaOH]_n + \Delta H$$

在一定的条件下与碱作用后，纤维素的天然结构消失。随着碱液浓度、温度的变化，生成五种碱纤维素结构变体，每种变体都有相应的结晶形态（表2-3）。

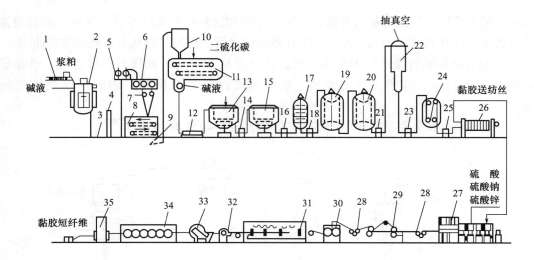

图 2-15 普通黏胶短纤维生产流程示意图

1—浆粕输送带 2—浸渍桶 3—浆粥泵 4—压力平衡桶 5—压榨机 6—粉碎

7—压实机 8—带式老成机 9—风送槽 10—碱纤维素料仓 11—带式磺化机

12—研磨机 13、15—溶解机 14、16、18、21、23、25—齿轮泵 17—PVC 预铺滤机

19，20—熟成桶 22—连续脱泡机 24—脱泡桶 26—板框压滤机 27—纺丝机

28—集束拉伸机 29—塑化浴槽 30—切断机 31—板框压滤机 32—喂毛机

33—开松机 34—烘干机 35—打包机

表 2-3 碱纤维素结晶变体的性质及形成条件

| 碱纤维素 | 形成条件 | | 结构单元的组成 | 结构单元的相对分子质量 | 密度（g/cm³） |
|---|---|---|---|---|---|
| | NaOH 质量分数（%） | 温度（℃） | | | |
| I | 10~20 | 0~30 | $C_6H_{10}O_5 \cdot NaOH \cdot 3H_2O$ | 256 | 1.51 |
| II | 28~45 | 60~100 | $C_6H_{10}O_5 \cdot NaOH \cdot H_2O$ | 220 | 1.60 |
| III | 25 | 70 | $C_6H_{10}O_5 \cdot NaOH \cdot 2H_2O$ | 238 | 1.51 |
| IV | 用水或碱洗涤碱纤维素 I 及 II | — | $C_6H_{10}O_5 \cdot 0.3NaOH \cdot 3H_2O$ | 180 | 1.46 |
| V | 17~25 | 0~15 | $C_6H_{10}O_5 \cdot NaOH \cdot 3H_2O$ | 292 | 1.45 |
| | 7~8 | -10~3 | $C_6H_{10}O_5 \cdot NaOH \cdot 5H_2O$ | | |

浆粕浸渍于碱液中即发生膨化，其膨化可达 4~10 倍，在膨化的同时，低分子多糖部分（半纤维素）不断溶出。膨化的实质是碱液中的水化钠离子 $\left[Na(H_2O)_x\right]^+$ 扩散进入浆粕内部，拉大纤维素大分子间的距离。

（2）碱纤维素的压榨和粉碎。浆粕经浸渍后把多余的碱液压除，这一过程在工艺上称为压榨。压榨程度可用压榨倍数，即用碱纤维素压榨后的质量与浸渍前干浆粕质量的比值表示。压榨度越高，压榨倍数越小。通常控制碱纤维素压榨倍数为 2.8~3.3 或 $\alpha$-纤维素含量为 29%~32%（质量分数）[36]。粉碎过程就是将碱纤维素撕碎直径为 0.1~5.0mm 的细小微粒，增大反应表面积，有利于提高磺化反应的速度和均匀性，以制得溶解性能和过滤性能良好的黏胶[36]。

　　粉碎后的碱纤维素在恒定的温度下保持一定时间，在碱介质中氧化降解，聚合度达到要求，这一过程称为碱纤维素的老成或老化[38]。

　　（3）纤维素黄原酸酯的制备。纤维素与 $CS_2$ 反应生成纤维素黄原酸酯，由于黄原酸基团的亲水性，使黄原酸酯在稀碱液中的溶解性大为提高。

　　干法黄化的纤维素含量为 28%～35%（质量分数），该工艺在温度为 26～35℃ 的真空状态下进行，此时大部分 $CS_2$ 处于气态，而碱相由无定形的溶胀纤维素、NaOH、$H_2O$ 和少量的 $CS_2$ 组成。

　　湿法黄化的纤维素含量为 18%～24%，通常在较低温度（18～24℃）和有补充碱的情况下进行，体系中的二硫化碳基本处于液相。该法适合于在加速磺化过程和提高黏胶质量时采用。

　　乳液黄化所有二硫化碳均处于液相乳液状态，而且主反应主要受扩散的限制。该法没有工业生产价值，主要适用于研究工作时采用。

　　（4）纤维素黄原酸酯的溶解[36,38]。把纤维素黄原酸酯分散在稀碱溶液中，使之形成均一的溶液，称为溶解，制得的溶液，称为黏胶。溶解是一个复杂的过程，主要包括黄原酸基团被溶剂分子的溶剂化、补充黄化、黄原酸基团的转移、纤维素晶格的彻底破坏、溶剂向聚合物分子的扩散等，溶解必须在强烈的搅拌下进行，以加速纤维素结构的破坏和溶解。

　　黄化过程所发生的化学反应在溶解时继续进行，并在熟成时延续下去，只是由于介质的变化（NaOH 浓度从 15%～17% 降到 5%～7%），各种化学反应的速度和比例也会发生明显变化。

**2. 黏胶纤维的纺制**[36,38]

　　黏胶纤维纺丝通常分为一浴法和二浴法，一浴法纺丝即黏胶的凝固和纤维素磺酸酯的分解都在同一浴槽内完成；二浴法纺丝则是黏胶的凝固以及纤维素黄酸酯分解分别在第一浴和第二浴进行，普通黏胶长丝常采用一浴法制备，强力黏胶纤维常采用二浴法成型。

　　黏胶纤维品种繁多，但纺丝流程比较相似。黏胶短纤维纺丝流程如图 2-16 所示。

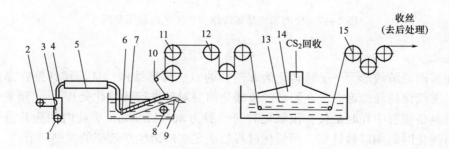

图 2-16　黏胶短纤维纺丝拉伸示意图

1—黏胶管　2—计量泵　3—桥架　4—曲管　5—烛形滤器　6—喷丝头组件
7—凝固浴　8—进酸管　9—回酸管　10—导丝杆　11—导丝盘　12—前拉伸辊
13—塑化浴　14—罩盖　15—后拉伸辊

　　制备的黏胶经过滤、脱泡后，由计量泵定量送入纺丝系统，通过烛形滤器再次过滤除去粒子杂质后由曲管送入喷丝头。给予一定的压力，黏胶通过喷丝孔形成黏胶细流进入凝固浴。在凝固浴中黏胶细流发生复杂的结构变化，成为初生丝条。为了提高初生纤维的物理机械性能，必须经过塑性拉伸，使纤维的结构和性能基本定型。丝条经凝固、拉伸、再生后，再经水洗、脱硫、上油和干燥，最后卷绕成品。黏胶纺丝只能使用湿法纺丝。

目前有 Lyocell 纤维成型工艺，其工艺流程是将浆粕直接溶解在有机溶剂中制备成纺丝原液，采用干喷湿纺工艺纺制原丝。该工艺还未在碳纤维制备领域使用。

随着纺丝速度的不同可以制备不同的黏胶纤维。普通黏胶长丝、短纤维为 60～80m/min；强力黏胶纤维为 40～60m/min，富强纤维为 20～30m/min。采用不同的纺丝设备，其纺速也不同，如纺制普通长丝的离心式纺丝机一般为 60～75m/min，高的可达 90～100m/min；而连续式纺丝机，一般只有 50～60m/min[36]。

# 第三节　原丝碳化技术

## 一、PAN 基原丝的碳化

PAN 原丝的碳化过程主要包括放丝、预氧化、低温碳化、高温碳化、表面处理、上浆烘干、收丝卷绕等工序，基本工艺流程如图 2-17 所示。

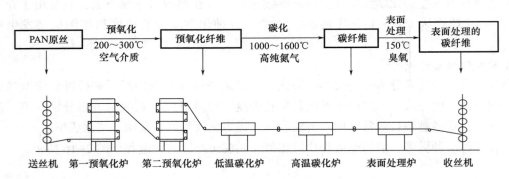

图 2-17　聚丙烯腈基碳纤维生产工艺流程示意图

### 1. 预氧化

为了使聚丙烯腈线形大分子链转化为非塑性的耐热梯形结构，从而使纤维在高温下碳化不熔不燃，继续保持纤维形态，在原丝丝束碳化前要对其进行预氧化处理[39]。预氧化过程在整个碳纤维制备流程中耗时最长，预氧化时间一般为 40～120min，碳化时间为几分钟到十几分钟，而石墨化时间则以秒计算，预氧化过程是决定碳纤维生产效率的关键环节[40]。

PAN 原丝的预氧化，一般在 180～300℃的空气中进行[41]，随着温度的逐渐升高，原丝颜色由白色开始转变成淡黄色、黄色、棕色、棕黑和黑色。此过程中发生的化学反应相当复杂，包括氧化脱氮、脱氢环化和氰基环化反应等，经过预氧化后，PAN 原丝中氢含量比例降低、氧含量上升，氮元素比例基本不变。

预氧化反应的原理是气固双扩散过程，氧由表及里向纤维芯部扩散，同时反应副产物由里向外扩散。预氧化炉内的流动空气作用有两个，一是提供预氧化反应所需要的氧，二是把反应热和反应副产物及时带出，促进双扩散过程向纤维内部发展。预氧化程度是影响碳纤维质量的重要因素，预氧化程度不足（氧含量<6%）即环化程度低，在碳化过程中释放出的分解产物多，将使碳纤维强度降低；预氧化程度过高（氧含量>12%），在梯形结构中结合的氧较多，在高温碳化时释放的热解产物多（如 $CO$、$CO_2$、$H_2O$），将使碳纤维强度下降、碳率降低，最佳预氧化程度是生产工艺的关键控制指标[39]。

预氧化过程中的主要工艺参数包括：预氧化温度及其分布梯度、预氧化时间、张力牵伸等。预氧化工艺是否恰当决定了后续碳化过程的稳定性，甚至严重影响最终碳纤维的力学性能[40]。

预氧化过程在预氧化炉中完成，根据结构不同，预氧化炉有直线式炉、热风循环式炉、外热式预氧化炉、流化床式预氧化炉、导流板式炉等不同炉型[42]。

图 2-18 为直线式预氧化炉结构示意图，它由炉体、气室、走丝室、布风板等部件组成。经过滤的空气进入气室后被加热，热空气经布风板进入走丝室，及时将原丝在预氧化反应中放出的大量反应热带走并直接排出炉外。这种炉型具有结构简单、造价低的特点，但占地面积较大，走丝速度慢，能耗较高。

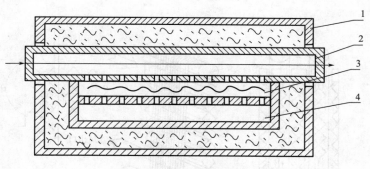

图 2-18　直线式预氧化炉
1—炉体　2—走丝室　3—加热室　4—风室

近年来具有热风循环系统的预氧化炉在工业生产中得到大量应用。英国 RK 公司的热风循环式预氧化炉分为四个单元，图 2-19 是其中一个单元的结构示意图。该炉可实现热风循环使用，从预氧炉出来的含有分解及反应产物的热空气，一部分经焚化炉催化分解后放空，另一部分再循环到炉内，同时从进气口再补充一部分新鲜空气进入炉内。排放一部分，循环一部分，补充一部分，既可避免大量热能被排放气体带走，又可避免多次循环而使分解产物富集，对纤维造成污染[43]。

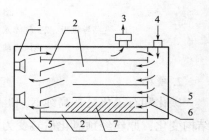

图 2-19　热风循环式预氧化炉
1—鼓风室　2—加热板　3—焚烧炉
4—新鲜空气入口　5—循环风道
6—进气口　7—进丝方向

目前国内外大型预氧化炉主要采用的是热风循环式结构，即将热风多次循环利用，达到充分利用余热的目的，该炉型节能效果很好，炉子结构如图 2-20 所示，炉内分层设置 2~6 个炉膛，每一个炉膛均连接一个热风炉，通过炉膛两侧设置的热风气流分布管送风，炉顶设置有空气预热管、废弃排放口及空气吹入口，纤维通过炉膛间的走丝狭缝运行。炉体顶部的废气口和进气口通过热交换使这种预氧化炉具有显著的节能降耗效果[44]。

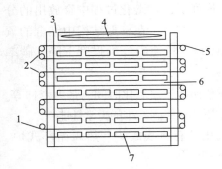

图 2-20　外热式预氧化炉

1—PAN 原丝　2—导丝辊　3—废气出口
4—隔热材料　5—预氧丝
6—预氧化炉腔　7—加热元件

预氧化炉腔内的热风流向可以与纤维平行，也可垂直。当平行流动的速度不太高时，反应热不易瞬时排除；流量太大时，热风耗量大；当垂直流动时，有利于反应热的排除，但平行运行的丝束对热风有阻流作用，且炉外空气易通过炉口进入炉内，使有效反应段减短[43]。

图 2-21 是装有导流板的预氧化炉，热风气流的流动轨迹是"之"字形，多次穿过纤维束，可有效带走反应热，显著缩短预氧化时间[45]。这种炉体结构的另一个优点是可以减少热风循环量，使热量得到充分利用，热风在这种炉腔内的流向兼备平行与垂直流向的综合优点。但这种预氧化炉的炉体结构较复杂，特别是导流板的凸与凹交替出现，给断丝处理和清理炉腔带来很大不便，仍需进一步完善和改进。

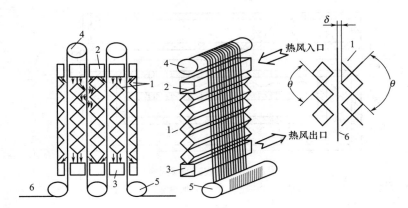

图 2-21　装有导流板的预氧化炉

1—气路导流板　2—气体入口喷嘴　3—吸入气体的管路　4、5—导丝辊　6—纤维束带
θ—热风流动角度　δ—导流板凸部与纤维束带之间的距离

## 2. 碳化

碳化和石墨化是在高纯 $N_2$ 和 Ar 气保护下进行的固相热解反应。碳化过程伴随着材料的结构变化，原丝经预氧化后转变为耐热梯形结构预氧化丝，经低温碳化和高温碳化后转化为具有乱层石墨结构的碳纤维，随着碳化的进行，非碳原子逐步脱除，碳原子富集再结晶，含碳量高达 92%以上。

（1）低温碳化。低温碳化可以使预氧化未反应的 PAN 进一步环化，分子链间脱水、脱氢交联以及侧链和末端基团热解，并伴有大量气体产物排出。低温碳化的温度区间在 300~800℃，形成由低到高温度梯度，使热解过程循序渐进，可控可调。

低温碳化炉一般有五六个温区，内炉腔可用 4~8mm 耐热、耐蚀不锈钢板加工而成，其截面形状为上拱弧形。这种形状不仅可承受高温条件下不变形，而且上拱弧形可使焦油向两边流动，阻止焦油直接滴下污染纤维，造成断丝和影响连续生产[46]。内炉腔还可以用 SiC 材料制成，与不锈钢材料相比具有耐腐蚀、使用寿命长的特点，但加工制作较复杂，使用过程中易出现微裂纹。图 2-22 是国产低温碳化炉结构示意图，主要由炉体、炉膛、气封装置、氮气供给系统、废气排放装置、加热体及牵伸机构组成。

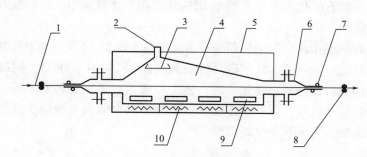

图 2-22　低温碳化炉结构示意图

1—预氧丝　2—排气口　3—焦油收集及排扩装置　4—炉膛　5—炉体　6—气封装置

7—气封管　8—牵伸机构　9—保护气供给机构　10—加热体

预氧丝经牵伸机构通过炉膛，炉膛下部设保护气体供给系统，氮气进入炉膛后，气流呈纤维运行垂直方向流过，携带碳化分解产物经设在低温端的排气口排出炉外。炉外安装引风机用于排除废气，并通过调节阀控制排风量大小，炉膛内部保持微正压。排出的废气集中收集处理，达标排放。为保证炉内气氛稳定，通入炉膛的氮气一般先进行预热。

（2）高温碳化。在高温碳化阶段，PAN 产生芳构化反应，分子链间进行收缩、重排，非碳原子逐渐脱出，碳原子进一步环化和交联，形成具有乱层石墨结构的碳纤维。随着碳化的进行，纤维的拉伸强度和模量逐渐提高，断裂伸长率降低，纤维逐渐转化为脆性材料。

高温碳化温度一般在 1000~2000℃，高温碳化炉多用石墨发热体作为热源，用低电压大电流变压器实施调控。在高温碳化过程中的主要副产物是 $N_2$，其次是 HCN，这是小的碳网平面热缩聚为大的碳网平面的产物，合理的化学收缩是结构转化的必然规律。在此阶段，牵伸调控下的负牵伸是高温碳化的重要工艺参数之一[46]。

生产碳纤维的过程中，牵伸贯穿始终。牵伸有正牵伸（伸长）、零牵伸（定伸长）和负牵伸（收缩）。一般在预氧化工序正牵伸 1%~5% 或定伸长，需根据 PAN 原丝性能而定；在低温碳化工序一般为正牵伸，高温碳化工序为负牵伸[46]。

图 2-23 为高温碳化炉结构示意图，高温碳化炉主要由炉体、炉膛、加热体及气封装置组成。炉膛材料及加热体材料根据碳化炉工作温度确定，对于工作温度为 1350℃ 以下的碳化炉，可选用 SiC 材料制作炉罐，选用 SiC 棒电热元件为发热体；对于 1450℃ 以下的碳化炉，可选用刚玉材料炉罐及二硅化钼电热元件；对于 1600℃ 以上碳化炉，必须选用石墨炉膛和石墨发热体。因高温碳化时间少于低温碳化时间，高温碳化炉的长度相应缩短。

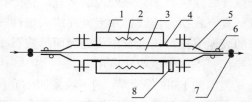

图 2-23　高温碳化炉结构示意图

1—炉体　2—加热体　3—炉膛　4—密封材料

5—气封装置　6—气封管　7—牵伸机构

8—保护气入口

### 3. 石墨化

碳纤维经高温碳化后，如要进一步提高其模量，需要在高纯氩气的保护下，在3000℃左右的高温下进行石墨化。石墨化的时间不宜过长，数秒至数十秒即可。石墨化设备和高温热处理技术是影响碳纤维石墨化的关键[47]。在国内外工业上普遍采用的碳纤维石墨化设备多为高温管式石墨化电阻炉。

除此之外，还有一些正在研制中的新型石墨化设备，图2-24所示为直接加热感应石墨化炉，该方法采用高频感应加热的方式使碳纤维直接加热到2500～3000℃，同时给纤维加载一个沿纤维轴向的牵伸张力而进行石墨化处理。整个设备主要包括高频发生器、耦合器、石英反应器和一个差速收放丝机构，借助差速收放丝机构形成牵伸张力预置，由线性电场感应直接使纤维达到工艺温度，完成石墨化处理[47]。

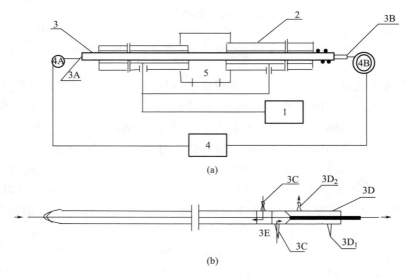

图2-24  直接加热感应石墨化炉

1—高频发射器  2—射频耦合器  3—石英热反应器  4—收放丝机构
3A—进丝口  3B—出丝口  3C—惰性气体出气口  3D—水冷封套
3D₁—冷却水进口  3D₂—出水口  3E—气封堵头

利用等离子体技术进行碳纤维石墨化是一项新的研究领域，日本的村井[47,48]发明了一种碳纤维连续石墨化热处理的装置。整个石墨化装置置于一密闭的真空容器内，通过真空泵进行真空置换，连续排除废气并注入惰性气体氦气和氮气，密闭容器内的碳纤维在3000℃左右的高温下进行连续石墨化处理而形成石墨纤维。但其温度场控制的不稳定且需在真空环境下操作，不便于工业化应用。

美国的Felix等[47,49]的一项发明中介绍了利用微波等离子技术和电磁辐射进行碳纤维碳化和石墨化的技术。碳纤维被置于真空石英管内，放在等离子体和电磁辐射场内，通过等离子体与电磁辐射的耦合，使电磁能被纤维利用，导致大量能量作用于纤维上而使碳纤维发生石墨化；该装置可大幅降低成本，使碳化、石墨化和表面处理一次完成。但其不能进行连续化生产限制了工业化生产推广。

**4. 碳纤维表面处理**

碳纤维在高温惰性气体中碳化处理后，其表面活性、张力降低，与基体树脂的浸润性变差，为改善以上性能，需要对碳纤维进行表面处理。碳纤维表面处理有表面涂层改性法、气相氧化法、液相氧化法、阳极氧化法、等离子体法等[50]。

（1）表面涂层改性法的原理是将某种聚合物涂覆在碳纤维表面，改变复合材料界面层的结构与性能，使界面极性等与基体树脂相适应，以提高界面黏结强度，同时提供一个可消除界面内应力的可塑界面层[50]。

（2）气相氧化法使用的氧化剂有空气、氧气、臭氧等含氧气体。氧化处理后，碳纤维表面积增大，官能基团增多，可以提高复合材料界面的粘接强度和材料的力学性能[51]。

（3）液相氧化法是采用液相介质对碳纤维表面进行氧化的方法。常用的液相介质有浓硝酸、混合酸和强氧化剂等。液相氧化法相比气相氧化法较为温和，一般不使纤维产生过多的起坑和裂解，但是其处理时间较长，与碳纤维生产线匹配难，多用于间歇表面处理[50]。

（4）阳极氧化法，又称电化学氧化表面处理，这种方法大规模生产应用较多。该法就是把碳纤维作为电解池的阳极、石墨作为阴极，在电解水的过程中利用阳极生成的"氧"，氧化碳纤维表面的碳及其氧官能团，将其先氧化成羟基，之后逐步氧化成酮基、羧基和 $CO_2$ 的过程[50]。该工艺要求水的纯度高，此外电极必须是惰性的，不参加电化反应。阳极电解氧化法的典型流程如图 2-25 所示。

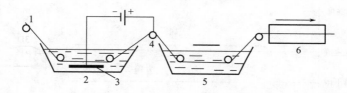

图 2-25　阳极电解氧化法的装置图
1—导向辊　2—电解槽　3—石墨电极　4—导电辊　5—水洗槽　6—干燥炉

（5）等离子体法主要是通过等离子体撞击碳纤维表面，从而刻蚀碳纤维表层，使其表面的粗糙度增加，表面积也相应增加。由于等离子体粒子一般具有几到几十电子伏特的能量，使得碳纤维表面发生自由基反应，并引入含氧极性基团。等离子体法还有可能使碳纤维表面微晶晶格遭到破坏，从而减小其微晶尺寸[52]。

**5. 上浆**

碳纤维是一种脆性材料，极易在加工过程中产生毛丝，需要对碳丝表面上浆处理。上浆剂主要有以下几个作用：提高碳纤维的集束性和耐磨性，保护碳纤维表面；提高纤维与树脂的浸润性；改善复合材料的界面性能，提高层间剪切强度。

目前多采用乳液型上浆剂，以一种树脂为主体，配以一定量的乳化剂，少量交联剂，以及为提高界面黏合性的助剂。碳纤维的上浆剂多采用环氧树脂，环氧树脂种类繁多，但作为主上浆剂多采用双酚 A 环氧树脂，是一种产量大，应用广泛的主流上浆剂。

上浆后的碳纤维要求每根单丝表面均匀上浆而形成薄膜，以满足在后续深加工过程中的集束性、耐磨性、开纤性和扩幅性。同时，上浆后的碳纤维要求具有良好的悬垂值、润湿性和平度等性能。目前碳纤维普遍采用的上浆方法有转移法、浸渍法和喷涂法等，其中浸渍法最为常用。

**6. PAN 基碳纤维预氧化、碳化控制系统实例**[53]

控制系统可采用可编程计算机控制器（PCC）技术，以 PP281 触摸屏为核心，配以 4 个 PowerLink 分站，实现温度、传动、开关量的集中显示与控制。整条生产线由 10 台预氧炉、1 台中温碳化炉、1 台高温碳化炉组成，共有 55 个控温点、30 个测温点，牵伸系统采用 15 台变频器进行调速。系统输入/输出模块采用 B&R2003 系统模块，其中温度模块采用 AT664，数字量输出模块采用 DO720，数字量输入模块采用 DI439，模拟量输出模块采用 AO352。

温度加热采用固态继电器 PWM 调功方式；变频器采用 DO（数字量输出）信号启动，模拟量调速，为提高控制精度，变频器安装编码器模块，在电机侧安装增量式旋转编码器，构成闭环控制。

PP281 集触摸屏功能与 PLC 功能于一体，采用 Automation Studio 软件，C 语言编程，实现温度 PID 调节控制、变频调速控制、温度/牵伸比的实时显示、气体监测、实时与历史报警记录等功能，界面友好，操作简单。

（1）温度 PID 控制。由于预氧化设定温度较低（190～280℃），而且预氧化过程中会有放热反应，为避免温度到达设定值时的过冲现象，选择适合的碳纤维预氧化温度控制策略尤为重要，如图 2-26 所示。

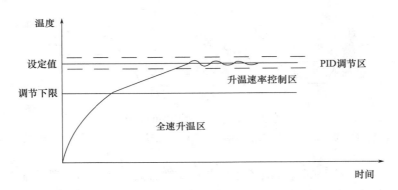

图 2-26　预氧炉温度控制策略

预氧炉温度控制采用混合控制策略。温度低于设定值 30℃ 时，采用全功率升温控制策略，当温度在接近设定值 30℃ 以内时，采用高精度 PID 调节的升温速度控温策略，达到设定值后，转换为单纯的高精度 PID 调节。采用此种控制策略，既可以根据不同炉子的特性实现快速升温，又可靠保证在预氧化温度达到设定值时，不会出现温度过冲现象[54,55]。

温度的 PID 控制采用贝加莱的智能 PID 模块，有着新的积分部分和更好的饱和度，利用 PCC 分时序、多任务的特点，可同时进行所有控温点的 PID 控制及 PID 参数优化，而各区参数的独立性及准确性保证了温度参数的精度，可将其误差控制在 1℃ 的偏差范围内。温度控制及 PID 参数画面分别如图 2-27 和图 2-28 所示。

（2）牵伸控制。牵伸控制采用 15 台具有矢量控制功能的 ABB 变频器，闭环控制，PP281 通过 DO 信号控制变频器启停，通过模拟量调速。牵伸控制功能如图 2-29 所示。

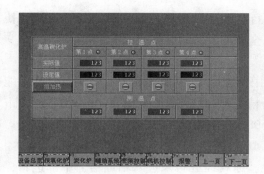

图 2-27 温度 PID 控制功能

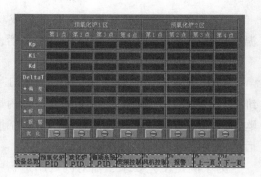

图 2-28 温度 PID 参数优化功能

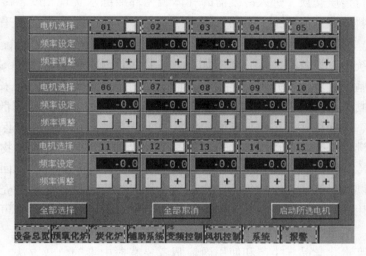

图 2-29 牵伸控制功能

（3）气体监测。PP281 通过 RS485 接口与露点仪和微量氧分析仪通讯，可实时监测保护气体中的水分含量和氧含量，并设定最大量程和报警上下限[56]，如图 2-30 所示。

（4）系统设置。系统设置功能可以管理多个用户的密码、保存和提取工艺参数、时间设定以及进行触摸屏校正，如图 2-31 所示。

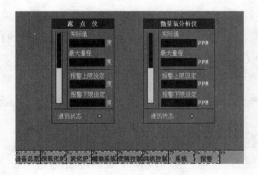

图 2-30 气体监测功能

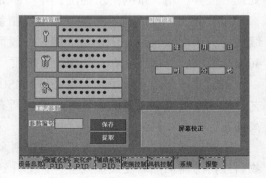

图 2-31 系统功能

2007 年 12 月该控制系统在某单位成功运行，结果显示该控制系统不仅升温速度快，控温精度高，并且传动平稳可靠，控制灵活，完全满足了碳纤维生产的需求。

**7. 碳纤维生产辅助系统**

（1）丙烯腈精制及回收系统。一般工业用丙烯腈含有阻聚剂或少量杂质，而高性能碳纤维原丝的制备必须配备高纯度的原料，丙烯腈精馏和回收系统是必不可少的装备。以市场采购的丙烯腈为原料，其典型成分组成丙烯腈≥98%、水≤0.5%，微量阻聚剂、微量盐。精馏后的丙烯腈纯度≥99.5%。

为了满足工艺要求，需对丙烯腈进行提纯。原料经进料泵进入精馏塔，中部进料，落入塔釜的物料经立式热虹吸式再沸器加热汽化后上升进入精馏塔，精馏塔里装有高效填料，气液在精馏塔里进行传质交换，进入冷凝器的气体经循环冷冻水实现相变，冷却成为液体进入回流罐，液体物料经控制回流泵，一部分回流回塔，一步法经产品冷却器采出合格产品进入界区外成品储罐。釜底为重组分及少量丙烯腈，经釜液采出泵间歇定时排出。

整个精馏系统中，设备是关键，要求如下：与物料接触材料均采用 SUS316L，壳体内壁抛光处理；丙烯腈为高度危害介质，连接法兰均采用凹凸面密封，阀门均采用优质球阀，垫片均采用 F4 材料，以保证安全；精馏塔采用填料塔，内装表面洁净的金属散堆填料；分布器采用操作弹性大、压降低、分布效果良好的气液收集分布器，精馏塔外壁保温；再沸器采用立式热虹吸式再沸器，壳程循环热水加热；冷凝器卧置成一定倾角安装，物料走壳程，冷冻水走管程；产品冷却器卧置安装，双管程，物料走管程，冷冻水走壳程；回流罐、真空缓冲罐均采用立式椭圆双封头；真空捕集器竖立安装，物料走管程，冷冻水走壳程，用于捕集未凝汽；真空泵采用喷射泵，以保证安全稳定；热水浴配套蒸汽加热，温度可调可控，配套水循环泵系统。

因丙烯腈为高毒化学品，生产和使用丙烯腈者要掌握中毒的急救方法，车间要备有急救药品和氧气呼吸器，生产设备、管线要加强维修，进入容器清理或进行其他操作前必须进行充分通风，使用有效防护用品，并有专人在容器外进行监护，禁止单人在危险地区操作，工作场所严禁进食、吸烟，丙烯腈泄漏时要及时撤离危险区，切断火源，处理人员戴好正压自给式呼吸器，穿化学防护服，收集漏液入密封容器内，用砂土或其他惰性材料吸收残液并转移到安全场所，再用氯漂白液中和残液。若大量泄漏利用围堤收容，然后收集、回收或无害处理后废弃，用大量的清水冲洗，并将冲洗水放入废水系统中。

（2）溶剂回收系统。在碳纤维原丝制备过程中，凝固浴液不断积累，需要回收提纯后继续使用，溶剂回收是一个重要工序。一般而言，回收凝固浴液体中溶剂的浓度（DMSO）在40%左右，水在60%左右，外加微量杂质。回收处理后溶剂指标要达到99.9%。

目前，碳纤维原丝生产大多采用 DMSO 作为溶剂。其回收一般采用三塔连续负压精馏工艺，塔一主要除去大量的水，塔二除去所有水分和其他前馏分，塔三出产品 DMSO，釜底为高沸物。基本物料流程如下：

①将纺丝工序送回的稀溶剂通过进料泵输送，经换热器换热后进入预处理塔中部，塔内物料经再沸器加热后变成蒸汽上升，上升到塔顶的蒸汽经换热器和冷凝器冷凝后进入回流罐，罐内物料经过回流泵输送，一部分物料回流返回预处理塔内，与塔内上升蒸汽进行热质传递，另一部分物料进入水接收罐，塔釜内的物料通过塔釜出料泵进入釜液接收罐。

②将釜液接收罐内的物料通过下级进料泵输送，进入精馏塔中部，塔内物料经再沸器加热后变成蒸汽上升，上升到塔顶的蒸汽经冷凝器冷凝后进入本塔回流罐，罐内物料经过本塔的回流泵输送，一部分物料回流返回精馏塔内，与塔内上升蒸汽进行热质传递，另一部分物料进入前馏罐，塔釜内的物料通过本塔釜出料泵进入本塔釜液接收罐。

③将精馏塔釜液接收罐内的物料通过塔三进料泵输送，进入精馏塔三中部，本塔内物料经再沸器加热后变成蒸汽上升，上升到塔顶的蒸汽经本塔冷凝器冷凝后进入本塔回流罐，罐内物料经过本塔回流泵输送，一部分物料回流返回本精馏塔内，与塔内上升蒸汽进行热质传递，另一部分物料经产品冷却器冷却后，进入产品接收罐，本塔釜内的物料通过溢流进入本塔釜液接收罐，得到成品回收的溶剂。

溶剂回收的主设备包括：预处理塔、原料储罐、釜液接收罐、回流罐、水接收罐、真空缓冲罐、真空泵、换热器、冷凝器等设备，配套真空及输送系统控制系统，实现回收功能。

（3）高纯水制备系统。在碳纤维制备过程中，特别是在原丝制备过程中，大量用到高纯水，如配制凝固浴、初生纤维水洗浴、上浆剂等，水质直接影响碳纤维原丝质量。目前为了制备高纯度稳定水，一般取自来水为水源，经过处理后制备高纯工艺水，水质要求电阻率≥15MΩ/cm。其制水工艺分为预处理系统、反渗透系统、精处理（EDI）系统。在使用过程中，用户需根据管道供水水质选择适当的预过滤保护装置，主要净化功能为降低污泥指数，降低余氯含量，降低水硬度；超纯水系统安装在尽可能洁净的室内，以确保其超纯水不被二次污染。

（4）在碳纤维原丝制备过程中，多个工段需要高纯氮气保护，如丙烯腈存储、聚合反应保护气体；在低温碳化和高温碳化工艺中，需要氮气保护，并且对氮气消耗量大，且纯度要求高，对氧含量和水含量控制苛刻。碳化时，要求氮气纯度氧含量一般≤1mg/kg，水含量要求露点低于−70℃。

在碳纤维制备工程中，为了控制成本和质量，一般采用深冷制氮模式制备高纯氮气。整个流程由空气压缩净化、空气分离、液氮汽化三部分组成。首先，空气经过滤器除去灰尘及杂质后，进入空气压缩机逐级压缩冷却，然后进入预冷系统进行空气降温后进入净化器，空气中的水分、二氧化碳及大部分碳氢化合物等得以清除；其次，净化后的空气进入主热交换器与返流的氮和废气进行热交换后进入精馏塔的底部。经精馏塔分离后顶部得到氮气，这些氮气被冷凝成液氮，另一部分经主换热器回收后作为产品废气排出塔外；精馏塔底部为液态空气，液态空气从塔底抽出经冷却器节流进入主冷凝蒸发器，与氮气换热后成废气，部分进入膨胀机膨胀制冷，膨胀后的废气再返回主热交换器与其余废气汇合后排出塔外。最后，由空分塔出来的液氮进液氮贮槽贮存，汽化后得到高纯氮气产品。

（5）污水处理系统。在碳纤维生产过程中，会产生大量废水，废水中BOD、COD含量较高，需要进行集中处理后才能排放，一般碳纤维工厂水中COD≤600mg/L、BOD≤300mg/L、SS≤250mg/L、氨氮≤300mg/L，经过处理后出水污染物最高浓度要求达到《污水综合排放标准》（GB 8978—1996）二级排放标准。

目前碳纤维生产厂污水处理一般采用"A—O生物脱氮工艺"，实施该工艺时，在进水前端设格栅和调节池，以隔除大尺寸杂质，调节水量和水质；厌氧处理单元设置水解酸化池；

好氧处理单元采用传统活性炭污泥法；剩余污泥排入污泥浓缩池消化处置，浓缩污泥利用箱式压滤机脱水外运。在设备运行阶段，一般 1~2 年清掏一次污泥，每 4~5 年更换一次过滤材料，以保证污水处理站正常稳定运行。

## 二、沥青基碳纤维原丝的碳化

### 1. 沥青纤维的不熔化（预氧化）处理

沥青纤维必须通过碳化，充分除去其中的非碳原子，最终保留碳元素所固有的特性；但由于沥青的可溶性和黏性，在刚开始加温时就会黏在一起，不能形成单丝，所以必须先进行预氧化处理。另外，预氧化还可以提高沥青纤维的力学性能，增加炭化前的抗拉强度[57,58]。沥青纤维在氧化过程中分子之间产生了交联，使纤维具有不溶解、不熔融的性能。

### 2. 沥青基碳纤维的碳化和石墨化

不熔化后沥青纤维送到惰性气氛中进行炭化或石墨化处理，以提高最终力学性能。不熔化纤维在低温碳化时，其含氧官能团以 CO 和 $CO_2$ 脱离，单分子间产生缩聚，在 600℃ 以上时有脱氢、脱甲烷、脱水反应，非碳原子不断脱除，最终纤维的碳含量达到 92% 以上，碳的固有特性得到展现，单丝的拉伸强度和初始模量增加[57,58]。

## 三、黏胶基碳纤维原丝的碳化

### 1. 黏胶纤维的后处理

黏胶基碳纤维的制造工艺包括多个环节，即加捻、稳定化浸渍、干燥、预氧化、卷绕、高温碳化、表面处理、碳纤维成品。

和 PAN 基碳纤维相比，由于黏胶纤维含水量较多，增加了加捻、稳定化处理工序，稳定化工序中加入无机和有机系催化剂，以降低热裂解热和活化能，缓和热裂解和脱水反应，便于生产工艺参数的控制，有利于碳纤维强度的提高。

在催化剂作用下，白色黏胶纤维经过脱水、热裂解和结构的转化，变为黑色的预氧化纤维，提高了耐热性。高温碳化在一个衬石墨的碳化炉中进行，温度在 1400~2400℃，可获得含碳量为 90%~99% 的碳纤维。

### 2. 黏胶纤维的碳化机理

黏胶纤维的脱水、热裂解和碳化过程非常复杂，物理化学反应主要发生在 700℃ 之前，可大致归纳为四个阶段。

开始阶段：黏胶纤维中物理吸附水解脱，在 90~150℃ 低温除水。

第二阶段：温度接近 240℃，纤维素葡萄糖残基发生分子内脱水化学反应，羟基消除，碳双键生成。

第三阶段：残基的糖苷环发生热裂解，在 240~400℃ 下，纤维素环基深层次裂解成含有双键的碳四残链。

第四阶段：在 400~700℃ 高温下发生芳构化反应，使碳四残链横向聚集合并、纵向交联缩聚为六碳原子的石墨层结构，如果在张力下进行石墨化处理，可提高层面间的取向，转化为乱层石墨结构，从而提高碳纤维的强度和模量。

# 第四节 碳纤维复合材料及其应用

## 一、碳纤维增强复合材料的种类

碳纤维具有一系列优异的特性，使用过程中往往将它与基体材料复合使用，充分发挥其优异的性能。根据使用目的不同可选用不同的基体材料和复合方式来达到所要求的复合效果。碳纤维可用来增强树脂、碳、金属及无机陶瓷，目前使用最广泛的是树脂基复合材料。[59]

### 1. 碳纤维增强陶瓷基复合材料

陶瓷材料具有优异的耐蚀性、耐磨性、耐高温性和化学稳定性，广泛应用于工业和民用产品，但它为脆性材料且对裂纹、气孔和夹杂物等细微的缺陷很敏感。碳纤维具有良好的耐高温和力学性能，与陶瓷材料复合后可增强材料的强度和韧性，同时保持了陶瓷的优异性能。陶瓷材料有多种，但是碳纤维增强碳化硅材料是目前国内外比较成熟，在高温条件下力学性能优异，不需要额外的隔热措施，在航空发动机、航天飞行器等领域具有广泛应用[60]。

### 2. 碳/碳复合材料

碳/碳复合材料是由碳纤维、织物或编织物等增强碳基复合材料构成，具有密度低、热膨胀系数小、高温环境下力学性能优异、抗热震和耐高温烧蚀等优异特点，特别是在高温环境中，不熔不燃，并能保持高强度，在导弹弹头、固体火箭发动机喷管以及飞机刹车盘等高技术领域得到广泛应用。

### 3. 碳纤维增强金属基复合材料

碳纤维增强金属基复合材料是以碳纤维为增强纤维，金属为基体的复合材料。与金属材料相比，此类复合材料具有高的比强度和比模量；与陶瓷相比，具有高的韧性和耐冲击性能。金属基体多采用铝、镁、镍、钛及它们的合金等，其中碳纤维增强铝、镁复合材料的制备技术比较成熟。制造碳纤维增强金属基复合材料的主要技术难点是碳纤维的表面涂层，以防止在复合过程中损伤碳纤维，从而使复合材料的整体性能下降。目前，在制备碳纤维增强金属基复合材料时，碳纤维的表面改性主要采用气相沉积、液钠法等，但因其过程复杂、成本高，限制了碳纤维增强金属基复合材料的推广应用[59]。

### 4. 碳纤维增强树脂基复合材料

碳纤维增强树脂基复合材料具有轻质、高强、耐高温、抗腐蚀、热力学性能优良等特点，广泛用作结构材料及耐高温抗烧蚀材料。根据基体树脂的不同可以分为热固性树脂和热塑性树脂。热固性树脂在固化剂或热作用下进行交联、缩聚，形成不熔不溶的交联体型结构，常采用的热固性树脂有环氧树脂、双马来酰亚胺树脂、聚酰亚胺树脂以及酚醛树脂等。热塑性树脂在一定条件下溶解熔融，只发生物理变化，常用的有聚乙烯、聚酰胺、聚四氟乙烯以及聚醚醚酮等。

碳纤维和增强树脂复合后，碳纤维为增强基体，承载外界传递的载荷，而树脂基体则使复合材料整体成型。碳纤维在复合材料中以两种形态展现：连续纤维和短纤维，相比较之下，连续纤维增强的复合材料通常具有更好的力学性能，通常采用拉挤成型制备；短纤维复合材料可采用模压成型、注射成型以及挤出成型等方式制备。

## 二、碳纤维复合材料应用领域

### 1. 航空航天领域[61,62]

碳纤维复合材料性能优异，在2000℃的高温惰性环境中性能不下降，并且可编可织，具有很高的设计自由度，在航空领域特别是飞机制造业中应用广泛。统计显示，目前，碳纤维复合材料在小型商务飞机和直升机上的使用量占70%~80%，在军用飞机上占30%~40%，在大型客机上占15%~50%。

碳纤维在航空航天领域的应用主要有以下几种形式：碳纤维与树脂复合；碳纤维与金属复合；碳纤维与陶瓷复合等。碳纤维增强树脂基复合材料（CFRP）已经成为生产武器装备的重要材料，AV—8B改型"鹞"式飞机是美国军用飞机中使用复合材料最多的机种，其机翼、前机身都用了石墨/环氧大型部件，全机所用碳纤维的质量约占飞机结构总质量的26%，使整机减重9%，有效载荷比AV—8A飞机增加了一倍。碳碳复合材料则广泛应用于航天飞机的鼻锥和机翼的前缘材料，另外大型超高音速飞机的刹车片也在应用，包括民用和军用的干线飞机。

在法国电信一号通信卫星本体结构中，带有4条环形加强筋的中心承力筒是由CFRP制成的，卫星的蒙皮是由T300 CFRP制成的[63,64]；日本JERS—1地球资源卫星壳体内部的推力筒、仪器支架、8根支撑杆和分隔环都使用了碳纤维复合材料。

我国从1996年11月20日的"神舟一号"升空开始到"神舟十号"上天，在飞船、卫星、返回舱中大量使用了碳纤维复合材料，为我国的航天事业立下了汗马功劳。

随着科学的进步，碳纤维复合材料将会越来越多地应用于在航空航天领域中，为世界航空航天技术的发展做出更大的贡献。

### 2. 军工领域[65]

碳纤维以其优异的性能广泛应用于军工和民用领域，是军民两用新材料，属于技术密集型和政治敏感的关键材料，已成为国家大力发展的战略性新兴产业，现已被广泛应用于火箭、导弹、军用飞机、个体防护等军工领域。

（1）洲际导弹。在高温惰性环境下，碳纤维是唯一一种在2000℃以上环境中强度不下降的材料，而军用碳纤维可耐3000℃以上高温。

洲际弹道导弹是战略性武器中的撒手锏，在碳纤维复合材料广泛用来制造洲际弹道导弹的鼻锥、发动机喷管和壳体。不仅提高了洲际导弹的热力学性能，而且减轻了导弹的质量，有效提高了射程。

火箭发动机是发射各种导弹的主要动力，而碳纤维复合材料在火箭发动机壳体上的应用十分广泛。美国的多款机动洲际弹道导弹鼻锥和发动机喷管喉衬都使用了3D C/C复合材料，其中卫兵型、SPI型反弹道导弹、民兵Ⅲ鼻锥均采用了碳纤维复合材料。MX弹道导弹第三级发动机喷管及三叉戟Ⅱ型导弹的固体发动机壳体采用了CFRP。2010年，法国成功试射M51导弹，导弹的一级发动机外壳全部为碳纤维复合材料，采用编织工艺制备而成。

2003年9月，我国首个采用碳纤维复合材料固体小运载发动机的"开拓者一号"飞行成功，其发动机的第四级（直径640mm）采用了碳纤维复合材料，实现了由GFRP壳体向CFRP壳体的历史性跨越。随后，碳纤维复合材料在军工领域遍地开花，成功应用于陆基机动洲际弹道导弹"东风—31"和"东风—31A"的弹头上，潜射洲际弹道导弹"巨浪-Ⅱ"

型发动机喷管也采用了 C/C 复合材料。碳纤维复合材料在军工领域的广泛应用，必将使得战略导弹和运载火箭的整体性能大大提高。

（2）碳纤维炸弹（石墨炸弹）。碳纤维炸弹（图 2-32）俗称石墨炸弹或软炸弹，主要攻击对象是城市的电力输配系统，至其瘫痪，又被称为断电炸弹。其原料为特殊处理后的碳丝制成，爆炸后碳丝可在高空中长时间漂浮，落到发电厂和配电站高压电网上，碳丝可进入电子设备内部、冷却管道和控制系统的黑匣子，造成电力短路，从而破坏其电厂生产、各种输变电功能[66]，达到破坏以电为能源的军事指挥及各种武器装备的目的。在美伊战争中，美军向巴格达电厂、电站发射了多枚碳纤维炸弹，包括军事机关和通信部门，造成巴格达全市停电，直接影响了其作战能力[67]。

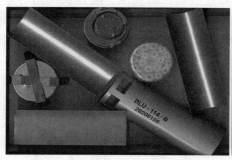

图 2-32　碳纤维炸弹

（3）军用舟桥。传统军用桥梁一般都为钢铁或铝合金材质，这类材料制成的桥梁都比较笨重，与现代部队快速机动的要求已不相适应。应用碳纤维、玻璃纤维和芳纶等新型复合材料，不但提高了桥梁的强度和韧性，而且大大减轻了桥梁的质量，满足了飞机运输的要求。

（4）军用防护用品。目前，碳纤维军工防护用品主要有碳纤维复合材料防弹头盔、防弹插板、防弹盔甲等，具有质量轻，导热、散热性好等特点，能有效阻挡子弹的侵蚀，实现对身体的有效防护。美国的新一代士兵头盔（又称强化格斗头盔 ECH）引进了碳纤维材料，这种头盔内软外硬，轻便，质量减轻了 20%。除此之外，碳纤维还用于制造防弹板等用途。

### 3. 新能源领域[68]

风能是一种可以长期使用的可再生资源，随着绿色发展进程的加快，风力发电设备的应用日益广阔。叶片是风力发电装备的关键部件，目前多采用玻璃纤维增强材料制备，但是当叶片尺寸大到一定程度，用常规的玻璃纤维增强材料制备叶片已难以满足叶片尺寸加大对刚性与质量的综合要求，大尺寸（超过 40m）风力叶片采用碳纤维材料已经成为一种趋势，同时，碳纤维复合材料优异的抗疲劳特性和良好的导电特性，可有效减弱恶劣环境对叶片材料的损害。当前，全球风机装机容量处于迅速增长时期，碳纤维复合材料风机叶片的应用已成为一种趋势。

### 4. 高速车辆制动系统

一般传统材料的极限制动速度是 300km/h，而碳纤维复合材料制动装置具有强度高、弹性模量适中、耐热性好、质量轻、膨胀系数小、耐磨损等优点，可以应用在速度更高的列车上[69]。德国铁路部门联合 Knoor Bremse 公司研制了高速列车用碳纤维复合材料盘型制动器；

日本、法国开发研制的碳纤维复合材料刹车片已成功地应用于新干线和 TGV 高速列车制动[70]。随着我国路况的日益好转，特别是高铁时代的到来，大力发展碳纤维复合材料刹车片具有重要的现实意义和推广应用价值[71]。

**5. 体育用品**

与传统材料体育用品相比，碳纤维复合材料具有质轻、高强、力学性能好、可设计性强等优点，在体育用品方面得到了广泛的应用，其用量占全世界碳纤维总消耗量的 40% 左右。

高尔夫球杆采用碳纤维复合材料可减轻质量 10%~40%，使用过程中可使球获得较大的初速度。另外，碳纤维复合材料具有高阻尼特性，可延长击球时间，球被击得更远[72]。碳纤维增强复合材料制成的钓鱼竿质量更轻，收竿时消耗能量更少，而且收竿距增加 20% 左右，渔具的卷轴也可以采用碳纤维复合材料制备，其强度高，耐腐蚀，能延长使用寿命。碳纤维复合材料制成的网球拍和羽毛球拍，质轻高强，能降低球与球拍接触时的偏离度，使球获得较大的加速度。碳纤维复合材料滑雪板具有刚性大、耐摩擦等优点，在转弯、斜坡和越野赛中脚底用力较小。碳纤维复合材料自行车强度高，质量轻，车架质量低于 1kg，而全车质量甚至不足 6kg，堪称自行车王国的"至尊王者"。此外，在动力雪橇用的弹簧板、弓、箭、跳竿、冰球棒、游艇、赛艇、赛艇桨、帆船桅杆、摩托车零件、登山用品以及滑翔机、人力飞机等领域应用广泛。

**6. 电力领域**

随着国民经济及城市化的发展，电力需求日益增加，输电线路已不堪承受传输容量快速扩容的需求，由于过负荷造成的停电、断电故障频频发生，电力传输成为电力工业发展的瓶颈，碳纤维复合芯导线的出现为电力行业的变革与发展提供了契机。

碳纤维复合芯导线的基本特性如下[73,74]。

（1）强度高。一般钢丝的抗拉强度为 1240MPa，碳纤维复合材料导线芯棒的抗拉强度可达到 2600MPa，为钢丝的 2 倍以上，更适合大跨越输电。

（2）质量轻。碳纤维复合芯材料的密度约为钢的 1/5，在相同的外径下，碳纤维复合芯导线的质量比常规钢芯铝绞线 ACSR 轻 10%~20%。

碳纤维复合芯导线弹性模量高，线膨胀系数小，弛度小。它与 ACSR 导线相比，具有显著的低弛度特性。有研究表明，在高温下碳纤维复合芯导线的弧垂不到钢芯铝绞线的 1/10，能有效减小架空导线的绝缘空间，提高导线运行的安全性和可靠性。

（3）线损小，倍容输电。碳纤维复合芯导线与钢芯铝绞线不同，不存在钢丝材料引起的磁损和热效应，在相同输电条件下，具有更低的运行温度和更小的输电损失。碳纤维导线可以在连续高温（150℃）条件下运行，其载流量可达到常规导线的两倍左右，达到倍容输电的目的。

（4）耐腐蚀，使用寿命长。与传统的钢芯相比，在酸、碱、盐、紫外线等环境下，碳纤维复合材料具有更高的耐腐蚀性，较好地解决了铝导线长期运行的老化问题，延长了使用寿命。

（5）降低线路改造成本。与传统钢芯铝绞线相比，在旧线路增容改造中，由于碳纤维复合芯导线质量轻，强度高，在满足输电容量的前提下只需要更换导线，无须改变铁塔，大大缩短了施工工期，节省了线路综合造价。

山东大学开发的高性能倍容导线（图 2-33），属于国家"十一五""863"课题，与传统导线相比，具有更高的传输容量，降低了电力损耗，增大了跨距，减少杆塔约 20%，节省用地，减少了有色金属资源消耗，有助于构造安全、环保、高效节约型智能电网，其中多项技术指标超过了国外同类产品。

图 2-33 碳纤维复合芯导线

碳纤维复合芯导线技术的应用对降低输电损耗、改善输电环境有着非常重要的意义，具有广泛的应用前景。

### 7. 原油开采

有杆泵抽油技术是当前国内外应用最广泛的机械采油技术，而抽油杆是其关键部件之一。抽油杆在工作过程中，不但要承受交变载荷、震动载荷、冲击载荷等复杂外力的作用，还受到工作环境中腐蚀环境的破坏，如沙子、粉尘、酸、碱、盐及厌氧菌微生物等，在偏心条件下还要受到抽油杆与套管之间的摩擦，侧面损坏特别严重。目前国内主要有钢制拉杆和玻璃纤维增强的玻璃钢拉杆，这两种抽油杆均呈刚性，由于其本身的结构特点，存在一些难以克服的缺点：接头多，易破损；作业周期长，质量高，能耗大；寿命低等。抽油杆已成为有杆泵抽油系统中最薄弱的环节，也成为制约这种采油方式进一步发展和应用的"瓶颈"。据统计，我国由于抽油杆失效引起事故的修井次数占总数的 60%~70%。我国目前有 30 余万口油井，由于地况复杂，多数油井处于高渗、低渗水平，需要超深开采，目前普通抽油杆已经远远不能满足油田开采的投资和能耗需求，因而，开发综合性能优异的抽油杆是充分挖掘我国油田资源的当务之急。

与传统钢制抽油杆相比，碳纤维复合材料抽油杆具有质轻、高强、耐磨性和耐腐蚀性好等特性。其抗疲劳性能好，$10^7$ 次疲劳实验后，剩余强度 90%，同样条件下，钢杆的剩余强度仅为 30%~40%，从而大大延长了抽油杆的使用寿命。减轻质量，每千米碳纤维抽油杆质量仅 200~240kg，而钢制抽油杆每千米的质量为 3.8t，节能节电效果显著，并使超深井采油成为可能，避免了油田采油设备的二次投入。抽油杆为连续长度，只有上下两个接头，避免了采油过程中的活塞效应，降低了接头断脱率，抽油杆的连续特性，有利于实现机械化作业，节省了作业时间，降低了劳动强度。碳纤维抽油杆截面面积小，仅为钢制抽油杆的 20%，使得抽油杆使用过程中的运行阻力大大减小。碳纤维抽油杆柔韧性好，最小曲率半径为350mm，可盘绕生产和运输。碳纤维的减磨特性和可弯曲性，极大地减小了摩擦力，保护了油管。与钢杆混合使用，可调节弹性频率，实现超行程抽油，提高产油量。废杆可回收再利用，运输使用安全方便。实测结果表明，单纯将钢制抽油杆更换为碳纤维抽油杆，可节电

30%以上，提高产油量 20%以上，经济效益显著。

山东大学发明的碳纤维抽油杆（图 2-34），是国家"十五""十一五"和"十二五"重点专项计划，产品性能优异，高效节能，已成功应用于胜利油田。千米碳纤维抽油杆质量仅为钢制抽油杆的 5%，可节电 30%、提高产油量 30%，使用寿命延长一倍。该产品已被中国石油总公司立项为"重大工业性实验推广项目"。

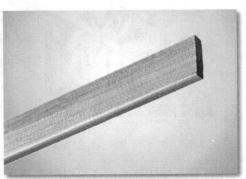

图 2-34　抽油杆

### 8. 汽车轻量化[75,76]

轻量化技术是汽车降低能耗，减少排放的有效途径之一，采用碳纤维复合材料是实现轻量化的关键，其最大的优点是质量轻、强度大，能有效降低油耗。为实现汽车轻量化，碳纤维在汽车驱动轴、车身、车门、底盘、横梁、油箱、悬臂梁、板簧、减速器、变速器支架、座位架、CNG 瓶、保险杆、座椅、行李箱板、导流罩、侧护板和方向盘等部件中已经得到广泛应用。

2010 年兰博基尼推出 Sesto Elemento 概念车型，车身 80%由碳纤维制造而成，质量仅为 999kg，车速从静止提速到 100km/h 仅需 2.5s 即可完成。宝马公司 2013 年年底推出的纯电动 i3 概念轿车与混合动力 i8 概念运动轿跑为全新概念的碳纤维电动都市豪华轿车。

### 9. 建筑工程

碳纤维因其强度高、模量大、密度小、耐碱腐蚀、对人畜无害等特点，在土木建筑应用中日益受到人们的青睐[77]。例如，采用短纤维或长纤维增强混凝土，可用作高层建筑的外墙墙板，作用是减轻建筑构件，安装施工方便，缩短建筑工期。碳纤维复合材料具有耐腐蚀、强度高等特性，可广泛在海堤、造纸厂、化工厂、高速公路护栏、房屋地基和桥梁、隧道、飞机跑道等场合使用。此外，纤维具有良好的阻燃性能，根据设计要求，将碳纤维复合材料粘贴在结构物需要加固的部位，是建筑补强的新材料。

# 第五节　技术展望

## 一、技术发展趋势

（1）高性能化和轻质化。碳纤维复合材料需瞄准大型结构部件，要求不仅具备良好的强度和刚度，还需要具备一定的韧性，以保持较高的综合性能。而随着节能、降耗要求的日益提高，轻量化是交通装备发展的重要方向，为复合材料的应用和技术提升提供了巨大的空间和迫切的需求。

（2）多功能化。随着复合材料技术的日益成熟及应用领域的不断扩大，在满足力学性能要求的基础上，实现多种功能协同作用是重点发展方向，如实现放热、隔热、减震降噪、隐身等功能。

（3）低成本化。成本高是制约碳纤维复合材料应用的重要因素。未来，低成本化将是碳纤维复合材料发展的大趋势和永恒主题。实现低成本化的途径包括：提速纺丝和碳化速率来降低碳纤维生产成本，采用高生产效率、高成品率并能充分发挥材料性能的制造工艺，合理的材料设计和应用等。

（4）新型纤维与上浆剂开发。为满足不同客户的需求和提高产品性能，研发特定用途的新型纤维和上浆剂，可织成织物、多轴向布、混合纱、三维织物等，更加适用于航空航天及一般民用部件。

## 二、市场前景

碳纤维经过半个多世纪的发展，已经从幼稚产业逐渐走向成熟，2009 年，波音 787 飞机开始翱翔蓝天，意味着碳纤维及其复合材料应用技术进入快速发展阶段。技术成熟，应用安全，生产成本逐渐降低；差异化系列产品、新技术、新装备快速涌现；诸多领域的产品经过了多年沉淀和储备，正逐步进入市场化运行轨道；新能源利用、环境保护需求迫切。在未来 5~10 年内，碳纤维及其复合材料预计在以下十大领域会持续或局部泉涌式发展。

（1）航空航天领域是碳纤维及其复合材料应用不变的主题。随着人类对太空的不断探索，高速、长航程飞机是人类不断追求的目标，对无人飞行器的研究也在不断深入，这使得质轻高强的材料在此领域的应用越来越广泛，高性能碳纤维及其复合材料就是其中之一，并且在各类航天器件、航空部件、系列无人机等方面将持续扩大应用。

（2）军工应用将不断加强。碳纤维因其重要的战略特性，在军工应用方面将进一步加强，军民融合发展模式将使其应用速度进一步加快，用量进一步扩大，在除去目前已经成功应用的火箭、导弹、军机、防弹装甲等领域外，在弹药制备、军车通信、舟桥轻量化、两栖装备、武器膛筒、单体防护、后勤保障等方面，其应用领域和产品将不断扩展。

（3）海洋探索及应用将不断深入。利用碳纤维及其复合材料的高强防腐等优异特性，在深海 AUV、水下滑翔机、深海浮标、水下机器人等领域，其应用被快速开发；海洋舰艇、海洋游艇、海岛建设、海洋能源开发、跨海大桥建造等，将成为碳纤维后续在海上应用的主要担当者。

（4）汽车及轨道交通应用不断拓展。新能源汽车、高速轨道交通车辆、磁悬浮列车、空中轨道客车、地铁、轻轨、城铁等对质量敏感，目前技术基本成熟，应用验证已经开始，后期发展速度将不断加大。

（5）压力容器系列产品开发及应用。安全可靠、轻量长寿是压力容器的基本特性需求，碳纤维复合材料压力容器恰能全面满足其性能和应用要求，高压、超高压复合材料压力容器的开发及应用，将大大推进其在新能源汽车、常规储运、燃气储运、氢燃料电池储氢瓶、高压管道、深海承压罐体、液压柱体等领域系列产品的开发及应用。

（6）碳纤维复合材料在热工及能源领域应用。碳纤维毡体是高温炉的优良保温材料，是制备太阳能单晶硅炉中必不可少的热工隔热层，其中的碳框、碳架、碳盘、加热元件等均为碳碳复合材料；燃料电池电极材料、飞轮储能材料、核电材料等，均需要高强度碳纤维；电力输送，原油开采，油井传感探测等也需要碳纤维复合材料的支撑，应用数量逐年呈递增趋势。

（7）风力发电新应用。新型风机叶片，采用拉挤碳板加强内部结构，大大改善了风机特性，提高了风力发电机的综合性能；海洋大功率风力发电机的配置，需要碳纤维提供稳定、高效、长寿的保障；陆地低风速发电机需要碳纤维系统提供轻量化的桨叶及结构。因此，碳纤维在风力发电领域已进入大量推广应用阶段。

（8）基础设施建设不断拓展。陆地建筑加固，桥梁、隧道、海洋基地的建设，桥面预应力结构设计及应用、斜拉绳索替代，碳纤维正在成为基础建设的主承力结构件，由简单加固向取代钢筋方面发展，用量不断递增。

（9）全民健康产业方兴未艾。全民健康是和谐幸福社会的基本体现，轻量化、高强化体育器材的全民配备、竞技器材的性能提升、残疾人保障器材的开发应用、医疗器具的高效使用、家用氧气瓶的健康保障、娱乐休闲产品的普及推广等，都会使碳纤维及其复合材料应用不断拓宽。

（10）环境保护势在必行。保护好地球是人类赖以生存的基础，可再生资源碳纤维的制备，可为活性碳纤维、低成本碳纤维的生产奠定良好的平台，利用活性碳纤维的高吸附特性、孔径可控特性和催化剂可加载特性，可将碳纤维大量应用于空气净化、水净化、污水处理、水产养殖等领域，为保护好我们的地球做出新贡献。

### 三、碳纤维发展核心制约因素及对策

碳纤维及其复合材料制备是一个复杂过程，是典型的技术密集型产业，在研发、试制、生产、应用过程中，会形成不同的产品系列，会遇到各种各样的技术难题，在碳纤维生产成本居高不下，企业负担长期加重的条件下，如何突出重围，探讨策略如下。

（1）探索设立碳纤维产业一条龙格局发展模式。根据市场规律，单纯碳纤维生产难以维系企业的长期发展。行业切入，典型制品开发应用，进行技术集成创新，形成本领域系列产品，掌握核心技术，并推广至相关行业，形成交叉产品体系，以此可带动碳纤维全产业链的发展，做到在碳纤维及其复合材料制品制备过程中，只会有正品、等外品和回收品，而不会有废品、垃圾和废料，形成碳纤维及其复合材料的健康循环体系。

（2）高度重视复合材料产品设计。碳纤维复合材料的结构设计远比普通均质材料复杂，在产品开发过程中，涉及不同材料的基本特性、不同材料间的界面特性、结构及力学分析、应用环境及服役条件等诸多因素。充分发挥计算机应用技术的优势，结合材料特性及力学基础理论，建立相关性模型，开展大数据分析，形成真正的碳纤维复合材料设计与应用一体化。

（3）打造可持续研发平台及人才队伍。碳纤维的发展是一个长效机制，需要产业支持和引领，需要人才配套与稳定，需要工匠精神，需要不断积累，需要产学研密切长期结合。纵观各个行业，都给我们提出了强有力的佐证，一般企业无法提供系统全面、经验丰富的科研人才，简单研究机构无法提供综合的科研条件，建设高端碳纤维及其复合材料开发应用平台，

不断创新，形成产学研用完整配套，是碳纤维发展的核心。

希望在未来 10 年，我国碳纤维产业不断壮大，形成拥有自己特色的强大碳纤维产业体系。

## 主要参考文献

［1］贺福.碳纤维及石墨纤维［M］.北京：化学工业出版社，2010.

［2］冯运志.沥青基碳纤维的发展和应用［J］.安徽化工，2006，23（3）：74-76.

［3］KOBERTS L P，DEEV I S. Carbons fibers：structure and mechanical properties［J］.Composites science and Technology，1998，57（12）：1571-1580.

［4］赵稼祥.2004 世界碳纤维前景［J］.高科技纤维与应用，2004，29（6）：9-12.

［5］罗益锋.新世纪初世界碳纤维透视［J］.高科技纤维与应用，2000，25（1）：1-7.

［6］YAODONG L，SATISH K. Recent progress in fabrication，structure and properties of carbon fibers［J］.Polymer Reviews，2012，52（3-4）：234-258.

［7］张新元，何碧霞，李建利，等.高性能碳纤维的性能及其应用［J］.棉纺织技术，2011，39（4）：65-68.

［8］于淑娟，姜立军，沙中瑛，等.碳纤维用聚丙烯腈原丝制备技术的研究进展［J］.高科技纤维与应用，2003，28（6）：15-18.

［9］OTANI S，OYA A. Progress of pitch-based carbon fiber in Japan［J］.Acs Symposium Series，1986（303）：323-334.

［10］DIEFENDORF RJ，TOKARSKY E. High-performance carbon fibers［J］.Polymer Engineering and Science，1975，15（3）：150-159.

［11］GUPTA AK，PALIWAL DK，BAJAJ P. Acrylic precursors for carbon fibers［J］.Journal of Macromolecular Science rev macromolecular chemistry and physics，1991，C31（1）：1-89.

［12］杨秀珍，李青山，卢东.聚丙烯腈基碳纤维研究进展［J］.现代纺织技术，2007（1）：45-47.

［13］杨雪红.聚丙烯腈的分子结构［D］.上海：东华大学，2004.

［14］徐国亮，朱正和，马美仲，等.聚丙烯腈 PAN 分子链的第一性原理研究［J］.化学物理学报，2005，18（6）：962-966.

［15］程博闻，李树锋，杜启云，等.碳中空纤维膜用聚丙烯腈共聚物的合成［J］.合成技术及应用，2003，18（1）：1-3，7.

［16］汪兴梅.大分子的弹性杆模型、珠簧模型及其数值模拟［D］.青岛：青岛大学，2010.

［17］SIELSER H W. Polymer-solvent interaction：The IR-dichroic behaviour of DMF residues in drawn films of polyacrylonitrile［J］.Colloid and Polymer Science Kolloid-Zeitschrift & Zeitschrift für Polymere，1977，255（4）：321-326.

［18］赵亚奇.水相沉淀聚合工艺制备碳纤维用高分子量聚丙烯腈［D］.济南：山东大学，2010.

［19］陈秋飞，张国良，刘宣东，等.丙烯腈/β-衣康酸单甲酯共聚物制备及性能的研究［J］.合成纤维，2010，39（11）：27-30.

［20］徐方，胡慧萍，陈启元.β-衣康酸单甲酯功能单体的合成研究［J］.精细化工中间体，2008，18（1）：53-55.

［21］张旺玺，李木森，王成国，等.高平均分子量聚丙烯腈的制备、性能和应用［J］.高分子通报，2002（5）：49-53.

［22］陈厚，王成国，崔传生，等.丙烯腈与 N-乙烯基吡咯烷酮在 $H_2O$/DMSO 混合溶剂中共聚反应动力学研

究 [J]. 功能高分子学报, 2002, 15 (4): 457-460.

[23] 赵圣尧. 高质量 PAN 纤维及其纺丝原液制备工艺研究 [D]. 济南: 山东大学, 2015.

[24] 陈方泉, 陈惠芳, 潘鼎. 干湿法高性能聚丙烯腈基碳纤维原丝的制备 [J]. 化工新型材料, 2003, 31 (11): 11-15.

[25] 毛德君. 沥青基碳纤维的生产及应用 [J]. 炼油与化工, 2002, 13 (4): 3-4.

[26] 李朝恩, 申海平. 沥青基碳纤维原料的选择与制备 [J]. 石油沥青, 1993 (2): 44-50.

[27] YANG K S, LEE D J. RYU S K. Isotropic carbon and graphite fibers from chemically modified coal-tra pitch [J]. Korean Journal of Chemical Engineering, 1999, 16 (4): 518-524

[28] MAEDA T, ZENG S M, TOKUMITSU K. Preparation of isotropic pitch precursors for general purpose carbon fiber (GPCF) by air blowing-I. Prearation of spinnable isotropic pitch precursor from coal tar air blowing [J]. Carbon, 1993 (31): 407-412.

[29] ZENG S M, MAEDA T, Tokumitsu K. Preparation of isotropic pitch precursors for general purpose carbon fiber (GPCF) by air blowing-II. Air blowing of coal tar and petorleum pitchs [J]. Carbon, 1993 (31): 413-419.

[30] ZENG S M, MAEDA T, MONDORI J. Preparation of isotropic pitch precursors for general purpose carbon fiber (GPCF) by air blowing-III. Air blowing of coal tar, and petorleum pitchs with addition of 1, 8-dinitronaph-thalene [J]. Carbon, 1993 (31): 421-426.

[31] ALCAñIZ-MONGE J, CAZORLA-AMORóS D, LINARES-SOLANO A, et al. Preparation of general purpose carbon fibers from coal tar pitches with low softening point [J]. Carbon, 1997, 35 (8): 1079-1087.

[32] PRADA V, GRANDA M, BERMEJO J, MENéNDEZ R. Preoaration of novel pitches by tar air-blowing [J]. Carbon, 1999, 37 (1): 97-106.

[33] 王鹏, 邹琥, 陈曦, 等. 碳纤维的研究和生产现状 [J]. 合成纤维, 2010, 39 (10): 1-5.

[34] LIU G Z, EDIE D D. 纺丝条件对沥青基碳纤维性能的影响 [J]. 新型炭材料, 1994, 26 (1): 63-64, 80.

[35] 王太炎. 碳纤维工业发展态势与我国沥青基碳纤维现状 [J]. 燃料与化工, 1999, 30 (6): 259-305.

[36] 李光. 高分子材料加工工艺学 [M]. 2 版. 北京: 中国纺织出版社, 2010.

[37] 周颖. 浅析造纸制浆设备在纤维素纤维生产中的应用 [J]. 化工管理, 2016 (26): 17-18.

[38] 杨之礼, 王庆瑞, 邬国铭. 黏胶纤维工艺学 [M]. 2 版. 北京: 纺织工业出版社, 1989.

[39] 徐仲榆. 我国在生产碳纤维过程中应解决的一些问题 [J]. 材料导报, 2011, 14 (11): 16-18.

[40] 柴晓燕, 朱才镇, 刘剑洪. 聚丙烯腈基碳纤维及其增强复合材料 [J]. 广东化工, 2011, 38 (7): 293-295.

[41] 张乃武, 王培华. 聚丙烯腈共聚纤维预氧化反应动力学的研究 [J]. 青岛化工学院学报, 1991, 12 (2): 21-25.

[42] 周冬凤. 碳纤维生产中的预氧化及预氧化设备简介 [J]. 合成纤维, 2008, 37 (10): 46-48.

[43] 李禛. 新型碳纤维生产线预氧化装备研究 [D]. 济南: 山东大学, 2010.

[44] 贺福, 李润民. 生产碳纤维的关键设备——预氧化炉 [J]. 高科技纤维与应用, 2005, 30 (5): 1-5.

[45] 朱波, 钱宇白. 材料加热设备及自动化控制 [M]. 济南: 山东大学出版社, 2002.

[46] 贺福, 李润民. 生产碳纤维的关键设备——碳化炉 [J]. 高科技纤维与应用, 2006, 31 (4): 16-24.

[47] 李东风, 王浩静, 朱星明, 等. 碳纤维石墨化设备的研究与进展 [J]. 化工进展, 2004, 23 (2): 168-171.

[48] 村井刚. 炭素纤维的的连续热处理装置 [P]. 特许公报, 昭 59-38323.

[49] PAULAUSKAS F L, YARBOROUGH K D, MEEK T T. Carbon fiber manufacturing via plasma technology [P]. USP 6372192. 2002.

[50] 王赫，刘亚青，张斌.碳纤维表面处理技术的研究进展 [J].合成纤维，2007，36（1）：29-31.

[51] 张乾，谢发勤.碳纤维的表面改性研究进展 [J].金属热处理，2001，26（8）：1-3.

[52] 季春晓，刘礼华，曹文娟.碳纤维表面处理方法的研究进展 [J].石油化工技术与经济，2011，27（2）：57-61.

[53] 蔡珣，于宽.材料处理工艺计算机控制 [M].哈尔滨：哈尔滨工业大学出版社，2012.

[54] 于宽.大型碳纤维预氧化装备温度控制特性研究及应用 [D].济南：山东大学，2013.

[55] 刘洪正，姚元玺，朱波，等.碳纤维复合芯高温拉伸加热炉的研发与应用 [J].工业加热，2013，42（2）：1-7.

[56] 闫亮.PAN原丝预氧化装备关键技术的研究 [D].济南：山东大学，2009.

[57] 贺福，王茂章.碳纤维及其复合材料 [M].北京：科学出版社，1995.

[58] 马运至.沥青基碳纤维的发展和应用 [J].山东纺织经济，2006（3）：74-76.

[59] 李军.碳纤维及其复合材料的研究应用进展 [J].辽宁化工，2010，30（9）：990-992.

[60] 邹世钦，张长瑞，周新贵.碳纤维增强SiC陶瓷复合材料的研究进展 [J].高科技纤维与应用，2003，28（2）：15-20.

[61] 林德春，潘鼎，高健，等.碳纤维复合材料在航空航天领域的应用 [J].纤维复合材料，2007（1）：18-28.

[62] 王春净，代云霏.碳纤维复合材料在航空领域的应用 [J].机电产品开发与创新，2010，23（2）：14-15.

[63] 王涵东，曾志伟.碳纤维复合材料分层缺陷涡流检测的国内外研究进展与展望 [J].工程技术（全文版），2017（3）：295-296.

[64] 李威，郭权锋.碳纤维复合材料在航天领域的应用 [J].中国光学，2011，4（3）：201-212.

[65] 李建利，赵帆，张元，等.碳纤维及其复合材料在军工领域的应用 [J].合成纤维，2014，43（3）：33-35.

[66] 杨旭，任雅楠，高小清.高性能纤维材料在警用装备领域的应用 [J].化工新型材料2011，39（10）：1-3.

[67] 孙浩伟，李涛.碳纤维及其复合材料在国外军民领域的应用 [J].纤维复合材料，2005，22（3）：65-67.

[68] 杨小平，隋刚.碳纤维复合材料在新能源产业中的应用进展 [J].新材料产业，2012（20）：20-24.

[69] 王泽华.复合材料在高速列车上的应用 [J].机械工程材料，2001，25（10）：1-4，30.

[70] 蒋鞠慧，陈敬菊.复合材料在轨道交通上的应用与发展 [J].玻璃钢/复合材料，2009（6）：81-85.

[71] 李建利，张元，张新元.碳纤维复合材料刹车片的发展及应用前景 [J].材料开发与应用，2012，12（2）：107-111.

[72] 陈伟，白燕，朱家强，等.碳纤维复合材料在体育器材上的应用 [J].产业用纺织品，2011，29（8）：35-37.

[73] 鞠彦忠，李秋晨，孟亚男.碳纤维复合芯导线与传统导线的比较研究 [J].华东电力，2008，27（5）：50-52.

[74] 王成国，朱波.聚丙烯腈基碳纤维 [M].北京：科学技术出版社，2011.

[75] 王强，丁卫臣，杜建辉，等.碳纤维在汽车轻量化中的应用 [J].工程技术，2015（8）：197.

[76] 刘万双，魏毅，余木火.汽车轻量化用碳纤维复合材料国内外应用现状 [J].纺织导报，2016（5）：48-52.

[77] 张定金，陈虹，张婧.国内外碳纤维及其复合材料产业现状及发展趋势 [J].新材料产业，2015（5）：31-35.

# 第三章　芳香族聚酰胺纤维

## 第一节　引言

芳香族聚酰胺纤维简称芳纶，其至少有 85% 的酰胺键（—CONH—）直接与苯环相连。20 世纪 60 年代，芳香族聚酰胺纤维作为一种新型高性能材料在高技术应用方面取得了重大进展。在此期间杜邦公司开发的聚间苯二甲酰间苯二胺纤维（商品名为 Nomex©）由于其具有优良的阻燃性与电绝缘性，使其在消防服、赛车服和工业滤材等方面得到广泛应用。1965 年，美国杜邦公司 Stephenic Kwolek 团队成功开发出另一种高强高模的对位芳香族聚酰胺纤维，商品名 Kevlar©。Kevlar 纤维的比强度为钢丝的 5~6 倍，比模量是钢丝或玻璃纤维的 2~3 倍，韧性是钢丝的 2 倍，密度不到钢丝的 1/5，其比强度是涤纶工业丝和脂肪族聚酰胺（尼龙）的 4 倍以上，并且 Kevlar 纤维在 200℃ 以上依然能保持较高的力学强度。Kevlar 纤维的问世成为高强高模纤维发展的里程碑。同时，Kevlar 纤维的研发推动了液晶、聚合物溶液流变和纤维加工等多个领域的进步与发展。

由于 Kevlar 纤维取得了巨大成功，众多科学家们致力于对 Kevlar 纤维进行进一步共聚改性研究，目前已有两种共聚芳纶获得成功，即 Twaron 纤维和杂环芳纶（Armos）。Armos 纤维的力学性能、与树脂的复合性能等各方面性能超越了 Kevlar 纤维，这使得 Armos 纤维被广泛应用于俄罗斯的国防军工领域。

我国自 1972 年始开展芳纶的研制工作，并在 1981 年通过了芳纶 1313 的鉴定，1985 年通过了芳纶 1414 的鉴定，它们分别相当于美国杜邦公司的 Nomex 和 Kevlar[1]。由于技术、资源等多种原因，直到 21 世纪，我国生产的芳纶 1313 纤维才达到世界水准，而芳纶 1414 的性能却依然赶不上杜邦公司的 Kevlar-49 纤维。同期，我国还开展了类似于俄罗斯 Armos 的杂环芳纶方面的研究工作。目前，高端的芳纶 1414 依然主要依靠进口。整体而言，我国芳纶市场前景广阔，产品及市场仍正处于发展期。发展高性能、高稳定性的芳纶，对满足国民经济快速发展的需求和打破国外公司垄断有着重要的深远意义。因此，这对于国内研发、生产芳纶的企业来说既是机遇也是挑战。

## 第二节　对位芳纶

### 一、简介

对位芳纶也称对位芳香族聚酰胺纤维，是指酰胺键直接与苯环通过对位连接而成的线性聚合物纤维。这种芳纶最早由杜邦公司开发出来并实现了工业化，商品名为 Kelvar©，其化学结构式如图 3-1 所示。对位芳香族聚酰胺纤维分子链的化学结构具有较好的对称性，其分子链具有很强的刚性，其溶解性、流变性质、加工方法与普通柔性链聚合物有很大差异。与此同时，1972 年荷兰 AKZO Nobel 公司也开发出了相似的产品，商品名为 Twaron©，1987 年也成功实现了商业化生产。

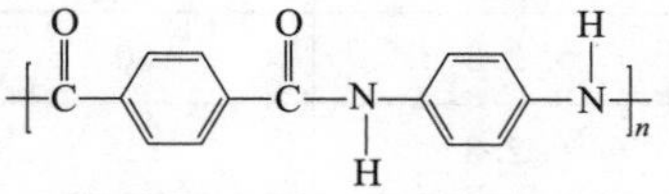

图 3-1 对位芳纶（Kevlar）的化学结构式

我国对位芳纶（也称之为芳纶Ⅱ）的研究起步于 1972 年，当时主要的研究机构有中国科学院化学研究所、中蓝晨光化工研究院、东华大学等。1972 年到 20 世纪 90 年代，我国对位芳纶的研制先后经历了实验室研究、小试和中试几个阶段，并被列为"六五""七五"和"八五"国家重大科技攻关项目和国家"863"计划项目，但由于各方面技术上的问题一直没能实现产业化[2]。2000 年以来，随着市场需求的推动和化工技术水平的提高，我国多家公司相继实现了对位芳纶的产业化，包括中蓝晨光化工研究院、烟台泰和新材料股份有限公司、河北硅谷化工有限公司、仪征化纤股份有限公司等单位。

在 Kevlar 纤维的商品化应用取得巨大成功后，日本帝人公司 20 世纪 80 年代成功开发出对苯二甲酰氯（TPC）—对苯二胺（PPD）—3,4'-二氨基二苯醚（ODA）三元共聚纤维（商品名 Technora©），并在 1987 年实现了工业化生产，其化学结构式如图 3-2 所示。与杜邦公司开发的 Kevlar 纤维相比，这种共聚芳纶具有更好的柔性，在溶解性和韧性等方面显示出了明显的优势，这也为芳香族共聚酰胺纤维的开发提供了思路。

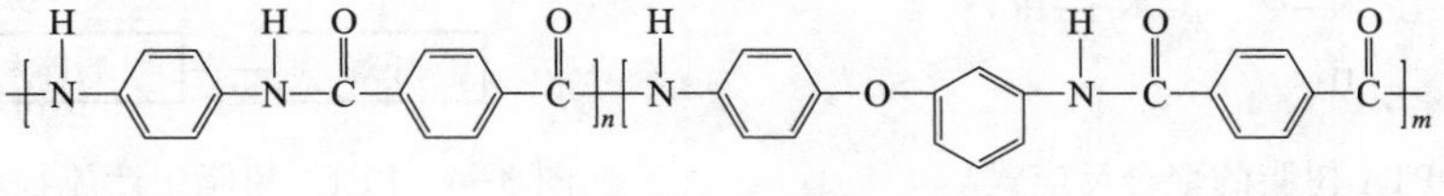

图 3-2 Technora 的化学结构式

对位芳纶具有优异的机械性能、良好的耐热性和耐腐蚀性等特性，使其在复合材料增强体、军用防护材料、近海工程和光纤通信等领域有着广泛的应用。目前国外已经工业化生产的几种对位芳纶的拉伸强度均在 2.8GPa 以上，每种纤维根据其所侧重的性能特点又分为不同牌号，其主要品种与性能见表 3-1。

表 3-1 工业化生产的对位芳纶主要品种及性能[1]

| 纤维 | 密度（g/cm³） | 拉伸强度（GPa） | 拉伸模量（GPa） | 断裂伸长率（%） | 极限氧指数（%） |
|---|---|---|---|---|---|
| Kevlar-29 | 1.44 | 2.9 | 71.8 | 3.6 | 29 |
| Kevlar-49 | 1.45 | 2.8 | 123 | 2.4 | 29 |
| Kevlar-119 | 1.44 | 2.9 | 54.7 | 4.4 | 29 |

续表

| 纤维 | 密度<br>（g/cm³） | 拉伸强度<br>（GPa） | 拉伸模量<br>（GPa） | 断裂伸长率<br>（%） | 极限氧指数<br>（%） |
|---|---|---|---|---|---|
| Kevlar-129 | 1.44 | 3.4 | 96.6 | 3.3 | 29 |
| Kevlar-149 | 1.47 | 2.3 | 144 | 1.5 | 29 |
| Twaron | 1.44 | 2.8 | 80 | 3.3 | 29 |
| Twaron（HM） | 1.45 | 2.8 | 125 | 2.0 | 29 |
| Technora | 1.39 | 3.4 | 72 | 4.6 | 25 |

### 二、聚合物的合成与对位芳纶的制备

对位芳纶的化学结构全称是聚对苯二甲酰对苯二胺（PPTA），是由对苯二甲酰氯（TPC）和对苯二胺（PPD）经缩聚反应得到。在缩聚反应过程中，对苯二胺上的 N 原子会进攻对苯二甲酰氯上 C ═O 上的 C 原子，并进行消去反应生成酰胺键和副产物 HCl，其反应如图 3-3 所示。

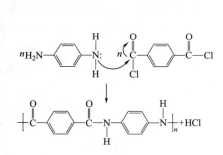

图 3-3  PPTA 树脂的聚合反应式

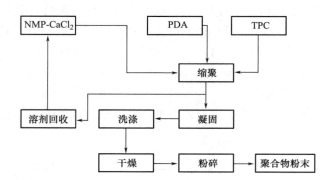

图 3-4  PPTA 树脂生产流程示意图

目前工业化合成 PPTA 树脂的聚合方法主要是低温溶液缩聚。该方法是在惰性气体氛围下，将高纯度的 PPD 加入到 N-甲基吡咯烷酮/氯化钙（NMP/CaCl₂）溶剂中，调整到合适的搅拌速度使 PDA 完全溶解，通过冰浴降温，加入部分 TPC（熔体）进行预缩聚，反应生成预缩聚物溶液。之后将预缩聚物溶液与 TPC（熔体）通过精密计量泵按一定比例加入到双螺杆反应挤出设备中，控制双螺杆的温度和挤出转速，几分钟后即可得到高分子量的黄色缩聚产物。最后经洗涤、干燥、粉碎后得到淡黄色粉末状 PPTA 树脂。工业合成 PPTA 树脂的流程如图 3-4 所示。

除了低温溶液缩聚方法之外，还有界面缩聚和固相缩聚等方法。界面缩聚是将两种单体溶解在两种不互溶的溶剂体系中，一般将对苯二胺溶解在水中，将对苯二甲酰氯溶解在与水不相溶的有机溶剂中，在两相界面处发生聚合反应，生成的聚合物不能在这两种溶剂中溶解，以沉淀的形式析出。固相缩聚是先将单体缩聚成相对分子质量较低的低聚物，再在较高温度下使低聚物进一步发生链增长反应。界面缩聚和固相缩聚方法主要用于实验室研究。

　　除了对苯二甲酰氯，也可以采用活性稍低的对苯二甲酸进行合成，加入亚磷酸三苯酯和吡啶作催化剂，并在120℃以上进行高温缩聚反应。高温缩聚反应时可能会发生一些副反应，并且无法得到高分子量的PPTA树脂。所以目前合成PPTA树脂主要还是采用活性较高的对苯二甲酰氯单体[3]。

　　由于PPTA大分子链较高的刚性和较强的分子间相互作用，使得PPTA树脂的熔融温度高于其分解温度，使得PPTA树脂无法进行熔融纺丝，只能采用溶液纺丝，然而PPTA大分子链之间强的相互作用使其在常用的有机溶剂中无法溶解。杜邦公司的研究人员发现在80℃时PPTA树脂可溶解在浓硫酸中，当其浓度达到10%左右时，溶液开始发生液晶转变，表观黏度随溶液浓度的增加却呈下降趋势[4]。当浓度达到12%~13%时，表观黏度达到最低值，之后随溶液浓度的增加而缓慢增加，但仍然保持在较低的水平。直到溶液浓度增大到20%以上，黏度又开始快速增大（图3-5）。因此，

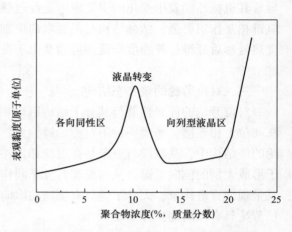

图3-5　PPTA树脂/硫酸溶液的黏度—浓度曲线

利用PPTA可形成液晶的特性，将PPTA树脂溶解在浓硫酸中，配质成液晶溶液再进行纺丝。由于PPTA分子链处于液晶态时排列较为规整，所以经过喷丝和凝固后得到的PPTA原丝就具有较高的取向度和结晶度，不需牵伸也具有较高的拉伸强度。

　　PPTA树脂/硫酸溶液的纺丝主要采用干喷—湿法纺丝工艺，这与常规的湿法纺丝工艺有所不同。干喷—湿法纺丝技术（图3-6）由杜邦公司首先开发，并成功应用于PPTA纤维的生产。它的原理可简单地概括为液晶纺丝液从喷丝孔中喷出时由于喷丝孔的剪切作用使其在

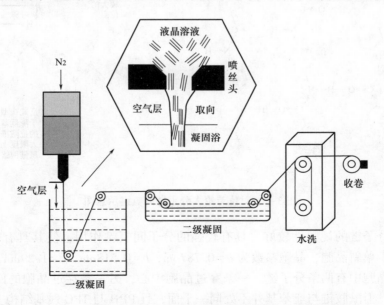

图3-6　干喷—湿法纺丝过程及液晶在喷丝孔处的取向示意图

流动方向上产生取向，虽然在进入空气隙后会有少量的分子链产生解取向，但是随着纺丝液在向下流动过程中慢慢变细，解取向的部分又会发生再取向，从而保持较高的取向度，之后纺丝液进入低温凝固浴中使取向被冻结，进而可形成高结晶和高取向的纤维。

对位芳纶经高温热处理后模量会明显提高，断裂伸长率与拉伸强度则有一定程度降低。导致其机械性能发生变化的主要原因是经过热处理后，PPTA 大分子链的堆砌程度更加紧密，氢键相互作用更强，结晶结构与晶面取向更加完善，这使得芳纶的模量大幅度增加。较高温度热处理后纤维拉伸强度降低则可能是由于在高温处理时，纤维内部形成了孔洞与缺陷。

### 三、对位芳纶的聚集态结构

对位芳纶的优异性能与其分子结构密切相关。对于间位芳纶来讲，亚苯基与酰胺键单元在间位上相连接，产生一种不对称的链构象，因此其拉伸强度与拉伸模量均较低。在对位芳纶的链结构中，酰胺键与亚苯基在对位相连接，其所形成的反式构型位阻效应更小，更有利于形成大量的侧向氢键，从而提高其分子间作用力（图 3-7）。同时因其链结构的反式构型使其呈现伸直链构象，大分子链具有更高的取向度[5]，这种高取向与强的分子间作用力使得对位芳纶具有较高的拉伸强度。

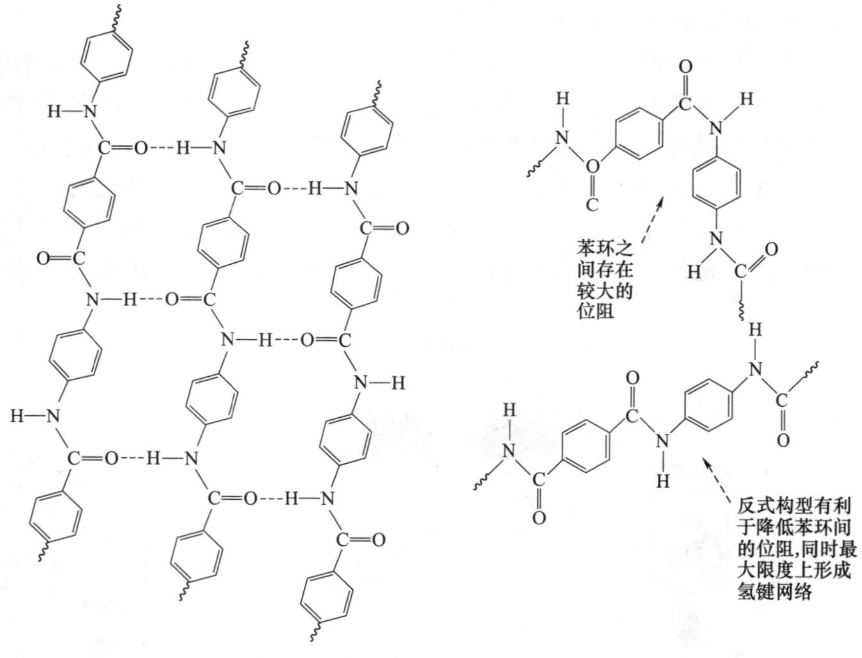

图 3-7　对位芳纶大分子链间氢键示意图

对位芳纶分子链的规整性较好，具有较强的分子间氢键作用，使其具有较高的结晶度。其晶胞结构属于单斜晶胞，晶胞参数为 $a=0.787nm$，$b=0.518nm$，$c=1.29nm$，其中 $c$ 轴沿纤维轴向。每个晶胞中有两条分子链，一条穿过晶胞中心，另一条穿过晶胞的四个角，两个链结在轴向重复。但酰胺键与亚苯基并不处同一平面，且 PPD 与 TPC 残基结构上的亚苯基也不处于同一平面；两个亚苯基之间的夹角大约为 68°，酰胺键与两个亚苯基间的夹角分别为 30°

和 38°。其晶胞结构如图 3-8 所示[6]。

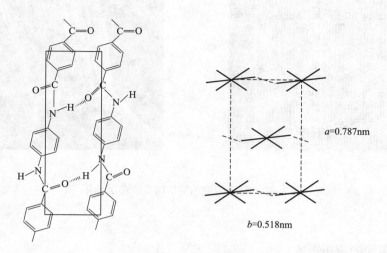

$a=0.787nm$

$b=0.518nm$

图 3-8 对位芳纶晶胞结构示意图

脂肪族聚酰胺的分子链具有较好的柔性，都存在折叠、弯曲和相互缠绕等形式。即使经过拉伸，纤维中也存在很多的弯曲链结构，因此其取向度普遍不高，而且在加热条件下很容易发生解取向。而 PPTA 的分子链属于伸直链构象，类似于棒状的刚性规整结构，分子间缠绕较少。在纺丝过程中受到拉伸力的作用会使分子链进一步沿纤维轴向排列，使得对位芳纶具有较高的取向度和结晶度。但大分子链之间只有酰胺键所形成的分子间氢键以及范德瓦尔斯力，这种相互作用相比共价键较弱，从而使大分子链容易沿纤维纵向发生开裂而形成微纤化 [图 3-9（a）][7]。这种微纤化结构和较弱的分子间作用力导致对位芳纶的压缩强度较低。其在轴向压缩过程中会导致纤维产生扭结带和发生压缩破坏 [图 3-9（b）][8]。

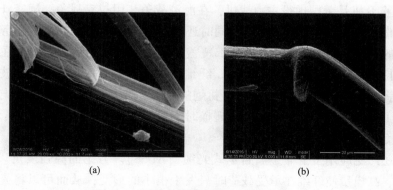

(a)                    (b)

图 3-9 纤维的微纤化结构与压缩破坏

另外，对位芳纶具有明显的皮芯层结构 [图 3-10（a）]，皮层的取向度相比芯层更高，但结晶度更低[9]。皮层与芯层之间的结合力较弱，在其复合材料中，当应力从树脂基体传递到纤维时，纤维很容易发生皮芯层破坏[7] [图 3-10（b）]。

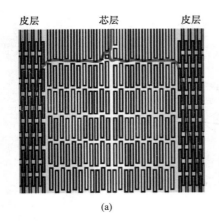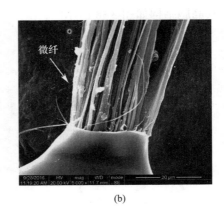

(a)　　　　　　　　　　　　　　　(b)

图 3-10　纤维的皮芯层结构及皮芯层破坏

## 四、对位芳纶的应用领域

### 1. 防弹领域

对位芳纶制成的防弹衣与防弹头盔很早就已列装美军。由军事专家统计，战场上伤亡人数的 75% 以上都是由低速、中速流弹或炸弹碎片引起的，由子弹直接命中造成伤亡的不超过 25%。所以人们越来越重视高性能防弹衣的使用。早期的硬质防弹衣是由特种钢板、超硬铝合金等为主体制成的，防弹衣质量较大且不具有柔韧性。后期其逐渐被软体防弹衣所取代，所谓的软体防弹衣是指由对位芳纶一类的高性能有机纤维编制而成。防弹衣对纤维材料的要求是具有高强度、高模量和一定的韧性。高强度和高模量使纤维具有优异的抗冲击性能，高韧性使纤维在发生形变的过程中可有效地吸收子弹的动能。碳纤维虽然也具有很高的强度和模量，但其韧性较差，可编织性也较差，所以不能用作防弹衣织物。由对位芳纶编织而成的防弹衣质量较轻，穿着舒适、灵活，行动方便，现已经被世界上很多国家的军队列装。AH—64 阿帕奇武装直升机是美国现役主力战机，在海湾战争、伊拉克战争、阿富汗战争中都有出色表现。由于直升机飞行高度普遍不高，同时还要肩负对地打击和反坦克任务，所以经常要受到地面炮火的威胁，所以 AH—64 全身都覆盖有厚重的装甲。除此之外，在油箱和引擎等较容易被炮火打击的地方包覆了多层 Kevlar 纤维的软甲，以提高防弹能力。波音公司曾宣称 AH—64 油箱等较重要的部件可承受 23mm 机炮的攻击。另外，直升机驾驶员与炮手座椅等部位也大量使用了 Kevlar 纤维编织物来吸收碰撞时产生的冲击力，以保护飞行员。

### 2. 非金属自承式光缆

对位芳纶还广泛应用于全非金属自承式光缆（ADSS）。芳纶的高强度足以承受 ADSS 在使用中的负荷，高模量使纤维在承受载荷时只发生很小的形变，从而可以将光缆的直径变化限定在很小的范围内。对位芳纶优异的尺寸稳定性在架空式光缆中会大大增加光缆的使用寿命，其较低的密度又可以降低安装的难度。同时，对位芳纶良好的绝缘性和非磁性不会对信号传输造成影响。综合以上优点，对位芳纶非常适合应用在 ADSS 中。

### 3. 近海工程中的高端缆绳

对位芳纶已应用于近海工程。此前近海工程大多配备钢索与钢缆，但是在较深的海域中，钢索与钢缆因为自重太大很容易发生断裂，需要找到另一种替代材料。对位芳纶拥有低的密度、高的比强度和比模量，同时又兼具良好的耐溶剂性和低延伸率。因此，由多股对位芳纶编制而成缆绳具有很高的强度，即便发生断裂也不会反弹伤人。

**4. 复合材料领域**

因其出色的机械性能，对位芳纶是一种非常理想的复合材料增强体。美国列装的"三叉戟"导弹，苏联的 SS—24、SS—25 导弹的发动机壳体都是用的 Kevlar 纤维增强的环氧树脂复合材料[10]。很多航天发动机的壳体也采用了 Kevlar 纤维增强的复合材料。

**5. 其他应用领域**

对位芳纶还被应用在电子产品的数据线中，它可以为线缆提供有效的结构支撑，保护内部导线，提高线缆整体的抗拉强度和抗弯折性能。由于对位芳纶具有优异的耐化学性和耐热性，在石油和天然气开采领域，由对位芳纶增强的真空软管未来将拥有非常好的应用前景。另外，对位芳纶可加工成长丝、短纤维、短切纤维和浆粕，其分别有不同的应用领域，见表 3-2。

表 3-2　不同类别对位芳纶的应用领域

| 产品类别 | 应用领域 |
|---|---|
| 对位芳纶长丝 | 具有优异的可编织性，用于防弹衣和防弹织物等领域 |
| 对位芳纶短纤维 | 以对位芳纶长丝为原料，经卷曲再进行切断制成，长度有 38mm、51mm、76mm 等规格。产品用于耐高温无纺布、纺纱、包芯纱和防切割等领域 |
| 对位芳纶短切纤维 | 以对位芳纶长丝为原料，由经特殊切割设备切割而成，规格有 1mm、3mm、6mm 等。产品具有耐高温、耐摩擦、尺寸稳定性好和高强高模等优异性能，用于工程塑料、摩擦材料、复合增强材料和芳纶纸等领域 |
| 对位芳纶浆粕 | 以对位芳纶长丝为原料，经过表面原纤化处理制备而得。产品具有耐高温、耐摩擦、原纤化程度高、静电小、尺寸稳定性好、环保、高强高模和分散性好等优异性能，主要用于摩擦材料、密封材料、复合材料和芳纶纸等领域 |

### 五、对位芳纶应用研究进展

对位芳纶的应用主要面临着三大主要问题，一是耐紫外线性能不好，二是轴向压缩强度较低，三是与树脂粘接性不佳。这些缺点限制了对位芳纶在复合材料等领域的应用。

对位芳纶的应用领域决定了它不可避免要长时间在户外使用，因而提高其耐紫外线性至关重要。芳纶的耐紫外线性能差是由于在结构中有大量的苯环和羰基，这种共轭结构会吸收紫外线能量进而引起酰胺键的断裂。提高芳纶的耐紫外线性能有很多研究，常用的方法包括在纤维表面涂覆、接枝紫外线吸收剂或紫外线屏蔽剂等[11]。例如在纤维表面引入 $TiO_2$ 和 ZnO（图 3-11），其原理是通过 $TiO_2$ 或 ZnO 对紫外线进行散射从而降低纤维本体对紫外线的吸收，研究表明，表面接枝纳米 $TiO_2$ 的 Kevlar 纤维经 168h 的紫外线辐照后，纤维仍然能够保持 90% 的拉伸强度，而未经处理的 Kevlar 纤维经过同样的辐照后却只能保持 75% 的拉伸强度。

对位芳纶作为复合材料增强体的另一不足是轴向压缩强度较低。芳纶的压缩强度一般为 200~400MPa，不及其拉伸强度的 1/10，远低于碳纤维的压缩强度（>1.0GPa），限制了其在

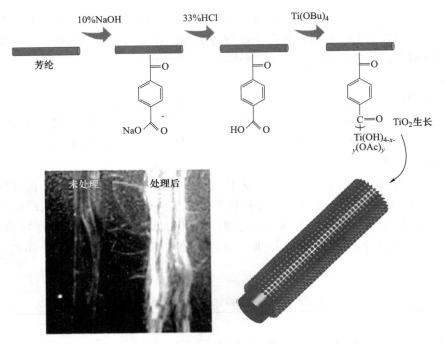

图 3-11　TiO$_2$ 表面修饰 Kevlar 纤维提高耐紫外线性能的原理示意图

复合材料等领域的应用。很多学者对于提高芳纶的轴向压缩强度已经开展了很多研究工作，例如在 400℃ 以上进行热处理，使纤维发生交联。虽然热处理后纤维的压缩强度提高了 2.5 倍以上，但其拉伸强度大幅降低，说明热处理过程中大分子链伴随有一定程度的降解。也有研究者直接将可交联的基团通过共聚引入大分子链中。Tao Jiang 等[12] 将可在高温下交联的苯并环丁烯（XTA）结构通过共聚方式引入到 PPTA 大分子链中，其共聚芳纶 PPTA-co-XTA 的化学结构如图 3-12 所示。在 320℃ 以上，苯并环丁烯结构开始交联，随着热处理温度升高，热处理时间增加，交联程度则逐渐增加。PPTA-co-XTA 纤维在 330℃ 处理 10s 后纤维内部依然呈现大量微纤化结构；而当在 410℃ 处理 120s 后，纤维的断面处平整光滑，没有检测到微纤结构，说明微纤之间已经大幅度出现交联结构[12]。但是力学性能测试表明，交联之后纤维的拉伸强度出现较大幅度的下降。这是由于高温交联过程中不可避免带来一定程度上的降解，使得拉伸强度下降。

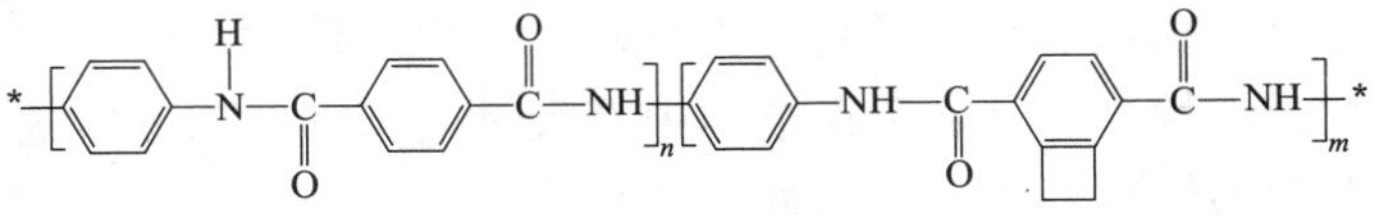

图 3-12　PPTA-co-XTA 的化学结构式

也有人提出在纤维表面涂覆一层压缩强度很高的无机材料例如 SiC，但是涂层本身会影响纤维与树脂的浸润性，同时涂层的厚度会影响纤维的韧性[13]。另一种常用的方法就是引入分子间氢键相互作用，例如俄罗斯生产的 Armos 纤维，其通过引入含苯并咪唑结构的二胺单体进行三元共聚，其大分子链间的氢键相互作用增强，其压缩强度是 Kevlar 纤维的 1.39

倍[14]。然而目前进一步提高对位芳纶的压缩强度依然是一大难题。

对位芳纶用于复合材料增强体的另一个不足之处在于其与基体树脂的黏结性较差，这就需要对纤维进行表面改性，常用的方法包括化学接枝、等离子体处理、辐照处理、化学刻蚀和直接氟化等，其中直接氟化技术是最近几年兴起的比较有效的表面处理方法。

### 六、共聚芳纶

共聚芳纶（Technora）是一种三元共聚纤维，是由对苯二甲酰氯、对苯二胺和 3,4′-二氨基二苯醚（3,4′-ODA）通过溶液缩聚得到的。Technora 纤维是在 Kevlar 纤维的基础上开发的一种共聚改性产品。

Technora 纤维的结构特点是由于 3,4′-ODA 结构中有柔性较好的醚键，使 Technora 纤维呈现一种半刚性的链结构，在某些有机溶剂中的溶解性较好，可直接采用原液进行纺丝，其生产工艺流程较 Kevlar 纤维的流程更简单。虽然 Technora 链刚性有所降低，但是仍然具有高的拉伸强度，这是因为分子链刚性降低使其在高温条件（500℃）下大分子链的运动能力变强，从而可以实现高倍拉伸（10 倍），使得分子链沿纤维轴向发生规整排列，使纤维呈现伸展链结构，进而使纤维的结晶度和取向度大幅度提高。经过拉伸后的 Technora 纤维也具有类似于 Kevlar 纤维的反式构型（图 3-13）。

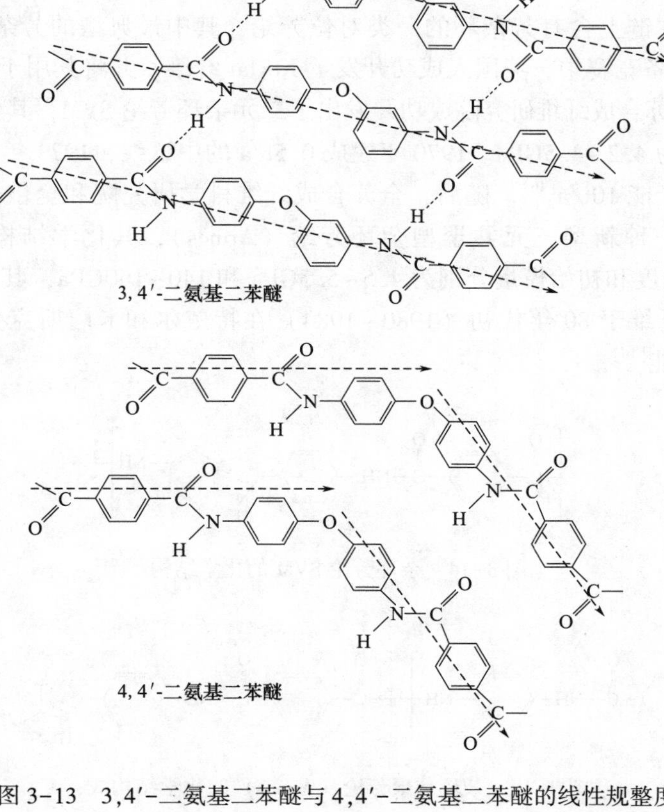

3,4′-二氨基二苯醚

4,4′-二氨基二苯醚

图 3-13 3,4′-二氨基二苯醚与 4,4′-二氨基二苯醚的线性规整度

研究结果表明[15]，如果将 Technora 纤维在合成过程中用到的 3,4′-二氨基二苯醚换成结构更为对称的 4,4′-二氨基二苯醚，经过热拉伸后并未表现伸直链构象（图3-13），所以 4,4′-二氨基二苯醚的对称结构反而会降低纤维在热拉伸过程中的取向度，从而使纤维的强度和模量降低。

Technora 纤维的热分解起始温度在 500℃左右，也是该纤维热拉伸工艺所用的温度。但是对于大部分有机纤维而言，所选择的热处理温度基本不会在热分解温度附近。Technora 纤维之所以具备这一特性很可能是由于其特有的半刚性链结构或高的拉伸速率。

相比 Kevlar 纤维，Technora 纤维同样具有高的拉伸强度（3.4GPa），且其柔性相比 Kevlar 纤维有所提高，其断裂伸长率可达 4%以上，密度较 Kevlar 纤维稍低。该纤维同样具有优异的抗疲劳性、尺寸稳定性、耐腐蚀性与耐热性。Technora 纤维具有高强度、低蠕变、耐高温等性能，但其密度更低，且不易发生腐蚀，已成为加固出油管和脐带缆的理想材料，在深海能源开采领域的应用日趋广泛。此外，Technora 纤维具有优异的阻燃性和热稳定性，由这种纤维制成的阻燃服装可以提供一流的防护性能和运动灵活性，在消防、防护与隔热等领域有着广泛的应用。

# 第三节　杂环芳纶

## 一、简介

杂环芳纶是指主链上含有芳杂环的一类对位芳纶，其中最典型的芳杂环为苯并咪唑环。在 20 世纪的美苏军备竞赛中，美国人成功开发了 Kevlar 纤维，并将其用于国防军事领域。苏联则在 60 年代由全苏合成纤维研究院成功开发出了二元杂环芳纶 SVM，其化学结构如图 3-14 所示，其拉伸强度为 4.2~4.5GPa。1970 年建成 0.5t/a 的中试线，1973 年在列宁格勒分院进行半工业化生产，产能 10t/a[16]。随后，全苏合成纤维科学研究院和全俄聚合物纤维科学研究院合作研发出了一种新型三元共聚型杂环芳纶（Armos），其化学结构如图 3-15 所示。Armos 纤维的拉伸强度和初始模量分别为 4.5~5.5GPa 和 140~160GPa，其力学性能明显优于 SVM 纤维。Armos 纤维于 80 年代初（1980~1984）在特威尔和卡门斯克生产基地分别形成 40t/a 和 30t/a 的产能[16]。

图 3-14　杂环芳纶 SVM 的化学结构

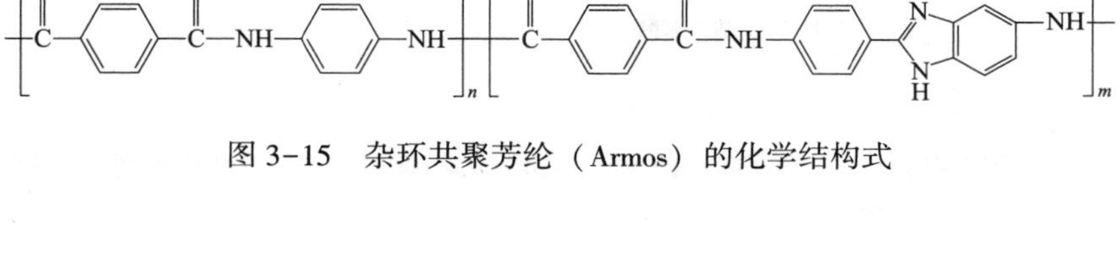

图 3-15　杂环共聚芳纶（Armos）的化学结构式

国内的杂环芳纶最早则由中蓝晨光化工研究设计院有限公司在 2003 年成功开发，并命名为芳纶Ⅲ（其化学结构与 Armos 类似）。随后国内也开发出了该类杂环芳纶，命名为 F12。

## 二、聚合物的合成与杂环芳纶的制备

### 1. 聚合物的合成

三元共聚杂环芳纶由对苯二甲酰氯（TPC）、对苯二胺（PPD）和 5(6)-氨基-2-(4-氨基苯) 苯并咪唑（PABZ）三种单体聚合而成，其合成反应式如图 3-16 所示。其中所用有机溶剂可为 $N,N$-二甲基乙酰胺（DMAc）、$N$-甲基吡咯烷酮（NMP）、二甲亚砜（DMSO）等，同时需要添加无机盐，如氯化锂（LiCl）或氯化钙（$CaCl_2$）作为助溶剂。通常的聚合工艺如下：先将溶剂 DMAc/LiCl 加入反应釜中，然后将温度降低至-5~5℃，再加入两种二胺 PDA 和 PABZ，搅拌使二胺全部溶解，然后加入摩尔含量为 80%~95% 的 TPC 进行反应，反应 1~2h 后再将反应温度升至室温，再加入余下的 TPC 进行反应，即可得到黏稠的杂环芳纶原液。聚合过程中 PDA 和 PABZ 两种二胺单体比例可调，但当 PDA 的摩尔含量超过 70% 时，所得杂环芳纶在上述溶剂体系中的溶解性会下降。因而实际聚合过程中 PDA 的摩尔含量在 0~60%，PABZ 的摩尔含量为 40%~100%。聚合所得的杂环芳纶原液为各向同性溶液，固含量一般为 4%~6%。

由于 PABZ 是一个不对称二胺结构，因而 PABZ 与 TPC 聚合反应生成的 SVM 链段具有头头—尾尾和头尾—头尾序列结构，如图 3-17 所示。序列结构的差异打破了大分子链的规整性，使得其刚性下降，从而能够溶解于 DMAc/LiCl 或 NMP/$CaCl_2$ 这类有机溶剂中。

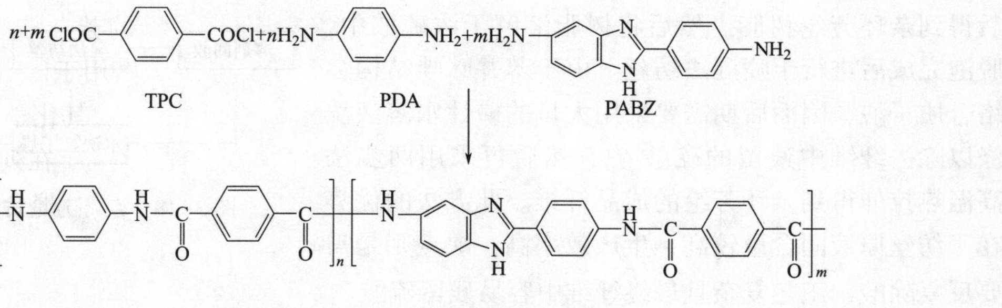

图 3-16　杂环芳纶聚合物的化学反应式

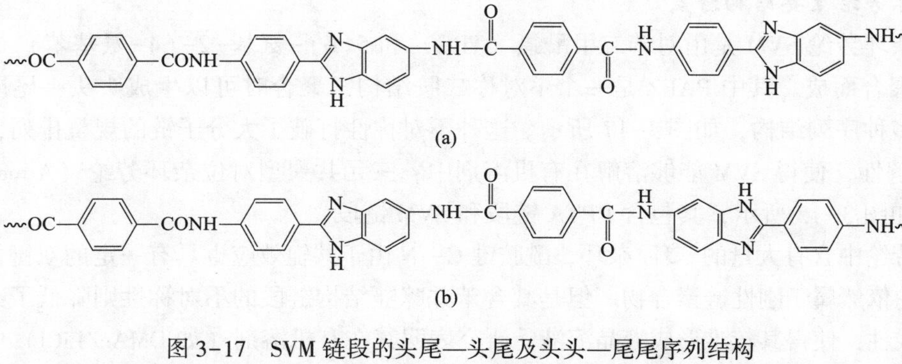

图 3-17　SVM 链段的头尾—头尾及头头—尾尾序列结构

（a）头尾—头尾结构（head tail—head tail）　（b）头头—尾尾结构（head head—tail tail）

**2. 杂环芳纶的制备**

制备杂环芳纶可采用两种纺丝工艺。

（1）湿法纺丝。第一种是传统的湿法纺丝，俄罗斯及中国的生产企业主要采用此方法。该方法是先将各向同性的纺丝浆液倒入储料罐中静态或动态脱泡。脱泡完成后，纺丝浆液在泵的驱使下经过烛型过滤器过滤，除去胶液中的杂质及可能的凝胶颗粒，随后分别通过计量泵和喷丝头进入有机溶剂/水组成的凝固浴中进行凝固成型。喷丝速度一般为 10～20m/min，纤维成型时间较长，使初生纤维得到均匀的凝固。其中，凝固浴一般分为第一凝固浴和第二凝固浴，第一凝固浴是为了纺丝浆液的凝固成型以及萃取出溶剂形成初生纤维，第二凝固浴则采取拉伸，使初生纤维初步取向，然后再经过水洗干燥获得杂环芳纶原丝。所得原丝的有序程度和取向度较低，力学性能较低，原丝必须通过后续热处理来提高其力学性能。常用的热处理方式包括静态热处理和动态热拉伸两种。其中静态热处理是在真空炉或者氮气保护下的高温炉中对收卷纤维进行热处理，没有额外施加张力，热处理温度一般为 340～400℃。动态热拉伸即在氮气保护下将纤维以恒定的速率和恒定的张力（或者恒定的拉伸倍数）通过高温炉，热处理温度一般为 360～450℃。杂环芳纶典型的制造工艺流程如图 3-18 所示。

（2）干喷—湿法纺丝。杂环芳纶的第二种纺丝方法主要以美国杜邦公司为主，采用与制备 Kevlar 纤维类似的干喷湿法纺丝工艺。先将合成的杂环芳纶溶液中加入碱性物质中和副产物 HCl，然后加入非良溶剂将聚合物析出，析出物再洗去溶剂和生成的盐，烘干后得到杂环芳纶树脂。然后将树脂溶解于浓硫酸中，脱泡完成后进行干喷湿法纺丝。由于苯并咪唑结构会络合质子酸，因而后期需要采用大量的碱性水溶液洗涤以除去纤维中残留的硫酸[17]，然后再采用两步法高温热拉伸得到杂环芳纶的成品纤维。此方法的优势在于纺丝原液固含量较高，生产效率高，缺点则是需要反复除酸，工艺复杂且最终纤维中容易残留硫酸。

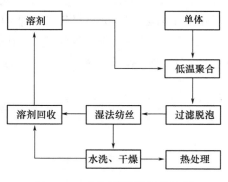

图 3-18　杂环芳纶的制备流程

## 三、杂环芳纶的结构与性能

### 1. 杂环芳纶主要结构特点

二元杂环芳纶 SVM 是由对苯二甲酰氯（TPC）和 5（6）-氨基-2-（4-氨基苯）苯并咪唑（PABZ）聚合而成。其中 PABZ 是一个不对称二胺结构，聚合时可以生成头头—尾尾、头尾—头尾等多种序列结构，如图 3-17 所示。这种不对称性打破了大分子链的规整排列，改善了 SVM 的溶解性，使得 SVM 能够溶解在有机溶剂中。三元共聚型对位杂环芳纶（Armos）的化学结构式如图 3-15 所示，其包含 PPTA 链段和 SVM 链段。

杂环芳纶中含有大量的苯环/杂环，酰胺键 C—N 由于共轭效应也具有一定的双键性质，因而杂环芳纶依然属于刚性链聚合物。但是其含苯并咪唑结构链段的不对称性则降低了杂环芳纶的刚性和线性，使得其较难形成液晶溶液。研究表明其在有机溶剂（如 DMAc/LiCl）中的持续长度（Persistence length）$L_k$ 一般为 5～10nm[18]，根据 Flory 的公式进行计算[19]。

$$V_p^* \approx \frac{8}{X}\left(1-\frac{2}{X}\right)$$

对于半刚性链来讲，采用 Kuhn 链段的轴向比 $X_k$ 来代替 $X$。

$$X_k = \frac{L_k}{d}$$

其在有机溶剂中形成液晶的临界浓度介于 30%~50%。可是在实际溶解过程中无法得到这么高的固含量，因而只能得到各向同性的溶液。

关于杂环芳纶的聚集态结构则有较多的报道。Kirill E. Perepelkin 等[20] 认为 PPTA 纤维与杂环芳纶在不同结构尺度上具有一定的差异。其中 PPTA 纤维中 Kuhn 链段尺度为 30~50nm，而 SVM 纤维和杂环共聚的 Armos 纤维的 Kuhn 链段尺度更小，为 20~40nm。A. E. Zavadskii 等[21] 测试了 SVM、Armos 和 Kevlar 纤维在赤道方向（垂直于纤维方向）的广角 X 射线衍射图谱。其中 SVM 纤维为典型的非晶结构，在 $2\theta = 21°$ 附近出现一个很宽的衍射峰；Kevlar 纤维则在 $2\theta = 20°$ 和 23° 出现两个尖锐的峰，表明为结晶结构；Armos 纤维也仅有一个衍射峰，但是比 SVM 纤维的衍射峰更加尖锐，其有序程度比 SVM 纤维更高。

国产的杂环芳纶（芳纶Ⅲ）则为结晶结构[22-24]。芳纶Ⅲ纤维在广角 X 射线衍射中，在 $2\theta = 20°$ 附近出现一个尖锐的强峰，在 $2\theta = 22.5°$ 附近还出现一个较弱的峰。这两个峰正好对应于 Kevlar 纤维的（110）和（200）晶面，表明芳纶Ⅲ与 Kevlar 纤维的晶胞类型可能是相似的。

上述表明，关于杂环芳纶聚集态结构的报道各有不同，这是因为杂环芳纶的聚集态结构与 PPTA 链段的含量、纺丝及热处理工艺都密切相关。刘向阳等[25] 研究了凝固浴中拉伸对杂环芳纶聚集态结构的影响。结果表明，当预拉伸倍数小于 75% 时，杂环芳纶呈现非晶/介晶两相结构；当预拉伸≥75% 时，杂环芳纶转变为非晶/介晶/结晶三相结构。但是结晶相含量仅为 13%，介晶相则高达 40%~50%，如图 3-19 所示。这是由于不对称的 SVM 链段会打破

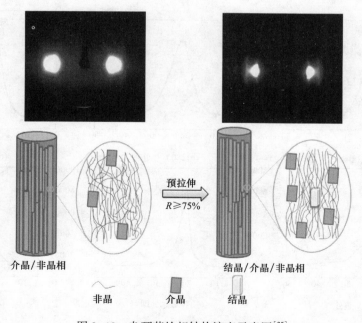

图 3-19 杂环芳纶相结构演变示意图[25]

大分子链的规整性，抑制三维结晶结构的形成。另外，杂环芳纶也呈现典型的皮芯层结构，如图 3-20 所示，皮层为丝绸带，其厚度在几百纳米；芯层为微纤结构，微纤维直径在几十纳米左右[25]。

图 3-20　杂环芳纶皮层及内部芯层微纤结构的扫描电镜图

### 2. 热处理过程中杂环芳纶结构—性能演变

由于杂环芳纶在 DMAc/LiCl 溶剂中形成的是各向同性溶液，湿法纺丝得到的杂环芳纶原丝的力学性能和取向度都较低，其拉伸强度仅有 5~8cN/dtex，而经过高温热处理之后，杂环芳纶的力学性能会增加 4~6 倍，其拉伸强度可达到 26cN/dtex 以上。这说明热处理是杂环芳纶提供其力学性能的关键所在。为此，李科等人的研究结果表明杂环芳纶大分子链中的苯并咪唑结构会络合聚合所产生的副产物 HCl，形成独特的络合结构[26]。该络合的 HCl 则要在高达 280℃以上才会脱出，在脱出 HCl 的过程中，杂环芳纶大分子链同时发生了化学结构和聚集态结构的变化。其广角衍射 X 射线图谱（WAXD）如图 3-21 所示，可以看到杂环芳纶原丝为典型的非晶结构，随着热处理温度的增加，杂环芳纶的 WAXD 曲线变得

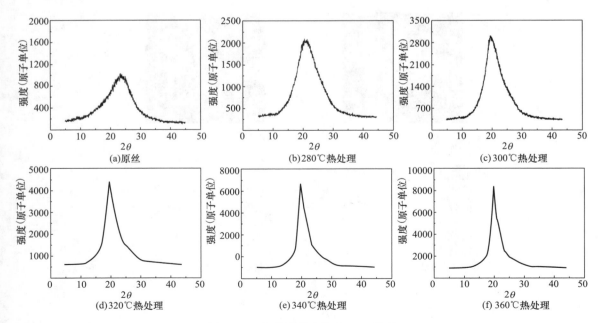

图 3-21　杂环芳纶一维 WAXD 图谱

越来越尖锐，20°左右的半峰宽变得越来越小，表明其大分子链的有序程度逐渐增加。当热处理温度达340℃，则明显转变为结晶/介晶结构。同时，杂环芳纶在热处理过程中还会产生自取向效应，显著增加大分子链的取向度，这些转变的共同作用导致了力学性能的大幅度改善。

### 3. 杂环芳纶主要性能特点

Kevlar 纤维、SVM 纤维和 Armos 纤维的主要力学性能见表3-3。其中 Kevlar 纤维的拉伸强度介于 2.7～3.5GPa，模量介于 130～145GPa。SVM 和 Armos 纤维的拉伸强度则分别介于 4.2～4.5GPa 和 4.5～5.5GPa，其弹性模量分别介于 135～150GPa 和 140～160GPa。SVM 和 Armos 纤维的拉伸强度明显高于 Kevlar 纤维，三者的初始模量则相差不大。A. Andres Leal 等人采用单丝压缩法测试的杂环芳纶 Armos 纤维的压缩强度为 390MPa，Kevlar 49 纤维的压缩强度仅为 280MPa。这主要是由于 Armos 纤维的大分子链含有苯并咪唑结构，可以形成更多的氢键相互作用，从而有利于压缩强度的提高。Armos 纤维与环氧树脂复合后 IFSS 值为 36MPa，比 Kevlar 49 纤维与环氧树脂复合后 IFSS 值（28MPa）高出 28.6%。这说明杂环芳纶在本身力学性能和与树脂复合的复合性能都要高于 Kevlar 纤维。另外，杂环芳纶具有良好的耐热性与尺寸稳定性，使用温度可达到300℃，且在 350～400℃几乎不会发生收缩。杂环芳纶不能燃烧，自熄性很好，其极限氧指数可达到 39%～42%，比 PPTA 纤维高出 10%～12%[28]。

表 3-3　几种主要芳纶的力学性能[20]

| 纤维 | 拉伸强度<br>（GPa） | 弹性模量<br>（GPa） | 断裂伸长率<br>（%） | IFSS[①]<br>（MPa） | 压缩强度[①]<br>（MPa） |
| --- | --- | --- | --- | --- | --- |
| PPTA（Kevlar） | 2.7～3.5 | 130～145 | 2.5～3.0 | 28 | 280 |
| SVM | 4.2～4.5 | 135～150 | 3.0～3.5 | — | — |
| Armos | 4.5～5.5 | 140～160 | 3.4～4.0 | 36 | 390 |

①采用 A. Andres Leal 等的测试结果[7]。

## 四、含氯的杂环芳纶

为了进一步增加杂环芳纶的性能，俄罗斯研究工作者将侧基氯引入杂环芳纶的大分子链中，所制备的纤维命名为 Rusar。Rusar 纤维的研究始于 20 世纪末，其公开报道较少，仅有少量的专利和文章涉及这一纤维[29-36]。根据这些文献报道，其可能采用的含氯单体如图 3-22。俄罗斯 NPP Termoteks 公司生产的不同牌号 Rusar 纤维的性能见表 3-4。对于 Armos 纤维而言，Rusar-NTs 纤维的拉伸强度和初始模量

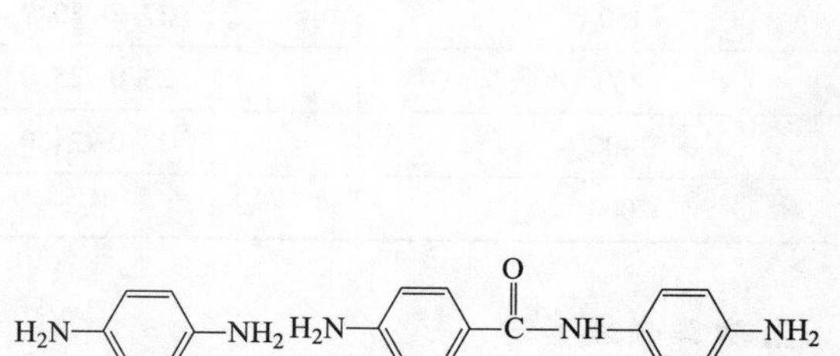

图 3-22　含氯单体的化学结构式

都有所提高。当这些纤维与环氧树脂复合之后，Armos 纤维的浸胶丝强度为 4.5～5.0GPa，而 Rusar-S 纤维浸胶丝的强度则高达 5.4～6.4GPa，Rusar-NTs 纤维浸胶丝的强度则为 5.4～6.12GPa。说明侧基氯的引入增加了杂环芳纶的复合性能。

表 3-4　俄罗斯 NPP Termoteks 公司生产的 Rusar 纤维的力学性能[35]

| 性能 ＼ 纤维 | Armos© | Rusar-S | Rusar-NTs |
|---|---|---|---|
| 断裂强度（GPa） | ≥3.5 | ≥4.2 | ≥4.2 |
| 断裂伸长率（%） | ≥2.6 | ≥2.5 | ≥2.0 |
| 弹性模量（GPa） | ≥140 | ≥160 | ≥170~180 |
| 浸胶丝强度（GPa） | 4.5~5.0 | 5.4~6.4 | 5.4~6.12 |
| 极限氧指数（%） | 32 | 32 | 45~50 |

## 五、杂环芳纶的应用领域

### 1. 航空航天

杂环芳纶（芳纶Ⅲ）复合材料能用于严酷的空间应用条件，也能满足广阔的设计范围，是一种理想的现代宇航新型材料。目前，我国的芳纶Ⅲ已应用于固体火箭发动机壳体，可减轻发动机质量。

王煦怡等将美国杜邦公司的 Kevlar 49 纤维与国产芳纶Ⅲ分别制成不同尺寸的实验容器，通过水压爆破试验，对比研究了两种纤维的容器特性系数。容器特性系数 $=PV/W$，其中 $P$ 是爆破强度，$V$ 是壳体容积，$W$ 是壳体质量[37]。表 3-5 为两种芳纶制备成不同直径容器的性能。其结果表明芳纶Ⅲ复合材料所制备的压力容器的综合性能要明显优于杜邦公司的 Kevlar 49 纤维。

表 3-5　容器性能对比[37]

| 容器直径（mm） | 容器特性系数（km） | |
|---|---|---|
| | Kevlar 49（杜邦） | 芳纶Ⅲ（中蓝晨光） |
| 150 | 27.2~30.0 | 38.2~39.8 |
| 480 | 23.0~25.0 | 33.1~33.9 |
| 1400 | 22.0~24.0 | 30.0~30.6 |
| 2000 | — | 29.0~30.2 |

### 2. 防弹领域

芳纶Ⅲ以其高抗冲击性、柔顺性及轻量化等特点在防弹衣、防弹头盔和防弹钢板等领域有着广阔的应用前景。刘克杰等对比研究了日本公司生产的共聚芳纶 Twaron 2000 纤维和芳纶Ⅲ纤维的抗弹效果[38]。结果表明 Twaron 2000 织物和芳纶Ⅲ织物在均满足 NIJ ⅢA 标准防弹要求与应用需要的情况下，芳纶Ⅲ靶板的面密度为 4.5kg/m，Twaron 2000 靶板的面密度为 6.8kg/m，这说明在同样达到防弹要求的条件下，芳纶Ⅲ使用数量比共聚芳纶 Twaron 2000 纤维使用数量更小，靶板质量更轻[38]。同样的测试条件下，芳纶Ⅲ织物的单位面密度能量吸收值为 153J·m²/kg，Twaron 2000 织物的则仅为 120J·m²/kg[38]，即芳纶Ⅲ的抗弹性能比 Twaron2000 纤维提高近 30%。纤维防弹性能的优劣主要决定于纤维拉伸强度和断裂伸长率的高低，相对来说纤维的弹性模量对防弹性能的贡献更小[38]。由于芳纶Ⅲ的拉伸强度远高于 Twaron 2000 纤维和杜邦公司的 Kelvar 系列纤维，而断裂伸长率则相差不大，因而芳纶Ⅲ的抗弹能力更优异。

芳纶Ⅲ还可用于兵器的防护。相对于芳纶Ⅱ和碳纤维而言，芳纶Ⅲ对兵器坦克、装甲车和方舱的防护性能更加优异。例如，芳纶Ⅲ层压板应用在方舱上，能使方舱承受更大的压力和防洞穿，可承受核爆炸产生的压力波及热辐射高温，此外芳纶Ⅲ制备的防护服还可防化学和生化武器，防常规子弹和弹片等[37]。

另外，杂环芳纶还可以用作特种绳索，在光缆、高强绳索等领域有着潜在的应用。

### 六、杂环芳纶应用研究进展

#### 1. 二步法热拉伸提高杂环芳纶的力学性能

李科等[27]的研究结果表明，杂环芳纶大分子链的苯并咪唑结构络合 HCl 后，其玻璃化转变温度为 254℃，而未络合 HCl 杂环芳纶的 $T_g$ 为 276℃。络合 HCl 后，由于大分子链间氢键相互作用被破坏，使得大分子链运动更加容易，从而导致 $T_g$ 降低了 20℃。同时该 $T_g$ 也明显低于 HCl 开始解络合的温度（≥280℃）。李科等利用这一特点，设计了两步法热拉伸工艺。首先将杂环芳纶原丝在 280~300℃下热拉伸，使得大分子链充分取向。然后再将所得纤维在高温段（360~400℃）热拉伸，以进一步完善取向和结晶结构。

当杂环芳纶采用一步法热拉伸（400℃）时，所得到纤维的拉伸强度为 24.2cN/dtex，初始模量为 708cN/dtex。而当采用两步法热拉伸时，所得到纤维的力学性能会更高，见表 3-6。当第一步热拉伸温度为 280℃时，所得纤维的力学性能最高，其中拉伸强度高达 29.1cN/dtex，初始模量高达 760cN/dtex。随着第一步热拉伸温度的提高，所得纤维的力学性能逐渐降低，这是由于杂环芳纶原丝在 280℃以上进行热拉伸时，HCl 会解络合，大分子链间氢键相互作用开始增加，这会限制分子链在热拉伸过程中的运动，从而不利于大分子链取向。

表 3-6　杂环芳纶原丝通过两步法热拉伸得到纤维的力学性能

| 第一步热拉伸温度（℃） | 第二步热拉伸温度（℃） | 拉伸强度（cN/dtex） | 初始模量（cN/dtex） | 断裂伸长率（%） |
| --- | --- | --- | --- | --- |
| 280 | 400 | 29.1 | 760 | 3.87 |
| 300 | 400 | 27.3 | 737 | 4.09 |
| 320 | 400 | 25.2 | 716 | 4.18 |
| 340 | 400 | 24.6 | 700 | 4.21 |
| 360 | 400 | 24.1 | 695 | 4.17 |

#### 2. 利用荧光增强效应改善杂环芳纶耐紫外线性

耐紫外线性差是芳纶的一个主要缺点，如何提高其耐紫外线性一直是研究人员所重点关注的问题。当芳纶吸收紫外光后，会使分子中的电子跃迁到激发态，使整个分子的能量体系变为不稳定状态，因而这些吸收的能量必须以某种形式释放出去。对于芳纶来讲，其主要是以非辐射跃迁，即分子振动、转动的方式将这些能量散发出去，然而，在此过程中不可避免地会造成酰胺键的断裂，从而降低芳纶的力学性能。传统的方法一般是在芳纶表面涂覆抗紫外线的 $TiO_2$ 等涂层，但是这些涂层溶液在使用过程中会脱落。

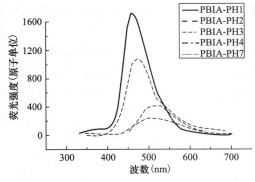

图 3-23 不同 pH 的 HCl 溶液浸泡
杂环芳纶后的荧光测试

李科等则利用荧光增加效应有效提高了杂环芳纶的耐紫外线性能[39]。将杂环芳纶浸泡在不同 pH 的 HCl 水溶液中，发现杂环芳纶大分子链的苯并咪唑结构络合 HCl 后会出现荧光增加效应，如图 3-23 所示（PBIA 指杂环芳纶）。当杂环芳纶浸泡到 pH 为 1~2 的 HCl 水溶液后，其荧光强度得到明显增加。而荧光属于一种辐射跃迁，因此，荧光强度的增加使得辐射跃迁增加，通过荧光发光而转移了能量，抑制了非辐照跃迁所导致的酰胺键断裂。将浸泡 HCl 溶液和未浸泡 HCl 溶液的杂环芳纶分别在紫外线下照射 48h，

其纤维表面形貌如图 3-24 所示。其中浸泡 HCl 后杂环芳纶紫外线照射后纤维表面没有看到明显的缺陷，而未浸泡 HCl 的杂环芳纶紫外线照射后其表面出现大量的沟壑等缺陷，即其表面大分子链发生了明显的降解。另外，浸泡 HCl 后杂环芳纶紫外线照射后，其拉伸强度保持率高达 94%，而未浸泡 HCl 的杂环芳纶紫外线照射后，其拉伸强度保持率仅为 75%。

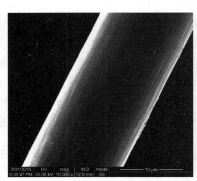

(a) 照射前经过pH=1的HCl溶液浸泡　　　　　(b) 照射之前未经过HCl溶液浸泡

图 3-24 杂环芳纶经过紫外线照射 48h 后纤维的表面形貌

# 第四节　间位芳纶

## 一、简介

聚间苯二甲酰间苯二胺纤维（PMIA）作为一种全芳聚酰胺纤维，是一种具备高耐热性、阻燃性能和绝缘性能的高性能纤维。根据其结构特点，在我国其被称为间位芳纶或者芳纶 1313。该纤维 1960 年最先由美国杜邦公司试制成功，命名为 HT-1 纤维，它并于 1967 年实现商品化，产品商品名为诺曼克斯（Nomex），是目前所有耐高温纤维中产量最大、应用面最广的耐高温纤维。另外，其他国家所生产的间位芳纶商品名也不尽相同，例如，日本帝人的康纳克斯（Conex）、俄罗斯的非尼纶（Fenilon）。

PMIA 纤维具有良好的耐热性，其玻璃化温度为 270℃，热分解温度介于 400~430℃，在 200℃高温下可长期连续使用，其还保持着一定的物理机械性能。该纤维还具有很好的阻燃性，极限氧指数在 29%左右，离开火焰会自熄，且在燃烧过程中不会发生熔滴现象。在 400℃的高温下，PMIA 纤维发生碳化，表面生成一种隔热层，能阻挡外部的热量传入内部，起到有效的保护作用。

## 二、聚合物的合成与间位芳纶的制备

### 1. 聚合物的合成

PMIA 原液一般是由单体间苯二甲酰氯（IPC）和间苯二胺（$m$-PDA）缩聚而得，反应中伴有小分子 HCl 生成，具体反应式如图 3-25 所示。在实际生产中会加入氢氧化钙或通入氨气对缩聚物中的 HCl 进行中和，以防止 HCl 腐蚀设备。所得聚合物浆液经干法纺丝或湿法纺丝工艺进行纺丝成型，进而得到 PMIA 纤维。

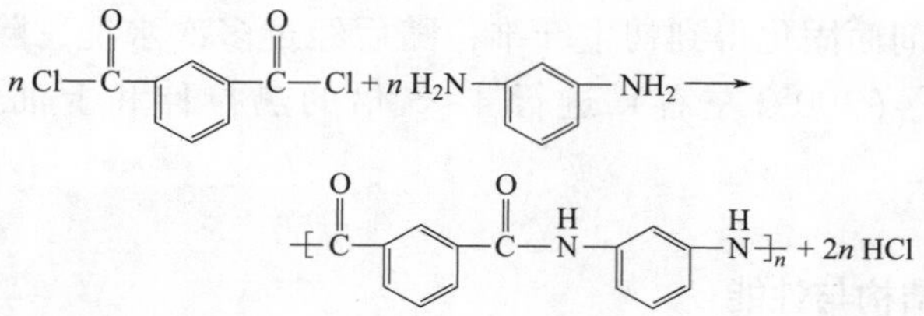

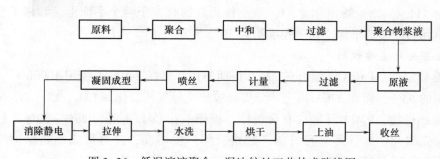

图 3-25　间苯二甲酰氯和间苯二胺的缩聚反应方程式

### 2. 制备流程

（1）低温溶液聚合—湿法纺丝工艺。国内现有成熟技术低温溶液聚合—湿法纺丝的具体工艺技术路线如图 3-26 所示。

原料 → 聚合 → 中和 → 过滤 → 聚合物浆液

凝固成型 ← 喷丝 ← 计量 ← 过滤 ← 原液

消除静电 → 拉伸 → 水洗 → 烘干 → 上油 → 收丝

图 3-26　低温溶液聚合—湿法纺丝工艺技术路线图

①低温溶液聚合。在聚合反应器中先加入定量的二甲基乙酰胺溶剂、计量的间苯二胺和低于计量的间苯二甲酰氯，在不加热、不加催化剂的条件下，自行进行反应。聚合反应过程中产生大量的热量，需用超低温冷冻液将其热量带走。初始反应一定时间后再加入余下的间苯二甲酰氯。为了达到工艺需求的聚合度和相对分子质量，需精确控制后期间苯二甲酰氯的加入量（缓慢并计量加入），以达到工艺要求的黏度。待聚合物达到工艺要求黏度后，用氨气或氢氧化钙中和聚合物浆液中的副产物 HCl，并伴随沉淀生成，经过滤后即可得到品质优

良的聚合物浆液。该聚合物浆液即为后续纺丝工艺中的纺丝原液。

②湿法纺丝。纺丝原液经混批、过滤、脱泡后，通过计量泵和喷丝头，在凝固液的作用下，从喷丝头出来的浆液快速形成初生纤维。为了确保从凝固液引出的初生纤维具有良好的物理机械性能，必须在凝固液中进行塑化牵伸，之后丝束用水洗涤以除去残存的溶剂，含有溶剂的洗涤水被送到溶剂回收工序。经洗涤后的丝束上油后进入烘干机烘干，烘干后的丝束在高温下热牵伸，再经过上油处理，即可得到成品 PMIA 纤维。

（2）工业化的界面聚合工艺（日本帝人）和干法纺丝工艺（美国杜邦）。

①界面聚合工艺。将间苯二甲酰氯溶于四氢呋喃中，而后在室温下将该溶液加入到强烈搅拌的间苯二胺和碱性（如甲酸钠、2-甲基吡啶等）水溶液中，缩聚反应很快便在水/四氢呋喃界面上发生，其中聚合反应产生的副产物 HCl 被碱中和。经分离、水洗、干燥后得到的固体物料为聚间苯二甲酰间苯二胺。将得到的聚间苯二甲酰间苯二胺固体物料溶解在加有氯化锂或氯化钙的二甲基甲酰胺或二甲基乙酰胺溶剂中，制备得到纺丝原液。

②干法纺丝工艺。纺丝原液经过滤、脱泡后，采用干法纺丝工艺，即通过热空气加热蒸发初生纤维中的溶剂而固化得到初生纤维，随后经过多次水洗，除去纤维中含有的大量无机盐，再在高温下（300℃左右）进行 4~5 倍的热拉伸和上油处理后即可得到成品 PMIA 纤维。

### 三、间位芳纶的结构与性能

#### 1. 间位芳纶的结构

PMIA 大分子链中的酰胺键与苯环基团之间是间位连接。相比于对位连接，间位连接并不能有效形成分子链内的共轭结构，其共价单键的内旋转位能相对较低，大分子链柔性较大。这种柔性分子链结构赋予了 PMIA 纤维更好的溶解性和可加工性能。PMIA 纤维可得到较高的结晶度，晶型属于三斜晶系，其晶体参数为[40]：$a = 0.527nm$，$b = 0.525nm$，$c = 1.13nm$；$\alpha = 111.5°$，$\beta = 111.4°$，$\gamma = 88.0°$，$Z = 1$。该晶体里氢键存在于两个平面上，如格子状排列，其亚苯基团单元与酰胺键平面之间的角度约为30°。

#### 2. 间位芳纶的主要性能

（1）热稳定性。PMIA 纤维可在 220℃ 长期使用，其在 240℃ 下使用 1000h 后，机械强度仍保持原来的 65%，而在 370℃ 以上才分解释放出少量气体，比如 $CO_2$、$CO$、$N_2$ 等。

（2）阻燃性能。PMIA 纤维具有自熄性，极限氧指数 LOI 值为 29%~32%，且高温燃烧时，其表面先碳化，这使得这种纤维不燃烧，不产生熔滴，并可形成绝热保护层，从而使 PMIA 纤维具有良好的阻燃防护性。

（3）电绝缘性。PMIA 纤维还具有优异的电绝缘性能，以 PMIA 纤维为原料制成的绝缘纸的耐击穿电压可达到 100kV/mm。而且由于 PMIA 纤维纸的热稳定性好，其绝缘纸在高温下仍可保持良好的电气绝缘性能。

（4）机械特性。PMIA 大分子链中含有大量的苯环和氢键相互作用，而苯环与酰胺键间位连接，因此其仅具有满足一般纺织需要的机械性能，而不具备对位芳纶所具备的高强高模特性，这使得 PMIA 纤维制备的织物具备手感柔软、穿着舒适的特点。

（5）化学稳定性。PMIA 纤维大分子中苯环刚性基团含量高，使纤维的结晶度高。在

PMIA 纤维的晶体中，氢键在两个平面内排列，从而形成了较强的氢键三维结构。由于高的结晶度和强的大分子链间氢键作用，使之结构稳定，具有优良的耐化学性能。

（6）耐辐照性。PMIA 纤维耐 $\gamma$ 和 X 射线的辐射性能十分优异。例如在 50kV 的 X 射线辐射 100h 后，其拉伸强度可保持原来的 73%，而涤纶和锦纶在此条件下则会变成粉末。因此，PMIA 纤维因其出色的抗辐射性使应用领域更加广泛。

### 四、应用领域

目前 PMIA 纤维的主要用途是制作热防护服、滤材和阻燃装饰布，广泛应用于军事、消防等领域[9,41]。作为耐热纤维中产量最大、应用面最广的品种，PMIA 纤维的用途按照应用领域主要分为热防护和绝缘两大类。

#### 1. 热防护领域

PMIA 纤维具有优异的耐热、阻燃性能，同时 PMIA 纤维的纺织加工性能良好，手感柔软，透气性好，穿着舒适，所以特别适合用于人体热防护，而且其热防护性能不会因为洗涤、磨损或暴露在高温下而受影响，因此 PMIA 纤维最重要的用途之一便是防护衣料。该防护衣料广泛用作消防服、宇航服、抗燃服、飞行员均压服、森林工作服、冶金等高温行业的工作服等，防火效果显著，柔软轻巧，穿着舒适性好。近年来，国外还开发出了耐高温服、警卫服、各相关行业的制服、工作服、医院病人、老人、儿童用服以及厨房用服、围裙、手套等和一般家庭用床上用品等。

高温烟道气、工业粉尘过滤材料是 PMIA 纤维应用量最大的领域。实际使用过程中，往往是以 PMIA 短纤维为原料制成针刺非织造布、毡或毯等织物，然后加工成袋式过滤器或过滤毡使用。相应产品除尘特性优异，且高温下长期使用仍能保持高强度、高耐磨性、尺寸稳定性等，因而被广泛用于钢铁冶金、建材（如水泥、石灰、石膏等）、炼焦、发电、化工、城市垃圾焚烧炉等行业，有利于保护环境、回收资源等。

#### 2. 绝缘领域

由于 PMIA 纤维具有较好的耐热性、耐辐射性和机械性能，其在高温下仍能保持良好的电气绝缘性能，从而广泛应用于机电电器变压器绝缘、高负载发电机（700V）和高电压高温震动等环境的电动机相间绝缘、干液压式变压器及回转机的绝缘、核动力设备的绝缘等方面。

PMIA 纤维所制得的绝缘纸可以加工成各种绝缘材料，用于各种线圈及设备的绝缘，以提高电气设备的绝缘等级（F 级、H 级），延长其使用寿命。因而 PMIA 纤维材料是机电更新换代的关键性材料之一。

### 五、主要生产厂家情况

从全球范围看，PMIA 纤维的年产量已超过 4 万吨。主要供应商依次为美国杜邦公司、烟台泰和新材股份有限公司、日本帝人公司等，见表 3-7。其中，美国杜邦公司的 Nomex 仍处在全球垄断地位，其产能约为 2.5 万吨/年。日本帝人公司作为最早的 PMIA 纤维供应商之一，其产能约为 2300t/a，而且其主要侧重差异化纤维的开发，除常规纤维品种外，还有染色纤维、高阻燃纤维（Conex FR）和耐候性极好的 Conex L 纤维等品种。另外，商业化的 PMIA

纤维产品还有日本 Unitika 公司的 Apyeil 纤维和俄罗斯的 Fenilon 纤维等品种。

表 3-7　世界各国间位芳纶（PMIA 纤维）的产量

| 国别及生产厂家 | 商品名 | 产量（t/a） |
| --- | --- | --- |
| 美国杜邦 | Nomex | 25000 |
| 日本帝人 | Conex | 2300 |
| 中国烟台泰和 | Tametar | 7000 |
| 中国新会彩艳 | 彩艳 | 1000 |
| 中国圣欧芳纶（苏州） | | 3000 |
| 中国浙江九隆 | | 1500 |

目前我国 PMIA 纤维已达到规模工业化程度，其品种和质量接近国际水平，应用范围也逐步扩大。其中，烟台泰和新材股份有限公司 2004 年正式投产 PMIA 纤维，其商品名为 Tametar（泰美达），目前年产能达到 7000t/a，而且可以供应一定量的染色纤维。另外，中国圣欧基团的芳纶产量为 3000t/a，中国浙江九隆芳纶有限公司产量为 1500t/a，中国新会彩艳股份有限公司产量为 1000t/a。这使得我国成为间位芳纶的主要生产国之一。

然而，我国无论在基础理论研究还是工程化方面都存在研究时间较短、技术积累不足的问题，因此仍然难以实现高性能、高稳定性的 PMIA 纤维的生产。这使得国内使用的高端 PMIA 纤维大部分依然依靠进口，因此发展高性能、高稳定性的 PMIA 纤维，对于满足国民经济快速发展的需求和打破国外公司垄断有着重要的战略意义。

### 六、PMIA 纤维的应用研究进展

PMIA 纤维因优异的耐热性、耐燃性、高的介电强度、耐水解和耐辐射等性能而广泛应用于热防护和绝缘等领域。为满足社会发展所带来的更高应用要求，提升 PMIA 纤维热防护性、绝缘性及可染色性等是目前的主要应用研究方向。

#### 1. 热防护性能

尽管 PMIA 纤维具有良好的耐高温性能，但其成本相对较高，总体的性价比仍有一定的提升空间。例如，在工况为 150~200℃ 的高温烟尘过滤中，PMIA 纤维一般使用时间为三年，与普通廉价过滤材料如涤纶玻璃纤维等材料的使用年限（一年）相比，优势依然不够明显，因此进一步提升其综合性能的研究工作仍然非常重要。目前，主要提升其耐热性能的方法一是通过添加第三单体改变 PMIA 纤维大分子链的结构；二是与其他高性能纤维进行混纺。

（1）改变纤维大分子链结构。通过添加第三单体使得 PMIA 纤维大分子具备耐热性更好的化学结构是改善纤维整体性能的有效手段。例如，Nadagawa 等采用间亚二甲苯基二胺部分代替间苯二胺制备出了具有良好耐热性及染色性能的纤维产品[42]。

（2）与其他高性能纤维混纺。在实际应用过程中，PMIA 纤维常与少量的对位芳纶、聚酰亚胺纤维或者聚苯并咪唑（PBI）纤维混纺，在维持产品成本优势的前提下，可以进一步提高产品的耐热性能，其高温的使用时间最高可提高 30%。

#### 2. 绝缘性能

在实际应用过程中，为了进一步提升 PMIA 纤维用作绝缘材料时的性能，通常需要将

PMIA 纤维与聚酰亚胺或聚酯联合使用。例如，在制备密封式电动机引接线时，金属导体外部由内编织层、绕包层和外编织层组成绝缘层。其中，内外编织层均是由间位芳纶编织而成，绕包层为聚酰亚胺或者聚酯。由于聚酰亚胺具备更为优异的耐热性，因此 PMIA 纤维和聚酰亚胺作为绝缘材料可得到 H 级的密封式电动机引接线。目前国内常规制造和实用的 E 级机电的耐温低于 120℃，寿命短，而使用 PMIA 纤维（绝缘纸）以及与聚酯和聚酰亚胺膜复合产品材料机电产品可提升至 F 或者 H 级，耐温度高于 150℃ 或者 180℃，机电寿命长。

另外，在高压变压领域，PMIA 纤维制成绝缘纸使用时常会面临高压下空隙结构导致的易被击穿等危害，因此，PMIA 纤维绝缘纸常需要与绝缘油联合使用制备油浸变压器系统等，主要是利用绝缘油填充绝缘纸的空隙结构，以防止这些空隙区域因被击穿而导致绝缘材料整体老化。

### 3. 着色性能

由于 PMIA 纤维结晶度高，极性基团被束缚于晶格内部，因此其表现出表面惰性、染色困难的缺点。目前，解决 PMIA 纤维染色问题的主要方法有三种。一是通过引入第三、第四单体，改变其大分子链结构。二是对纤维表面进行物理或者化学改性，使纤维表面更容易染色。三是改变染色工艺，实现染色性能的改变[43]。

（1）改变大分子结构。通过添加第三单体或第四单体可使 PMIA 纤维具有利于纤维染色的结构，提高纤维表面活性，进而提高染色性能。例如，有美国专利报道采用烷基苯磺酸基的阳离子季盐来改性间位芳香族聚酰胺大分子链，可使相应的纤维产品更容易被阳离子染料染色[42]。Teijin 公司采用亚二甲苯基二胺为第三单体共聚制得的芳纶共聚物作为改性剂与浆液混合纺丝，所得改性纤维的深色染色牢度大大提高[44]。

（2）表面化学改性。通过表面处理提升纤维表面活性，提高其染色性能。具体方法包括紫外线辐照法、液氨预处理法、等离子体法以及溶剂处理法。

（3）改变染色工艺。通过改变具体的染色工艺，提高染料向纤维内部扩散渗透的能力以及改善染料与纤维大分子的相互作用。具体方法包括真空减压染色法、载体染色法、连续染色法和蒸汽热处理染色法。

### 4. 其他

在 PMIA 纤维制造技术的基础上，结合纤维分子结构改性或外加添加剂等方法，目前人们已经开发出了易导电、强阻燃等特殊功能的新型功能性 PMIA 纤维，从而可以满足不同应用市场对 PMIA 纤维的特殊需求。

## 第五节　芳纶表面改性及其复合材料性能

### 一、芳纶增强复合材料

作为增强体制备树脂基高性能复合材料是芳纶最为重要的应用领域之一。现阶段芳纶增强树脂基复合材料的应用范围非常广，在航空航天、军用抗弹、体育器材、汽车和建筑等多个领域都发挥着重要作用。20 世纪 60 年代美国首先利用缠绕成型法制备了芳纶增强的固体火箭发动机外壳，开启了芳纶在航空航天领域的应用。现阶段芳纶复合材料也同样在飞机减质、降噪、安全等方面有着较多的应用，比如，美国西科斯基公司研制的 S—76 商用直升机的外蒙皮中芳纶复合材料的占比已达 50%。在建筑领域，芳纶越来越多地取代石棉用来增强水泥，提供更轻、更高强度的结构件，并可防止水泥制品开裂。芳纶复合材料还可用来制造高尔夫球棒、网球拍、滑雪橇、雪车、钓鱼竿、弓、标枪等民用产品。因此，芳纶复合材料具有更广阔的应用前景。

但是，芳纶作为复合材料的增强体，还没有完全发挥出其优异的性能，这是由于复合材料的整体性能不仅取决于树脂基体和纤维的性能，还和复合材料的界面性能息息相关。在复合材料成型的过程中，纤维和树脂之间产生各种物理和化学相互作用并互相渗透，这些相互作用的区域一般处在纤维和树脂之间，称之为界面，其厚度可达到几十纳米，如图 3-27 所示。而界面作为复合材料的重要一环，对复合材料整体性能的发挥至关重要，例如芳纶增强环氧树脂复合材料在受到外力拉伸时，界面层作为应力传递的介质起着将应力从树脂传递到纤维增强体的作用。良好的界面粘接性可以有效地分散复合材料所承受的载荷，使纤维的力学性能得以充分发挥而提高复合材料的整体性能。

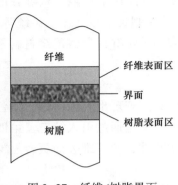

图 3-27　纤维/树脂界面层的宏观形貌

复合材料的界面粘接作用是由纤维和树脂之间的各种相互作用协同实现的，其主要包括以下几种作用形式。

（1）树脂和纤维之间的机械锁结。由于纤维表面可能产生凹凸不平的形貌，树脂基体会对其进行浸润填充，因此固化后树脂和纤维发生啮合而固定；纤维表面越粗糙，其啮合点也越多，越有利于增强复合材料的界面粘接作用。

（2）树脂和纤维之间的范德华力。这种相互作用来自于树脂基体和纤维大分子链之间的各种静电相互吸引和氢键相互作用，这些相互作用影响着树脂对纤维表面的浸润性和界面的可粘接性能。

（3）树脂和纤维大分子链的扩散缠结。纤维和树脂作为聚合物，其相对分子质量都比较高，在纤维和树脂的表面，可能存在大分子侧链或者端基之间的相互缠结。

（4）树脂和纤维之间的化学键接。纤维表面基团可与树脂表面的基团发生化学反应，在界面之间形成化学键。由于化学键键能较高，需要较大的能量才能使其断开，所以化学键接的形成可以大大提升复合材料的界面粘接性能。因此，为了实现良好的复合材料界面粘接作用，制备高性能芳纶复合材料，有必要对芳纶进行表面改性处理。

## 二、芳纶表面改性常用方法

芳纶作为高性能有机纤维的一种，其结晶度一般较高，表面较为光滑，难以与树脂基材产生机械啮合；且较高的结晶度将酰胺键等极性基团封闭在晶格内部，造成表面惰性，难以与树脂基产生化学键接和范德华力相互作用，导致纤维和树脂之间的界面粘接性较差，严重限制着复合材料的性能，其与环氧制备的复合材料层间剪切强度通常只有 30MPa，远低于其他高性能纤维（如碳纤维和玻璃纤维等），因此，需要对芳纶进行表面改性处理。传统的表面处理方法主要包括以下几种。

**1. 等离子体辐照法**

20 世纪 80 年代到 90 年代比较盛行利用等离子体氧化法对纤维进行表面改性，其主要目的是利用强氧化性的等离子体，例如 $NH_3$、$O_2$ 和 $H_2O$ 等离子体作为高能粒子分别对纤维表面进行氧化刻蚀，其在纤维表面引入极性基团，增加纤维表面的极性，同时高能粒子与纤维表面经过化学反应产生挥发性气体，纤维表面同样被物理性刻蚀，粗糙度显著增加，从而同时增加了纤维和树脂的机械啮合和范德华力的相互作用。但是等离子体处理存在对纤维表面大分子链的降解刻蚀，其表面化学结构被破坏，甚至有可能伤及本体。例如 N. Inagaki 等利用远程氧等离子体对 Kevlar 纤维进行表面处理[45]，对提升复合材料的性能有明显效果。通常情况下，氧等离子体包含着多种粒子，分别是氧自由基、氧负离子和电子，其中氧负离子和电子与纤维接触发生反应，主要使纤维主链大分子断链。而氧自由基与纤维表面发生碰撞，易造成自由基转移，在纤维表面形成活性位点。而在等离子体移动的过程中，氧负离子和电子易猝灭。远程等离子体的使用延长了等离子体与纤维接触的距离，消灭了大量氧负离子与电子，剩下氧自由基与纤维进行反应，最终大幅度地提升了纤维的表面极性；而作为对比的直接等离子体，其处理后的 Kevlar 纤维表面较为粗糙，出现大量断链，显示了远程等离子体处理方法既可以提升 Kevlar 纤维的表面极性，又可以保持其优异的本体性能。

**2. 酸碱处理法**

20 世纪 90 年代有很多研究者利用酸碱处理法对芳纶表面进行改性，其具体方法是利用强酸强碱等化学试剂处理芳纶，从而在芳纶表面大分子链上产生羧基、硝基和羟基等极性基团，同时破坏表面结晶结构，使表面活化，增加芳纶表面活性。Park 等分别使用 0、1%、10%、35% 质量分数的磷酸（$H_3PO_4$）处理 Kevlar 29 纤维，随着磷酸浓度的提高，纤维表面氧含量逐渐提升，说明纤维表面极性的逐渐增加[46]。浸泡处理后芳纶增强环氧树脂复合材料的界面强度和浸胶丝的拉伸强度都显著提高，且 10%（质量分数）的磷酸溶液处理后效果最为明显。但是当磷酸浓度超过 10% 后，复合材料的性能则出现下降趋势。这是由于较高浓度的磷酸处理导致芳纶表面大分子链大量断链，从而在复合材料界面形成弱界面层，复合材料性能大幅下降。Li 等采用磷酸溶液以及 KOH/乙醇溶液处理 Kevlar 纤维也得到类似的研究结果[47,48]。尽管酸碱处理法可以明显增加芳纶表面极性，提高其表面能，但是其反应程度难以控制，纤维本体性能容易受到损伤，并且还存在溶剂回收等问题。

**3. 高能射线辐照法**

2000 年之后，一些高能射线辐照技术逐渐兴起，比较有代表性的是 γ 射线辐照，其主要原理是利用 γ 射线较高的能量，对纤维进行一段时间的照射，γ 射线的高能量使其表面的某些大分子链发生降解并产生自由基，由此产生一些新的活性基团，或者与参与接枝的单体接触，引发接枝反应，从而提高了纤维表面的浸润性。该方法具有工艺简单、操作便捷等优点，是一种有效的表面改性方法。哈尔滨工业大学刘丽课题组 Lixin Xing 等人利用 γ 射线原位照射处于环氧氯丙烷环境下的国产杂环芳纶并进行接枝[49]，随着辐照剂量和时间的增加，纤维表面变得越来越粗糙，说明 γ 射线对芳纶表面的刻蚀效应越来越明显，纤维表面的粗糙化显著提升了复合材料界面的粘接面积，复合材料界面性能最高提升了 45%。当照射剂量超过 400kGy，纤维表面产生了不规则的突起，并且出现了少量原纤化的微纤，这说明对纤维的刻蚀已深入内部，纤维的本体结构被破坏，此时复合材料界面性能开始下降[49]。高能射线辐照处理工艺简单，效率高，但是由于高能射线的高穿透性，会导致纤维本体大分子发生断链反应，对纤维本体力学性能同样损害严重，从而限制了其应用。

**4. 电晕法**

电晕处理是将数千伏的高频高电压施加到放电电极上，电极附近的气体介质会被强大的电场局部击穿而产生电晕放电现象[50]。气体介质放电之后产生大量的等离子体和臭氧，与芳纶表面大分子链直接作用或者间接作用，引起表面大分子链断裂从而在表面产生极性基团，增加芳纶表面的粘接性[51]。另外，电晕放电处理时电场中产生动态电子，不断冲击纤维表面，通过刻蚀效应增加表面粗糙度。赵凯等采用电晕法处理芳纶Ⅲ的表面[52]，当处理功率为250W、处理速度为 6m/min 时，处理所得到的芳纶Ⅲ表面粗糙度明显增加，说明表面大分子链出现断链。芳纶Ⅲ/环氧树脂复合材料的层间剪切强度则从未处理时的 46.5MPa 提高到了55.1MPa，提高幅度达到 18.5%[52]。电晕处理具有可连续生产、易调控和无污染等优点，但是其能耗大，对聚合物大分子链破坏严重。

## 三、芳纶表面改性研究进展

### 1. 直接氟化

21 世纪以来，直接氟化作为表面改性的新方法被应用于芳纶的表面处理。直接氟化主要是利用气态单质氟的高反应活性，与聚合物等基材发生快速的氧化还原反应来进行表面改性。单质氟是自然界电负性最高和氧化性最强的元素，具有极高的反应活性。作为表面改性的新方法，其优势有以下几点。

（1）适用性较强，已报道利用直接氟化进行表面改性的基材种类繁多，包括各种有机聚合物和各种碳材料等。

（2）直接氟化作为气固反应，比液固和固固反应更为均匀，可以对各种形状的样品进行直接氟化表面处理。

（3）直接氟化反应不需要溶剂，反应之后，样品无需后处理，克服了液相化学试剂改性后处理烦琐的缺点。

（4）直接氟化反应较为迅速，反应装置简单（图 3-28），可以大规模连续化处理，适于工业化生产应用。

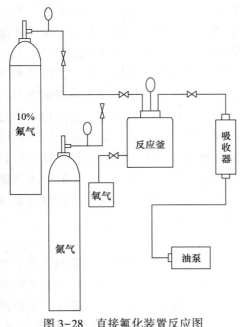

图 3-28 直接氟化装置反应图

对芳纶表面直接氟化的研究，四川大学刘向阳课题组起步较早。该课题组系统研究了氟化纤维的结构与性能的关系、直接氟化芳纶Ⅲ对复合材料界面性能的影响等诸多问题。研究发现，直接氟化在纤维表面引入了大量的极性官能团，纤维表面极性大幅提升，氟化后纤维制备的复合材料层间剪切强度最高提升了 33%，达到 56.3MPa[53]，不同氟化途径对芳纶Ⅲ纤维的形态结构与性能产生明显的影响（图 3-29）[54]。氟化方法主要有三种，包括除去纤维内部吸附水后的纯氟化（D—F）、除去纤维内部吸附水后的氧氟化（D—OF）和未除去纤维内部吸附水后的氧氟化（UD—OF）。其中 D—F 在纤维表面引入了大量 C—F 键和含氧官能团，而 D—OF 引入的 C—F 键极性官能团相对较少。相对于 D—OF，UD—OF 在纤维表面引入了更多的含氧官能团，即更高的 O/C 比，但是相对于 D—OF，其复合材料界面性能相对较低。

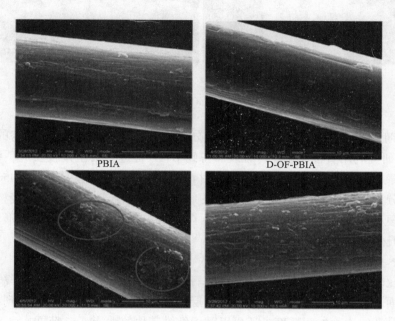

图 3-29　不同氟化途径得到的国产芳纶Ⅲ的纤维形貌[54]

　　该课题组还对直接氟化 PPTA 纤维的反应机理和反应历程的调控进行了系统分析，以更好地满足实际应用的要求[55]。发现直接氟化反应主要集中在 PPTA 化学结构上的酰胺键和苯环，在氟化程度较小时，氟气重点进攻酰胺键，使酰胺键被打断，形成羧基等活性基团；提升氟化程度后，氟气主要与苯环发生加成反应，产生 C—F 键基团。

**2. 表面接枝改性研究**

　　表面接枝改性方法的优势在于通过反应设计实现纤维表面的多官能化和多能化，在提升复合材料界面黏接性的同时，还可以引入其他方面的性能，例如抗紫外线性、催化性和导电性等，从而扩展芳纶的应用。进行化学接枝的首要目标是在纤维表面引入活性反应位点，目前研究者利用的主要方法是通过前面所述的辐照、化学试剂处理以及直接氟化等在纤维表面得到极性基团，再利用活性基团进行衍生接枝，进行表面功能化。

　　Gregory J. Ehlert 等利用酸化处理的方法得到了表面含羧基的芳纶，然后将纤维置于 ZnO 的溶液中，得到了表面生长有 ZnO 纳米线的纤维，反应示意图如图 3-30 所示[56]。相比于原始纤维，表面含羧基的纤维可以与 ZnO 纳米线形成配位键合，在纤维和 ZnO 之间形成了化学键接。复合材料的界面性能的结果显示，相比于未处理的纤维，表面生长有 ZnO 纳米线的纤维复合材料界面性能提升了 51%。同时 ZnO 纳米线作为纳米结构，在压电材料、半导体材料中使用较多，这也拓宽了芳纶在智能探测、储能等方面的应用领域。

　　程政等利用直接氟化的方法在纤维表面得到了 C—F 键的芳纶Ⅲ，然后基于苯环上的 C—F

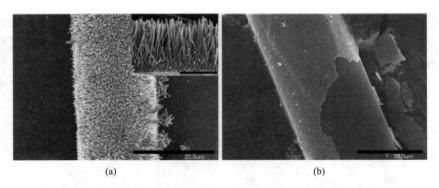

图 3-30　芳纶表面接枝 ZnO 纳米线后的表面形貌[56]

键可与亲核试剂进行衍生接枝反应的特点，分别得到表面含氨基和环氧基的纤维[57]，如 3-31 所示。该研究利用直接氟化在纤维表面得到 C—F 键进行衍生接枝反应，将硅烷偶联剂 γ-氨丙基三乙氧基硅烷（KH550）和 γ-缩水甘油醚氧丙基三甲氧基硅烷（KH560）接枝到大分子主链上，分别得到表面含氨基和环氧基的纤维。相对于未处理样品，接枝了 KH550 和 KH560 纤维的复合材料界面剪切性能分别提升了 46.6% 和 40%，说明在界面形成共价键接能较为有效地提升复合材料界面性能。

### 3. 表面引入碳纳米材料

近期研究比较热门的方法是将碳纳米管或石墨烯等纳米碳材料通过接枝或者沉积的方法引入到芳纶表面。这些碳材料所特有的二维片层结构或者一维管状结构引入到纤维表面，不仅可以大大提升芳纶表面的粗糙度，还可以赋予纤维其他的性能，包括导电性、电磁屏蔽性、吸波性能以及电化学性能等，有潜力作为增强体制备新一代多用途结构复合材料。最初的研究主要是在纤维表面引入活性官能团，然后通过范德华力相互作用将碳纳米材料沉积到纤维表面。Rodríguez-Uicab 等[58] 利用强酸氧化法处理 PPTA 纤维，在纤维表面得到羧基和羟基等含氧基团，然后将氧化碳纳米管均匀地沉积到纤维表面。但是这种酸化处理的方法提供的相互作用位点较少，导致 CNT/graphene 在纤维表面的沉积密度较低，并且由于是较弱的范德华力相互作用，CNT/graphene 很容易离开纤维表面，改性效果并不显著。Jiaojiao Zhu 等[59] 将聚多巴胺涂覆在芳纶表面，由于聚多巴胺特殊的化学结构，其与芳纶纤维的黏附能力很强，然后再利用聚多巴胺的羟基作为活性位点接枝氧化石墨烯。研究结果显示，纤维表面引入聚多巴胺，大幅度提高了纤维的表面极性，氧化石墨烯的引入同时提高了纤维的耐紫外性。

研究者还利用气相/液相沉积法（CVD/CLD）在芳纶表面直接生长 CNT/graphene，这种方法需要基材具有导电性，但是由于芳纶纤维是绝缘体，需要先在芳纶表面包覆一层导电物质。Park 等[60] 以原位生长的方式将聚吡咯引入到酸化的 PPTA 纤维表面，然后将处理后的纤维浸渍在二茂铁—甲苯溶液中，在微波照射诱导下，二茂铁降解为铁催化剂和环戊二烯，其中环戊二烯作为碳源在铁催化剂的催化下在纤维表面进行沉积，最后在纤维表面生长形成了致密的碳纳米管。其制备的复合材料导电性最高达到了 0.016S/cm，同时复合材料的拉伸强度和模量也都大幅度提升。

总体而言，表面改性技术逐渐由间断性的化学改性向多角度的连续在线处理方向发展，具有易于实现工业化和连续批量处理特点的处理方法是今后表面技术研究和发展的主要趋势。

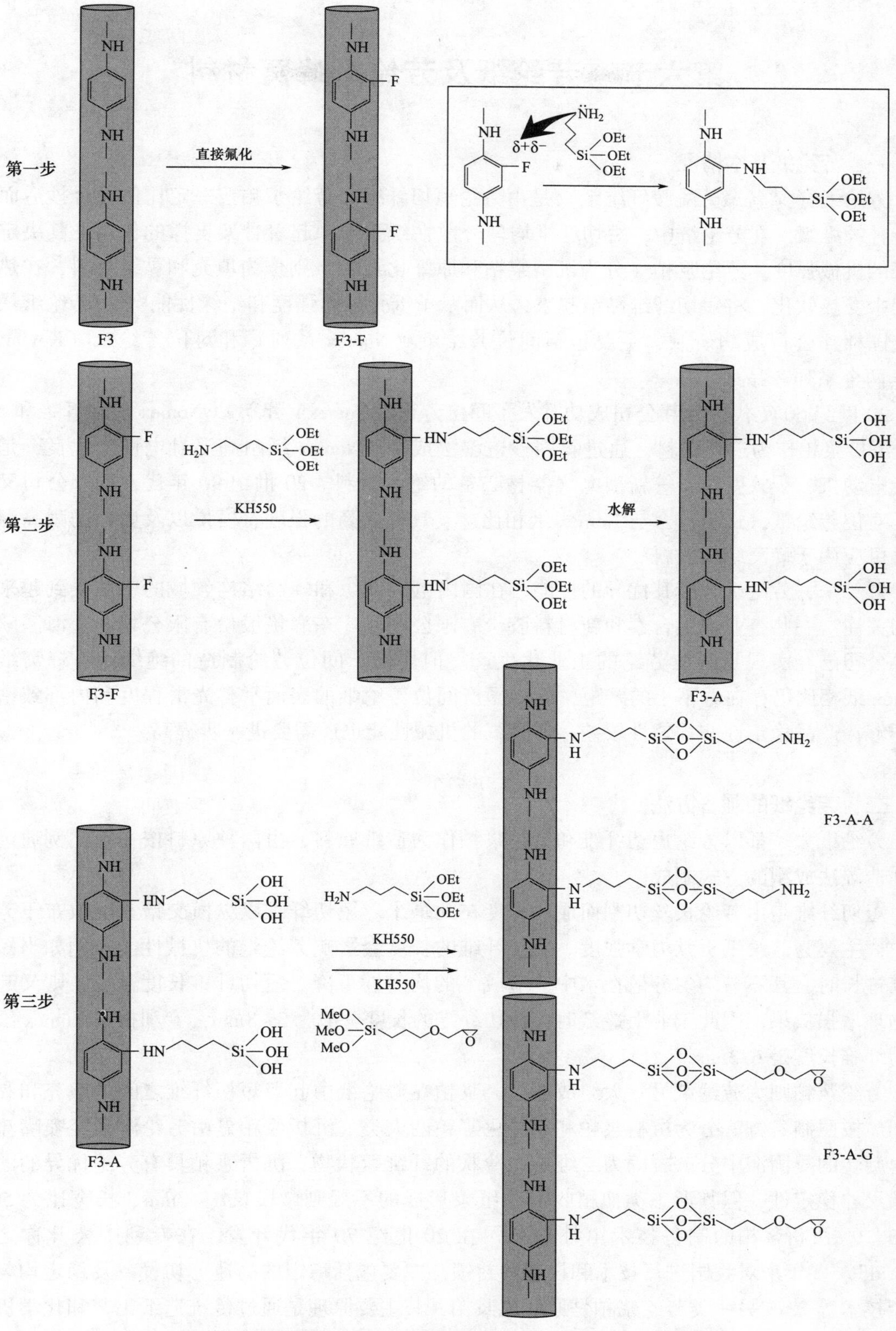

图 3-31　基于直接氟化国产芳纶Ⅲ再接枝硅烷偶联剂的反应[57]

# 第六节　芳纶纸及芳纶纸蜂窝材料

## 一、芳纶纸基本情况

芳纶纸（又名聚芳酰胺纤维纸）是由芳纶短切纤维和芳纶浆粕按一定比例混合抄造而成的特种纤维纸。在芳纶纸中，短切纤维均匀分散在纸张中，起着骨架支撑的作用，其决定了纸张的机械强度。芳纶浆粕（分为沉析浆粕和原纤化浆粕）则作为填充和黏结材料，在热压过程中受热软化，将短切纤维黏结起来，从而赋予纸张整体强度和绝缘性能[61]。芳纶纸最早由美国杜邦公司成功研制，主要包括间位芳纶纸（Nomex 系列）和对位芳纶纸（Kevlar 系列）两个系列产品。

20 世纪 60 年代，杜邦公司成功开发了间位芳纶（Nomex）纸，以 Nomex 短切纤维和 Nomex 沉析浆粕作为造纸原料，通过斜网抄造湿法成型。Nomex 纸耐高温且电性能优良，是高性能电动机、干式变压器等新型电气器材必备的绝缘材料。20 世纪 90 年代，杜邦公司又推出了对位芳纶纸（Korex），与 Nomex 纸相比，其具有更高的强度、模量以及更好的耐高温性能，可应用于蜂窝结构材料。

近年来，芳纶纸凭借其优异的性能，在国内电气绝缘和蜂窝结构领域的应用受到越来越多的关注。一些企业如烟台泰和新材料股份有限公司、广东彩艳股份有限公司、上海圣欧集团等公司已经实现了间位芳纶的工业化生产。但用国产间位芳纶制造的绝缘纸、蜂窝纸与 Nomex 纸相比仍存在着不小的差距，例如国产间位芳纶纸的表面平整光滑程度和内部致密程度不够；产品稳定性和均匀性较差；芳纶纸的机械性能也还需要进一步提高。

## 二、芳纶纸的制备方法

芳纶纸大多都以芳纶短切纤维和芳纶浆粕作为造纸原料，由两种原料按一定比例通过斜网抄造湿法成型的方式制成。

短切纤维是由芳纶长丝切割而成，长度在几毫米。短切纤维以纵横交错紊乱散布于芳纶纸中，主要为芳纶纸贡献力学强度。短切纤维的长度会影响芳纶纸的机械性能。例如当短切纤维过长时，其不易均匀分散在水中，造成纸的均匀性下降。短切纤维长度过短，则又起不到物理增强效果。因此工业上造纸时，短切纤维的长度一般为 3~8mm，专利报道 Nomex 纸的短切纤维长度是 6.3mm。

芳纶浆粕则为芳纶纸另一大组成部分，浆粕在芳纶纸中起着短切纤维之间的填充和黏结作用。按照制备方法分为沉析浆粕和原纤化浆粕两大类。沉析浆粕是由芳纶溶液经喷嘴流入高速旋转的凝固浴中分散凝固为二维结构薄状的纤维絮状物，沉析浆粕具有芳纶优异的耐热性及尺寸稳定性，但其形态类似植物纤维纸浆形成的不规则微段长 1~7mm，长宽比为 50~1000[61]。沉析浆粕的制备技术由杜邦公司在 20 世纪 70 年代开发，在专利中公开称之为"fibrid"。多年来对我国进行技术和设备的封锁，主要包括稳定的高速剪切设备及稳定均匀化生产技术等[62]。另一类芳纶浆粕是原纤化浆粕，其主要原理是通过传统造纸工艺和化学机械法，采用化学溶胀和物理处理相结合的方式将纤维主体纵向撕裂剥离成为直径小于微米级别的原微纤，同时表面产生微纤化的羽绒。该方法生产工艺成熟，产品性能较为稳定，是生产对位芳纶浆粕的主要方法，但是生产过程中会用硫酸作为溶剂，硫酸对设备腐蚀性较大，生产成本较高。

在芳纶纸结构中，短切纤维充当骨架材料，它们均匀分散在纸张中，支撑着纸张的机械性能。芳纶浆粕则充当填充和黏结材料，将短切纤维黏结起来，同时也起到自黏结作用，构成纸张的整体力学结构，从而赋予纸张整体力学强度和绝缘性能[61]。芳纶纸中短切纤维和浆粕需要合适的配比。若芳纶纸中浆粕的含量过多，所得到纸的机械性能较差，但是介电性能和绝缘性较为优异。反之，若短切纤维的含量过多，短切纤维之间的黏合性下降，导致其介电性能下降，并会引起造纸的困难。

芳纶纸具体的生产工艺流程如图 3-32 所示，其制造过程的关键技术主要包括分散流送技术、斜网成型技术、热压轧成型技术等[63]。

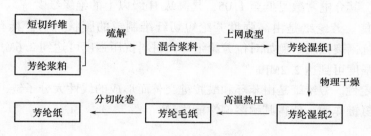

图 3-32　芳纶纸湿法抄造的基本生产工艺流程

**1. 分散流送技术**

芳纶，尤其是对位芳纶由于表面惰性较大，在水中的分散性较差。同时短切纤维又具有一定的长度（3~8mm），这使短切纤维在水中易于絮聚缠绕。这就给材料抄造成型（造纸专用术语）带来较大的困难。因此工业上一般需要选用高效的分散助剂和适当的水溶性高分子聚合物，以提高短切纤维对水的浸润性以及降低水相体系的表面张力，从而改善短切纤维在水相中的絮聚情况[64]。

**2. 斜网成型技术**

芳纶短切纤维在水中的分散性较差，加入浆粕后，短切纤维的分散性会变得更差，即在水中的拥挤因子增大。为了降低短切纤维在水中成型的拥挤因子，就必须将短切纤维的浓度降低到一定程度，这又会导致水的含量增加，在纸张成型时水的流量就非常大。传统的造纸成型技术难以满足这一要求。这就需要用到新型的造纸成型技术——斜网成型技术。斜网成型器中倾斜脱水箱为大开度脱水成型流道提供了足够的空间，使斜网成型区能接受巨大的水流量，按要求浆速进行脱水成型。同时斜网成型器中布满了真空吸湿箱，保证成纸过程中的脱水效果。

**3. 热轧成型技术**

通过斜网成型工艺之后，芳纶纸只是初步成型，但短切纤维与芳纶浆粕之间的粘接性还不够好，芳纶纸内部还存在着较多缺陷。为此，成型的芳纶纸还须经过热轧成型工艺。热轧过程中部分芳纶浆粕熔融，芳纶短切纤维进一步被熔融的浆粕黏结在一起，从而减少了短切纤维之间的缺陷，进而制得了高力学强度的芳纶纸。

### 三、芳纶纸的性能特点

由于芳纶纸与芳纶化学结构一致，因而其保留了芳纶优异的耐热性、阻燃性、绝缘性和机械性能。

（1）热稳定性。芳纶纸具有优异的热稳定性，间位芳纶纸可在 $180\sim200℃$ 高温下长期使用。在 $200℃$ 干热状态下放置 1000h，力学强度仍保持原来的 75%；在 $120℃$ 湿热状态下放置 1000h，力学强度仍保持原来的 60% 以上；在 $370℃$ 以上分解出少量 $CO_2$、CO 和 $N_2$ 气体，在高温下仍具有良好的绝缘性和抗老化性能[65]。

（2）阻燃性能。对位芳纶纸在高温下不会熔融，间位芳纶纸在高温仅部分熔融，而不会形成融滴。高温下会发生表面碳化，形成绝热保护层，从而起到阻燃效果。对位芳纶纸的阻燃性能达到 V-0 级。

（3）电绝缘性。芳纶纸具有较低的相对介电常数和介质损耗，电绝缘性能优异。如果将其做成蜂窝材料，其介电常数可低至 1.05，是高级 H 级以上的绝缘纸[66]。

（4）力学性能。芳纶纸是由高强度芳纶短切纤维制成的膜状材料，具有较高的抗张强度、抗压强度和抗撕裂强度。例如对位芳纶纸蜂窝材料抗压强度可达到 2.6MPa，间位芳纶纸蜂窝材料的抗压强度可到达 2.2MPa[66]。

（5）化学稳定性。芳纶纸是由苯环和酰胺键交替而形成的线性大分子链，由于较强 $\pi—\pi$ 键的相互作用及氢键作用，使得其耐溶剂性能优异。

### 四、芳纶纸的主要应用领域

芳纶纸目前最大的两个应用领域为耐高温绝缘材料和蜂窝结构材料。

**1. 耐高温绝缘材料**

芳纶纸具有的优异力学性能、耐热性能和电绝缘性能，因而能作为高温绝缘材料广泛应用于机电电器、变压器绝缘，电动机绝缘材料及回转机的绝缘。绝缘用芳纶纸材料主要涉及变压器中线圈、绕组层间绝缘材料和绝缘套、部件间、导线及接头用绝缘材料，电动机和发电机中线圈绕组、槽间、相间、匝间、线路终端绝缘材料，电缆和导线绝缘、核动力设备的绝缘材料等[67]。另外，芳纶纸由于其较高的耐热性、较低的热膨胀系数和较低的介电常数等优异特性，芳纶纸基功能材料可满足高性能电子印刷线路板的要求，其在卫星通信线路、轻量化高密度元件以及高速传递回路等高性能电子印刷线路板领域有重要的应用前景[68]。

**2. 蜂窝结构材料**

使用芳纶纸制造的蜂窝材料，可大幅度提高构件刚度、减轻质量并大幅度提高隔热、隔音、阻燃及透波等特种功能要求。

### 五、芳纶纸的应用研究进展

尽管芳纶纸具有十分优异的性能和广泛的应用领域，但芳纶不同于植物纤维，其刚性分子链结构、典型的皮芯结构以及纤维表面化学惰性导致纤维间的结合力较弱，由此类纤维造纸其交织力较弱，抑制了芳纶纸在高强度领域的应用，因而必须对其进行增强处理。为了提高其力学性能，国内一些单位常常采用大量的植物纤维来配抄这一类非植物纤维，或者引入低熔点的合成纤维（例如涤纶）作为热熔粘接剂，但这降低了高性能纸基复合材料的综合性能。如何在保障耐热性能等其他性能的基础上增强芳纶纤维纸基材料的力学性能是这类合成纤维纸的关键。

目前国内外常用的增强芳纶纸力学强度的方式主要有三种方法。

（1）纤维热熔后黏结的方法。例如间位芳纶常采用在高温高压下，将芳纶浆粕先热熔后再冷却，达到增强交织力的目的。但对于对位芳纶其热熔温度较高或不存在（高于其热分解温度），所以此路线实施较为困难。

（2）树脂增强的方式。以高性能树脂作为一种胶黏剂，在一定工艺条件下将纤维"粘接"在一起，达到增强纸页力学性能的目的。但这必须充分考虑树脂本身的性能以及树脂和纤维之间界面的相互作用力。比如，日本专利 2000-239995 和 2001-274523 中提出将表面光滑的 PBO 短切纤维与其他低熔点的合成纤维配抄造纸，然后再以环氧树脂、酚醛树脂浸渍增强，热压成型用于制作电子线路基板材料。也有研究者利用高强、高模、耐高温性能优异的树脂如聚酰亚胺溶液浸渍芳纶原纸，用以提高芳纶纸基材料的热性能和机械性能。研究发现浸渍树脂后，大幅度提高了纸页的抗张、撕裂指数以及耐温性能[57]。

（3）造纸的方法。结合物理剪切（造纸上称为"打浆"）以及化学处理的方法，对纤维实现原纤化，在纤维表面产生微米级甚至纳米级的分丝帚化，增加其比表面积，强化纤维之间的相互作用力。比如，杜邦专利 US5811042、US7455750、US4472241[69-71] 以及帝人专利 JP2000-273788A1 和 JP2008255550 均提出了通过造纸的技术，经过机械处理获得高度原纤化浆粕的方法[72]。比如采用浓硫酸或多聚磷酸等对芳纶进行一定程度的化学溶胀预处理，然后用球磨和打浆的方法，使其纤维通过皮层脱落、逐步剥离、纵向劈裂、进一步分丝而实现原纤化，获得高比表面积的芳纶浆粕。

## 六、芳纶纸蜂窝材料

芳纶纸蜂窝材料是以芳纶纸为主要原料，依据仿生学原理制作出结构及外形与蜂窝的巢穴类似的一种芳纶复合材料。根据制造的原料不同，分为间位芳纶蜂窝芯材和对位芳纶蜂窝芯材。目前，由于芳纶纸制备的蜂窝材料具有质量轻、比强度和比模量高、抗压性能强、抗冲击能力强、有突出的耐溶剂（酸碱）腐蚀性、有优异的阻燃性及绝缘性、有独特的回弹性、隔音性及透电磁波性能好等特点，已广泛应用于结构支撑材料和功能复合材料以及具有特殊要求的其他领域中。

### 1. 芳纶纸蜂窝制备方法

芳纶纸蜂窝材料的制备分为涂胶、叠合压制、拉伸定型、浸胶固化几个主要步骤，目前其主要制备工艺流程如图 3-33 所示[73]。

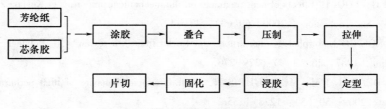

图 3-33 芳纶纸蜂窝芯的制备流程

**2. 芳纶纸蜂窝材料性能特点**

（1）由于芳纶本身的密度较低，其所制备的蜂窝材料密度低，最低可达 25kg/m³。

（2）比强度和比模量高，比刚度大。

（3）具有良好的阻燃及自熄性能。

（4）具有优良的化学惰性，芳纶本身耐溶剂性能和酸碱性能比较优异，在经受酸碱盐等溶液的作用时不易变质，在湿热环境下，芳纶蜂窝材料也不会出现霉变现象。

（5）具有优异的绝缘性能，芳纶蜂窝材料可隔音、绝热、电绝缘以及可透过电磁波。

（6）具有良好的成型性和机械加工性能，多种类型的高强度黏结剂都能制备芳纶蜂窝材料。可用常规机械加工方法加工成型，也适用于制备尺寸精度高的制品。

（7）耐温性能随浸渍树脂类型的不同而不同，通常聚酯型芳纶蜂窝的耐温性达 80℃，酚醛型芳纶蜂窝的耐温性可达 160℃，聚酰亚胺型芳纶蜂窝的耐温性在 200℃ 以上。

**3. 芳纶纸蜂窝材料的应用**

由于芳纶纸蜂窝材料具有较高的比强度和比模量，故可用于结构复合材料，如飞机、导弹、卫星宽频透波材料、大刚性次受力结构部件（机翼、整流罩、机舱内衬板、飞机的门、地板、货舱和隔墙）[74]。目前芳纶蜂窝材料已经广泛应用于国外新型飞行器上，如 B-2 轰炸机的机翼蒙皮、法国"海豚"号直升机等。芳纶纸蜂窝材料具有优异的宽频透波性能，广泛用于后空雷达天线罩、敌我识别器透波窗口、预警雷达天线罩、气象雷达天线罩、警戒雷达天线罩等部件。在民用领域，芳纶纸蜂窝材料由于具有阻燃、隔热、隔音等优异性能，其可作为结构复合材料广泛应用于游艇、赛艇、高速列车等的夹层结构，是实现高速列车、地铁、轻轨等车辆的高强度、轻量化的关键材料。另外，芳纶纸蜂窝材料不容易被海水腐蚀，在潮湿的环境下也不会出现霉变现象，因此芳纶纸蜂窝材料广泛用作船舶上壁板材料，用以减轻质量。

# 主要参考文献

［1］李新新，张慧萍，晏雄. 芳纶纤维生产及应用状况 ［J］. 天津纺织科技，2009（3）：4-6.

［2］李晔. 对位芳纶的发展现状. 技术分析及展望 ［J］. 合成纤维，2009（9）：1-5.

［3］HIGASHI F, ZHANG WX. Random copolyamides of terephthalic acid, p-phenylenediamine and p-aminobenzoic acid soluble in N-methylpyrrolidone/CaCl₂ ［J］. Macromolecular Rapid Communications, 2000, 21（15）: 1044-1045.

［4］PICKEN S, SIKKEMA D, BOERSTOEL H, et al. Liquid crystal main-chain polymers for high-performance fibre applications ［J］. Liquid Crystals, 2011, 38（11-12）: 1591-1605.

［5］YUE C, SUI G, LOOI H. Effects of heat treatment on the mechanical properties of Kevlar-29 fibre ［J］. Composites Science and Technology, 2000, 60（3）: 421-427.

［6］CHATZI E, KOENIG J. Morphology and structure of Kevlar fibers: a review ［J］. Polymer-Plastics Technology and Engineering, 1987, 26（3-4）: 229-270.

［7］LEAL A A, DEITZEL J M, MCKNIGHT S H, et al. Interfacial behavior of high performance organic fibers ［J］. Polymer, 2009, 50（5）: 1228-1235.

［8］KOZEY V V, JIANG H, MEHTA V R, et al. Compressive behavior of materials: Part Ⅱ. High performance fibers [J]. Journal of Materials research, 1995, 10 (04): 1044-1061.

[9] HEARLE J W. High-performance fibres [M]. Cambridge Eng: Wooding Publishing, 2001.

[10] 陈刚, 赵珂, 肖志红. 固体火箭发动机壳体复合材料发展研究 [J]. 航天制造技术, 2004 (3): 20-24.

[11] WANG B, DUAN Y, ZHANG J. Titanium dioxide nanoparticles-coated aramid fiber showing enhanced interfacial strength and UV resistance properties [J]. Materials & Design, 2016 (103): 330-338.

[12] JIANG T, RIGNEY J, JONES M-C G, et al. Processing and characterization of thermally cross-linkable poly [p-phenyleneterephthalamide-co-p-1, 2-dihydrocyclobutaphenyleneterephthalamide] (PPTA-co-XTA) copolymer fibers [J]. Macromolecules, 1995, 28 (9): 3301-3312.

[13] SO Y-H. Rigid-rod polymers with enhanced lateral interactions [J]. Progress in Polymer Science, 2000, 25 (1): 137-157.

[14] LEAL A A, DEITZEL J M, GILLESPIE J W. Assessment of compressive properties of high performance organic fibers [J]. Composites Science and Technology, 2007, 67 (13): 2786-2794.

[15] HAYASHIDA S. High-Performance and Specialty Fibers [M]. Tokyo: Springer, 2016.

[16] 陈超峰, 兰江, 彭涛, 等. 俄罗斯芳纶发展概况及其制备、性能与应用 [J]. 高科技纤维与应用, 2014, 39 (1): 26-30.

[17] 钮顿, W. F. 克. C. W., 共聚物纤维和纱线及其制备方法: 中国, 103328698 [P]. 2016.

[18] WARD I M. Developments in oriented polymers-2 [M]. London: Springer Science & Business Media, 2012.

[19] FLORY P J. Molecular theory of liquid crystals [M]. Liquid crystal polymers I. Berlin: Springer, 1984.

[20] PEREPELKIN KE, MACHALABA NN. Recent achievements in structure ordering and control of properties of para-aramide fibres [J]. Molecular Crystals and Liquid Crystals, 2000, 353 (1): 275-286.

[21] ZAVADSKII A, ZAKHAROVA I, ZHUKOVA Z. Features of the fine structure of aramid fibres [J]. Fibre chemistry, 1998, 30 (1): 6-10.

[22] 彭涛, 蔡仁钦, 王凤德, 等. 成型过程中的芳纶Ⅲ纤维聚集态结构衍变 [J]. 固体火箭技术, 2010, 33 (2): 209-213.

[23] 刘克杰, 彭涛, 杨文良, 等. 热定型温度对芳纶Ⅲ结构与性能的影响 [J]. 合成纤维工业, 2012 (5): 6-8.

[24] 彭涛, 郭灵虹, 付旭, 等. 样品倾斜的X-射线衍射法分析芳纶Ⅲ纤维径向结构 [J]. 合成纤维, 2005, 34 (6): 21-24.

[25] LUO L, WANG Y, HUANG J, et al. Pre-drawing induced evolution of phase, microstructure and property in para-aramid fibres containing benzimidazole moiety [J]. Rsc Advances, 2016, 6 (67): 62695-62704.

[26] LI K, LUO L, HUANG J, et al. Enhancing mechanical properties of aromatic polyamide fibers containing benzimidazole units via temporarily suppressing hydrogen bonding and crystallization [J]. Journal Of Applied Polymer Science, 2015, 132 (35): 42482-42491.

[27] LI K, LUO L, HUANG J, et al. The evolution of structure and properties for copolyamide fibers-containing benzimidazole units during the decomplexation of hydrogen chloride [J]. High Performance Polymers, 2016, 28 (4): 381-389.

[28] PEREPELKIN K, MACHALABA N, KVARTSKHELIYA V. Properties of Armos para-aramid fibres in conditions of use. Comparison with other para-aramids [J]. Fibre Chemistry, 2001, 33 (2): 105-114.

[29] CHERNYKH TESSV, KUJANTSEVA IF, MANINA OI, et al. Russian, 2017866 [P]. 1992.

[30] Черных Татьяна Егоровна, Ш. С. В. Russian, 2011114976 [P]. 2011.

[31] MACHALABA N, BUDNITSKII G, SHCHETININ A. Trends in the development of synthetic fibres for armor material [J]. Fibre Chemistry, 2001, 33 (2): 117-126.

［32］ SLUGIN I, SKLYAROVA G, KASHIRIN A, et al. Rusar para-aramid fibres for composite materials for construction applications ［J］. Fibre Chemistry, 2006, 38 （1）: 25-26.

［33］ SLUGIN I, SKLYAROVA G, KASHIRIN A, et al. Rusar microfilament yarn for ballistic protection ［J］. Fibre Chemistry, 2006, 38 （1）: 22-24.

［34］ SUGAK V, KIYA-OGLU V, GOLOBURDINA L. Fabrication of fibres from sulfuric acid solutions of copolyamides containing polyamide—Benzimidazole units and their heat treatment ［J］. Fibre Chemistry, 1999, 31 （1）: 8-13.

［35］ TIKHONOV I, TOKAREV A, SHORIN S, et al. Russian aramid fibres: past-present-future ［J］. Fibre Chemistry, 2013, 45 （1）: 1-8.

［36］ BEERS D, YOUNG R J, So C, et al. Other high modulus-high tenacity （HM-HT） fibres from linear polymers ［J］. High-performance fibres, 2001, 93.

［37］ 王煦怡, 陈超峰, 彭涛, 等. 芳纶Ⅲ在复合材料领域应用的优势探讨 ［J］. 合成纤维, 2016 （1）: 22-25.

［38］ 刘克杰, 高虹, 黄继庆, 等. 芳纶Ⅲ与芳纶Ⅱ防弹性能研究 ［J］. 高科技纤维与应用, 2014, 39 （1）: 40-44.

［39］ LI K, LI L, QIN J, LIU X. A facile method to enhance UV stability of PBIA fibers with intense fluorescence emission by forming complex with hydrogen chloride on the fibers surface ［J］. Polymer Degradation And Stability, 2016, 128 278-285.

［40］ KAKIDA H, CHATANI Y, TADOKORO H. Crystal structure of poly （m-phenylene isophthalamide） ［J］. Journal of Polymer Science Part B: Polymer Physics, 1976, 14 （3）: 427-435.

［41］ BOURBIGOT S, FLAMBARD X. Heat resistance and flammability of high performance fibres: A review ［J］. Fire and materials, 2002, 26 （4-5）: 155-168.

［42］ NAKAGAWA Y, SHIMADA K, NAKAMURA T, et al. Aromatic polyamide composition: U.S. 4278779 ［P］. 1981.

［43］ 张媛婧. 间位芳香族聚酰胺原液着色纤维的制备及结构与性能研究 ［D］. 上海: 东华大学, 2011.

［44］ LIN J C, YANG J C, CHEN T H. Wholly aromatic polyamides with improved flame resistance: U.S. Patent 5621067 ［P］. 1997.

［45］ INAGAKI N, TASAKA S, KAWAI H, YAMADA Y. Surface modification of aromatic polyamide film by remote oxygen plasma ［J］. Journal of Applied Polymer Science, 1997, 64 （5）: 831-840.

［46］ PARK S-J, SEO M-K, MA T-J, LEE D-R. Effect of chemical treatment of Kevlar fibers on mechanical interfacial properties of composites ［J］. J Colloid Interface Sci, 2002, 252 （1）: 249-255.

［47］ LI G, ZHANG C, WANG Y, LI P, YU Y, JIA X, LIU H, YANG X, XUE Z, RYU S. Interface correlation and toughness matching of phosphoric acid functionalized Kevlar fiber and epoxy matrix for filament winding composites ［J］. Composites Science and Technology, 2008, 68 （15）: 3208-3214.

［48］ LI J, CAI C. The friction and wear properties of ECP surface-treated kevlar fiber-reinforced thermoplastic polyimide composites ［J］. Polymer-Plastics Technology and Engineering, 2010, 49 （2）: 178-181.

［49］ XING L, LIU L, XIE F, Huang Y. Mutual irradiation grafting on indigenous aramid fiber-3 in diethanolamine and epichlorohydrin and its effect on interfacially reinforced epoxy composite ［J］. Applied Surface Science, 2016 （375）: 65-73.

［50］ 王百亚, 王秀云. 复合材料——基础, 创新, 高效: 第十四届全国复合材料学术会议论文集 （上） ［C］. 北京: 中国力学学会, 2006.

［51］ 马丕波, 徐卫林, 祝国成. 电晕处理对涤纶长丝织物黏附性能的影响 ［J］. 纺织科技进展, 2008 （2）: 33-34.

[52] 赵凯，曾金芳，王斌，等.空气介质阻挡放电等离子体对国产芳纶ⅢA表面改性的研究 [J].高科技纤维与应用，2013，37（6）：30-33.

[53] PENG T，CAI R，CHEN C，et al. Surface modification of para-aramid fiber by direct fluorination and its effect on the interface of aramid/epoxy composites [J]. Journal of Macromolecular Science，Part B，2012，51（3）：538-550.

[54] GAO J，DAI Y，WANG X，et al. Effects of different fluorination routes on aramid fiber surface structures and interlaminar shear strength of its composites [J]. Applied Surface Science，2013（270）：627-633.

[55] LUO L，WU P，CHENG Z，et al. Direct fluorination of para-aramid fibers 1：Fluorination reaction process of PPTA fiber [J]. Journal of Fluorine Chemistry，2016（186）：12-18.

[56] EHLERT GJ，SODANO HA. Zinc oxide nanowire interphase for enhanced interfacial strength in lightweight polymer fiber composites [J]. Acs Applied Materials & Interfaces，2009，1（8）：1827-1833.

[57] CHENG Z，LI B，HUANG J，et al. Covalent modification of Aramid fibers' surface via direct fluorination to enhance composite interfacial properties [J]. Materials & Design，2016（106）：216-225.

[58] RODRíGUEZ-UICAB O，AVILES F，GONZáLEZ-CHI P，et al. Deposition of carbon nanotubes onto aramid fibers using as-received and chemically modified fibers [J]. Applied Surface Science，2016（385）：379-390.

[59] ZHU J，YUAN L，GUAN Q，et al. A novel strategy of fabricating high performance UV-resistant aramid fibers with simultaneously improved surface activity，thermal and mechanical properties through building polydopamine and graphene oxide bi-layer coatings [J]. Chemical Engineering Journal，2017（310）：134-147.

[60] HAZARIKA A，DEKA BK，KIM D，et al. Microwave-induced hierarchical iron-carbon nanotubes nanostructures anchored on polypyrrole/graphene oxide-grafted woven Kevlar® fiber [J]. Composites Science and Technology，2016（129）：137-145.

[61] 赵会芳.芳纶纤维和芳纶浆粕的结构与芳纶纸特性的相关性研究 [D].陕西：陕西科技大学，2012.

[62] 王曙中.芳纶浆粕和芳纶纸的发展概况 [J].高科技与纤维应用，2009，34（4）：15-18.

[63] 陆赵情，张美云，王志杰，等.芳纶纸基复合材料研究进展及关键技术 [J].宇航材料工艺，2006，36（6）：5-8.

[64] 杨斌，张美云，陆赵情，等.对位芳纶纸性能的研究 [J].中国造纸，2012（8）：23-27.

[65] 陆赵情.芳纶1313纤维造纸技术研究及产品开发 [D].陕西：陕西科技大学，2004.

[66] 王曙中.芳纶浆粕的现状及其应用前景 [J].高科技纤维与应用，2003，28（3）：14-17.

[67] 孙召霞，张素风，豆莞莞.间位芳纶复合纸的界面性能研究 [J].造纸科学与技术，2015，34（2），41-44.

[68] 杜杨，王宜，贾德民，等.高性能印制电路板用聚芳酰胺纤维纸的研究进展 [J].绝缘材料，2006，39（3）：18-22.

[69] HOINESS DE. Process for making aramid particles as wear additives：US，5811042 [P].1998.

[70] CONLEY JA，LUNDBLAD LO，MERRIMAN EA. Meta- and para-aramid pulp and processes of making same：US，7455750 [P].2008.

[71] PROVOST R L. Co-refining of aramid fibrids and flock：US，4472241 [P].1983.

[72] 杨斌，张美云，陆赵情.提高芳纶纤维纸性能的方法 [J].纸和造纸，2012，31（8）：40-44.

[73] 郝巍，罗玉清.国产间位芳纶纸蜂窝性能的研究 [J].高科技纤维与应用，2009，34（6）：26-30.

[74] 宋翠艳，宋西全，邓召良.间位芳纶的技术现状和发展方向 [J].纺织学报，2012，33（6）：125-128.

# 第四章  超高分子量聚乙烯纤维

## 第一节  引言

超高分子量聚乙烯（Ultrahigh molecular weight polyethylene，UHMWPE）纤维，又称高强高模聚乙烯纤维、高取向度聚乙烯纤维、高性能聚乙烯纤维，是目前所知强质比最高的纤维材料，与碳纤维、芳纶并称为当代三大高性能纤维，是促进高新技术产业发展的重要新材料，也是涉及国防和航空航天工业的必要材料。

国际上 UHMWPE 纤维主要形成两大品牌，即 Dyneema®（荷兰帝斯曼公司、日本东洋纺公司）和 Spectra®（美国霍尼韦尔公司），相应代表了两条不同的生产技术路线，一条是以 Dyneema® 为代表的高挥发性溶剂（如十氢萘）的溶液干法冻胶纺丝技术路线，简称干法技术；一条是以 Spectra® 为代表的低挥发性溶剂（如矿物油）的溶液湿法冻胶纺丝技术路线，简称湿法技术。干法纺丝与湿法纺丝最大的区别在于是否使用萃取剂，干法技术直接采用加热将有机溶剂挥发出来，湿法技术则采用一种溶剂溶解超高分子量聚乙烯树脂得到纺丝溶液，经挤出成型后通过另外一种高挥发性萃取剂将原有溶剂萃取出来。表 4-1 给出了国外主要生产 UHMWPE 纤维的厂商。

**表 4-1  国外高性能聚乙烯纤维主要生产商情况**

| 生产商 | 产能（t/a） | 生产路线 | 产品去向 |
|---|---|---|---|
| 荷兰帝斯曼公司 | 6000 | 干法路线 | 美国、西欧 |
| 美国霍尼韦尔公司 | 3000 | 湿法路线 | 美国国内 |
| 日本东洋纺公司 | 3200 | 干法路线 | 日本国内 |
| 帝人集团（帝人荷兰工厂） | 1000 | 未知 | 全球 |

荷兰帝斯曼公司 1990 年在荷兰的 Heerlen 工厂建成第一条干法凝胶纺丝生产线并进行 Dyneema SK 系列产品商业化生产与市场开拓。随后的几年里，该公司为保持技术先进性，扩大产品全球市场份额，投入大量资金开发关键技术和产品，并在多处开设工厂，纤维的性能处于国际先进水平，得到了下游用户的广泛关注和认可。根据相关数据统计，荷兰和美国的工厂在 2008 年产能合计达到 4500t/a，2010 年增至 6000t/a。与日本东洋纺绩株式会社合作，在日本建厂，产能由 1600t/a 逐步扩大至 3200t/a。

美国霍尼韦尔公司拥有湿法纺丝技术，最初由美国联信公司在借鉴帝斯曼公司工艺路线的基础上开发而来，后联信公司被霍尼韦尔公司并购，成为国外唯一拥有湿法纺丝技术的公司。据相关报道，2010 年其下属工厂产能已达到 3000t/a。

我国自 20 世纪 80 年代开展冻胶纺丝制备超 UHMWPE 纤维的研究工作，尤其是近 10 年来，我国 UHMWPE 纤维发展较快，技术路线也分为湿法路线和干法路线。表 4-2 给出了我国 UHMWPE 纤维工艺路线及生产厂商。

**表 4-2　国内高性能聚乙烯纤维主要生产商情况**

| 生产厂家 | 工艺路线 | 产能（t/a） | 产品牌号 | 投产时间 |
|---|---|---|---|---|
| 湖南中泰 | 湿法工艺 | 1500 | ZTX | 1999 |
| 宁波大成 | 湿法工艺 | 1800 | DC | 2000 |
| 北京同益中 | 湿法工艺 | 2000 | 孚泰 | 2001 |
| 北京威亚 | 湿法工艺 | 1000 | 特毅纶 | 2005 |
| 山东爱地 | 湿法工艺 | 5000 | 特力夫 | 2009 |
| 江苏九九久 | 湿法工艺 | 3000 | TM | 2014 |
| 仪征化纤 | 干法工艺 | 2300 | 力纶 | 2008 |
| 江苏锵尼玛 | 湿法工艺 | 1000 | JF | 2013 |

　　湿法纺丝技术主要由东华大学开发，形成了具有我国自主知识产权的成套技术，采用该项技术用于制备 UHMWPE 纤维的规模化企业主要有北京同益中特种纤维技术开发公司、湖南中泰特种装备有限公司、宁波大成新材料股份有限公司、山东爱地高分子材料有限公司、北京威亚高性能纤维有限公司和上海斯瑞科技有限公司等。

　　干法纺丝技术路线由中国纺织科学研究院和南化集团研究院合作开发，于 2005 年建成了 30t/a 高性能聚乙烯纤维扩试线，打通了关键技术及开发出核心设备，得到的纤维性能优良。2008 年在仪征化纤公司建成 300t/a 生产线，干法产品成功打入国内市场，标志着国产高性能聚乙烯纤维干法纺丝工艺迈进了产业化的行列；2011 年，仪征化纤公司成功建成 1000t/a 干法纺丝生产线，2016 年，第二条千吨级生产线顺利投入运营。

# 第二节　聚乙烯纤维的原料

　　市场上所售聚乙烯纤维主要分为常规聚乙烯纤维和超高分子量聚乙烯纤维，两者的主要区别在于聚乙烯树脂相对分子质量不同。目前，前者多采用高密度聚乙烯树脂（HDPE）制备而成，后者则利用超高分子量聚乙烯（黏均分子量不低于 100 万）树脂制备。

## 一、常规纤维用聚乙烯

　　聚乙烯是由乙烯在一定条件下聚合制得的一种树脂。聚合条件不同，得到的聚乙烯结构和性质也不同，并表现出明显的差异。聚乙烯依聚合方法（催化剂、压力）、相对分子质量大小、链结构等不同，主要分为低密度聚乙烯（LDPE）、线型低密度聚乙烯（LLDPE）和高密度聚乙烯（HDPE），见表 4-3。

　　HDPE 聚合方法多采用低压法，所谓低压法，是采用齐格勒催化剂（有机金属）或金属氧化物为催化剂，乙烯在低压条件下发生聚合。根据反应条件，HDPE 聚合工艺分为三类，即气相工艺、浆液法工艺和溶液法工艺。

表 4-3　常规聚乙烯的种类及制备方法

| 名称 | 聚合方法 | 压力（MPa） | 密度（g/cm³） | 主要特性及用途 |
|------|---------|-----------|-------------|--------------|
| LDPE | 高压管式或者釜式法 | 100~300 | 0.910~0.925 | 结晶度较低，乳白色半透明蜡状固体，无毒。成型加工性能良好，主要用于薄膜、包装材料、电线电缆护套、管材等 |
| LLDPE | 低压溶液法或者气相法 | <2 | 0.915~0.940 | 支链少而短，乳白色颗粒，无毒、无味，具有良好的耐环境应力开裂性、耐冲击强度和耐腐蚀等性能，被广泛用于制作薄膜、管材、中空容器、电线电缆绝缘层等 |
| HDPE | 低压法或者中压法 | ≤100 | 0.940~0.980 | 结晶度较高，达 85% 以上，相对分子质量在 5 万~50 万，白色粉末或颗粒状，无毒、无味，化学稳定性好，在室温条件下，不易被有机溶剂、酸、碱等腐蚀，多用于注塑成型加工和纤维纺织制品加工 |

常规聚乙烯纤维，即普通聚乙烯纤维，在我国称为乙纶，结晶度>85%，斜方晶系，密度 0.95~0.98g/cm³，熔融温度 124~138℃，玻璃化温度-75℃左右，一般强度在 4.4~7.9cN/dtex，模量 31~88cN/dtex，断裂伸长率 8%~35%。多采用 HDPE 或 LLDPE 树脂通过熔融纺丝、热拉伸工艺制备而成。该类聚乙烯纤维服用性能较差，但其原料低廉，生产工艺简单，成本较低，适合于制作鬃丝、扁丝等，被广泛用来制作包装织物、滤布、缆绳等。

另外，常规聚乙烯纤维还可通过相对分子质量在 50 万~100 万的高分子量聚乙烯树脂通过熔融纺丝工艺制备，该类纤维结晶度达到 90%~95%，机械强度和刚性均较高，得到的聚乙烯纤维力学性能也有所提高，强度在 9~13cN/dtex。

### 二、高强高模纤维用聚乙烯

与普通聚乙烯纤维相比，高强高模聚乙烯纤维强度高于 20cN/dtex，模量高于 800cN/dtex，由黏均分子量 100 万以上的超高分子量聚乙烯树脂制备而成，因此又称超高相对分子质量聚乙烯纤维。

目前，采用浆液法制备纤维级超高分子量聚乙烯树脂是被广泛接受和认可的方法之一。与高密度聚乙烯树脂相比，浆液法生产无造粒工序，产品为粉末状，催化剂采用高效负载型齐格勒系催化剂。文献资料表明[1-3]，在目前存在的多种 UHMWPE 树脂生产工艺催化体系主要包括三种：采用 $\beta$-TiCl$_3$/Al(C$_2$H$_5$)$_2$Cl 或 TiCl$_4$/Al(C$_2$H$_5$)$_2$Cl 为催化剂，在烷烃类溶剂中常压或接近常压，75~85℃条件下使乙烯聚合得到相对分子质量为 150 万~500 万的 UHMWPE 树脂；以氯化镁为载体，三乙基铝、三异丁基铝等为助催化剂，通过改变载体的活化温度，在环管反应器中进行乙烯聚合生产 UHMWPE 树脂；Phillips 法以 CrO$_3$/硅胶为高效催化剂，在 196~294MPa 和 125~175℃条件下聚合，也可以得到相对分子质量 100 万~500 万的 UHMWPE 树脂。

UHMWPE 树脂聚合工艺主要采用釜式反应器或环管反应器等，一般来说，环管反应器得到的产品韧性更好。图 4-1 是一种工业化的 UHMWPE 树脂工艺流程[4]。该工艺包括催化剂配制、聚合、分离、干燥、包装等工序，以高纯度乙烯（体积分数高达 99.9%）为主要原料，己烷作溶剂，催化剂为一定浓度的高效催化剂与钛催化剂稀释液，在 60~90℃、0.1~2.0MPa 的条件下进行低压浆液聚合。在生产过程中，通过调节聚合压力、温度、催化剂浓度等工艺参数控制产品相对分子质量，该工艺可得到平均分子量大于 300 万的 UHMWPE 树脂。

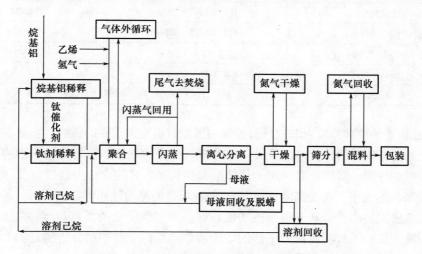

图 4-1　工业化的 UHMWPE 树脂聚合工艺流程图

国内外规模化生产纤维级超高分子量聚乙烯树脂生产厂家见表 4-4。

表 4-4　国内外纤维级超高分子量聚乙烯树脂生产厂商

| 生产厂商 | 产能（t/a） | 产品牌号 |
| --- | --- | --- |
| 北京燕山石化 | 20000 | X-9400GK/X-9300GK |
| 上海联乐化工 | 7000 | SLL-X |
| 河南沃森 | 10000 | — |
| 南京泰科纳 | 20000 | GUR |
| 德国泰科纳 | 70000 | GUR |
| 巴西 BRASKEM | 45000 | 根据用户定制 |
| 荷兰 DSM 公司 | 20000 | 自用 |
| 日本三井公司 | 10000 | HI-ZEX MILLION |
| 旭化成 | 5000 | UH |

随着 UHMWPE 纤维制备方法的成熟及市场的不断开拓，用户对 UHMWPE 纤维的力学性能有了更高的要求，即强度不低于 30cN/dtex，模量不低于 1100cN/dtex，纤维生产商除了对纺丝工艺进行改进外，还对树脂的性能提出了更加苛刻的要求，不仅要求其具有较高的相对分子质量，还需具有良好的相对分子质量分布、拉伸强度、断裂伸长率等重要指标，表 4-5 给出了高强高模纤维用聚乙烯树脂的质量指标。

目前的纺丝工艺表明，UHMWPE 树脂黏均分子量在 450 万~650 万，并且分布良好，既保证了树脂具有合适的线型长链结构，又避免了由于更高的相对分子质量造成过多缠结点，导致纺丝过程很难进行解缠。测试 UHMWPE 树脂相对分子质量的方法主要采用稀溶液黏度法、熔体流变法和 GPC 法。

表 4-5  纤维用 UHMWPE 树脂的质量指标

| 性能 | 测试方法 | 指标 |
|---|---|---|
| 黏均分子量（×$10^4$） | ASTM 4020—2005 | 450~650 |
| 拉伸强度（MPa） | GB 1040.2—2006 | ≥35 |
| 断裂伸长率（%） | GB 1040.2—2006 | ≥350 |
| 简支梁缺口冲击强度（kJ/$m^2$） | GB/T 1043.1—2008 | 65~115 |
| 表观密度（g/$cm^3$） | GB/T 1636—2008 | ≥0.43 |
| 筛分（≤450μm，%） | GB/T 21843—2008 | ≥98.1 |

UHMWPE 树脂的拉伸强度对其成纤后纤维的强度有着至关重要的影响，在微观上主要体现大分子链在受外力作用时的伸直情况及其产生的抵抗外力的强度[5]。另外，树脂的拉伸断裂伸长率也影响纤维的性能，必须具有一定的拉伸断裂伸长率，才能保证可纺性以及冻胶丝的后续牵伸[6]。树脂颗粒的大小、表观密度直接影响到熔/溶体的流动性和均匀性。相同条件下，树脂颗粒均匀，表观密度较高，有利于得到流动性较好、均匀性优良的纺丝熔/溶体。UHMWPE 树脂的密度从宏观上反映了材料内部分子链的结构和结晶性能，与相对分子质量的大小、分子结构及支化程度等因素有关[6]，纤维用 UHMWPE 树脂的密度在 0.930g/$cm^3$ 左右。

除上述影响因素外，树脂灰分含量、表面形貌等参数也会影响 UHMWPE 树脂的可纺性能。图 4-2 中的两幅图是纤维级用 UHMWPE 树脂不同放大倍数下的表面扫描电镜图，不难发现，纤维级 UHMWPE 树脂颗粒之间表面形貌比较接近，尺寸大小均匀，放大到 1500 倍观察（图 4-2），树脂颗粒表面形貌为类球体，并且类球体之间有撕裂状缝隙，这种表面形态使得树脂比表面积增大，在凝胶纺丝溶胀、溶解的过程中，有利于溶剂小分子扩散渗透，树脂易于溶解。

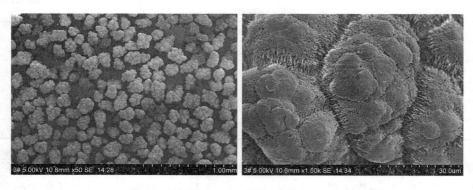

图 4-2  纤维用 UHMWPE 树脂扫描电镜图

# 第三节  超高分子量聚乙烯纤维的制备方法

超高分子量聚乙烯纤维的制备方法主要有溶液纺丝和熔融纺丝两种，其中溶液纺丝又称冻胶纺丝，代表工艺路线主要有湿法技术和干法技术。尽管加工方法路线不尽相同，但是目的都是增大 UHMWPE 大分子链取向，提高结晶度，改善纤维的聚集态结构，使纤维具有优异的纵向拉伸强度和模量等性能。

## 一、湿法技术

湿法工艺路线采用低挥发性有机物（如液状石蜡、固体石蜡）作为溶剂，首先将 UHMWPE 树脂和助剂等加到溶剂中，经过一段时间的升温溶胀，投入双螺杆挤出机中，经过增压、预过滤、精确计量等，从喷丝组件挤出进入凝固浴槽冷却固化成型，得到含有溶剂的湿态冻胶原丝。利用高挥发性和优良萃取性能的萃取剂经连续萃取装置多级萃取冻胶原丝，使低挥发性溶剂从冻胶原丝中置换出来。含有萃取剂的冻胶原丝经过连续多级干燥装置，使萃取剂充分气化逸出，得到干态原丝，最后经过高倍热拉伸得到高强高模聚乙烯纤维，流程如图 4-3 所示。湿法纺丝过程中回收的溶剂和萃取剂、少量水等形成混合物，收集后送至精馏装置分离回收，循环利用。

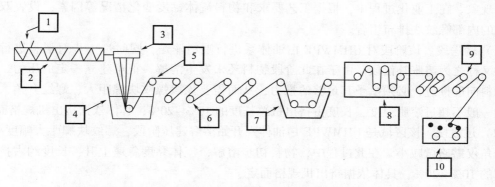

图 4-3　UHMWPE 纤维湿法技术前纺工艺流程

1—喂料口　2—螺杆挤出机　3—纺丝箱体　4—凝固水槽　5—导丝辊
6—预牵引机　7—萃取槽　8—干燥箱　9—牵引机　10—卷绕机

湿法技术所用到的溶剂多为价格低廉易得的矿物油。UHMWPE 树脂一般被配制成 4%～7%（质量分数）的浓度，添加一定量的抗氧剂等助剂，混合均匀后在 90～100℃搅拌条件下溶胀 2～5h，通过喂料口注入双螺杆挤出机。目前抗氧剂多采用酚类、亚磷酸脂类、硫酸脂类等，表 4-6 给出了纺丝过程中使用到的部分抗氧剂。

**表 4-6　UHMWPE 纤维用抗氧剂**

| 商品名/牌号 | 生产商 | 主要化学成分 | 特点 |
|---|---|---|---|
| Irganox 1010 | Ciba Specialty | 四［$\beta$-(3,5-二叔丁基-4-羟基苯基)丙酸］季戊四醇 | 白色结晶粉体，不变色，无污染，无色无味，可溶于苯、丙酮、氯仿，微溶于乙醇，不溶于水 |
| Irganox 1076 | BASF | $\beta$-(3,5-二叔丁基-4-羟基苯基)丙酸正十八碳醇酯 | 白色结晶粉体，相容性好，低挥发性，无毒，无臭，无味，无污染，耐热 |
| Irganox 3114 | Ciba Specialty | 1,3,5-三（3,5-二叔丁基-4-羟基苄基）均三嗪 | 相容性好、微溶于水，溶于丙酮、苯、氯仿、$N,N$-二甲基甲酰胺、乙醇、甲醇，具有热、光稳定作用 |

| 商品名/牌号 | 生产商 | 主要化学成分 | 特点 |
|---|---|---|---|
| Irgafos168 | BASF | 三（2,4-二叔丁基苯基）亚磷酸酯 | 白色结晶，耐高温，挥发性低，耐水解，溶于丙酮、芳香烃、酯族烃、氯代烃和乙醇，与酚类抗氧剂共同使用具有明显的协同作用 |
| Irganox1035 | BASF | 2,2'-硫代双［3-（3,5-二叔丁基-4-羟基苯基）丙酸乙酯］ | 白色至浅黄色结晶体，与酚类抗氧剂共同使用具有明显的协同作用 |

双螺杆挤出机具有高效混合、高效溶解和高效输送等特点，是目前溶解 UHMWPE 树脂的主要手段之一。UHMWPE 树脂在白油中的溶解过程是聚乙烯大分子链与白油溶剂分子之间相互扩散的物理过程，UHMWPE 大分子的结晶温度在 140℃ 左右，但是在白油体系中，UHMWPE 的溶解温度在 200℃ 左右，远高于其结晶温度，此时必须借助于双螺杆挤出机强烈的剪切和捏合作用，使其形成均匀溶液，从而避免出现由于大量凝胶粒子的存在而形成不匀冻胶体的现象。在工业化过程中，根据工艺要求和物料流体黏度变化情况等因素，设置双螺杆挤出机的内部螺纹块排布组合。

（1）输送段。该阶段对 UHMWPE 白油体系进行喂料输送，同时进一步对喂料进行补偿溶胀，又称之为溶胀补偿段。由于在此阶段物料还未发生溶解，很难建立一定的压力，为了保证物料向前推进，必须赋予其足够的推力，从而需要该段螺纹块螺距大、螺纹升角大。温度设置一般不超过溶胀温度，长度占挤出机总长度的 10%~20%，具体依据挤出机规格而定。

（2）过渡段。该区域是 UHMWPE 白油体系开始溶解建压阶段，螺纹块螺距大幅度减小，螺纹升角仅需略微减小。在此过程中，物料初步溶解，流体黏度急速上升，长度约占挤出机总长度的 10%~20%，具体依据挤出机规格而定。

（3）溶解段。该区域使 UHMWPE 树脂完全溶解，形成流动性好、均匀单一的溶液。在该区域内，双螺杆螺纹块由若干不同的单元组合而成，达到物料溶解完全、混合彻底的目的。该溶解段通常由推进螺纹块、反向螺纹块、正向和反向捏合块等不同的元件组合而成。该区域长度占挤出机总长度一般不低于 50%，需要根据物料黏度及双螺杆规格等具体情况而定。

（4）出料段。该段是将溶解均匀的 UHMWPE 白油溶液以连续稳定的压力挤出。溶解完全的溶液需要合适的挤出压力，在保证物料在双螺杆内的停留时间基础上，采用合适的输送段进行物料输出，因此螺纹块螺距及螺纹升角均较大，其长度占挤出机总长度的 10% 左右。

湿法技术最大的特点在于采用萃取剂置换出纺丝溶剂，效果较好的萃取剂主要有氟氯烃（三氯三氟乙烷）、二氯甲烷、二氯乙烷、二甲苯、甲苯、汽油等，虽然氟氯烃具有萃取效率高、低毒、不燃等优点，但是受到保护臭氧层等国际公约的限制，被逐步淘汰。寻求高效、低毒、安全的萃取剂一直是各生产厂商和研究人员的重点研究方向。

从喷丝板挤出的纺丝细流经过凝固浴槽冷却成型成为冻胶丝，此时冻胶丝强度极低，一部分湿法厂家直接将其连续喂入到萃取槽内萃取，另外一些湿法厂家将其进行静置和相分离过程，再进入到萃取槽内萃取（图 4-4）。两者各有利弊，前者工艺连续简单，但是由于冻胶丝进入萃取槽内的速度快，需要增加萃取装置才能够萃取完全；后者冻胶丝经过静置，部分溶剂析出后间歇进入萃取槽内，喂入萃取槽内的速度可以根据萃取装置的能力而调整，减少了萃取工段的负荷，但是工艺不连续，机械化及自动化水平低。冻胶丝萃取完全后直接进到干燥热箱，得到干态原丝，最后经过多级高倍热拉伸得到高强高模聚乙烯纤维。

图 4-4　国内某湿法厂家 UHMWPE 冻胶丝静置和相分离、萃取场景

## 二、干法技术

产业化的干法技术是采用高挥发性有机溶剂（如十氢萘）制备超高分子量聚乙烯纺丝原液，依次经过溶胀、双螺杆挤出机溶解、增压过滤、计量喷丝、风冷干燥等工艺得到干态原丝，再经过后纺高倍热拉伸得到高强高模聚乙烯纤维。该过程与湿法技术最大的区别在于纺丝原液从喷丝孔内挤出后经过风冷和甬道吹风干燥得到干态原丝，整个过程不使用萃取剂，两者的区别如图 4-5 所示[7]。

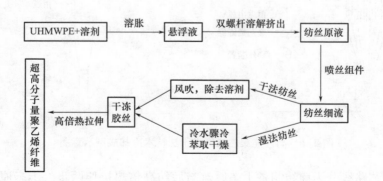

图 4-5　UHMWPE 纤维溶液纺丝不同工艺路线

在溶液或者熔融状态下，聚乙烯大分子通常呈无规则团状，分子内与分子间容易相互缠结，该缠结处于动态平衡之中[8-9]。UHMWPE 溶液冻胶纺丝制备高强高模聚乙烯纤维关键在于大分子能否通过溶剂稀释予以解缠，然后通过冷却固化使分子链解缠状态得到固定，使其具有后续的超倍拉伸性能。有研究表明[10-13]，过多的缠结点不利于聚合物纺丝，降低聚合物浓度或相对分子质量可以减少大分子缠结点，有利于提高聚合物的牵伸性能。但是，聚合物

缠结数目要有一定的下限值，以维持缠结网络的连接，从而提高聚合物牵伸倍率[10,14]。目前 UHMWPE 纤维干法技术物料浓度在 4%~8%（质量分数），溶解解缠过程使得聚乙烯大分子缠结点数目降低，但是这种数目的获得往往以分子链的断裂方式实现。根据经典的理想交联网络模型、滑动链模型和原始路径模型，Sun 课题组[15] 建立了拉伸应力熵变—黏滞二元组合模型，将宏观拉伸应力与分子间的微观量联系起来，分析 UHMWPE 溶液干法纺丝过程中的大分子缠结与解缠情况，揭示了干法纺丝过程中纺程解缠的分子运动机理。聚乙烯大分子链在高倍率的喷头拉伸和干燥预牵伸过程中，得到有效解缠和"防回缠"的状态，赋予干态原丝具备后纺高倍牵伸的性能，从而使干法纺丝得到的成品线密度低于 1.2dtex，具有细特、高强、柔软等品质。

在干法纺丝过程中，为了形成稳定的风场把溶剂带走，目前风冷方式采用侧吹风形式，纺丝细流中一部分十氢萘挥发出来，被侧吹风带出，此时的纺丝细流固化形成冻胶丝，剩余十氢萘随冻胶丝进入纺丝甬道中，经过甬道内的惰性气体吹扫后逸出，冻胶丝变成干态原丝，此过程如图 4-6 所示。在冷却和干燥的过程中逸出的十氢萘气体随惰性气体进入溶剂回收系统进行冷却回收，得到的十氢萘进入配料系统待用，惰性气体循环利用，此过程无溶剂渗出，具有安全可靠、节能环保等特点。

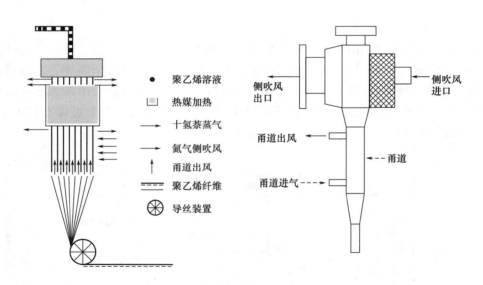

图 4-6　高性能聚乙烯纤维干法技术冷却成型示意图

干法纺丝工艺路线分为前纺制备干态原丝与后纺高倍热拉伸两步。干态原丝的强度和模量远远达不到高强高模的要求，需要增加高度取向的伸直链结构，提高聚乙烯的结晶度，赋予其高强高模的特点。根据纤维的拉伸原理[16]，初生纤维是兼具黏性和弹性的高聚物黏弹体，为了取得高取向的超高分子量聚乙烯纤维，需要根据纤维熔点的增加，升高拉伸温度，采取多级拉伸。工业化的后纺牵伸多采用三级低速高倍热拉伸，每一级温度逐步升高，但是倍率逐步降低，保证得到的纤维力学性能优异、毛丝少、合格率高。表 4-7 为干法纺丝路线多级牵伸后强度和模量变化的情况。

经过多级牵伸后，纤维内部晶区得到进一步完善，纤维主体内的折叠链晶向高取向的伸

表 4-7 不同牵伸工艺条件下纤维性能指标的变化

| 名称 | 断裂强度（cN/dtex） | 初始模量（cN/dtex） | 断裂伸长率（%） |
| --- | --- | --- | --- |
| 干态原丝 | 4.0 | 58 | 13.72 |
| 一级牵伸 | 23.1 | 662 | 4.17 |
| 二级牵伸 | 27.0 | 922 | 3.59 |
| 三级牵伸 | 32.0 | 1371 | 3.07 |

直链晶转变。牵伸的目的在于提高纤维内部晶体总含量及伸直链晶含量，一方面牵伸温度及倍率是影响晶体形成的重要因素；另一方面，晶体的形成是一个动态渐变过程，无定形链段向折叠链晶转变、折叠链晶向伸直链晶的转变缓慢，尤其是伸直链晶的形成，所需条件更加苛刻，这也是工业化制备高强高模聚乙烯纤维牵伸速率较慢的原因之一[17]。

### 三、熔融纺丝

一般情况下，熔融纺丝工艺为 UHMWPE 树脂单独或者与石蜡、低分子量聚乙烯等按一定比例混合熔融，从喷丝孔挤出，在水槽中冷却凝固后经低倍率牵伸得到最终成品。所用的分子量一般不超过 100 万，随着分子量增加，熔融纺丝难度增加，需要添加更多的低分子量聚乙烯或其他小分子物质助熔。为了保证能够得到较好的力学性能，加工过程中还需要萃取出全部或者部分小分子物质。选用的 UHMWPE 树脂相对分子质量普遍较低，再加上纤维中低分子物质残留量高，导致力学性能偏低，一般为 15~20cN/dtex。

熔融纺丝无需溶胀、溶解过程，采用双螺杆熔融，纺丝速度快，生产效率高，工艺路线简单、环保，生产成本远低于溶液纺丝。对于共混改性剂添加量较小的工艺路线，甚至可免除萃取工序。单从成本上讲，产品在中强中模应用方面具有明显优势。然而，目前熔融纺丝工艺还存在以下问题。

（1）纤维力学性能较低。为了降低黏度，增加熔体的流动性，目前熔融纺丝所采用的 UHMWPE 树脂分子量较低，极大影响了纤维的力学性能指标。

（2）增塑效果较低。目前高效共混改性剂种类较少，增塑效率较低，为了提高熔体流动性，小分子或者低分子共混改性剂添加量较大，影响到多级高倍牵伸时大分子的有效取向，必须降低低分子共混剂以实现高倍牵伸，不得不使用萃取工艺，从而增加了加工成本和环保费用。

（3）研发工作滞后。国内主要 UHMWPE 纤维生产企业过多关注高强高模等产品核心性能的提高，集中于溶液纺丝工艺的改进，如寻找新型溶剂、萃取剂、干燥设备等。熔融纺丝工艺及设备研发较少，中强中模纤维制备水平较低。

（4）市场开发缓慢。熔融纺丝得到的产品在中强中模纤维应用领域内关注度不高，市场过多关注防弹服、高端缆绳等领域，其他相关产品开发及应用严重滞后，比如市场对强度要求不高的防切割手套等产品，如果采用熔融纺丝方法制备共混纤维，成本可能会显著下降。

# 第四节　超高分子量聚乙烯纤维的结构与性能

### 一、聚集态结构

　　超高分子量聚乙烯大分子的取向和结晶状况是纤维极为重要的结构性能，影响到产品的最终性能。纤维结晶状况包括晶型、晶区尺寸和结晶度等参数，取向状况可分为晶区取向和非晶区取向。

　　UHMWPE 树脂具有缠绕结构，当其粉末溶解在良好溶剂中（如液状石蜡）于 150℃热处理 48h，会形成缠绕网络结构，经过溶液纺丝方法制备出高强高模聚乙烯纤维，大分子得到有效解缠，取向明显提高。在 UHMWPE 冻胶丝拉伸的高级阶段，大分子链充分伸展，排列更加紧密，缠结分子数增加，缺陷减少，更多的折叠链向伸直链结构转变[18]。纤维中非晶区无缠结的一部分缚结分子拉直靠拢也有可能形成伸直链晶。图 4-7 所示是 UHMWPE 经过溶液纺丝及牵伸过程中分子结构变化的模型。

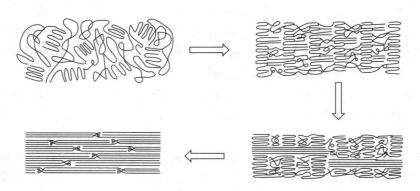

图 4-7　UHMWPE 经过溶液纺丝及牵伸过程分子结构变化的模型

　　有研究认为，UHMWPE 冻胶丝的结构在超拉伸过程中经历了三个阶段的发展[19]。拉伸初期和中期过程中，伴随着堆砌疏松的折叠链晶转化为串晶，甚至会发展为伸直链晶，纤维的断裂伸长快速下降直至趋于稳定，结晶度和取向度快速提高，从而有助于纤维的强度和模量大幅提高。拉伸后期，牵伸总倍率趋于稳定，此时纤维的结晶度和取向度不再提高，但是纤维的力学性能，特别是模量指标得到进一步提高，这归因于聚乙烯大分子链的进一步舒展、链缠结数量的剧增、伸直链结晶结构的完善以及微原纤结构的发展等因素。通过广角 X 射线散射（WAXS）和暗场电子显微镜观测，在拉伸过程中串晶结构转变为光滑的原纤结构，原纤由平均长度 70nm 的伸直链正交晶和长度约 4nm 的不规则区域交替组成[14,20]。不规则区域的形成可能是由于缠结点的堆积和其他缺陷造成的，如链末端和旋转位错等。在结晶区，分子链的 C—C 键为全反式平面锯齿形，这种平面锯齿形结晶聚乙烯片晶有各种尺寸和缺陷，比如，低分子量链结晶速度比高分子链快。

　　Rohr K. S. 通过核磁共振考察了高倍拉伸的 UHMWPE 纤维，提出一个比较复杂的分子链晶区和非晶区模型[21]。该模型指出，除了一般具有的微晶区和不规则无定形区外，还区分出一个晶区—无定形区的过渡面，约占体积的 5%。通过该模型计算的晶区尺寸为 100nm±50nm，非晶区为 10nm±5nm。

在制备 UHMWPE 纤维的过程中，拉伸倍率对纤维结构具有显著影响。冻胶纺 UHMWPE 样品，喷丝孔挤出的原丝经低倍率拉伸后（5 倍）得到的样品，在偏光显微镜（POM）对角位下观察，发现沿纤维轴方向上分布着毛细管状沟槽，这种沟槽随机分布，并且表现出不连续性。随着牵伸倍率的增加，这些毛细管状沟槽逐渐消失，纤维结构表现出明显的致密化，如图 4-8（a）所示。当牵伸倍率达到一定值（如 40 倍）时，纤维的表面具有光泽的形态，结构致密化程度明显提高，同时还可观察到沿纤维轴向呈 75°～80° 的折皱带，如图 4-8（b）所示。

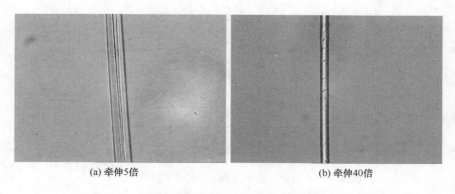

(a) 牵伸5倍      (b) 牵伸40倍

图 4-8 不同牵伸倍率下 UHMWPE 纤维的 POM 形貌

对冻胶纺丝法制备的 UHMWPE 纤维用差示扫描量热仪（DSC）表征，测试结果发现[22]，自由挤出试样和喷头拉伸丝试样（$\lambda=1$，$\lambda_{ext}=5.9$），只有单一熔融峰，喷头拉伸丝试样的吸热曲线向较高温度方向偏移。对于前纺预牵伸丝试样（$\lambda=4$），其松弛状态下的吸热曲线较宽，这可能与其缠结点间较低的分子伸展程度有关，故该吸热峰可能为正交晶熔融和正交—六方晶相转变吸热的加和。经过后纺牵伸后，喷头拉伸丝试样的吸热曲线出现第二吸热峰，这主要是由于对于缠结点间充分伸展的分子链来说，在实验的时间域内没有发生无规化解体现象，因而正交晶并不是熔融而是转变为六方晶。图 4-9 中高倍拉伸试样（$\lambda=15\sim23.1$）有两个显著吸热峰，这两个吸热峰对于成品 UHMWPE 纤维来说是非常典型的。第 1 个峰随拉伸比增加（$\lambda=15\sim23.1$）朝高温方向移动，反映了串晶或微原纤结构中伸直链晶成分增加；第 2 个峰大致在相同温度（151～152℃），而且在实验中发现其峰高和峰面积受实验条件的影响。由此可见，纤维的熔融行为随牵伸而改变。DSC 的第 1 个峰应视为折叠链晶的熔融峰，而第 2 个峰可视为纤维中串晶或微原纤结构中伸直链晶成分的增加。

通过研究不同牵伸倍率条件下 UHMWPE 纤维的广角 X 射线散射（WAXS，图 4-10）[14]，发现从喷丝板挤出得到的冻胶丝的 X 射线图谱呈现两个十分明显的衍射环，分别为正交聚乙烯单元晶胞（110）和（200）晶面衍射，同时有一与溶剂有关的漫射晕，该漫射晕随溶剂的去除而消失[8,14]。通常情况下，原丝的结晶度约为 60%，沿纤维轴向无取向[23]。经过一定倍率的牵伸后，发现照片中除了正交晶（110）和（200）晶面衍射外，还出现一新的衍射环，可确认其为单斜晶（110）面衍射。我国学者[24] 研究了单斜晶含量及取向因子与牵伸倍率的

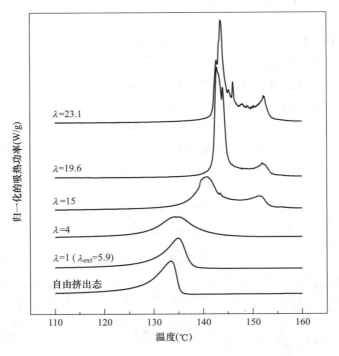

图 4-9　不同牵伸倍率条件下的纤维的 DSC 曲线[22]

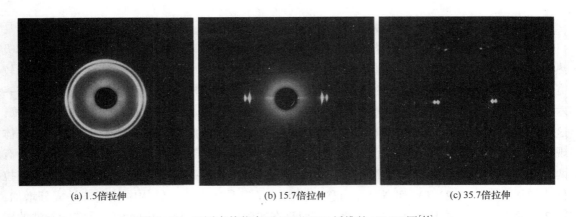

(a) 1.5倍拉伸　　　　　　　(b) 15.7倍拉伸　　　　　　　(c) 35.7倍拉伸

图 4-10　不同牵伸倍率下 UHMWPE 纤维的 WAXS 图[14]

关系，最终发现正交晶在拉伸的过程中转变成单斜晶，在纤维结构形成并达到稳定后，单斜晶又恢复到正交晶。牵伸速率越高，这种转变越快，单斜晶存在的时间越短。

　　在高牵伸倍率（20 倍以上）下，纤维中存在三种结晶形态：正交晶系的折叠链、伸直链和单斜晶系结晶。随牵伸倍率增加，伸直链晶和单斜晶的含量增加。对以煤油为溶剂，汽油为萃取剂，采用冻胶纺丝—热牵伸技术制备的 UHMWPE 纤维的研究结果表明[25]，在拉伸过程中，纤维大分子折叠链向伸直链转变的同时，正交结晶的堆砌密度增大，微晶尺寸分布变窄并趋于均匀。纤维的强度和模量在一定范围内随牵伸倍率的提高而增加，当牵伸倍率超过

30 倍时，声速取向因子和结晶度增长趋缓[26]。

## 二、物理性质

UHMWPE 纤维由碳氢大分子链组合而成，具有出色的物理性能，例如，比强度和比模量是目前已知纤维中最高的，其比强度分别为高强度碳纤维的 2 倍、钢材的 14 倍，具有其他纤维不可比拟的优势。

（1）具有高强高模特性。由于 UHMWPE 纤维相对分子质量高，分子链充分伸展，纤维高度取向结晶，强度和模量均表现出较高水平。20 世纪 30 年代，即有学者对 UHMWPE 纤维的理论极限强度和模量进行了研究[27]，基于分子链断裂机理的假设，理论极限强度达到 279cN/dtex，理论极限模量 3561cN/dtex。目前限于生产技术水平，束丝断裂强度最高仅到 45cN/dtex，初始模量约为 2000cN/dtex，但是该值与其他纤维相比，已经表现出出色的力学性能。

（2）具有极强的耐磨性，其摩擦因数为 0.05~0.11，居塑料首位，是普通塑料的 5~7 倍、钢材的 7~10 倍。

（3）具有极高的耐冲击性，比冲击总吸收能量高，冲击强度在现有塑料中最高，即使在-70℃条件下，仍保持相当高的冲击强度。

（4）密度低，约 0.97g/cm³。

（5）具有优异的自润滑性，与聚四氟乙烯（PTFE）相当。

（6）耐疲劳、耐弯曲性好，所制成的缆绳反复加载 7000 次，强力保持 100%。

（7）电波易透射，在各种电波频率下均表现出优异的介电性能，介电常数 $\varepsilon \leqslant 3.0$，介电损耗角正切值 $\tan\delta = 10^{-4}$。

（8）耐候性好，紫外线连续照射 1500h，强度保持 90% 以上。

（9）耐低温性好，-160℃下性能保持率良好，是目前唯一可在接近绝对零度温度下工作的一种工程塑料。

（10）具有极好的耐环境应力开裂性，是普通高密度聚乙烯（HDPE）纤维的 200 倍。

此外，还具有优良的抵抗快速开裂能力，自由断裂长，电绝缘性、导热性、耐 γ 射线性良好等特点。

## 三、化学特性

UHMWPE 纤维结晶度高，无活性官能团，表面能低，化学性质稳定。普通酸、碱、盐条件下，纤维性质不发生任何改变，具有强的耐腐蚀性。纤维表面光滑平整，与其他材料的界面黏结度低，对其表面染色或喷漆时，容易出现掉色、掉漆等现象。为了改善界面的相容性、黏结性，满足该纤维在复合材料等领域内的需求，国内外学者对纤维表面改性进行了大量研究，希望通过表面刻蚀、修饰或者增加官能团等方式，改变纤维的物理化学性质。表面改性的方法主要包括电晕处理、辉光放电处理、化学刻蚀、离子束辐射、等离子体处理、紫外接枝、酶催化接枝等。通过对纤维表面改性赋予纤维一些新的特性的同时，但纤维本身的特性或多或少受到破坏，严重影响纤维的综合性能指标。通过共混技术，改善纤维的性能得到广泛认可。该技术主要为在纺丝的过程中添加功能材料，共同挤出成型，得到含有功能材料的纤维，克服纤维缺点。例如，UHMWPE 有色纤维，通过在纺丝的过程中添加颜料，纤维色泽均匀、色牢度高、颜色丰富、对纤维的其他性能几乎不产生负面影响。

# 第五节　超高分子量聚乙烯纤维的应用

UHMWPE 纤维性能优越，在安全、防护、航空、航天、国防装备、车辆制造、造船业、文艺、体育界等领域发挥着举足轻重的作用。可用于生产防弹衣、防弹头盔、防刺服、机动装甲、缆绳、海洋渔业用网箱、医学材料、服饰、体育器材等。与其他纤维混合使用，在作为抗冲击、减震材料及高性能轻质复合材料方面也有着广阔的前景。

## 一、防护装备

近年来，纤维材料逐渐取代传统的钢铁和陶瓷成为防弹主流材料。由于 UHMWPE 具有高强、高模、高能量吸收、耐冲击、低密度等特性，相同线密度下的抗拉强度是钢丝绳的 15 倍，比芳纶高 40%，是优质钢纤维的 10 倍，仅次于特级碳纤维；比冲击总吸收能量分别是碳纤维、芳纶和 E 玻璃纤维的 1.8 倍、2.6 倍和 3 倍，对弹丸或碎片能量的吸收率较高，防弹性能较好；成品轻，穿着舒适。

UHMWPE 纤维在防弹领域主要通过非织造布制备防弹插板、防弹头盔、防弹衣、关键部位防护品等；在防刺领域主要通过非织造布制备防刺毡、防刺护颈、防刺手套、防刺服、关键部位防护品等。由于防弹和防刺特点不同，弹丸侵彻防弹材料时，往往是面打击，具有高冲击能和强烈的冲击波等特点；刀侵彻防刺材料时是点冲击，主要的破坏力是低速刀刃切割，可以忽略冲击波的影响。开发一种防弹防刺于一体的防护品，是现代反恐战争的迫切需求材料之一。

据不完全统计，国外 75% 的 UHMWPE 纤维产量用于防弹防刺材料等防护领域。美国 Allied Sinnal 公司采用 UHMWPE 纤维开发的防弹衣，厚度比传统防弹材料少 29%，质量减轻 27%，具有抵御连发枪弹的性能；荷兰 DSM 公司开发的超轻质、新型布片 Dyneema Fraglight，可以阻挡子弹、炸弹和手榴弹弹片穿透，制备的防弹服具有轻量化和舒适性等特点；英国士兵佩戴的头盔，以 UHMWPE 纤维复合材料为内衬，外加钢壳，质轻，防弹性能优越。由 UHMWPE 纤维材料制备的轻量化复合装甲，具有突出的综合防御性能，适用于各类装甲车、防弹运钞车等，例如，警车用的防弹板可以阻挡 9mm 子弹的穿透。

当然，在优越的防弹防刺性能方面，UHMWPE 纤维制备的防护材料，还具有一些缺陷，例如，外力弹射时，瞬间形变大，极易造成皮肤擦伤和骨折。来自美军的战伤统计，在伊拉克战争中，70% 的美军伤亡包含头颈部伤害，其中又有一半以上是由非贯穿性冲击造成的头颈部损伤。因此，国内外研究机构已将盔体瞬时形变指标纳入产品技术标准。

国际上，随着反恐形势日益高涨，防护装备无论在数量上还是质量上，都提出了新的要求。新形势下，我国的强军目标建设和平安城市建设已对防护装备形成新的需求，特别是单兵防护方面，未来一段时间内，对高端、精致、隐蔽、舒适性要求更加苛刻。柔软、轻质依然是防护装备市场需求的风向标，是 UHMWPE 纤维研发的主攻方向之一。

## 二、缆绳

缆绳材料经历了从棉麻等为代表的天然纤维到以尼龙为代表的合成纤维，再到高性能合成纤维三个重要阶段。其中以尼龙为代表的合成纤维绳索的发明及应用开启了绳网发展史上新的里程碑。UHMWPE 纤维编织的缆绳，具有力学性能优良、耐化学腐蚀、耐磨、耐切割、密度小于水、抗紫外线性佳、电绝缘性好等特点。

耐疲劳性能是评价纤维缆绳重要的技术指标之一。缆绳使用过程中受到长期重复循环拉伸会产生疲劳，它会导致绳索的强度降低甚至失效。不同材质的缆绳拉伸疲劳性能及综合指标见表4-8。

**表 4-8 不同材质缆绳拉伸疲劳性能及综合指标[①]**

| 缆绳材质 | 聚丙烯 | 聚酰胺 | 钢丝 | 聚酯 | 芳纶 | UHMWPE |
|---|---|---|---|---|---|---|
| 加载次数 | 1000 | 1000 | 2000 | 3000 | 3000 | 7000 |
| 强力保持率（%） | 52 | 55 | 60 | 70 | 70 | 100 |
| 60mm 强力/1000（N） | 42.2 | 62.6 | 190 | 48.9 | 166 | 228 |
| 60mm 重（kg/m） | 1.6 | 2.21 | 14 | 2.7 | 2.9 | 1.7 |

①测试标准：石油公司国际海洋论坛（OCIMF）千次拉伸循环负荷水平试验方法（Thousand Cycle Load Level，TCLL）。

UHMWPE 缆绳具有优异的抗疲劳性。被广泛应用于舰船系泊与拖缆、舰载机阻拦索与阻拦网、海洋平台拖缆、深海能源与矿产探测开发、移动式锚泊系统、海洋打捞与救生等领域内。例如，海上石油钻井平台采用的系泊系统最早使用钢链，但是钢链存在两大致命缺陷：质量重和锈蚀，采用 UHMWPE 缆绳替代钢链，完全解决上述缺陷；UHMWPE 缆绳具有高强轻质、安全性高、携带使用方便等特点，在树木养护、园林设计修剪、直升机快速投放物资等方面广泛使用；UHMWPE 缆绳具有绝缘耐高压等特点，广泛用于电力牵引线、搭桥、绝缘吊装、平衡挂线、江河跨线等领域；UHMWPE 缆绳的高强轻质特点，使其在舞台特技保护、摄影机控制等方面崭露头角。

国内 UHMWPE 缆绳还具有一些不足之处。例如，纤维或缆绳蠕变性和耐高温性远低于国外同类产品性能，在通过技术手段进行性能改进的同时，扬长避短也是目前国内 UHMWPE 缆绳应用策略之一。随着 UHMWPE 纤维的优点被广泛认可，国内涌现出多家优秀的 UHM-WPE 缆绳制造企业，例如河北巨力索具、山东鲁普耐特、青岛华凯、浙江四兄、江苏九力、上海兴轮等企业。

## 三、医疗器材

超高分子量聚乙烯纤维结晶度在 98% 以上，且具有高纯度、高强度、耐磨损、耐疲劳、生物相容性好、辐照后不降解等特点，在要求极高的生命科学领域中应用广泛。荷兰 DSM 公司开发出干法纺丝工艺技术，其制备的 Dyneema Purity 纤维完全符合新修订的美国试验材料学会（ASTM）F2848—16 医用等级 UHMWPE 纤维材料国际标准。Dyneema Purity 纤维强度高达 40cN/dtex，做成手术缝合线，和同等受力的聚酯线相比，直径可以减少两倍以上，而且浸泡在常见的酸碱盐化学溶液中性能不变，被广泛应用于骨科等外科手术中；纤维做成导管，不易折断，柔韧性好，直径细小，对伤口创伤小，可以用于介入疗法和内窥镜手术，减轻病人痛苦，降低手术费用。例如，治疗阵发性室上性心动过速的射频消融技术，使用该导管，通过血管插入心脏，找到靶点放电治疗，不到 1h 就能结束手术，术后 6h 可以自由活动。DSM 公司于 2017 年 3 月正式向外界推出全球首款黑色医用级 UHMWPE 纤维，此产品应用于高强度骨科缝线，如肩袖固定以及膝部韧带和半月板的修复，其独特的颜色有利于外科医生执行手术，提高手术精准度。到目前为止，除了黑色医用缝线外，DSM 公司还开发出了 SGX 系列白色、VG 系列蓝色手术缝合线以及 RP 系列 X 光下可显影的黄色线缆。

我国在 UHMWPE 纤维医用领域的开发正处于起步阶段。目前，国内产品在纤维纯度方面很难满足医用要求，这可能与 UHMWPE 树脂原料纯度、纤维溶剂残留量、生产工艺、生产质量控制等因素有关。找出原因，改进生产工艺，开发高附加值的医用产品是摆在各纤维生产厂家面前的任务之一。

## 四、渔业养殖

UHMWPE 纤维出色的物理化学性能在渔业养殖方面受到广泛关注和应用。随着我国海洋工程的发展，远洋深海生物捕捞、固定式海洋养殖网箱与海湾养殖、可移动式养殖网箱及迁移等渔业技术和模式的发展，对生产所用材料提出更高的要求。UHMWPE 纤维的出色性能让上述捕捞和养殖模式得以实现。例如，利用 UHMWPE 纤维编织的网箱，固定某一海域进行渔业养殖，根据季节的变化，对整个网箱拖动迁移，寻找新的适合海洋生物生长的海域，让草原游牧方式在海洋渔业养殖领域成为现实。

## 五、体育用品

UHMWPE 纤维在体育事业方面也备受关注，被应用于多种项目中。针对该纤维的不同特性，市场上出现了多种体育器材。例如，制备的赛艇船体，强度高，质量轻，受到运动员广泛好评；制备的冲浪板、滑雪板质量轻，强度高，提高了舒适性；制备的击剑服、冰球袜、冰上项目防护服等，提高了运动员的安全性；制备的滑翔伞索，具有质轻、强度高的特点，佩带方便；制备的球拍，具有质量轻、强度高、弹性好等特点。利用 UHMWPE 纤维制备的登山袜，具有柔软、轻巧、耐磨、防扎等特点，登山运动员轻装上阵取得佳绩的同时，享受科技成果带来的舒适。随着体育事业的发展和全民健身活动的开展，UHMWPE 纤维在此领域内将得到越来越多的应用。

## 六、纺织服装

UHMWPE 纤维柔软性好，特别是采用干法纺丝技术制备的细特纤维，导热性和导湿性明显。近年来，随着人们生活水平的提高，人们对生活的舒适性提出了更高的要求。UHMWPE 纤维制成的纺织品和服饰得到市场普遍关注。例如，采用 UHMWPE 纤维做成的冰凉垫、凉席等被用于家居和汽车领域，在炎热的夏季提高了人们的凉爽感觉；做成的清凉服、凉感鞋等，同样提高了夏季户外活动的舒适性；做成的宇航服，具有优异的耐辐射、耐低温等特性。

## 七、增强材料

UHMWPE 纤维单丝强度高、抗撕裂、耐摩擦，可以用于各类非高温条件下的增强材料。

例如，纤维编织于光缆材料外层，可以显著提高光缆抗拉强度，穿线布线时不易折断；消防水带生产过程中添加此纤维，有利于提高水带抗拉、耐磨能力；UHMWPE 短纤加入到混凝土中，能改善混凝土的脆性，使其具有高延性，在人工海岛建设、路桥建设及修复、无筋建造与 3D 打印楼房等方面已有使用报道。例如，海岛建设需要大量混凝土，传统钢筋支架很容易受到海水侵蚀，采用 UHMWPE 纤维增强增韧混凝土，进行现场搅拌、浇筑、刮平等工序，能避免海水侵蚀；传统桥面有接缝，影响行驶安全，采用 UHMWPE 纤维增韧混凝土，制备耐久型连接板，使桥面无缝连接；由 UHMWPE 纤维制备的超高韧性水泥基复合材料在挤出式管道、预制桥墩、挡土墙建设及开裂修复、抗渗隧道衬砌等方面具有巨大应用前景。

### 八、雷达天线罩

纵观未来的电磁窗市场，更高频率，几乎零信号衰减，便携性需求等将挑战传统雷达罩材料。UHMWPE 纤维在各种电波频率下均表现出优异的介电性能，介电常数 $\varepsilon \leqslant 3.0$，介电损耗角正切 $\tan\delta = 10^{-4}$。雷达天线罩用复合材料的选择主要依据两个标准，即力学性能和介电性能。宽频响应已经成为当今雷达天线系统作战能力的一个重要表现，国外已经将 UHMWPE 纤维用于制备高性能雷达天线罩[28]。例如，DSM 公司采用干法纺丝工艺技术开发的 Dyneema ST17，在宽泛频率下，即从 X 波段到毫米波段，可以更好地提高雷达天线系统的相容性和可预测性。

## 第六节　超高分子量聚乙烯纤维的发展趋势

### 一、存在的问题

目前，UHMWPE 纤维工业化采用溶液纺丝方法制备，无论是干法技术，还是湿法技术，解决了大分子链解缠和凝胶纺丝成型、高倍热拉伸等关键技术，形成了稳定的工艺路线特征和产品特点。但是，UHMWPE 纤维制备过程中还存在一些问题或不足，主要有以下几点。

**1. UHMWPE 树脂的降解性**

UHMWPE 树脂在良溶剂中，通过双螺杆挤出机在高温条件下溶解，得到的溶液均匀，可纺性能好，经过喷丝、固化成型、干燥、后纺高倍热拉伸等过程得到高强高模聚乙烯纤维。但是，在溶解纺丝过程中，UHMWPE 的相对分子质量几乎降解一半，即使加入抗氧剂，也避免不了。降解问题的存在，直接导致纤维的强度和模量等指标下降。UHMWPE 纤维制备过程中的降解主要有热降解、氧化降解和剪切降解。

**2. 纺丝溶液浓度低**

制备高强高模聚乙烯纤维，需要采用较高分子量的树脂，黏均分子量一般在 450 万以上，树脂在溶剂中的浓度为 4%~10%（质量分数），继续提高浓度，就会出现溶解不完全等现象，很难进行纺丝。低浓度的纺丝溶液，直接造成 UHMWPE 纤维生产效率低，成本居高不下。

**3. 规模化程度低**

国内目前约有 30 家企业生产高强高模聚乙烯纤维，年产能已经超过 2 万吨，但是年产能在千吨级的企业数量不多。国外单条生产线产能普遍在 500t/a 左右，也有个别公司达到 800t/a。但是国内单线产能多在 200t/a，很难达到 300t/a。为了提高总产能，国内生产厂家不得不增加生产线，从而造成投资成本高、生产效率低、能耗高，大规模化生产较难实现。

**4. 安全环保**

UHMWPE 纤维在溶液纺丝中用到大量有机溶剂，包括挥发性有机溶剂或者萃取剂，在存储、运输和使用环节需要加大安全技术和环保技术投入，保证整个工艺安全可靠，满足正常生产所需。生产过程中废气、废液、废丝等的排放；防火、防爆等级的规范化要求；职业卫生的要求等，需要生产企业加强意识和资金、技术的投入。随着新的安全法规和环境保护法的实施，倒逼企业进行工艺革新和安全投入，淘汰落后技术和装备。

## 二、未来发展趋势

**1. 工艺革新**

UHMWPE 纤维通过溶液纺丝制备而成，生产过程中溶剂、萃取剂等挥发性有机污染物（VOCs）排放不可避免对环境产生一定影响，改善人员工作环境、降低污染物排放、消除危险因素、扩大生产规模、提高生产效率、降低生产成本、提高产品附加值等成为各大企业面临的挑战。加大纺丝工艺研发投入，开发新型纺丝工艺技术，例如发展熔融纺丝技术；提高单线产能，开发关键设备，包括溶解设备、大型喷丝板等，提高生产效率，降低产品成本；寻找绿色良好溶剂，降低环境污染。

**2. 提高纤维品质**

以市场需求为导向，开发差别化纤维。例如，缆绳市场对低蠕变纤维具有更高要求，这就需要针对性开发溶剂残留量低、蠕变性能好的纤维；纺织服装领域对纤维的柔软性和导热、导湿性提出新的要求，则开发细特异性截面等特性纤维；医用缝合线需要纤维具备不匀率低、强度高、溶剂无残留、纯度高等特性，目前该品种纤维只有国外 DSM 公司能够生产，国内还没有相关产品的报道。又如，UHMWPE 纤维结晶度高，表面染色困难，开发有色纤维纺丝工艺可以很好解决这一问题。相信随着超高分子量聚乙烯有色纤维的开发，纺织面料的种类也日益丰富，市场前景良好。再如，Toyobo 公司开发了超高分子量聚乙烯纤维和其他特种纤维复合制成的高热传导率织物 ICEMAX®，触感冰凉且能快速散热，已用于企业员工工作服面料，另外，ICEMAX® 的应用也正在向寝具方面延伸。研究表明，UHMWPE 纤维中含有无机粉体，虽然强度和模量有所降低，但是纤维的耐切割性能大幅提高，用其编织的手套耐切割能力达到五级标准。国外 DSM 公司于 2013 年下半年推出的"世界上最强的耐割纤维——钻石纱"，受到市场普遍欢迎，该纤维便是在纺丝过程中通过添加含有 $SiO_2$、$CaO$ 等无机材料制备而成的。

**3. 扩大市场**

经过近十年的产业化快速发展，国内 UHMWPE 纤维生产技术较为成熟稳定，应用领域逐步扩大，但随着产量的进一步扩张（表 4-9），市场竞争将会不断加剧，应用领域正由国防军工高端产品向民用领域方向发展，从国内市场向国际市场拓展。根据不同的市场应用领域，开发具有针对性的产品。

表 4-9　国内 UHMWPE 纤维市场状况（2011~2016 年）

| 市场情况 \ 年份 | 2011 年 | 2012 年 | 2013 年 | 2014 年 | 2015 年 | 2016 年 |
|---|---|---|---|---|---|---|
| 实际产量（t） | 4000 | 4860 | 5620 | 6210 | 7680 | 9090 |
| 进口量（t） | 360 | 355 | 385 | 496 | 342 | 240 |
| 出口量（t） | 1800 | 1900 | 2000 | 2163 | 2580 | 3000 |
| 表观消费量（t） | 2560 | 3315 | 4005 | 4543 | 5442 | 6330 |

　　UHMWPE 纤维作为三大高性能纤维之一，无论在生产工艺的多样性，还是在产品品种的多元化方面仍在不断取得技术进步。同时，国内 UHMWPE 纤维厂家应紧跟市场步伐，建立大数据平台，上下游关联企业信息共享，提高我国高性能材料的创新发展和先进高端材料的低成本普及，促进我国高性能聚乙烯纤维的多品种开发及产业化应用。

## 主要参考文献

［1］ NIPPON OIL COMPANY. LIMITED. Process for preparing ultra-high molecular weight polyethylene［P］. US 4962167A1. 1988-11-14.

［2］ 三星综合化学株式会社. 用于制备超高分子量聚乙烯的催化剂和利用其制备超高分子量聚乙烯的方法：中国，00819563. 3［P］. 2000-12-28.

［3］ PETROLEO BRASILEIRO S. A. -PETROBRAS. Spherical catalyst，process for preparing a spherical polyethylene of ultra-high molecular weight：US，6384163B1［P］. 1995-06-06.

［4］ 北京东方石油化工有限公司助剂二厂. 一种生产超高分子量聚乙烯树脂的方法［P］. 中国，CN 2007 10121286. 9. 2007-09-03.

［5］ 吕荣侠，何流，等. 超高分子量聚乙烯冲击能量吸收机理研究［J］. 合成树脂及塑料，1994，11（3）：42-47.

［6］ 王新威，朱加尖，等. 超高分子量聚乙烯纤维用树脂性能与纺丝研究［J］. 化工新型材料，2011，39（3）：120-121.

［7］ 李方全，陈功林，等. 喷头拉伸对超高分子量聚乙烯后续牵伸的影响［J］. 高分子通报，2012，12（12）：51-55.

［8］ SMITH P，LEMSTRA P J. Ultra-drawing of high molecular weight polyethylene cast from solution. Ⅲ. Morphology and structure［J］. Colloid & Polymer Science，1981，259（11），1070-1080.

［9］ BARTCZAK Z. Effect of chain entanglements on plastic deformation behavior of ultra-high molecular weight polyethylene［J］. Journal of Polymer Scince Part B：Polymer Physics，2010，48（3）：276-285.

［10］ DIJKSTRA D J. Entanglements and cross-links in ultra-high molecular weight polyethylene［D］. University of Groningen，1988.

［11］ AMORNSAKCHAI T，SONGTIPYA P. On the influence of molecular weight and crystallisation condition on the development of defect in highly drawn polyethylene［J］. Polymer，2002，43（15）：4231-4236.

［12］ COOK J T E，KLEIN P G，BRAIN A A，et al. The morphology of nascent and moulded ultra-high molecular weight polyethylene. Insights from solid-state NMR，nitric acid etching，GPC and DSC［J］. Polymer，2000，41（24）：8615-8623.

［13］ WARD IM. Developments in oriented polymers，1970-2004［J］. Plastics，Rubbers and Composites，2004，

33 （5）：189-194.

［14］ SMITH P，LEMSTRA P J. Ultra-high-strength polyethylene filaments by solution drawing ［J］. Journal of Materials Science，1980，15 （2）：505-514.

［15］ SUN Y，DUAN Y，CHEN X. Research on the molecular entanglements and disentanglemeng in the dry spining process of UHMWPE/decaline solution ［J］. Journal of Applied Polymer Science，2006 （102）：864-875.

［16］ 董纪震. 合成纤维生产工艺学 （上册）［M］. 北京：纺织工业出版社，1984.

［17］ 陈功林，李方全，等. 超高分子量聚乙烯纤维牵伸温度研究 ［J］. 高分子通报，2012，12 （11）：58-62.

［18］ 张安秋，陈克权，鲁平，等. 超高分子量聚乙烯纤维伸直链结晶的研究 ［J］. 合成纤维工业，1988，11 （6）：23-29.

［19］ HOOGSTEEN W，HOOFT R J V D，POSTEMA A R，et al. Gel-spun polyethylene fibers. Part 1 Influence of spinning temperature and spinline stretching on morphology and properties ［J］. Journal of Materials Science，1988 （23）：3459-3466.

［20］ SMOOK J，PENNINGS A J. Influence of draw ratio on morphological and structural changes in hot-drawing of UHMW polyethylene fibers as revealed by DSC ［J］. Colloid & Polymer Science，1984 （262）：712-722.

［21］ ROHR K S，SPIESS H W. Chain diffusion between crystalline and amorphous regions in polyethylene detected by 2D exchange carbon-13 NMR ［J］. Macromolecules，1991 （24）：5288-5293.

［22］ SUN Y，WANG Q，LI X，et al. Investigation on dry spinning process of ultrahigh molecular weight polyethylene/decalin solution ［J］. Journal of Applied Polymer Science，2005 （98）：474-483.

［23］ HOOGSTEEN W，HOOFT R J V D，POSTEMA A R，et al. Gel-spun polyethylene fibers. Part 2 Influence of polymer concentration and molecular weight distribution on morphology and properties ［J］. Journal of Materials Science，1988 （23）：3467-3474.

［24］ DIJKSTRA D J，PRASS E，PENNINGS A J. Temperature-dependent fracture mechanisms in gel-spun hot-drawn ultra-high molecular weight polyethylene fibers ［J］. Polymer Bulletin，1998，40 （2）：305-311.

［25］ 肖长发，安树林，等，超高分子量聚乙烯纤维结构与性能的初步研究 ［J］. 纺织学报，1997，18 （1）：11-13.

［26］ XIAO C，ZHANG Y，AN S，et al. Investigation on the thermal behaviors and mechanical properties of ultrahigh molecular weight polyethylene （UHMW-PE） fibers ［J］. Journal of Applied Polymer Science，1996，59 （6）：931-935.

［27］ 杨年慈. 超高分子量聚乙烯纤维第一讲超高分子量聚乙烯纤维发展概况 ［J］. 合成纤维工业，1991，14 （2）：48-55.

［28］ 李大进，肖加余，邢素丽. 机载雷达天线罩常用透波复合材料研究进展 ［J］. 材料导报，2011，25 （18）：352-356.

# 第五章　聚对亚苯基苯并二噁唑纤维

## 第一节　引言

20 世纪 70 年代美苏争霸的两极格局开始出现，一方面提升了两国的军事工业实力，另一方面也迫切需求具有低密度、高模量、高强度以及耐高温等优异性能的可用于军事工业领域的材料。美国的相关研究人员在美国空军以及其他部门的帮助下，一系列具有优异热稳定性和耐热氧性能的芳香族杂环高聚物开始相继研发出来[1]。与此同时，Wolfe 等人在斯坦福大学的研究所（SRI）历经 10 年多得以从近百种模型聚合物中筛选出合成聚对亚苯基苯并二噁唑（PBO）的对位芳香族模型聚合物，其特征是分子结构中主链上含有 2,6-苯并双杂环，研究表明 PBO 聚合物的性能已在 Kevlar 之上[2]。PBO 聚合物的出现是聚合物结构设计史上的一次巨大成功，同时成为具有高强度、高模量以及耐高温等优异性能的新型聚合物材料的典型代表[3-5]。

起初，PBO 聚合物的单体制备和聚合工艺的基本专利由 SRI 取得，但是限于聚合条件的不足，使得制备得到的聚合物相对分子质量偏低，无法充分体现 PBO 纤维的优异性能。随着时间的推移，美国 Dow 化学公司在 20 世纪 80 年代购买得到 PBO 聚合物的专利技术并获得了其在全球范围内的商品化实施权，在此基础上对 PBO 继续进行基础研究和工业化开发，最后探索出一条新的 PBO 单体合成及其聚合物的聚合工艺路线。但是由于有限的纺丝成型技术和条件，Dow 化学公司在当时制备得到的 PBO 纤维强度基本上和 Kevlar 纤维不相上下。为进一步提升 PBO 纤维的使用性能，Dow 化学公司基于日本东洋纺公司（Toyobo）先进的纺丝技术在 1990 年与其联合研发 PBO 纤维，开发出制备 PBO 的新的纺丝技术路线，而且可以得到 Kevlar 纤维强度和模量两倍以上的 PBO 纤维。随后，Toyobo 公司获得了 Dow 化学公司的专利许可，开始了 PBO 纤维的商品化生产并将得到的 PBO 纤维命名为柴隆（Zylon）。截至目前，全球范围内的 PBO 纤维的生产和供应基本上由日本 Toyobo 公司垄断着，而且两家公司也拥有关于 PBO 聚合物单体制备及其纤维加工技术的绝大部分的专利和文献。1998 年，日本 Toyobo 公司在国际产业纤维展览会上展示了 PBO 纤维的研发成果，与此同时，美国 Dow 化学公司仍在继续为日本 Toyobo 公司提供技术支撑并不断地改进和完善 PBO 单体的制备工艺，以期降低其生产成本。

PBO 纤维从分子结构上看是一种全芳杂环型高分子聚合物，其基本的结构式如图 5-1 所示，一方面，其分子结构中无弱键，且其链接角（即主链单元上的环外键之间的夹角）均为 180°，重复单元结构中只存在苯环两侧的两个单键，不能进行内旋转，因此是一种直链型刚性棒状分子；另一方面，PBO 是一种具有高相对分子质量和溶致液晶态的液晶聚合

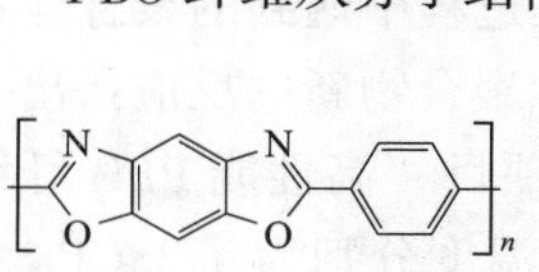

图 5-1　PBO 分子结构式

物，其晶胞属单斜晶系，因此，通过液晶纺丝工艺可以获得沿轴向方向高度取向和高规整度的 PBO 聚合物[6,7]。正是由于上述基本特征，PBO 聚合物通过液晶纺丝工艺才能得到具有高强度、高模量、耐高温、耐化学腐蚀等优异性能的 PBO 纤维。

高模 PBO 纤维（HM-PBO）是一种轻质高强纤维，密度仅为 $1.56g/cm^3$，但是拉伸强度和模量可以分别达到 5.8GPa 和 280GPa，同时耐热稳定性良好，最高分解温度可达 650℃，极限氧指数（LOI）为 68%。此外，PBO 纤维基本上可以稳定存在于几乎所有的有机溶剂及酸碱当中，只能溶解于 100% 的浓硫酸、甲基磺酸、氯磺酸、多聚磷酸等强质子性酸，耐化学介质性优异。另外，PBO 纤维具有优异的耐冲击性能，PBO 纤维复合材料的最大冲击载荷和能量吸收均高于芳纶和碳纤维，这是由于 PBO 纤维在受冲击时能够发生原纤化而吸收大量的冲击能，而且 PBO 纤维耐磨性优良，吸脱湿尺寸变化小，耐环境使用性能良好。

与目前市场上存在的其他高性能纤维相比，如对位芳纶（美国杜邦 Kevlar、日本帝人 Technora）、间位芳纶（美国杜邦 Nomex）、聚苯并双咪唑纤维（M5）、碳纤维（T800）、聚酰亚胺纤维（PI）、超高相对分子质量聚乙烯纤维（美国霍尼韦尔 Spectra）、热致性聚芳酯纤维（Vectran）等，PBO 纤维的使用性能已经足以与之相媲美甚至远优于上述高性能无机纤维和有机纤维。基于 PBO 纤维的分子结构特征和优异的性能，使得其在民用及军用领域均具有重要应用价值和广阔的应用前景，被誉为 21 世纪的超级纤维。但是目前其生产成本较高和价格昂贵，限制了 PBO 纤维的应用和发展，仅在航空航天、国防军工等特殊领域应用较多。

20 世纪 80 年代中期，我国才开始对 PBO 纤维进行研究，起步相对较晚。华东理工大学首先，对 PBO 纤维的单体 4,6-二氨基间苯二酚（DAR）和聚合物的合成工艺进行研究，得到了拉伸强度和拉伸模量分别为 1.2GPa 和 10GPa 的 PBO 纤维，性能相对来说仅次于凯夫拉纤维，这是我国最早合成得到的 PBO 聚合物及其纤维产物。但是由于 PBO 的单体国外购买的价格过于昂贵，DAR 盐酸盐制备工艺又过于复杂，不易获得且保存条件苛刻，因此限制了我国在 PBO 的聚合、纺制及性能方面的研究工作，基本上还处于初级阶段。为了进一步促进 PBO 纤维相关的研发工作，我国将 PBO 纤维作为重点发展的新材料给予支持并列入了"863"国家高技术计划。到目前为止，国内多所高校和研究院所针对 PBO 单体的制备、聚合工艺路线等展开了相关研究。如哈尔滨工业大学、浙江工业大学、上海交通大学等对 PBO 的单体合成工艺进行了详细研究；PBO 的聚合和纤维纺制方面的研究则主要集中在哈尔滨工业大学、东华大学、华东理工大学、四川晨光工程设计院等单位；PBO 纤维表面改性及 PBO 纤维增强复合材料的性能和应用主要由哈尔滨工业大学和哈尔滨玻璃钢研究院、大连理工大学、中国航天科技集团四院四十三所等进行研究。PBO 单体、聚合物及其纤维经过二三十年的发展已经取得了一定的成果：哈尔滨工业大学能够以三氯苯为原料得到纯度高达 99.5% 以上的 DAR 单体，通过液晶纺丝工艺能够制得与市面上商品化纤维差距较小的拉伸强度和拉伸模量分别为 5.0GPa 和 240GPa 的 PBO 纤维，目前已在黑龙江省大庆市实施产业化。在改善 PBO 聚合物液晶纺丝工艺方面，东华大学和中石化公司针对 PBO 项目开发过程中遇到的聚合体系黏度高等问题，联合研发设计、制造了特殊搅拌器并开发出一种 PBO 聚合物新的反应挤出—液晶纺丝工艺。其次，东华大学在 2005 年牵头上海市科委基础研究项目"高性能 PBO 纤维制备过程中的基本问题研究"，在国内首次制备出拉伸强度和热降解温度分别为 4.38GPa 和 600℃ 的 PBO 纤维。上述一系列的研究工作不仅有助于我国摆脱和受制于国外对于 PBO 纤维的垄断和控制的困境，而且在一定程度上解决了我国在 PBO 纤维的纺制工艺及其复合材料关键技术上的瓶颈，加快了实现 PBO 纤维国产化和规模化的步伐[8,9]。

# 第二节　PBO 的单体合成及其聚合工艺

## 一、PBO 聚合单体的合成

PBO 聚合物通常以 4,6-二氨基-1,3-间苯二酚（4,6-diaminoresorcinol，DAR）及对苯二甲酸为单体经缩聚反应制备得到。对苯二甲酸合成工艺简单且其为芳族聚酰胺的共聚单体之一，因此已有大量高纯度商品出售。DAR 结构中含有两个活泼的羟基和氨基，因此使用过程中非常容易发生氧化或分解，这使得 DAR 无论在制备工艺还是储存条件方面均要难于对苯二甲酸，从而增加了其生产成本并严重限制了 PBO 纤维的规模开发与应用。最早是以间二苯酚为原料在 4-位、6-位经硝化、还原合成 DAR，一方面由于会有少量单氨基化合物生成，另一方面其 2-位也会发生少量的副反应生成三氨基化合物，由于单氨基的副产物可作为 PBO 聚合过程的链终止剂，而三氨基的副产物则使 PBO 成为非直链形结构，导致制得的 PBO 纤维强度较低。美国 Dow 化学公司为实现对 2-位的有效占位保护，采用了 1,2,3-三氯苯经硝化、水解及还原的路线成功地合成出具有高纯度的 4,6-二氨基-1,3-间苯二酚（DAR）单体，从而促进了高性能 PBO 纤维的使用和发展。由上述可知，怎样获取高纯度的 DAR 且增加 DAR 保存和使用过程中的稳定性对于获取高性能的 PBO 起着决定性的作用。进口 DAR 价格十分昂贵，因此如何制备高纯度、高收率、低成本的 DAR 已成为全世界范围内获取高性能 PBO 技术中迫切需要解决的关键问题。本节主要阐述了 DAR 制备的国内外发展情况。

### 1. 连三氯苯法

早在 1988 年，美国 Dow 化学公司的 Zenon Lysenko 等提出了以连三氯苯经过硝化、水解、还原后盐酸酸化制备 DAR 的合成路线。

将浓硫酸与连三氯苯置于反应釜中，在 65℃条件下持续搅拌，三氯苯完全溶解后，将硝酸慢速滴加至反应器中，反应体系混匀后将温度保持在 60~70℃反应 5h，冷却反应体系至室温并分别经过滤、水洗后可以得到淡黄色的 4,6-二硝基连三氯苯细碎晶末状固体。产品不经提纯纯度即可达 99% 以上。将得到的固体产物与适量的质量分数为 50% 的 NaOH 溶液以及无水甲醇一起加至反应釜中，80℃下回流 5h 后冷却至室温，40℃以下滴加浓盐酸，搅拌 1~2h，过滤得粗品。所得粗品用乙醇重结晶得 2-氯-4,6-二硝基间苯二酚金黄色针状晶体，纯度可达 99% 以上，收率大于 92%。将一定配比的 2-氯-4,6-二硝基-1,3-间苯二酚和 Pd/C 催化剂加入 HAc 和 NaAc 水溶液混合的溶剂体系中，置于温度为 40~50℃、氢气压力为 4~5MPa 的高压釜中直至压力不再下降时停止加热，温度降至室温后，体系加入盐酸，过滤，热水溶解后再过滤分离 Pd/C 催化剂，滤液加入有适量氯化亚锡的浓盐酸，过滤，重结晶，真空干燥后制得白色针状晶体 4,6-二氨基间苯二酚盐酸盐（DADHB）。

这条路线最大的优点在于 2-位被氯占据，加氢还原之前可以获得高纯度的 2-氯-4,6-二硝基间苯二酚，完全避免了 2,4,6-三硝基间苯二酚的存在。由于加氢还原可以实现高转化率，最终可以获得高纯度的 DAR，该工艺原理简单、成本低、相对其他路线产率高，但是对设备及操作要求很高，以加氢还原过程为例，第一，由于 2-位被氯占据，氢取代氯的过程除需要较高的反应压力（通常需要大于 5.0MPa），体系还会有氯化氢产生，这意味着高压反应釜需要具有很强的耐腐蚀能力，同时还要在搅拌的条件下实现完全密封，微弱的泄漏会使加氢过程变得十分危险；第二，对于完成反应的混合物来说，在没有形成盐酸盐之前由于 DAR 含有两个羟基的同时还含有两个氨基，这使得产物非常容易被氧化，而此时，催化剂与 DAR 混合在一起，同时兼顾催化剂与 DAR 分离且保证 DAR 不被氧化，对操作技术有很高的要求；第三，催化剂会吸附少量的 DAR，催化剂与 DAR 分离后，这部分残留的 DAR 会迅速地被氧化而变色，需要特殊的工艺使得价格昂贵的催化剂多次回收套用，才能降低 DAR 的生产成本。哈尔滨工业大学的黄玉东课题组经过多年研究，巧妙地解决了上述问题，为获取工业化的低成本、高纯度 DAR 奠定了坚实的基础[10-13]。

**2. 间苯二酚法**

2000 年，日本三井化学株式会社申请了间苯二酚磺化法制备 4,6-二硝基间苯二酚的专利[14,15]，反应过程如下所示。

该方法主要以间苯二酚为初始物，分别通过磺化、硝化、水解以及还原反应得到 4,6-二硝基间苯二酚，同时该方法得到的产物收率比较高。2-磺酸基-4,6-二硝基间苯二酚水解反应得到的 4,6-二硝基间苯二酚产物中既不含异构体，也不含三硝基化合物，因此经过还原反应能够得到高纯度的 DAR。

磺化反应应该使用发烟硫酸作为磺化试剂，浓度 95% 以上的浓硫酸也可作为磺化试剂，从而避免水解脱磺酸基副反应的发生。硫酸中 $SO_3$ 的浓度与 2,4,6-三磺酸基间苯二酚的选择性有很大关系，2,4,6-三磺酸基间苯二酚的选择性会随着 $SO_3$ 的浓度的降低而降低。每摩尔间苯二酚应使用含有 3mol 或更高浓度游离 $SO_3$ 的发烟硫酸进行磺化。用 100% 硫酸磺化时，最终得到的产物 2-磺酸基-4,6-二硝基间苯二酚含量很低，大部分产物是三硝基间苯二酚，间苯二酚利用磺化能力较强的发烟硫酸进行磺化反应时主要得到 2,4,6-位均有磺酸基团的间苯二酚产物；由于浓硫酸的磺化能力有限，对间苯二酚进行磺化反应主要得到 4,6-二磺酸间苯二酚，这会导致硝化过程中三硝基取代产物成为主要生成物。因此必须选用发烟硫酸来做磺化剂，从而可以保证以得到 2,4,6-三磺酸间苯二酚为主产物的三磺化反应过程的实现以及 DAR 的成功制备。硝化反应阶段要合理选用硝酸的用量，这也是成功制备得到 2-磺酸基-4,6-二硝基间苯二酚的关键因素。因此磺化—硝化过程，既要选取适当的磺化剂，也要控制好硝酸的投入当量，两者是能否实现 4,6-位硝化的关键。随着硝酸配比的增加，2-磺酸基-4,6-二硝基间苯二酚纯度会降低；当硝酸配比超过 2 时，2-磺酸基-4,6-二硝基间苯二酚的纯度下降很快。

水解反应受溶剂酸浓度影响较大，2-位磺酸基能否脱除与酸浓度高低直接相关，如果在反应中磺化、硝化及水解采用的是简单的一锅法连续过程，磺化和硝化过程带入的酸量越多，需要稀释添加的水越多。这不仅需要使用大量水稀释，而且也严重影响生产效率，因此，水解步骤不适宜与磺化硝化采用连续过程，应将 2-磺酸基-4,6-二硝基间苯二酚产物收集处理后，再分步进行水解，这利于节省用水，操作也并不复杂，有利于工业上的实现。

将纯化的 4,6-二硝基间苯二酚加到适量的盐酸溶液中，使其 pH 为 4~5，向该溶液中加入适量的 Pd/C 催化剂，氢化反应温度和压力分别为 60℃和 0.8MPa，反应时间在 100min 左右。反应结束后过滤除去 Pd/C 催化剂并向得到的滤液中加入适量活性炭搅拌反应 30min，之后过滤除去活性炭并加入适量盐酸进行结晶沉淀。最后进行结晶收集和减压干燥得到 4,6-二氨基间苯二酚盐酸盐，单步骤收率可达 95%以上。催化加氢前如果重结晶提纯处理 4,6-二硝基间苯二酚，能够获得转化率和收率都有更好效果的 DAR 单体。

这种方法的优点在于工艺简单，生产成本低，适合工业化生产，但是获得高纯度的 DAR 需要对产品进行多次提纯，少量的杂质会对后期聚合产生很大的影响。2008 年浙江工业大学的张建庭等人以间苯二酚为原料，经磺化、硝化、水解法，通过一锅原位合成高纯度（99.5%以上）的 4,6-二硝基间苯二酚 DNR[16]。

### 3. 1,2-二氯-4,6-二硝基法

美国 Lensenko Zenon 等在 1995 年采用 1,2-二氯-4,6-二硝基苯为初始反应物，在反应体系中引入苯酚氢过氧化物和酸酐并在中间产物的 6 位引入羟基，成功制备出 2,3-二氯-4,6-二硝基苯酚[17]。

此法将初始物与过氧化氢叔丁醇一起溶于 N-甲基吡咯烷酮（NMP）中，然后滴加液氨、丁醇/丁醇钾混合物中，在-33℃下进行反应，反应利用干冰/丙酮冷却，以氮气作为保护气。完全滴加完毕以后，利用干燥氮气移除液氨，即可得到 2,3-二氯-4,6-二硝基苯酚。粗品 2,3-二氯-4,6-二硝基苯酚通过盐酸进行纯化，然后通过乙酸乙酯萃取，将乙酸乙酯减压蒸馏以后，得到精制 2,3-二氯-4,6-二硝基苯酚，产率可达到 89%。

将 2,3-二氯-4,6-二硝基苯酚、适量的丁醇钾、NMP 以及适量的水组成的反应液加热到 85℃反应 6h，反应完成后，将反应混合物加到适量的盐酸溶液中，然后将产生的沉淀过滤，将滤出物用水洗涤并干燥，得到粗品 2-氯-4,6-二硝基间苯二酚。产品可以用甲醇进行重结晶，重结晶收率可以达到 97%，反应收率可到 85%。最后通过将 2-氯-4,6-二硝基间苯二酚在钯碳催化下加氢还原，就可以得到 4,6-二氨基间苯二酚。该方法使用了种类繁多的反应辅料，同时需要在很低温低下进行反应，工业化中会造成工艺经济性差的问题，因此产业化存在一定困难。

除上述典型方法外，还有其他制备 DAR 的合成路径，因篇幅有限，无法一一详细阐述，方法见表 5-1。

表 5-1　PBO 聚合单体 DAR 的合成方法

| 方法 | 合成路线 |
|---|---|
| 间二氯苯法 | |
| 4,6-二硝基间二氯苯法 | |
| Beckmann 重排法 | |
| 磺化、氯化硝化水解还原法 | |
| 叔丁基保护、氯化硝化水解还原法 | |
| 酯化、硝化还原法 | |

续表

| 重氮化、硝化还原法 | HO—OH → 偶氮中间体 → Pb/C, H₂ → 二氨基间苯二酚 |
| 羟胺重排法 | O₂N—NO₂ → HOHN—NHOH → Bamberger → 二氨基间苯二酚 |
| 4,6-二硝基氯苯法 | Cl/O₂N—NO₂ → Cl₂ → 多氯硝基 → HO—OH → SnCl₂·2H₂O, Pd/C, H₂ → 二氨基间苯二酚 |

## 二、PBO 聚合工艺

PBO 聚合物纤维属于聚苯唑类纤维，该类聚合物纤维由于具有优良的力学性能、耐高温以及耐化学腐蚀性能已经成为新一代的高性能纤维材料，而 PBO 聚合物纤维就是液晶芳香族聚苯唑类聚合物的典型代表。聚苯唑类聚合物在研究和发展过程中逐渐形成了 PBO 的合成和纺制工艺，与此同时，国内外科研工作者近 30 年以来一直致力于研究和改进 PBO 聚合物的聚合及纺制工艺。目前，针对 PBO 聚合反应中选择的初始单体的不同，主要可以将聚合工艺分为以下五种。

**1. 对苯二甲酸法**

目前最常用的 PBO 合成方法是由 Wolfe 等 1981 年报道的以 4,6-二氨基-1,3-间苯二酚盐酸盐（DADHB）和对苯二甲酸（TA）为初始反应单体在多聚磷酸（PPA）溶液中通过缩聚反应合成 PBO 聚合物（图 5-2），这也是最早的关于 PBO 聚合物的制备方法[18]。该反应过程为典型的缩聚反应，不同于传统的分步聚合反应，同时由于 TA 在 PPA 当中的溶解度低于 DADHB（140℃时，TA 在 1g PPA 中的溶解度仅为 0.0006g），在一定的时间内只有非常少的 TA 可溶解在 PPA 中并参与聚合反应，因此最终产物基本上是以 DADHB 进行封端的 PBO 低聚物。此外，在反应进行到后期需要准确补加一定量的五氧化二磷来调节聚合体系的溶液浓度，目的是获得高分子量的 PBO 聚合物链。一般通过降低 TA 的粒径大小（10μm 以下）来改善其在 PPA 当中的溶解性，而且 PBO 的相对分子质量可以通过分批次加入 TA 进行调控，比如在反应初始阶段可以先加入一定量的 TA，由此可以得到末端是 DADHB 的 PBO 低聚物，然后再向反应体系中加入剩余的 TA。通过上述调控方法，可以实现 PBO 相对分子质量的微观调控，而且可以缩短聚合反应时间，有助于后期纺丝工艺的顺利进行，以及促进 PBO 纤维的规模化生产和使用。

**2. 对苯二甲酰氯法**

为了解决对苯二甲酸法制备 PBO 聚合物存在的一些问题，Choe 和 Kim 1981 年首次提出利用对苯二甲酰氯（TPC）代替对苯二甲酸与 DADHB 在 PPA 溶液体系中进行聚合反应制备 PBO 聚合物[19]。该反应路线的基本原理是利用脱完 HCl 后的 DAR 和由 TPC 和 PPA 反应生成

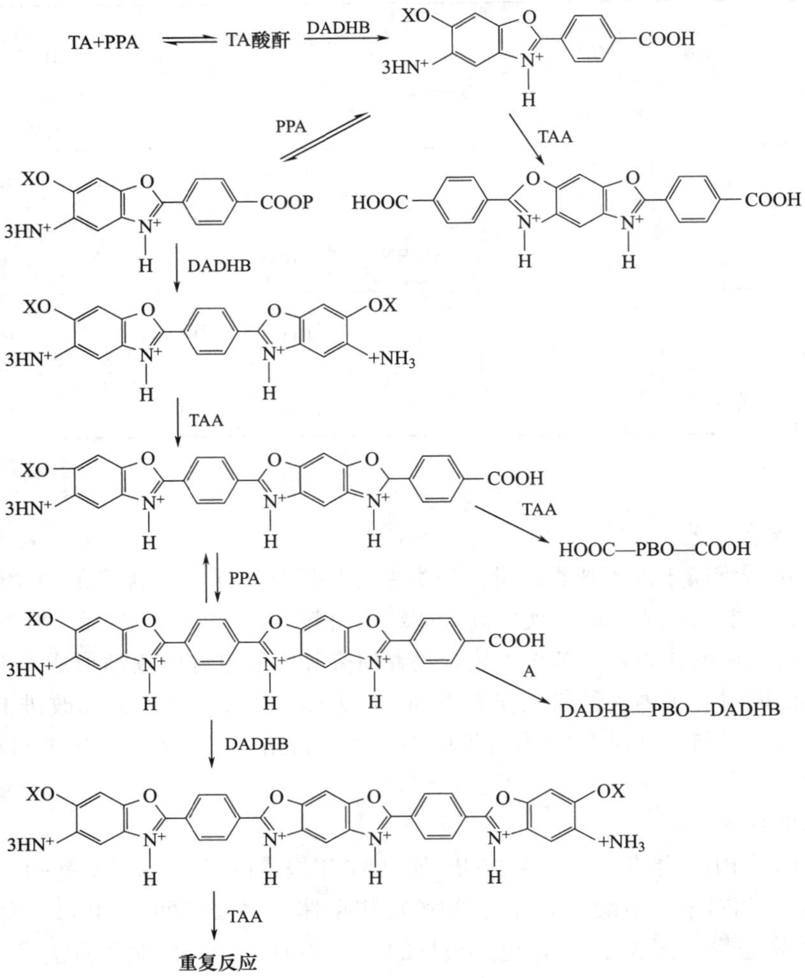

图 5-2　PBO 对苯二甲酸法聚合反应示意图

中间产物多聚磷对苯二甲酸二酐进行聚合反应得到 PBO 聚合物（图 5-3）。由于 TPC 在 PPA 溶液体系的溶解度高于 TA，而且不会发生升华现象，同时产生的 TA 的粒径大小在 2.4μm 以下，从而解决了对苯二甲酸法的聚合反应体系的不足，有利于得到高特性黏数的 PBO 聚合物。

**3. 三甲基硅烷保护法**

由于 PBO 单体之一 4,6-二氨基间苯二酚的化学性质不稳定，导致其容易被氧化。氧化后的 4,6-二氨基间苯二酚部分功能基团已被转化，与 TA 缩合后会使聚合物封端，使相对分子质量不再增长，因此对 PBO 聚合物的相对分子质量造成较大的影响。为了解决 4,6-二氨基间苯二酚易于被氧化的问题，Imai 等在 2000 年提出在 DAR 当中引入三甲基硅烷进行保护，得到了以 $N,N,O,O$-均四（三甲基硅氧烷）改性的 DAR 中间产物[20]。随后，上述中间体在 0 条件下与 TPC 在 $N$-甲基吡咯烷酮（NMP）溶剂反应，结束后于 250℃ 下进行脱三甲基硅烷环化反应，最终得到 PBO 聚合物（图 5-4）。这种方法可以先制备出所需形状的预聚物，然

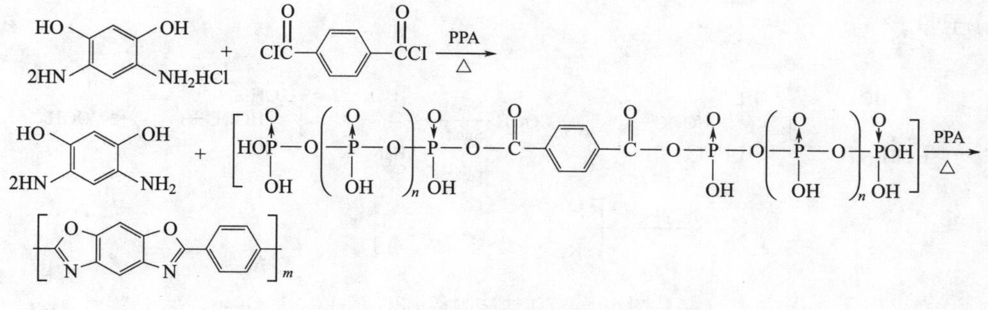

图 5-3　PBO 对苯二甲酰氯法聚合反应示意图

后使用有机溶剂（如 NMP、DMAc）溶解，最后通过热处理脱水环化反应即可得到 PBO 聚合物。

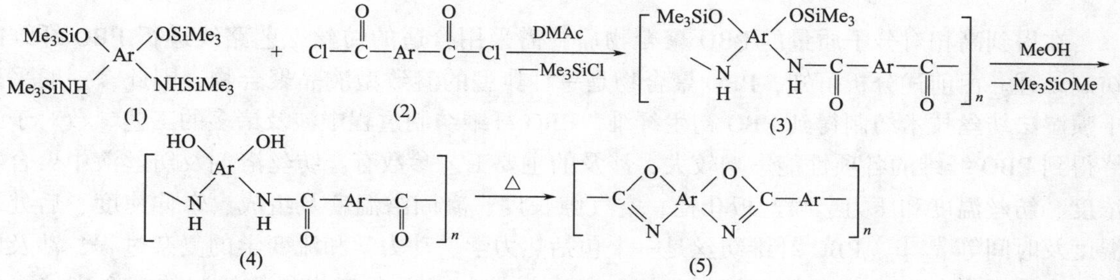

图 5-4　PBO 三甲基硅烷保护法聚合反应示意图

### 4. AB 型单体聚合法

2-(对甲氧羰基苯基)-5-氨基-6-羟基苯并噁唑是一种典型的 AB 型新单体（其结构如图 5-5 所示），结合了 DAR 和 TA 两种单体的反应基团，在空气中的稳定性优于 DADHB，此外由于该单体在 PPA 溶剂体系中发生聚合反应生成的水量相对较少，因此后期补加五氧化二磷的用量和反应时间相对于前面的体系来说缩短了，从而有利于提高聚合反应效率，保证等当量比反应，最终提高 PBO 分子链的聚合度，促进 PBO 聚合物纤维的工业化应用。目前报道的 AB 型单体制备路线比较多，但是相对复杂，不利于降低 PBO 聚合物的制备成本，因此应用较少。

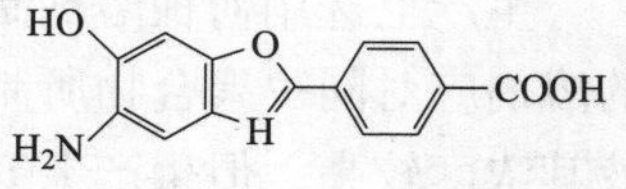

图 5-5　AB 型单体分子式

### 5. TD 络合盐法

TD 络合盐法起初是为了制备新颖的高性能聚亚苯基吡啶并咪唑（PIPD）纤维在 1998 年最早提出的[23]，此后逐渐发展应用于 PBO 聚合物的制备过程中[24]。该反应路线的合成原理是利用复合内盐在 PPA 溶剂体系中进行聚合反应制备 PBO 聚合物（图 5-6）。复合内盐是由对苯二甲酸钠和 DADHB 的水溶液反应得到的，命名为 TD 复合内盐，对苯二甲酸钠则是由 TA 与氢氧化钠在水溶液中反应得到的。该反应路线中聚合过程相对简单，而且增加了 TA 在 PPA 溶剂体系当中的溶解性，还能避免脱除 HCl 气体的过程，缩短聚合反应时间以及保证两种单体等当量比参与反应，有利于提高聚合反应效率和最终得到的 PBO 聚合物的分子量。

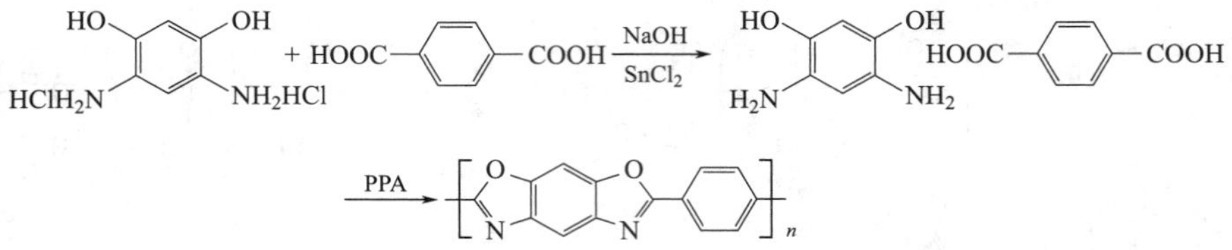

图 5-6　TD 盐法制备 PBO 路线

# 第三节　PBO 纤维的纺丝工艺

在得到高相对分子质量的 PBO 聚合物后，需采用合适的纺丝工艺路线进行 PBO 纤维的纺制处理。由前述分析可知，PBO 聚合物是一种典型的溶致型液晶聚合物，因此，一般采用干喷湿法纺丝技术纺制得到 PBO 初生纤维。PBO 纤维纺制过程中涉及诸多的工艺参数对于最终得到 PBO 纤维的各项性能影响较大，涉及的主要工艺参数有：纺丝溶剂及纺丝液中聚合物浓度、纺丝温度和压力、喷丝板孔径、空气隙长度、凝固浴温度及组成、牵伸速度、后处理温度及时间等[25-27]。PBO 纤维纺丝是一个包括热力学、动力学和流变学的复杂过程，涉及的工艺参数很多，各工艺参数之间相互影响，不易控制，每个工艺参数的调整都会直接影响 PBO 纤维的性能。研究各个主要工艺参数对纤维结构与性能的影响是非常必要的，应通过控制主要参数实现连续稳定的纺丝过程。

## 一、纺丝原液的组成

生产上选用何种溶剂制备纺丝液是一个复杂的问题。如果单从纺丝工艺角度来说，较好的溶剂应对同一聚合物所制得的同等浓度的纺丝原液有较低的黏度，或者同等黏度的纺丝原液其浓度较高。但生产上究竟选用何种溶剂，不仅要考虑工艺，还要考虑到设备、所得纤维的品质以及溶剂的物理、化学性质和经济等因素。

在 PBO 聚合体系发展过程中，出现了诸多的纺丝溶剂体系，主要有多聚磷酸（PPA）、硫酸、甲磺酸（MSA）、甲磺酸氯磺酸、三氯化钙硝基甲烷以及三氯化铝硝基甲烷等[28]。目前，PPA 是最常用的纺丝溶剂。PPA 是 PBO 聚合物的良溶剂，也是聚合的主要介质，由一系列磷酸低聚物的混合物构成，通式为 $H_{n+2}P_nO_{3n+1}$（$n \geqslant 2$ 的整数），可以由磷酸（$H_3PO_4$）与五氧化二磷（$P_2O_5$）混合后加热得到，其浓度一般由 $H_3PO_4$ 或者 $P_2O_5$ 的含量表示。PPA 的黏度依赖于 $P_2O_5$ 的浓度和温度，在室温下 76% $P_2O_5$ 含量时，黏度大约是 1Pa·s；加热到 100℃时，黏度下降大约 10 倍。在室温 83.3% $P_2O_5$ 含量时，PPA 是黏稠的浆状物，黏度是 76% $P_2O_5$ 含量时的 10 倍。PPA 在聚合过程中起到了溶剂和催化剂的作用，而 $P_2O_5$ 在聚合反应时起到了脱水剂的作用。尤其是在聚合反应后期，$P_2O_5$ 的含量越来越少，会造成缩聚减慢，反应不能进行到底；溶剂体系发生变化后，对聚合物的溶解能力减弱，聚合物在相对分子质量增大到足够高时便可能从体系中沉淀出来，不能继续进行聚合反应。可见，聚合体系是否含有足够量的 $P_2O_5$ 是极为重要的，因此，通过 $P_2O_5$ 的含量来表示 PPA 的浓度，可以直观地反映 PPA 的脱水能力。

PBO 纺丝原液中聚合物的浓度主要受聚合物溶解度和纺丝液黏度等实际因素的限制。只有当纺丝液中聚合物的浓度高于形成液晶所需的临界浓度，使其处于液晶态下进行纺丝，并且在较高的拉伸比下，才能获得大分子链伸展度高、有序结构尺寸较大的 PBO 纤维。阿利克桑德等人认为纺丝液中聚合物浓度最好在 13%~20%（质量分数），体系中 $P_2O_5$ 的含量最好为 80%~86%（质量分数）[29]。此外，为了提升最终得到 PBO 聚合物的整体性能，抑氧剂、着色剂、去光泽剂以及防静电剂等助剂也可以加到 PBO 聚合物的纺丝原液当中[30,31]。

纺丝原液用于纺丝之前，应进行过滤处理，以去除杂质。在聚合时因为需要强烈的搅拌，会混入大量气泡，气泡存在会在纺丝过程中造成断丝，因而在纺丝前必须脱泡处理。脱泡的温度一般不应超过 200℃，温度过低则溶液黏度过大，气泡难以脱除。实践证明，在温度为 160~190℃的条件下，真空脱泡 12~24h 后的效果较好。

### 二、纺丝压力

整个纺丝过程即是在一定的压力下把高温液晶聚合物溶液从纺丝组件中挤出成型的过程，在这个过程中要克服高浓度溶液流经纺丝组件的压力损失。纺丝组件中的压力损失主要来自过滤网、分配板和喷丝板。其中，喷丝板上的压力损失主要来自于喷丝板微孔，微孔的数量、直径和长径比（$L/D$：微孔长度和直径的比，是十分重要的参数）。除了考虑压力损失外，体系的黏度、纺丝温度和纺丝速度的变化对纺丝压力也有影响，纺丝压力基本上随着纺丝体系温度的降低、黏度的升高以及纺速的加快而增加，需要视聚合反应体系进行调节。应该注意的是，如果纺丝压力过小，纺丝原液从喷丝板中流出的速度较慢，易造成供料不足或纺丝原液在喷丝板表面漫流。

在其他工艺条件相同的情况下，随着纺丝压力的增加，纤维的直径不断增加。这是因为随着纺丝压力的增加，喷丝板出口处溶液流量增加，流速增大，在相同的拉伸速度下，纤维的拉伸比越来越小，纤维的直径必然会增加。一般来说，纤维直径的增加并不一定能赋予纤维更高的拉伸强度，这是由于直径增加，纤维的结构缺陷也多，使得拉伸强度下降。

通过在纺丝过程中系统研究纺丝压力的影响后发现，纺丝压力是一个动态参数，对整体纺丝过程影响非常大，不易对该参数进行规律性控制。实践证明，可以通过控制纺丝原液通过喷丝孔的速度，来间接控制纺丝压力，只要纺丝压力能够按照要求保证纺丝原液的流出速度即可。

### 三、纺丝温度

纺丝温度主要根据纺丝液的状态而定，直接影响纺丝原液的黏度。PBO 聚合物纺丝时，温度过低会导致纺丝原液黏度增大，流动性变差，溶液细流不容易被拉伸，易产生变形和取向困难，不利于纤维的成型。适当的提高纺丝温度，对降低体系黏度，减轻仪器设备负担，提高纤维质量较为有利。但纺丝温度不能无限提高，对于 PBO 的纺丝过程，当温度超过 200℃时，一方面溶剂 PPA 在高温作用下产生分解，破坏纺丝原液，严重影响纤维质量；另一方面，在高温下 PBO 聚合物会发生分解反应，长时间处于高温状态，PBO 的相对分子质量急剧降低，不能被纺制成纤维。因此在实际纺制时，PBO 的纺丝温度应以 200℃ 为上限，并根据具体情况确定纺丝温度。

温度是热量的一种反映形式，纺丝原液需要有一定的温度才能流动，而高黏度的纺丝原液在通过喷丝组件的时候，由于摩擦而产生热量，会产生升温现象，根据物料和纺丝组件结构的不同，温升可以达到 2~10℃。温度的波动会造成物料黏度的变化，直接影响纤维的质量，甚至造成局部热量过高，致使物料分解。设计喷丝头的时候，首先要掌握温度—黏度变化曲线，根据不同温度下的黏度情况，确定喷丝头内部的结构，即使是 2~3℃ 的温度改变，也要对喷丝头内部结构做出相应调整。

当纺丝原液温度与喷丝头温度相同时，随着温度升高，纤维的直径增加。这是由于温度的升高，使得纺丝原液的黏度下降，在相同的纺丝压力下，纺丝原液流速增加，保持纺丝速度不变，则纤维所受拉伸随纺丝原液流速增加而减小，纤维直径变大。

### 四、空气隙长度

空气隙长度是指从纺丝孔延伸到纺原液长丝凝结处的距离，是 PBO 纤维干喷湿纺工艺中一个很重要的工艺参数。理论上，纺丝原液长丝的断裂强度和由长丝的自重产生的力限制了空气间隙的最大长度，但实际上空气间隙的最大长度受到诸多因素的影响。

纺丝原液细流置于空气隙中，在拉应力作用下高倍拉伸细化，PBO 分子也相应地在拉应力方向上形成高度取向结构。空气隙是 PBO 纤维形成取向结构的主要场所，要得到高取向度的 PBO 纤维，通过增加空气隙的长度，使 PBO 分子在进入凝固浴之前有充足的时间沿拉应力方向排列取向是十分必要的。但是空气隙的长度不可能无限的增大，这是因为纺丝原液细流在空气隙中处于低强度的溶液状态，维系其不断的主要是 PPA 的黏附力，拉力致使纺丝液细流不断变细，当 PPA 的黏附力不足以抵抗外力时，纺丝原液细流断裂。当温度降低后，纤维将因冷却而不会再被轻易拉伸。此时，让纤维继续停留在空气隙中，纤维不能及时凝固、快速脱除溶剂，溶剂的存在造成分子的取向结构遭到破坏，对纤维的性能造成不利影响。当空气隙长度达到 50cm 以上时，空气隙中的任何扰动都会对纤维造成不利影响。结合纺丝速度等其他因素影响，空气隙长度 10~50cm 是比较合适的。

### 五、凝固浴的组成与温度

凝固浴主要是纺出的聚合物溶液丝条与水基凝固剂接触而凝固，凝固过程中碱性强于 PBO 的非溶剂扩散至 PBO/PPA 体系内夺取分子链中的质子，去除溶剂 PPA 完成液晶溶液向固态的相转变。研究水和 $H_2O/MSA$ 凝固剂对 PBO 相分离动力学的影响，发现水中凝固比 $H_2O/MSA$ 混合溶液中凝固速度快，但 $H_2O/MSA$ 中凝固的样品比水中凝固的样品结构更均一，分子链的残余质子强烈地影响着最终凝固聚合物的结构。研究表明，PBO 聚合物、纤维的微结构以及 PBO 纤维的最终性能与凝固剂的温度、组成、性质均有关[32-34]。

经空气隙拉伸的溶液细流，为了避免牵伸后已经高度取向的 PBO 分子在未降温的情况下发生解取向，应立刻在凝固浴中进行凝固。凝固过程是一个相分离成纤的物理过程。凝固过程主要包括传质、传热以及相平衡等过程，发生在纺丝液细流和凝固浴之间，凝固浴的作用是凝固成型和脱除溶剂，最终沉析形成具有凝胶结构的 PBO 丝条。

凝固浴通常采用的凝固剂是水基液体，一般是指任何能够稀释 PPA 介质而非溶解 PBO 的液体。研究发现，PBO 纤维以 7.2%（质量分数）的 $H_3PO_4$ 水溶液作为凝固浴，PPA 在其中的扩散速率系数适中，这样不仅能使纤维在凝固浴中充分凝固，而且能够在其中继续拉伸使直径变小，从而进一步提高自身取向度和最终的力学性能。也有报道称，$H_3PO_4$ 浓度为 22%（质量分数）时的凝固浴较为适宜。由此可见，凝固浴中酸的浓度可以在较大范围内变化。所以，在现阶段可以允许酸浓度在一定范围内变化。

在纺丝过程中发现，直接采用去离子水作为凝固浴也能取得较好的效果，原因在于：一方面，在纺丝初期，由于要不断调整工艺参数，一部分纺丝原液要浪费掉，这些纺丝原液在凝固浴中脱除溶剂 PPA，使凝固浴中形成了 $H_3PO_4$ 水溶液，可以作为凝固浴；另一方面，纺丝时间较短，凝固浴中酸浓度改变不大。

凝固浴温度不宜过高，因为在凝固过程中，只有纤维表皮中的溶剂扩散到凝固浴中，纤维内部还存有大量溶剂，若凝固浴温度过高，在空气隙中经过拉伸取向的分子在热作用下在溶剂中发生运动，会破坏取向结构，降低纤维的性能。但是，由于 PPA 是高黏度溶剂，在低温条件下很容易冻结，不利于其扩散；而且低温下 PBO 纤维表面易于凝聚结皮，从而使得内部的 PPA 更难通过扩散得以除去。因此，适宜的凝固浴温度应既有利于提高 PPA 的扩散速度，使溶剂快速从纤维内脱除，又有利于保持纤维的取向结构。一般将凝固浴的温度调整为 20~30℃较为合适，凝固浴温度过低（10℃以下），不仅无法提高纺丝速度，而且容易折断纤维。

纤维在凝固浴中的停留时间不宜过长。一方面是因为纤维表皮凝固后，纤维内部的溶剂因凝固浴温度较低脱除较慢，不利于纤维结构形成；另一方面因为纤维经过一段时间凝固后，溶液细流中溶剂的浓度与凝固浴中酸的浓度越来越接近，浓度梯度变小，溶剂向凝固浴扩散减慢，不利于溶剂的脱除。

# 第四节 PBO 纤维的增强改性技术

PBO 纤维集轻质、高强、高模、耐高温、耐化学介质稳定性等优异性能于一身，是迄今综合性能最好的有机纤维，应用前景广阔。但是 PBO 纤维是由高度共轭的刚性分子链组成的，再加上其分子链上没有活性侧基，使其分子链之间的相互作用力很弱，因此，造成 PBO 纤维整体的压缩强度远低于其拉伸强度，仅为后者的 10%~20%。此外，PBO 纤维的实际模量（280GPa）和理论模量（460~478GPa）差距很大，同样存在类似于其他高性能纤维的一些缺点，如纤维表面光滑、惰性大、与树脂基体黏合性不好等。更严重的是，PBO 纤维在紫外线照射作用下会发生聚合物链的断裂和降解，这是由于其自身的分子链结构导致的其内部化学键易于吸收紫外线而发生跃迁造成化学键的破坏。上述缺点都阻碍了 PBO 纤维在复合材料领域中的应用。综上，为了使 PBO 纤维在先进复合材料领域得到更为广泛的应用，就必须对其进行必要的改性研究。本节针对以上问题，介绍目前 PBO 纤维的增强及改性技术。

## 一、碳纳米管对 PBO 纤维的增强改性

制备"更强"的纤维一直是科研工作者不懈努力的目标。PBO 是典型的刚性棒型聚合

物，其自身的拉伸强度可达 5.8GPa，是目前为止已知的综合性能最为优异的有机纤维。佐治亚理工大学的印度籍教授 Satish Kumar 所率领的课题组在碳纳米管/聚合物复合纤维研究方面做了很多工作，特别是在利用单壁碳纳米管（SWNT）来提高刚性棒型聚合物纤维的力学性能方面做了较为深入的研究。在这些研究的基础上，S. Kumar 教授于 2008 年在 *Science* 上发表文章，展望了"更强的纤维"的发展方向[35]。Kumar 教授得出结论，新一代的超强纤维可采用碳纳米管作为增强体。

**1. 碳纳米管与 PBO 纤维直接共混**

2002 年，Satish Kumar 教授课题组在 *Macromolecules* 期刊上首次报道了 PBO/SWNT 复合纤维[36]，拉开了碳纳米管增强改性 PBO 纤维的序幕。在此工作中，未经修饰的 SWNT 被直接加到 PBO 溶液缩聚体系中，在得到聚合物后，经由干喷湿纺工艺最终得到 PBO/SWNT 复合纤维。结果令人惊喜，当 SWNT 加入量为 10% 时，PBO/SWNT 共混纤维的拉伸强度较 PBO 纤维提升了 50% 以上（图 5-7）。结构表征的结果显示，SWNT 的加入并未影响 PBO 纤维的化学结构。此工作证实了 SWNT 增强改性 PBO 纤维的可能性，但也存在一些问题。如未经修饰的碳纳米管容易发生缠结，进而影响其在 PBO 聚合物中的分散性；纯 SWNT 不含功能基团，因此与聚合物亲和性较差；SWNT 的加入量需要较大时才能体现出明显的增强作用等。

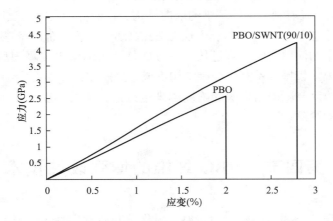

图 5-7　PBO/SWNT 复合纤维应力—应变曲线[36]

**2. 羧基化碳纳米管对 PBO 纤维共混改性**

科学研究总是逐步深入。为了解决将纯碳纳米管混入 PBO 纤维过程中存在的问题，接下来的研究工作采用液相氧化法首先对碳纳米管进行修饰，进一步将羧基化碳纳米管加到 PBO 聚合反应体系中，从而得到碳纳米管/PBO 复合纤维。对碳纳米管进行纯化及羧基化的主要目的如下。

（1）得到纯度较高的，具有一定长度和官能化程度的碳纳米管。

（2）增强反应活性。

（3）提高其在聚合物基体中的分散性。

基于此，可以预期，羧基化碳纳米管在 PBO 纤维中具有更好的分散性，也有利于形成更加有序的取向结构。羧基化碳纳米管含有多个羧基官能团，因此从理论上也可发生酰胺化或酯化反应，在 PBO 溶液缩聚反应体系中也有可能发生相应反应，得到碳纳米管/PBO 共聚物。

事实上，多个关于羧基化碳纳米管/PBO复合纤维制备的研究论文都阐述了上面的观点[37-42]。然而也应该认识到，羧基化碳纳米管上的功能基团贴近管壁，因此其反应活性易受到空间位阻的影响。碳纳米管为刚性棒状结构，在溶液中的运动也将受到较大阻碍。PBO的溶液聚合体系黏度高，使得分子间的碰撞难度加大。以上所有因素均决定羧基化碳纳米管并不能完全参与PBO的共缩聚反应。因此，羧基化碳纳米管从一定程度上可认为是聚合反应的"第三单体"，但其更是一种物理共混的增强相，经由物理共混增强改性PBO纤维。

与Kumar的结果相似，羧基化碳纳米管的加入可使复合纤维的力学性能及耐热性能获得明显提升，加入2%（质量分数）的碳纳米管，可使复合纤维的力学性能提升30%左右[38,40]。与此同时，碳纳米管的加入也赋予了PBO纤维一定的功能性，如加入质量分数为10%的MWNTs后，复合纤维的体积电阻率较纯PBO聚合物降低约9个数量级[39]。

**3. 络合盐法制备碳纳米管/PBO复合纤维**

PBO的合成是典型的缩聚反应，为得到高分子量的聚合物，首先要严格控制聚合单体等量比投料，并在聚合过程中一直保持聚合单体等当量比。等当量比投料很容易实现，但对苯二甲酸在多聚磷酸中的溶解度较低，而且在反应后期，由于聚合温度升高，TA易从反应体系中升华，破坏了等量比，导致很难合成高分子量聚合物。为了解决这一问题，人们尝试了很多办法，比如在投料时使TA过量5%质量分数。虽然这种方法可以得到高分子量的聚合物，但是会造成少量的TA残留在纺丝原液中，纺丝后形成缺陷。另外，络合法制备的DADHB/TA络合盐容易控制1:1的投料比，并且在聚合初期，全部DADHB与TA均有相等的机会形成低聚物，低聚物形成后，为后续制备得到高分子量的PBO聚合物创造了良好的条件，因为低聚物的形成有效地避免了TA在反应后期容易升华的问题。但是该种方法在反应过程中也会存在诸如DADHB单体极易氧化，反应结束后须将络合盐干燥，干燥过程极易氧化变质以及对储存条件要求较为苛刻等显著缺点。

在此背景下，哈尔滨工业大学的学者创新性地将TD络合盐法应用到碳纳米管/PBO复合纤维的制备中，用来解决碳纳米管在PBO聚合物中的分散问题。DADHB/TA络合盐的合成反应是在水相中进行的。羧基化碳纳米管在水环境下能形成稳定的分散液。同时，为使碳纳米管在PBO聚合体系中实现良好的分散，可经由碳纳米管上羧基与DADHB上氨基的成盐反应，使得碳纳米管参与进行络合反应，从而促进其在络合盐当中的均匀分散。

**4. 碳纳米管PBO纤维的原位共聚改性**

虽然利用共混方法制备碳纳米管/PBO复合纤维已取得了很大进展，但将碳纳米管作为增强体添加到PBO纤维中不可避免存在着易于团聚、难以有效取向等结构控制问题，这也导致碳纳米管增效的复杂性。随着碳纳米管的修饰手段逐渐丰富，原位聚合法已经被应用于碳纳米管/PBO共聚纤维的制备。对碳纳米管进行适当修饰，使其与PBO形成共价连接的共聚物，将大大提高碳纳米管在PBO基体中的分散性及复合材料的界面剪切强度。在此基础上，利用PBO刚性棒型分子液晶取向的特点及碳纳米管对纤维取向的模板效应，制备新型碳纳米管/PBO超高强纤维。

近期，哈尔滨工业大学黄玉东教授课题组提出了新的单壁碳纳米管（SWCNT）/PBO共聚纤维有效的制备方法[43]。利用两种酸处理方法为SWCNT引进羧酸基团，从分子设计角度出发，通过功能化接枝处理分别在SWCNT表面引进柔性链小分子L-天门冬氨酸（Ⅰ）、L-

谷氨酸（Ⅱ）和刚性链小分子 5-氨基间苯二甲酸（Ⅲ），合成路线如图 5-8 所示。通过氨基二元羧酸对碳纳米管的修饰，使得功能基团远离管壁，提高了其反应性。利用上述功能化 SWCNT Ⅰ-Ⅲ，采用脱氯化氢路线与 PBO 原位共聚，制备得到 SWCNT/PBO 共聚物（图 5-9）。经过分析表征，证明采用此方法得到的共聚物以共价键相连。

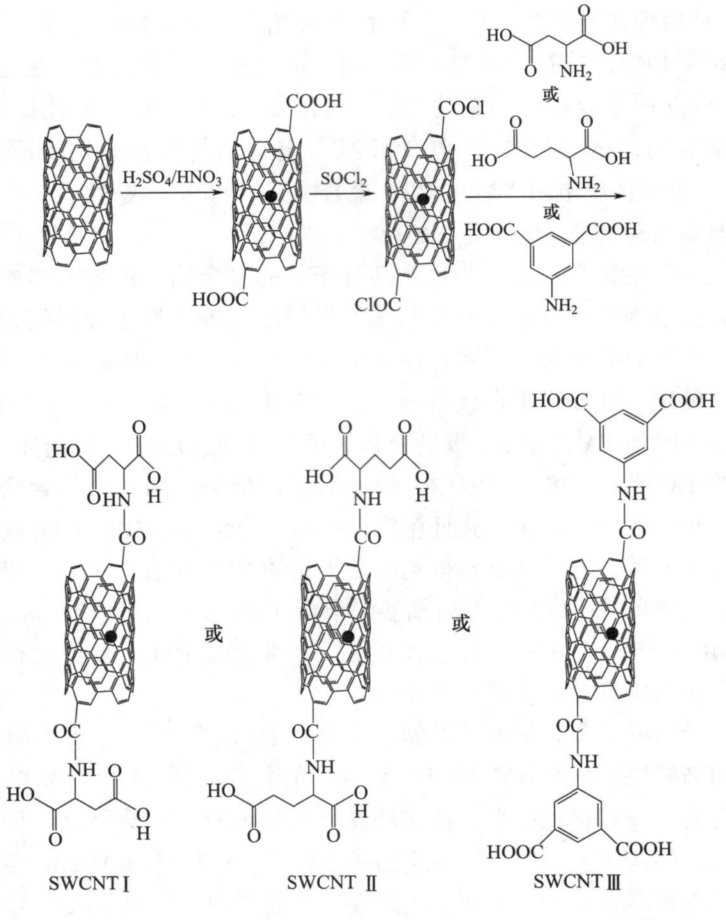

图 5-8 功能化单壁碳纳米管（SWCNT Ⅰ-Ⅲ）合成路线示意图

利用微型纺丝设备，参考 PBO 纤维干喷湿纺工艺，制备得到了 SWCNT/PBO 共聚纤维。对比 PBO 纤维，利用三种氨基二元羧酸接枝改性的 SWCNTs 制备 SWCNT Ⅰ-Ⅲ/PBO 共聚纤维有着更高的力学性能和热性能，这应该归因于下面几点。

第一，利用三种氨基二元酸接枝改性处理 SWCNT，有效地阻止了 SWCNT 的重新团聚，并使其在高黏度的多聚磷酸溶液中获得了很好的分散性，提高了 SWCNT 和 PBO 的相容性。

第二，在 SWCNT 的端口和表面缺陷点上的二元酸提供了活性基团就像对苯二甲酸一样和 PBO 单体 DAR 发生反应，然后通过原位聚合继续进一步嫁接至 PBO 分子。不同于一元羧酸功能化处理的 SWCNT，这种特殊氨基二元羧酸功能化处理的 SWCNT 不会在聚合过程中对 PBO 小分子链形成封端和阻止 PBO 分子链的增长，相反对于形成高分子量的 PBO 长链是有利的。

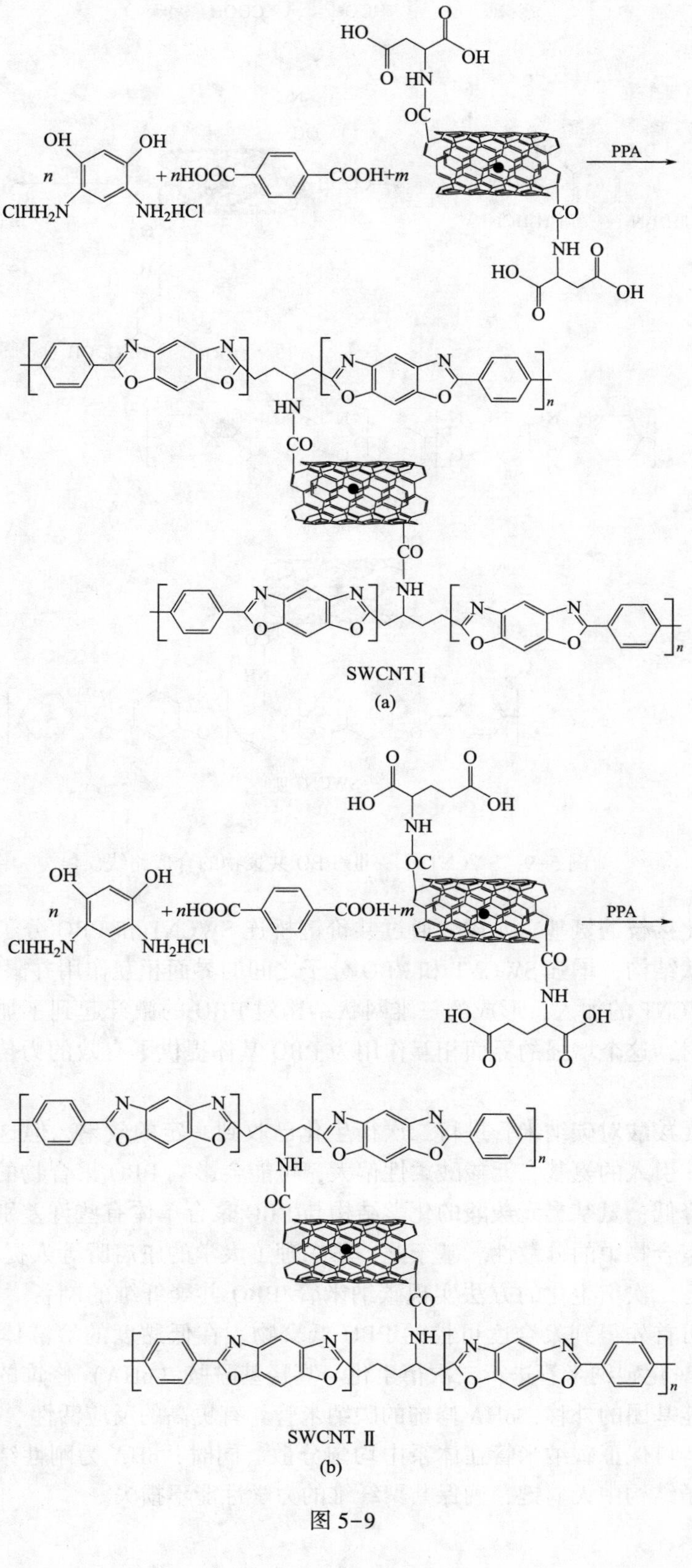

SWCNT I

(a)

SWCNT II

(b)

图 5-9

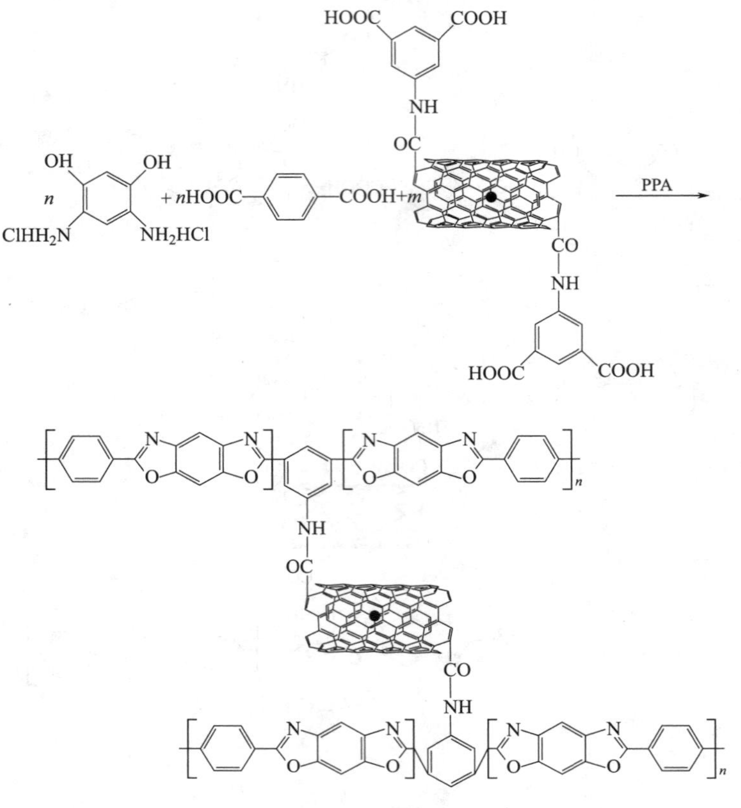

图 5-9　SWCNT Ⅰ—Ⅲ/PBO 共聚物的合成路线

　　第三，功能化接枝的氨基二元羧酸通过共价键桥连 SWCNT 和 PBO 分子，在复合纤维内部形成了三维网状结构，增强 SWCNT 和 PBO 分子之间的界面相互作用并限制了 PBO 分子链的滑动。由于 SWCNT 的加入，形成的三维网状结构对 PBO 的微纤起到了加固作用，当有外力作用到纤维上时，这个增强的界面相互作用为 PBO 基体提供了有效的力传递，保护了纤维不受外界环境攻击。

　　利用氨基二元羧酸对碳纳米管进行二次衍生化已收到一定的效果，但这其中也存在一些问题，主要在于：引入的氨基二元羧酸柔性偏大，可能会影响 PBO 聚合物的刚性结构，进而使纤维力学性能降低；氨基二元羧酸的化学结构与 PBO 聚合单体有些许差别，可能会影响功能化碳纳米管在聚合物中的分散性。基于此，华东理工大学的庄启昕等人提出利用 PBO 低聚物对碳纳米管进行二次衍生化的方法实现碳纳米管/PBO 共聚纤维的制备[44]。通过控制缩聚单体的投料比，可首先得到聚合度可控的 PBO 低聚物。在低黏度的溶液体系下，利用 PBO 低聚物 oHA 对酰氯化碳纳米管进行二次衍生化。寡羟基酰胺（oHA）修饰的碳纳米管具有诸多优势。由于功能基团的外移，oHA 修饰的碳纳米管具有更高的反应活性。oHA 与 PBO 聚合物结构完全类似，可保证碳纳米管在体系中均匀分散。同时，oHA 为刚性结构，可保证最后得到的共聚物分子结构中无弱键，确保共聚纤维的力学性能不损失。

在得到 oHA 修饰的碳纳米管后，采用 PBO 聚合的常规方法，将功能化碳纳米管作为第三单体加入反应体系中，即可得到碳纳米管/PBO 共聚物。低温反应条件下制得的 oHA 修饰的碳纳米管中还存在未闭环的酰胺键，在 PBO 的高温聚合阶段，此部分酰胺键随 PBO 聚合物一道闭环。采用干喷湿纺工艺，可得到连续长碳纳米管/PBO 共聚物纤维。基于以上的分子设计，碳纳米管在纤维基体中分散均匀，且沿着纤维轴向发生了取向，对提高纤维的力学性能起到了很好的促进作用。oHA 修饰碳纳米管添加量为 0.54%（质量分数）时，其共聚纤维拉伸强度及模量分别提升了 23.8% 及 11%。对照其他研究结果，若通过共混方式掺入碳纳米管，加入 5%（质量分数）时才能使拉伸强度提升 23.1%。除力学性能外，oHA 修饰碳纳米管使共聚纤维的耐热性、导电性等均得到明显提升，展现了优秀的增强改性作用。

利用 oHA 修饰的碳纳米管作为第三单体已成功制备碳纳米管/PBO 共聚纤维，但在制备过程中，需要反复对功能化碳纳米管进行分离、提纯、干燥等操作，仍显得不够简便。在此背景下，哈尔滨工业大学胡桢等采用一锅法制备了 CNTs/PBO 共聚纤维，即在同一反应容器内，不对功能化碳纳米管进行分离等操作[45]。此方法大大简化了共聚纤维的制备路径，具有潜在的工业化应用前景。由于 PBO 纤维的聚合以多聚磷酸为溶剂体系，多聚磷酸具有强烈的吸水作用，因此可作为酯化反应、酰胺化反应等的催化剂。在得到羧基化 CNTs 后，将其分散至配制好的多聚磷酸中，加入 PBO 单体 DAR。由于 DAR 上含有氨基功能基团，在多聚磷酸的脱水作用下，其可与 CNTs 上的羧基发生酰胺化反应，得到 DAR 修饰的 CNTs。值得注意的是，此时反应体系中仅存在 DAR、CNTs、多聚磷酸，体系黏度较低，因此可保证 DAR 与 CNTs 的共价结合。待此步反应进行完全后，加入等当量的对苯二甲酸开始聚合反应。此时，对苯二甲酸将与 DAR 及 DAR 封端的 CNTs 共聚合，最终得到 CNTs—f1/PBO 共聚物（图 5-10）。可以看到，利用这一路径，只需要在反应开始时将羧基化碳纳米管加入反应体系，通过调整单体的加入时间点及加入方式，即可依次实现碳纳米管的 DAR 修饰、碳纳米管与 PBO 的共聚反应。利用微型纺丝设备，参考 PBO 纤维干喷湿纺工艺，该制备工艺也得到了连续长

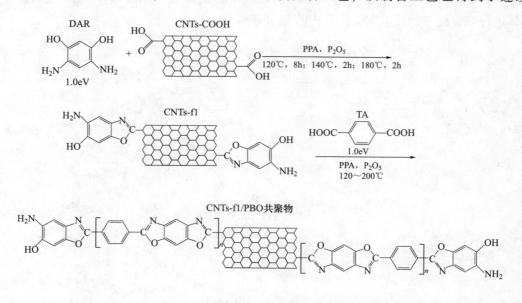

图 5-10 一锅法制备 CNTs—f1/PBO 共聚物示意图

CNTs/PBO 共聚纤维。碳纳米管添加量为 0.5%（质量分数）时，其共聚纤维拉伸强度、模量、断裂伸长率分别提升了 27.9%，5.6% 及 18.2%，效果显著。目前，碳纳米管增强改性聚合物仍是前沿的学术热点领域，仍需要许多创新性的工作与成果。

## 二、石墨烯对 PBO 聚合物的增强改性

石墨烯，纳米碳材料家族的一位特殊成员，是由 $sp^2$ 杂化碳原子组成的二维片层结构。自 2004 年被发现以来，石墨烯因其超高的强度和模量以及其他优异的性能受到广泛关注。因石墨烯和碳纳米管的修饰方法趋同，所以石墨烯 PBO 共混或共聚纤维的制备方法及途径与碳纳米管复合纤维十分相似。

氧化石墨烯（GO）是石墨烯的一种衍生物，所带有的反应活性基团可以通过简单的化学反应进一步功能化。近年来，氧化石墨烯作为潜在的多功能性增强材料，可提高聚合物基复合材料的力学性能和耐热性能等。可以预见，用 GO 增强 PBO 纤维制备石墨烯/PBO 复合纤维，可提高 PBO 纤维的力学性能、耐热性能和复合材料界面性能。由于氧化石墨烯和 PBO 分子化学结构不同，相容性较差，加之聚合体系的黏度高，要让氧化石墨烯良好均匀地分散在 PBO 基体中，获得高性能的复合材料难度重重。因此，如何有效地改善 GO 在 PBO 聚合物基体中的分散性以及增强两者之间界面的相互作用，实现增强体和基体之间的力传递是制备高性能石墨烯增强 PBO 纤维复合材料的一个关键性挑战。

参考碳纳米管增强 PBO 纤维的设计思路，为了实现氧化石墨烯良好均匀地分散在 PBO 基体中，制备 GO 与单体的络合盐是可取的手段之一。对比传统制备 PBO 复合纤维的聚合方法，在该方法中 GO 已经在络合盐中保持良好的分散性，可实现 GO 在聚合物基体中的良好分散，得到高性能的 PBO 复合材料[46]。络合盐的制备过程是先把氧化石墨烯和对苯二甲酸（TPA）都制成羧酸钠，然后羧酸钠和 PBO 单体盐酸盐 DADHB 反应，脱下氯化钠，得到 DADHB-is-(GO/TPA) 络合盐（图 5-11）。在得到 DADHB-is-(GO/TPA) 络合盐后，以其为单体进行聚合反应，反应条件参照 PBO 聚合即可。

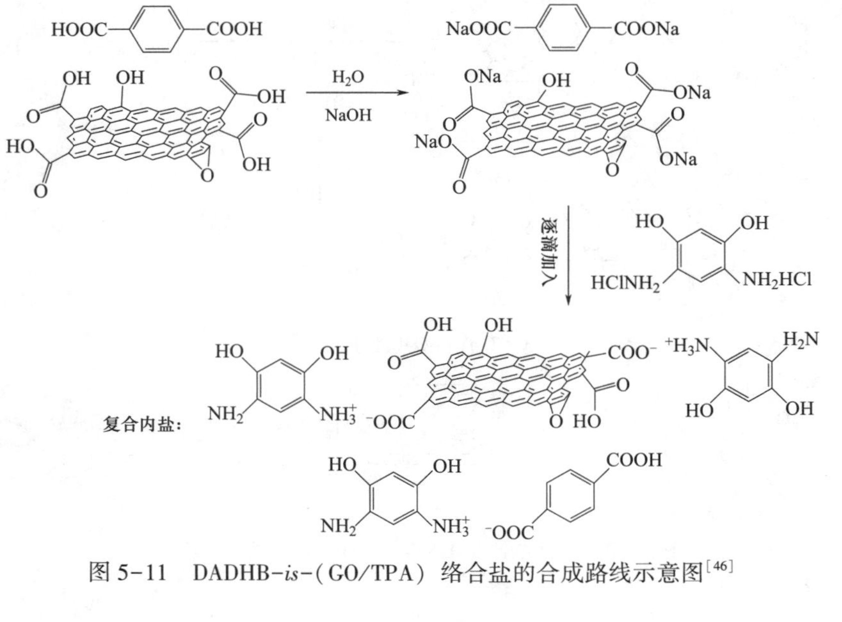

图 5-11  DADHB-is-(GO/TPA) 络合盐的合成路线示意图[46]

通过自制微型纺丝设备采用干喷湿法纺丝技术，纺制出连续长的 GO—co—PBO 复合纤维，最后通过后处理得到了最终的 GO—co—PBO 复合纤维。PBO 纤维呈金黄色，而 GO—co—PBO 复合纤维为连续长及深浅不同的亮黑色的纤维状。该研究指出，在 GO—co—PBO 共聚物中，由于 GO 和 PBO 聚合物分子链之间的吸附及模板作用，纤维内部微纤被连接在一起。因此，当有外力作用在复合纤维上时，纤维不容易断裂成微纤束，可以显著改善 PBO 纤维的力学性能。添加 GO 后，PBO 纤维的拉伸强度和模量有显著的提高。当 GO 添加量为 1% 时，PBO 纤维拉伸强度和模量分别增加了 12% 和 29%。当 GO 添加量增加到 3% 时，PBO 纤维的拉伸强度和模量分别增加了 21% 和 41%。因此，可以看出 GO 添加到 PBO 基体中，对于增强 PBO 纤维的拉伸强度和模量效果非常明显。与此同时，PBO 纤维、GO—co—PBO（1%）和 GO—co—PBO（3%）复合纤维均展现了优异的耐热性能，起始分解温度（$T_{5\%}$）分别为 460.1℃、557.5℃ 和 562.5℃，这说明了 GO—co—PBO 比 PBO 纤维拥有更好的耐热性能。碳纳米材料 GO 作为增强材料加入 PBO 基体中，对提高 PBO 纤维的热稳定性和阻燃性也有很好的促进作用。

几乎在同一时期，Jeong 等尝试使用纯石墨烯对 PBO 进行原位共混处理，也收到了较好的效果[47]。为了使石墨烯在体系中具有良好的分散性，剥离的石墨烯在反应进行初期黏度较低时加到体系中，加入量控制在 0~2%（质量分数）。混入石墨烯后，参照 PBO 典型的聚合路径制备得到复合物。通过干喷湿法纺丝技术，该工作也纺制出连续长的复合纤维。性能研究的结果显示，在添加 0.2%（质量分数）的石墨烯后，复合纤维的起始分解温度（$T_{10\%}$）较 PBO 纤维提升了 13℃；拉伸模量和强度分别大约提升了 81% 及 178%。

### 三、PBO 纤维第三单体共聚改性技术

目前，绝大部分的研究工作集中在采用纳米粒子如碳纳米管、石墨烯等增强改性 PBO 纤维上。同时，由于 PBO 纤维横向拉伸性能和压缩强度欠佳，也有部分研究工作通过加入第三单体在 PBO 聚合物分子链上引入特殊结构，由此改善 PBO 纤维的多种性能。

在制备 PBO 聚合物的过程中，美国 Dow 化学公司的 So 等相关研究人员，通过在反应体系中加入含有苯并环丁烯基团的特定第三单体（图 5-12），成功制备出两端具有苯并环丁烯功能基团的 PBO 聚合物主链[48]。其次，在热处理条件下利用上述 PBO 聚合物支链上的碳碳双键作为交联点进行交联反应，从而将刚性的 PBO 棒状分子束缚起来并结合为一个整体，压缩测试表明压缩强度较原来提高了 20%。此外，苯并环丁烯功能基团共聚改性的 PBO 纤维表面活性增加，在一定程度上有助于改善 PBO 纤维与环氧树脂间的浸润性以及增强 PBO 纤维与环氧树脂间的界面结合强度。

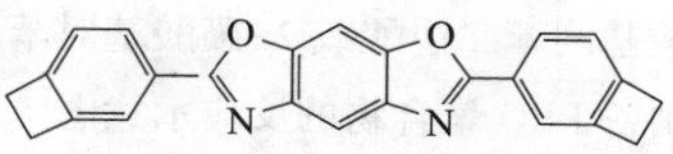

图 5-12　含苯并环丁烯的结构单元示意图[48]

So 等还尝试在 PBO 聚合物结构中（图 5-13），使得在热处理过程中 PBO 纤维的侧基能够断裂产生自由基并进行耦合反应发生分子间交联，从而提高 PBO 纤维的压缩性能[49]。研

究显示，加热后的 PBO 纤维溶解性发生了改变，使其在甲磺酸中不再溶解。另一方面，聚合反应体系中引入苯硫基、聚苯硫基之后可能会导致分子链侧基未完全产生自由基以及后续热处理会引起分子链的断裂，基于上述可能原因和分析，最终导致 PBO 纤维的拉伸强度下降，而压缩强度也并没有得到显著提高。

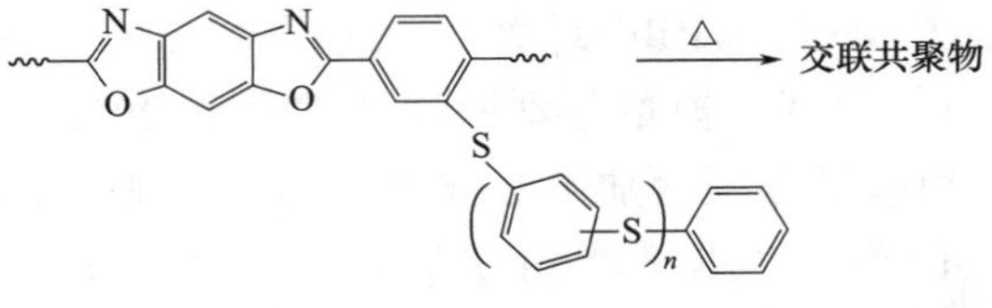

图 5-13　含聚苯硫基 PBO 聚合物结构示意图[49]

为了提高 PBO 纤维的表面性能，东华大学的学者们在 PBO 的分子链中引入磺酸基离子基团，具体是在 PBO 纤维聚合反应中引入微量的 5-磺酸基间苯二甲酸单钠盐和 2-磺酸基对苯二甲酸单钾盐对 PBO 进行改性，成功制备出 SPBO[50,51]，反应如图 5-14 所示。离子官能团的引入有效改善了纤维表面的浸润性，SPBO 纤维表面活性提高，加快了与水和乙醇的浸润过程并降低了接触角；测试表明，SPBO 纤维的表面自由能与未改性的 PBO 纤维相比提高了 9.6%，增加到 38.9mJ/m²。此外，纤维中离子基团的增加进一步改善了纤维和树脂之间的界面剪切强度（IFSS），改性后纤维与树脂之间的 IFSS 值增加到 10.1MPa，而未改性的 PBO 纤维与树脂间的 IFSS 值仅为 8.2MPa，纤维和树脂之间的断裂模型从界面黏结断裂变为局部黏结断裂，但同时也会给拉伸强度带来负面影响。

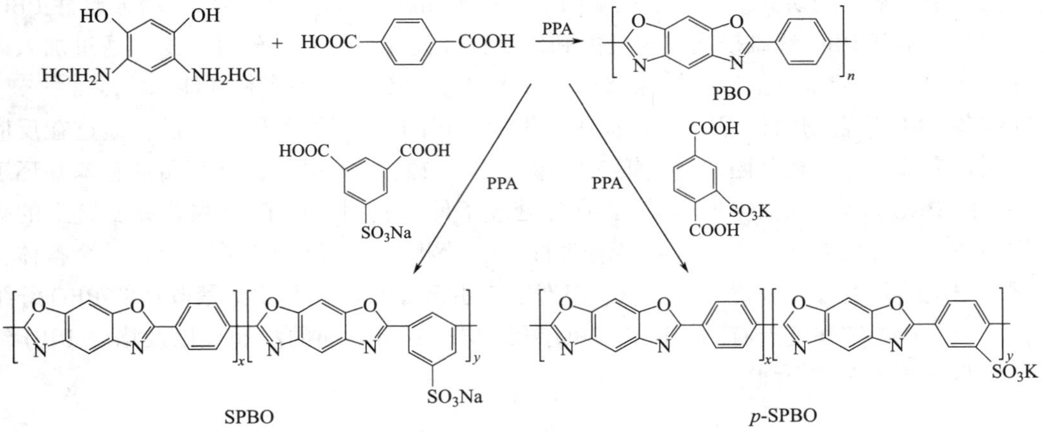

图 5-14　以 5-磺酸基间苯二甲酸或 2-磺酸基对苯二甲酸为第三单体
制备 PBO 聚合物的反应示意图[50]

同样是来自东华大学的学者，在 PBO 纤维的聚合体系中以部分 2,5-二羟基对苯二甲酸（DHTA）取代 TA，在此基础上设计不同摩尔含量的 DHTA 并引到 PBO 的分子链上，最终纺制得到了一系列 DHPBO 纤维[52,53]，合成反应如图 5-15 所示。测试结果显示，PBO 纤维表面极性在羟基官能团引入后得到很大改善，表面活性提高，同时与去离子水和乙醇的接触角分别由起始的 71.4° 和 37.2° 下降至 50.7° 和 27.4°，而且表面活性的提高大幅缩短了浸润时间，加快了浸润过程。研究表明，当 DHPBO 纤维分子中 DHTA 的摩尔含量为 10% 时，其界面剪切强度相对于未改性 PBO 提高了 92.55%，增加至 18.87MPa[52]。同时，由于羟基的引入，使得 DHPBO 纤维能形成丰富的分子内或分子间氢键，PBO 纤维的结晶度和紫外线下处理之后的拉伸性能保持率均能得到一定程度的改善[53]。

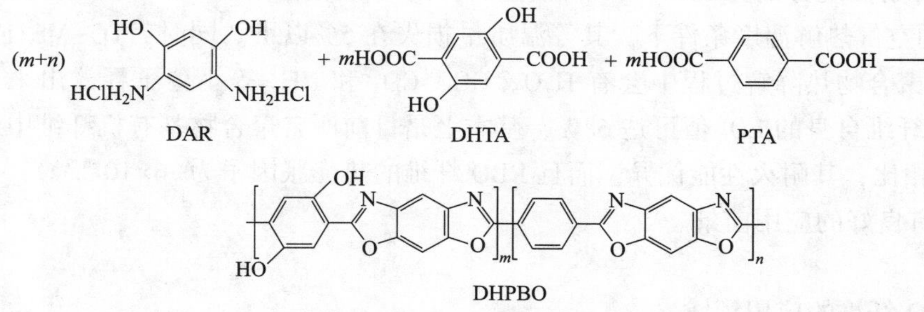

图 5-15　以 2,5-二羟基对苯二甲酸为第三单体制备 PBO 聚合物的反应示意图[52]

# 第五节　PBO 纤维的特性及应用

## 一、PBO 纤维的特性

PBO 是一种兼具优异的机械性能、高温热稳定性能以及环境抵抗性能的芳香族杂环聚合物，是目前复合材料领域最具应用和发展前景的增强体材料。PBO 聚合物的结晶度和轴向取向度与纺丝工艺有关，液晶纺丝工艺使得 PBO 分子链沿纤维轴向方向进行高度取向而且分子链之间平行排列，最终使得 PBO 的结晶度和轴向取向度较高。PBO 分子结构中存在双噁唑环，双噁唑环耦合苯环形成芳杂环并与苯环以 180° 键角连接而构成 PBO 聚合物的分子结构单元，由于双噁唑环与苯环相邻并进行耦合，促成了 PBO 分子链高度共轭的刚性棒状分子结构，因此不仅使得普通的亲电试剂难以进攻双噁唑环，提高了其芳香稳定性，而且能够诱导取向 PBO 分子链形成溶致型液晶聚合物。此外，PBO 聚合物采用独特的干喷—湿纺液晶纺丝工艺进行纤维纺制，而且其分子结构中不存在弱化学键，同时保持了良好的轴向取向性，正由于 PBO 纤维分子结构中良好的一维取向性和二维有序性才使其具有优异的耐高温稳定性能，有良好的力学性能以及耐化学介质稳定性能等突出性能。

PBO 纤维的力学性能十分优异，其拉伸强度和拉伸模量可以分别达到 5.8GPa 和 352GPa，根据 XRD 的方法和理论预测，其拉伸模量甚至可以达到 460~480GPa，但是其实际性能与聚合物的相对分子质量、聚集态结构、加工条件和后处理条件等因素有关。PBO 纤维作为一种新型的高性能纤维，具有完整的三维有序的晶体结构以及明显的分级结构和皮芯结构特征，其分子链具有完全伸展的平面构象，而且没有任何柔性链节或锯齿弯折结构，因此能完全满足 Staudinger 提出的"连续结晶"模型。

结构材料的重要参数除了力学性能，纤维尺寸稳定性也相当重要。在无载荷以及热处理时间均为 30min 的条件下，PBO 纤维与 p-amid 和 copoly-amid 相比，其热收缩率只有 0.2%，而其余两种材料的热收缩率分别达到了 0.5% 和 0.7%。其次，在外部破坏应力为 60N 时，Zylon HM 纤维的蠕变失效时间为 19 年。此外，PBO 纤维在相同的外部载荷条件下表现出优于 Aramid 纤维的对金属的耐摩擦性能。

PBO 纤维在不同环境氛围中的热降解温度各有不同，在空气以及氮气、氩气等惰性气体环境下的热降解温度分别为 650℃ 和 700℃ 左右，高出 Kevlar 纤维 100℃ 左右。其次，PBO 纤维在 400℃ 的空气热解温度条件下，其等温质量损失在 5% 以下。同时，TG-MS/FTIR 联用技术表明 PBO 聚合物热降解过程中会有 $H_2O$、$CO$、$CO_2$ 和 $NH_3$ 等小分子释放出来。此外，前述介绍 PBO 纤维自身的 LOI 值可达 68%，基本上是目前所有聚合物基有机纤维中最高的，与 Aramid 纤维相比，其耐火性能优异，而且 PBO 纤维的热膨胀因子为 $-6 \times 10^{-6}/℃$，在增强隔热材料领域具有良好的应用前景。

## 二、PBO 纤维的应用领域

材料的防弹性能一直是高性能领域的热点研究方向，高强、高模和高韧性的材料一直受到国内外防弹领域以及高性能领域专家和学者的广泛研究和关注。纤维在受到外力冲击时，内部结构会发生原纤化进而吸收大量冲击能，目前由纤维制备的防弹抗冲击材料在国内外已获得广泛应用。如 Kevlar、Spectra、Zylon、S2 glass 等纤维的防弹抗冲击材料对弹头冲击反应的作用机理已由 Leigh Phoenix 等利用一个合适的分析模型进行了解释。NASA Glenn 研究中心的工作人员基于 PBO 纤维的防弹性能，制备了内径、轴长和壁厚分别是 101.6cm、25.4cm、3.81cm 的圆环试样来进行研究，样品首先固定在有一定倾斜角度的平面桌子上，然后以各种速度将小钛板射入样品中。研究结果表明，要将 PBO 纤维刺穿所需的能量是 Kevlar 的两倍。美国基于 PBO 纤维的这种高能量吸收特性或者高抗冲击特性成功地将 PBO 纤维应用于防弹衣的制备并配备至警察系统。

PBO 纤维主要应用在制造力学增强材料、耐热性材料和耐腐蚀材料，在民用及军用领域具有重要应用价值和广阔的应用前景，民用应用范围涵盖了安全防护材料、桥梁建筑、高温过滤、电子器件、体育器材等众多领域，但因其价格昂贵，限制了大规模的应用，目前多用于航空航天、国防军工等特殊领域，可用于弹道导弹和复合材料的增强组分、导弹和子弹的防护设备、防弹背心、防弹头盔等各种吸能、减振和抗冲击材料。PBO 纤维作为耐热材料的应用也拓宽到航空航天领域，PBO 纤维可用作耐热性探测气球的材料，适应从 $-10℃$ 到 $460℃$ 这样范围的宇宙空间环境。

利用 PBO 纤维轻质高模的力学特性，在高层建筑和桥梁等领域用的水泥增强骨架、预应力混凝土加强筋及建筑物加固修复等复合材料领域大有用武之地。PBO 纤维可用在新型通讯纤维光缆的受拉件和光缆的保护膜，PBO 纤维长丝可用于轮胎、运输带、胶管等橡胶制品的补强材料。PBO 纤维是制造赛艇横梁外壳、弓弦、网球拍框、滑雪用具、自行车车架等体育器材最好的材料，可用于制造各种安全手套、安全鞋、赛车服、飞行服等防切割伤害的保护服。PBO 纤维耐化学介质的特性优良，可制成各种耐腐蚀防护用品及服装等，还可作为电绝缘材料、透/吸波隐身材料、耐磨材料、密封填料、印刷电路板、汽车离合器衬垫和刹车片及深海油田开发所需材料等方面。

# 主要参考文献

[1] YOO E-S, GAVRIN AJ, FARRIS RJ, et al. Synthesis and characterization of the polyhydroxyamide/polymethoxyamide family of polymers [J]. High Performance Polymers, 2003 (15): 519-35.

[2] DAVIES RJ, EICHHORN SJ, RIEKEL C, et al. Crystal lattice deformation in single poly (p-phenylene benzobisoxazole) fibres [J]. Polymer, 2004 (45): 7693-704.

[3] WOLFE JF, SYBert PD, SYBERT JR. Liquid Crystalline Polymer Compositions, Process, and Products: US 4533693 [P]. 1985.

[4] WOLFE J, SYBERT P, SYBERT J, et al. Liquid crystalline poly (2, 6-benzothiazole) compositions, process, and products: US 4533724 [P]. 1985.

[5] AFSHARI M, SIKKEMA DJ, LEE K, et al. High Performance Fibers Based on Rigid and Flexible Polymers [J]. Polymer Review, 2008 (48): 230-74.

[6] CHAE HG, KUMAR S. Rigid-rod polymeric fibers [J]. Journal of Applied Polymer Science, 2006; 100: 791-802.

[7] HU X-D, JENKINS SE, MIN BG, et al. Rigid-Rod Polymers: Synthesis, Processing, Simulation, Structure, and Properties [J]. Macromolecular Materials and Engineering, 2003 (288): 823-43.

[8] 汪家铭. 聚对苯撑苯并二噁唑纤维发展概况与应用前景 [J]. 高科技纤维与应用, 2009, 34 (2): 42-47.

[9] 江建明, 李光, 金俊弘, 等. 超高性能 PBO 纤维的最新研究进展 [J]. 合成纤维, 2008, 37 (1): 5-9.

[10] 李金焕, 黄玉东, 宋丽娟. 4,6-二胺基间苯二酚盐酸盐的合成工艺研究 [J]. 高校化学工程学报, 2005, 19 (1): 69-69.

[11] 陈向群, 孙秋, 黄玉东. 2,6-二（对氨基苯）苯并 [1,2-d; 5,4-d'] 二噁唑的合成 [J]. 化学试剂, 2005 (11): 681-683.

[12] 宋元军, 黄玉东, 黎俊, 等. 4,6-二氨基间苯二酚盐酸盐合成研究 [J]. 固体火箭技术, 2006, 29 (2): 150-153.

[13] 史瑞欣, 黄玉东. 4,6-二氨基间苯二酚合成工艺中 Pd/C 催化剂失活原因分析 [J]. 化学与黏合, 2006, 28 (3): 140-142.

[14] KUMAMOTO Y, KUSUMOTO M, ITOU H, et al. Process for the preparation of 4, 6-diaminoresorcin, EP1048644 [P]. 2003.

[15] 熊本行宏, 楠本昌彦, 伊藤尚登, 等. 4,6-二氨基间苯二酚的制法 [P]. CN1165521C: 2004.

[16] 张建庭, 毛连城, 王嘉安, 等. 高纯度 4,6-二硝基间苯二酚的制备研究 [J]. 浙江工业大学学报, 2008, 36 (4): 407-411.

[17] LYSENKO Z, PEWS R G. Process for the preparation of diaminoresorcinol: US 5399768 [P]. 1995.

[18] WOLFE J F, ARNOLD F E. Rigid-rod Polymers: 1, Synthesis and thermal properties of para-aromatic polymers with 2, 6-benzobisoxazole units in the main chain [J]. Macromolecules, 1981, 14 (4): 909-915.

[19] CHOE E W, KIM S N. Synthesis, spinning, and fiber mechanical properties of poly (p-phenylenebenzobisoxazole) [J]. Macromolecules, 1981, 14 (4): 920-924.

[20] IMAI Y, ITOYA K, KAKIMOTO M. Synthesis of aromatic polybenzoxazoles by silylation method and their thermal and mechanical properties [J]. Macromolecular Chemistry and Physics, 2000, 201 (17): 2251-2256.

[21] 金宁人, 张燕峰, 胡建民, 等. 聚对亚苯基苯并二噁唑合成新路线及其制备新技术 [J]. 化工学报,

2006, 57 (6): 1474-1481.

[22] WOLFE J F. Rigid-rod Polymer Synthesis: Development of Mesophase Polymerization in Strong Acid Solutions [C]. The Materials Science and Engineering of Rigid-Rod Polymers: Symposium Held November 28-December 2, 1988, Boston, Massachusetts, USA. Materials Research Society, 1989.

[23] SIKKEMA D J. Design, synthesis and properties of a novel rigid rod polymer, PIPD or M5´: high modulus and tenacity fibres with substantial compressive strength [J]. Polymer, 1998, 39 (24): 5981-5986.

[24] 张春燕, 史子兴, 冷维, 等. 采用 4,6-二氨基间苯二酚-对苯二甲酸盐合成聚苯撑苯并二噁唑 [J]. 上海交通大学学报, 2003, 37 (5): 646-649.

[25] 李金焕, 黄玉东, 许辉. PBO 纤维的合成, 纺制, 微相结构与性能研究进展 [J]. 高分子材料科学与工程, 2003, 19 (6): 46-50.

[26] 林宏, 黄玉东, 宋元军, 等. 纺丝工艺参数对初生 PBO 纤维性能的影响 [J]. 固体火箭技术, 2008, 31 (6): 646-649.

[27] 胡娜. PBO/SWNT 复合纤维的制备及结构与性能研究 [D]. 哈尔滨工业大学, 2008.

[28] 江建明, 李光, 金俊弘, 等. 超高性能 PBO 纤维的最新研究进展 [J]. 合成纤维, 2008, 37 (1): 5-9.

[29] 黑木忠熊, 矢吹和之. PBO 纤维的基本物性和应用 [J]. 高科技纤维与应用, 1998, 23 (5): 36-39.

[30] MAFFETTONE PL, SONNET AM, VIRGA EG. Shear-induced biaxiality in nematic polymers [J]. Journal of Non-Nemassonian Fluid Mechanics, 2000, 90 (2-3): 283~297.

[31] RAN S, BURGER C, FANG D, et al. In-Situ Synchrotron WAXD/SAXS studies of structural development during PBO/PPA solution spinning [J]. Macromolecules, 2002, 35 (2): 433-439.

[32] TASHIRO K, HAMA H. Confirmation of the crystal structure of Poly (p-phenylene benzobisoxazole) by the X-ray structure analysis of model compounds and the energy calculation [J]. Journal of Polymer Science, Part B: Polymer Physics. 2001, 39 (12): 1296-1311

[33] 北河亨, 石飞三千夫. 高模量 PBO 纤维及其制法: JPI1-33592. [P].

[34] CHAE H G, KUMAR S. Materials science-Making strong fibers [J]. Science, 2008, 319 (5865): 908-909.

[35] KUMAR S, DANG T D, ARNOLD F E, et al. Synthesis, structure, and properties of PBO/SWNT composites [J]. Macromolecules, 2002 (35): 9039.

[36] LI X, HUANG Y D, LIU L, et al. Preparation of multiwall carbon nanotubes/poly (p-phenylene benzobisoxazole) nanocomposites and analysis of their physical properties [J]. Journal of Applied Polymer Science, 2006 (102): 2500.

[37] LI J H, CHEN X, LI X, et al. Synthesis, structure and properties of carbon nanotube/poly (p-phenylene benzobisoxazole) composite fibres [J]. Polymer International, 2006 (55): 456.

[38] 周承俊, 庄启昕, 韩哲文. 多壁碳纳米管/聚亚苯基苯并二噁唑复合材料的微结构与性能 [J]. 复合材料学报, 2007 (24): 28-31.

[39] 朱慧君, 金俊弘, 李光, 等. MWNTs/PBO 共混纤维的制备及性能 [J]. 复合材料学报, 2008 (25): 40-44.

[40] 胡娜. PBO/SWNT 复合纤维的制备及结构与性能研究 [D]. 哈尔滨工业大学, 2008.

[41] 李霞. MWNTsP/BO 复合纤维的合成及 PBO 聚合机制研究 [D]. 哈尔滨工业大学, 2006.

[42] 李艳伟. 碳纳米管和石墨烯增强 PBO 复合纤维的制备及结构与性能研究 [D]. 哈尔滨工业大学, 2013.

[43] ZHOU C, WANG S, ZHANG Y, et al. In situ preparation and continuous fiber spinning of poly (p-phenylene benzobisoxazole) composites with oligo-hydroxyamide-functionalized multi-walled carbon nanotubes [J]. Polymer, 2008 (49): 2520.

[44] HU Z, LI J, TANG P, et al. One-pot preparation and continuous spinning of carbon nanotube/poly (p-phen-

ylene benzobisoxazole) copolymer fibers [J]. Journal of Materials Chemistry, 2012 (22): 19863.

[45] LI Y, LI J, SONG Y, et al. In situpolymerization and characterization of graphene oxide−co−poly (phenylene benzobisoxazole) copolymer fibers derived from composite inner salts [J]. Journal of Polymer Science, Part A: Polymer Chemistry, 2013 (51): 1831−1842.

[46] JEONG YG, BAIK DH, JANG JW, et al. Preparation, structure and properties of poly (p−phenylene benzo-bisoxazole) composite fibers reinforced with graphene [J]. Macromolecular Research, 2014 (22): 279−86.

[47] SO Y H. Rigid−rod polymers with enhanced lateral interactions [J]. Progress in Polymer Science, 2000, 25 (1): 137−157.

[48] SO Y−H, BELL B, HEESCHEN J P, et al. Murlick Poly (p−phenylenebenzobisoxazole) fiber with polyphe-nylene sulfide pendent groups. Journal of Polymer Science: Part A Polymer Chemistry, 1995 (33): 159−164.

[49] LUO K, JIN J, YANG S, et al. Improvement of Surface Wetting Properties of Poly (p−phenylene benzox-azole) by Incorporation of Ionic Groups [J]. Materials Science and Engineering: B−Solid State Materials for Advanced Technology, 2006 (132): 59−63.

[50] JIANG J M, ZHU H J, LI G, et al. Poly (p−phenylene benzoxazole) fiber chemically modified by the incor-poration of sulfonate groups [J]. Journal of Applied Polymer Science, 2008, 109 (5): 3133−3139.

[51] ZHANG T, HU D Y, Jin J H, et al. Improvement of surface wettability and interfacial adhesion ability of poly (p−phenylene benzobisoxazole) (PBO) fiber by incorporation of 2,5−dihydroxyterephthalic acid (DHTA) [J]. European Polymer Journal, 2009, 45 (1): 302−307.

[52] ZHANG T, JIN J, YANG S, et al. UV accelerated aging and aging resistance of dihydroxy poly (p−phenylene benzobisoxazole) fibers [J]. Polymers for Advanced Technologies, 2011, 22 (5): 743−757.

# 第六章　聚酰亚胺纤维

## 第一节　引言

聚酰亚胺（PI）是指分子主链中含有酰亚胺环的一类聚合物材料，这种高度共轭的主链结构赋予了聚酰亚胺纤维良好的力学性能、优异的耐热稳定性、耐溶剂腐蚀性能以及极佳的耐光照稳定性等，使得该类纤维在恶劣的工作环境中具有比其他高技术聚合物纤维更大的优势，在航空航天、环境保护等领域具有广阔的应用前景[1,2]。

早在 20 世纪 60 年代，美国杜邦公司的纺织前沿实验室和苏联相关研究机构就开始了聚酰亚胺纤维的研究工作[3]，但限于当时聚酰亚胺树脂的合成与纤维成形方面缺乏系统的研究，整体技术水平不高，聚酰亚胺纤维没有像其他高性能聚合物一样得到规模化开发和应用。后来，法国罗纳布朗克公司开发了 $m$-芳香族聚酰胺类型的聚酰亚胺纤维，后来由法国 Kermel 公司以商品名 Kermel® 进行商品化开发[4]。如今 Kermel 公司注册的 Kermel-Tech 聚酰胺—酰亚胺纤维，是为迎合高温气体过滤市场不断增加的温度及化学反应等的特殊要求而开发。这种芳香族聚酰胺—酰亚胺纤维持续工作温度达到 220℃，最高接受温度接近 240℃，玻璃化转变温度高达 340℃，在极高工作温度下仍可保留其优异的机械性能，目前已被广泛用于能源生产及各科研生产行业的高温过滤。20 世纪 80 年代中期，奥地利 Lenzing AG 公司以甲苯二异氰酸酯（TDI）、二苯甲烷二异氰酸酯（MDI）和二苯酮四酸二酐（BTDA）为反应单体，推出了商品名为 P84® 的聚酰亚胺纤维，这也是目前最主要的聚酰亚胺纤维产品之一[5]。P84® 纤维可在 260℃ 以下连续使用，瞬时温度可达 280℃。该纤维具有不规则的叶片状截面，比一般圆形截面增加了 80% 的表面积，利用其突出的比表面积对粉尘优异的截留效果，该纤维制备的耐高温袋式除尘器广泛应用于火力发电、金属冶炼、水泥生产等工业领域。近年来，我国聚酰亚胺纤维产业得到迅猛发展，相关科研机构也开始重视聚酰亚胺及其纤维的研究与开发。我国在 20 世纪 60 年代由上海合成纤维研究所率先试行过小批量聚酰亚胺纤维生产，主要用于电缆的防辐射包覆、抗辐射的绳带等，然而，最终没有实现聚酰亚胺纤维的规模化开发。基于聚酰亚胺纤维独特的综合性能和特殊领域发展的需要，21 世纪初相关的研究单位又恢复了聚酰亚胺纤维的研究工作。目前，国内代表性的聚酰亚胺纤维生产企业主要包括江苏奥神新材料股份有限公司、长春高崎聚酰亚胺材料有限公司和江苏先诺新材料科技有限公司。他们采用不同的生产工艺，形成了耐高温型、高强高模型聚酰亚胺纤维的商品化生产，在环境保护、航空航天、尖端武器装备及个人防护等领域发挥了重要作用，也使得我国高性能聚酰亚胺纤维生产技术位居世界前列（图 6-1）。

(a) Kermel®聚酰亚胺纤维

(b) 聚酰亚胺短纤

(c) 聚酰亚胺长丝

(d) 聚酰亚胺有色丝

图 6-1 聚酰亚胺纤维相关产品照片

# 第二节 聚酰亚胺的合成

## 一、单体

聚酰亚胺结构丰富，可根据实际的加工和应用需求，选择不同的单体合成结构各异的聚酰亚胺，这种化学结构的可设计性和可调性也是其他高分子材料不具备的特征。目前，聚酰亚胺主要通过两种途径合成，一是利用含有酰亚胺环单元的单体直接合成聚酰亚胺；二是先合成前驱体聚酰胺酸，后通过热环化或化学环化处理形成酰亚胺环单元。途径二所涉及的二酐及二胺单体具有来源广、价格低廉、聚合反应易控制等优点，使其得到广泛的应用。常见的二酐、二胺单体分子结构及相关参数见表 6-1 和表 6-2。根据反应过程及机理的不同，聚酰亚胺的合成工艺通常又被分为一步法和两步法。

表 6-1 芳香族二酐的分子结构及电子亲和性 $E_a$

| 二酐 | $E_a$ (eV) | 二酐 | $E_a$ (eV)[6,7] |
|---|---|---|---|
| PMDA | 1.90 | BPDA | 1.38 |
| ODPA | 1.30 | BTDA | 1.55 |
| 6FDA | 1.48 | DSDA | 1.57 |

表 6-2  二胺的分子结构及其碱性 $pK_a$ 值对 PMDA 的酰化速率常数 $lgK^{[7,8]}$

| 二胺 | $pK_{a1}$ | $pK_{a2}$ | $lgK$ |
|---|---|---|---|
| 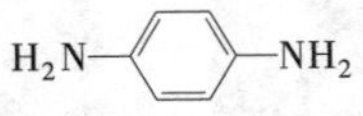 H₂N—⬡—NH₂  p-PDA | 6.08 | — | 2.12 |
| 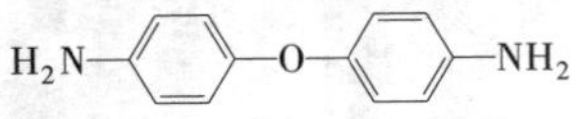 H₂N—⬡—O—⬡—NH₂  ODA | 5.20 (5.41) | (4.02) | 0.78 |
| 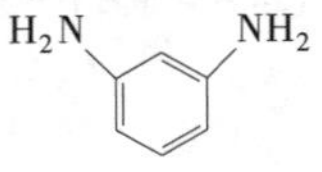 H₂N—⬡(NH₂)  m-PDA | 4.80 (6.12) | (3.49) | 0 |
| 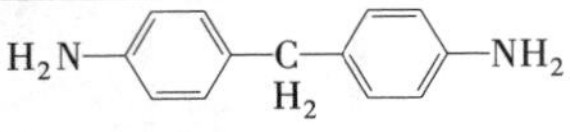 H₂N—⬡—CH₂—⬡—NH₂  MDA | (6.06) | (4.98) | — |
| 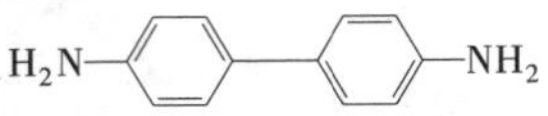 H₂N—⬡—⬡—NH₂  BZ | 4.60 | (3.41) | 0.37 |

## 二、两步法合成聚酰亚胺

### 1. 聚酰胺酸的合成

所谓两步法合成是指等摩尔量酸酐与二胺单体在非质子极性溶剂，如 $N$-甲基-2-吡咯烷酮（NMP）、$N$，$N$-二甲基甲酰胺（DMF）、$N$，$N$-二甲基乙酰胺（DMAc）等，在低温下反应首先合成前驱体聚酰胺酸（PAA），后将 PAA 经过化学亚胺化或热酰亚胺化处理制备聚酰亚胺，具体路线如图 6-2 所示[7]。

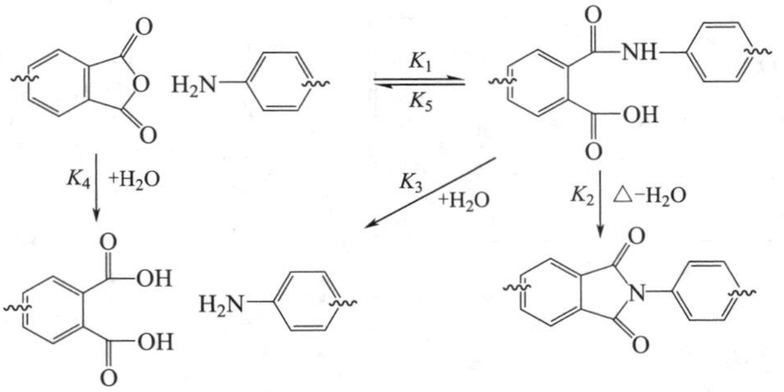

图 6-2  两步法合成聚酰亚胺过程的主要反应

二酐和二胺单体在非质子极性溶剂中合成聚酰胺酸的过程是可逆反应[9,10]，正向反应被认为是二酐与二胺单体间形成电荷转移络合物[11]，这种反应在非质子极性溶剂中室温下平衡常数高达 $10^5$ L/mol，因此很容易合成高分子量的聚酰胺酸。二酐单体的电子亲和性和二胺单体的碱性是影响该反应速率最重要的因素，通常而言，二酐单体中含有吸电子基团，如 $C=O$、$O=S=O$ 等，有利于提高二酐的酰化能力；而当二胺单体中含有吸电子单元时，如—CF$_3$、C$=$O 等，尤其是这些单元处于氨基的邻、对位时，在低温溶液缩聚中难以获得高分子量的聚酰胺酸。常见二酐单体的分子结构及电子亲和性 $E_a$ 及二胺单体的分子结构及其碱性 p$K_a$ 值对 PMDA 单体的酰化速率常数 lg$K$ 见表 6-1 和表 6-2。除单体结构外，影响聚酰胺酸合成的因素还包括以下几点。

（1）反应温度。聚酰胺酸的合成是放热反应，提高反应温度有利于逆反应的进行，使聚酰胺酸的相对分子质量降低，因此，通常采用低温溶液缩聚（−5~20℃）合成聚酰胺酸。而对于单体活性较低的反应体系，提高反应温度一般有利于正反应的进行，事实上，当二胺或二酐活性较低时，通常采用"高温一步法"合成高分子量的聚酰亚胺溶液。

（2）反应单体浓度。除反应温度外，聚合单体的浓度对聚酰胺酸的相对分子质量也有重要影响。形成聚酰胺酸的正反应为二胺与二酐单体间的双分子反应，而逆反应为聚酰胺酸的单分子反应，因此增加反应单体的浓度有利于聚合反应的进行。但浓度太高，体系黏度太大，导致传质传热不均，不利于分子链的增长。

（3）二酐与二胺单体摩尔比。理论上，二酐与二胺单体的摩尔比接近 1:1 时，合成的聚酰胺酸相对分子质量和特性黏度最大。事实上，二酐单体对微量水分很敏感，容易潮解形成羧酸基团从而降低反应活性，在实际合成过程中通常控制二酐与二胺单体的摩尔比为（1~1.02）:1 时最佳。

（4）溶剂种类。常用的聚酰胺酸的合成溶剂主要为非质子极性有机溶剂，如 DMAc、DMF、DMSO 及 NMP 等，不同溶剂对聚酰胺酸的溶解能力不同。鉴于环保及安全等要求，目前广泛使用的溶剂主要是 DMAc 和 NMP。

（5）其他因素。除上述因素外，单体纯度、二酐与二胺的加料方式、溶剂中金属离子的浓度及水分等因素对聚酰胺酸的相对分子质量也会产生重要影响，在实际合成中需要综合考虑多方面的因素，优化实验条件，为制备高性能聚酰亚胺提供基础。

**2. 环化反应**

聚酰胺酸的环化是两步法制备聚酰亚胺材料中的一个关键性环节，对聚酰亚胺的制备过程以及最终产品性能具有重要影响，因此，对聚酰胺酸环化过程的研究从一开始就引起了研究者的极大关注，截至目前仍然是聚酰亚胺材料研究中的难点和热点。环化反应的研究主要涉及环化反应程度的测定、环化动力学方程及环化机理的建立等[12,13]。

光谱法是测定环化程度最为普遍的方法，其中红外光谱由于操作简单、对样品无损伤、可在线监测等优点已被广泛使用。在红外光谱中，聚酰亚胺区别于聚酰胺酸的三个特征峰包括 C$=$O 不对称伸缩振动（1780cm$^{-1}$）、酰亚胺环的 C—N 键伸缩振动（1380cm$^{-1}$）以及酰亚胺环的 C$=$O 弯曲振动（725cm$^{-1}$）。早期，Pryde 等[14]详细探究了将 1780cm$^{-1}$、1380cm$^{-1}$ 及 725cm$^{-1}$ 处特征信号作为参考特征峰研究环化程度的差异，结果表明 1780cm$^{-1}$ 和 725cm$^{-1}$ 处的特征峰强度信号较弱，而且在环化过程中容易受周围官能团的干扰，容易造成很大误差；而 1380cm$^{-1}$ 处的特征峰信号较强，且基本不受周围基团的影响，适合用于定量计算环化程度。近期，采用 $A_{1380}/A_{1500}$（$A$ 指峰强度或面积）作为内标比值已经成为定量计算环化程度的普遍选择[15]。

诸多的研究结果证实，聚酰胺酸的环化反应过程具有温度—时间依赖性，具体而言，聚酰胺酸的热环化过程通常包括两个阶段，一个为初期的快速环化阶段和末期的慢速阶段，即在一定温度下，环化反应进行到一定程度后环化速率会逐渐减慢，甚至不再进行。提高温度，环化反应又会继续，一定时间后会再次减慢下来，直至温度再次提高或完全环化为止，这种现象称之为"动力学中断"现象，如图 6-3 所示[15]。一种解释是，环化反应导致聚合物分子链刚性增加，分子链段运动受到限制，聚合物的玻璃化转变温度提高，使环化反应速率降低；另一种解释则认为，环化过程中的动力学中断是由于热环化导致络合溶剂辅助作用的减小，这种络合的少量溶剂对分子链的构象调整具有重要意义。聚酰胺酸与溶剂间通过分子链间氢键作用等产生强络合，Brekner 等的研究表明，聚酰胺酸与 NMP 分子间以 1：4 和 1：2 两种形式的络合，后者更为稳定，即使在室温下抽真空也无法去除，解络合作用只有在升温的情况下才会进行[16]。Shibayev 等倾向于认为络合的溶剂能够降低成环的能垒，从而加速环化反应，因而在环化反应初期，环化速率较快，而随着温度的升高，解络合作用使溶剂逐渐去除而降低了环化反应的速率[17]。

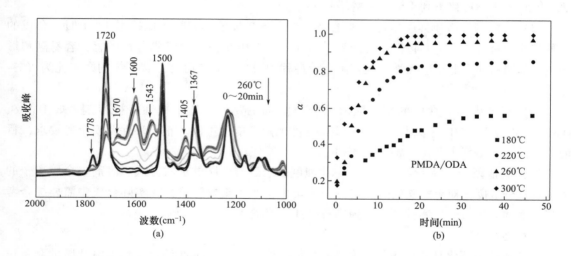

图 6-3　聚酰胺酸热环化反应的红外光谱图(a)　及环化程度随反应时间的变化（b）

### 三、一步法合成聚酰亚胺

不同于普遍采用的两步法合成路线，一步法合成工艺是将等摩尔量的二胺与二酐单体在高沸点的有机溶剂中（如 NMP、多聚磷酸或间甲酚等）或熔融状态下直接聚合得到高相对分子质量的聚酰亚胺。在高温一步法工艺中，前驱体 PAA 在溶液中高温条件下直接发生环化反应，生成的小分子水随氮气流或共沸介质不断排出反应体系，从而直接获得高相对分子质量的聚酰亚胺溶液。20 世纪 80 年代，日本京都大学的 Kaneda 等[18]对一步法合成聚酰亚胺做了大量的研究工作，他们以联苯四酸二酐（BPDA）/均苯四酸二酐（PMDA）的混合物为二酐单体，与 3,3-二甲基-4,4,-二氨基联苯（OTOL）、3,4-二氨基二苯醚（3,4-ODA）在对氯苯酚或间甲酚溶剂中反应，反应温度约为 180℃，所得聚酰亚胺的特性黏度介于 3.2～5.2dL/g。此外，他们详细考察了反应体系浓度、聚合反应时间、反应体系中羧酸加入量等因素对聚合物相对分子质量的影响。值得强调的是，他们的研究结果表明，对羟基苯基酸对该反应体系具有显著的催化作用。美国 Akron 大学的 Stephen Z. D. Cheng 的研究团队也对一步法合成聚酰亚胺做了卓有成效的工作[19]，他们借助于 WAXD、PLM 及 DSC 等手段发现可溶性聚酰亚胺/m-cresol 体系存在明显的相转变。如图 6-4 所示，在室温下，该体系会首先形成溶剂化结晶 I 相（Crystallosolvate），当浓度升高至 40%（质量分数）时，该体系显示出各向异性的特征，在 45%~95%（质量分数）浓度范围内，由溶剂化结晶 I 相转变为溶剂化结晶 II 相。他们的研究结果充分证实了聚酰亚胺/m-cresol 体系液晶相的存在及相转变机理，为纺制高强度高模量聚酰亚胺纤维奠定了基础。

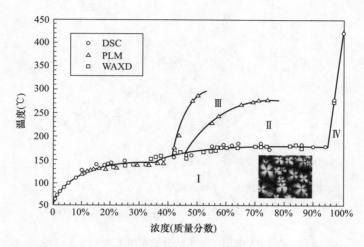

图 6-4　BPDA-PFMB 结构聚酰亚胺/m-cresol 二元体系稳定相

　　传统的一步法聚合多采用对氯苯酚、间甲酚等酚类溶剂，这些溶剂强烈的刺激性气味和较大的毒性极大地阻碍了该工艺的推广和广泛应用；同时，该方法多适用于合成具有优异溶解能力的可溶性聚酰亚胺，而对于溶解性不佳的聚酰亚胺，在高温合成过程中会不断形成沉淀析出，无法合成出高分子量产物，也没法实现材料的进一步加工，因而，该方法常常对所采用的聚合单体和反应溶剂具有苛刻的要求。针对上述难题，在近期的研究中，诸多有效的改善措施被不断开发出来，主要包括两方面，即新型特殊单体的设计合成和新型合成溶剂的开发。例如，日本东洋纺的 Sakaguchi 等[20] 首次尝试以多聚磷酸（PPA）为反应溶剂，聚合温度控制在 160~200℃，合成了高分子量的聚（苯并噁唑—酰亚胺），其产率可达到 92% 左右，同时，他们对溶剂体系 $P_2O_5$ 含量、反应温度及固含量等因素与聚合物特性黏度的关系进行了详细研究；随后，哈尔滨工业大学陈向群课题组基于上述方法，在 PPA 溶剂中一步法合成出一系列含苯并噁唑、苯并咪唑结构等聚酰亚胺（图 6-5），并对聚合物的结构和性能进行了深入的研究。值得关注的是他们利用该特殊工艺合成了足够高分子量的聚酰亚胺纺丝溶液，借助干喷湿纺技术制备的一系列的聚酰亚胺纤维，其强度和模量最优分别达到 3.12GPa 和 220GPa[21]。相对于酚类溶剂而言，多聚磷酸更为环保，具有较低的毒性，且在多聚磷酸溶剂中特殊杂环结构的聚酰亚胺可以形成液晶结构，有利于制备高性能的纤维材料。受此启发，东华大学张清华研究组[22] 也尝试利用 PPA 为溶剂高温一步法合成聚酰亚胺，并与传统两步法制备的聚酰亚胺材料的性能进行了对比，结果表明，以 PPA 为溶剂一步法制备的聚酰亚胺具有更为出色的耐热稳定性和更高的热分解活化能。Fatima 等[23] 以水杨酸为反应溶剂，通过高温一步法合成数十种不同结构的聚酰亚胺。以水杨酸为溶剂的最大特点是相对于其他溶剂，得益于水杨酸的催化作用，反应时间大大缩短，一般不超过 2h，聚合反应容易进行，而且固体溶剂可以进一步回收利用。

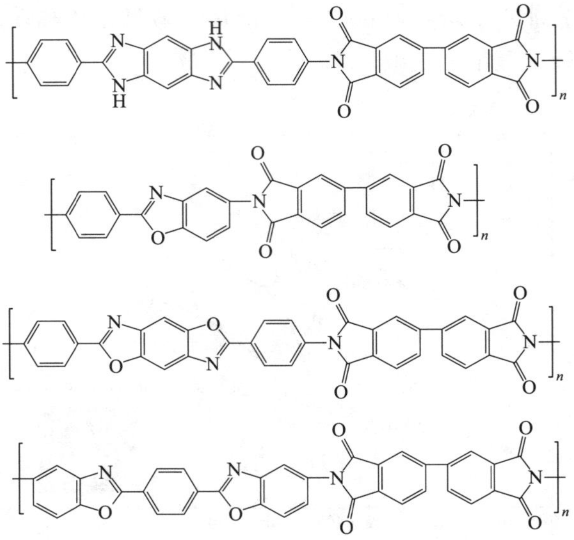

图 6-5　在 PPA 溶剂中一步法合成聚酰亚胺的分子结构

　　能否利用一步法合成聚酰亚胺不仅与所采用的溶剂体系有关，更本质的因素在于聚合物本身的化学结构。一般而言，在聚酰亚胺主链中引入醚键（—O—）、三氟甲基（—CF$_3$）、大体积侧基（苯环、联苯环等）及不对称的结构单元时，有利于聚酰亚胺溶解性的提高，这主要是由于大分子链的对称性和规整度受到影响甚至被破坏，从而提高了分子链的自由体积并减弱了分子链间的相互作用和紧密堆砌，从而提高了聚酰亚胺的可溶性。韩国 Choi 等[24]将含有非对称结构苯并咪唑环和三氟甲基侧基的二胺单体，与一系列的商品化二酐单体在 NMP 溶剂中 190℃ 温度下聚合反应，一步法合成出高分子量的聚酰亚胺，溶解性测试表明，该系列聚酰亚胺在 DMAc、DMF、DMSO 等极性有机溶剂中显示极佳的溶解能力。东华大学张清华等[25] 通过有效的分子结构设计，在聚酰亚胺链结构中通过共聚合的方式引入非对称的苯并咪唑杂环和三氟甲基侧基，有效提高了分子链的自由体积，以 NMP 为溶剂，通过一步法合成出一系列高分子量的聚酰亚胺，其数均分子量 $M_n$ 介于（3.1~4.1）×10$^4$ 之间。此外，该聚酰亚胺/NMP 体系存在明显的凝胶—溶胶转变。如图 6-6 所示，当聚酰亚胺的质量分数达到 12% 时，溶液体系呈现明显的条带状织构，体系形成各向异性凝胶；升高温度至 65℃，体系逐渐转变为各向同性溶液。研究结果证明这种凝胶—溶胶转变主要是由溶液内部聚合物分子链聚集诱导取向引起的[26]，相关研究结果为制备高强度高模量聚酰亚胺纤维提供了重要条件。

　　综上所述，相比于常规的两步法工艺，高温一步法合成聚酰亚胺具有诸多明显的优势，例如，有利于合成高分子量、窄分子量分布的聚酰亚胺，同时也解决了两步法制备聚酰亚胺聚合物储存过程不稳定、相对分子质量分布较宽以及避免了复杂的环化过程等。然而，与两步法相比，高温一步法工艺对于溶剂体系的选择、聚合物分子结构（二胺与二酐单体的选

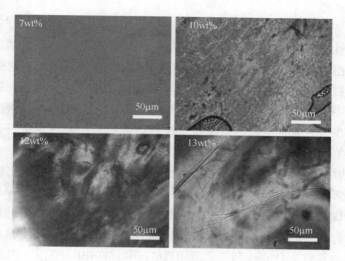

图 6-6　不同浓度的聚酰亚胺/NMP 体系 POM 照片

择）以及大分子与溶剂之间的相互作用具有更苛刻的要求。此外，高温一步法合成聚酰亚胺单体特殊，合成价格昂贵，这也是制约该路线规模化应用主要因素。

# 第三节　聚酰亚胺纤维的制备方法

目前，聚酰亚胺纤维的制备方法通常包括熔融纺丝法、静电纺丝法、溶液纺丝法等，其中溶液纺丝法包括湿法（干湿法）纺丝、干法纺丝、熔融纺丝及液晶纺丝。

## 一、湿法（干湿法）纺丝

湿法纺丝工艺是目前制备聚酰亚胺纤维广泛采用的方法之一，聚合物纺丝液在压力作用下经喷丝板进入凝固浴，溶液中的溶剂向凝固浴扩散，而沉淀剂向纺丝溶液扩散，于是引起相分离。此时，聚合物溶液细流出现两相，聚合物浓相和聚合物稀相，随着相分离的进行，丝条逐渐固化形成固体纤维。根据纺丝浆液的不同，可将聚酰亚胺的湿法纺丝分为一步法湿纺和两步法湿纺。两步法湿纺是以聚酰胺酸为纺丝溶液，首先纺制聚酰胺酸前驱体纤维，再经后续化学环化或热环化及热牵伸处理得到聚酰亚胺纤维。由于两步法湿纺中涉及复杂的热环化处理，而且初生纤维内部残留的水分等在热处理过程中迅速挥发，会在聚酰亚胺纤维内部产生微孔缺陷等问题，最终影响纤维的力学性能，在初期的研究中普遍认为两步法湿纺难以制备高强度、高模量的聚酰亚胺纤维。然而，随着合成及纺丝技术的不断成熟，以聚酰胺酸为纺丝浆液，通过两步法湿纺制备高强度、高模量聚酰亚胺纤维是可行的。一步法湿纺直接以可溶性的聚酰亚胺溶液为纺丝浆液，初生纤维就是聚酰亚胺纤维。因此，该方法没有酰亚胺化工序，避免了环化反应中微缺陷的形成，且更有利于纤维凝聚态结构的调控，有利于制备高强度、高模量的聚酰亚胺纤维。

### 1. 两步法纺丝成形

两步法湿纺制备聚酰亚胺纤维的工艺中，前驱体纤维在凝固成形中容易产生微孔缺陷是制约最终纤维力学性能的关键问题之一，此外前驱体纤维后处理工序复杂（环化反应、热牵伸及定型等），环化过程中产生的微量水分会造成纤维内部缺陷，影响聚酰亚胺纤维最终的力学强度，因而，制备结构致密、力学性能优异的前驱体纤维尤为重要。基于此，控制聚酰胺酸纤维成形过程中的缺陷形成，优化初生纤维的成形工艺，成为提高聚酰亚胺纤维性能的关键环节之一。不少研究者针对聚酰胺酸纺丝过程中的形貌控制难题进行了广泛而深入的研究。Goel 等[27,28] 在研究 4,4′-二氨基二苯甲烷和均苯酸酐合成聚酰胺酸（PAA）的湿法纺丝时，以水和 DMF 的混合溶剂为凝固浴制得聚酰胺酸纤维，后经化学环化处理方法（体积比1∶1 的醋酸酐和吡啶）对聚酰胺酸纤维化学环化，再经过 300℃ 高温热牵伸处理，得到聚酰亚胺纤维，然而最优抗拉强度只能达到 0.05GPa。SEM 结果显示所制备的前驱体纤维内部存在大量的微孔缺陷，后续的热牵伸处理进一步使微孔尺寸增大，证实了聚酰胺酸纤维成形过程中微结构调控的重要性。Dorogy 等[29] 以 BTDA/ODA/DABP（3,3′-二氨基二苯酮）体系为研究对象，深入探究了两步法湿纺工艺中凝固浴组成对纤维微观形貌的影响，他们分别以水和乙醇、水和乙二醇（EG）、水和 DMAc 的混合溶液为凝固浴，对所得聚酰胺酸纤维内部孔微孔结构进行了详细分析。如图 6-7 所示，当凝固浴为含 80% 乙醇（体积分数）的水溶液和含乙二醇 75%（体积分数）的水溶液时，纤维断面最致密，在其他凝固浴组成时，纤维内部则会存在很多微孔缺陷。

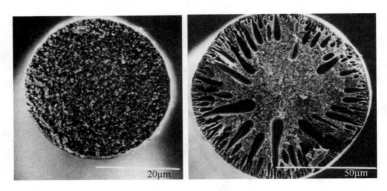

图 6-7　两步法湿纺 BTDA/ODA/DABP 结构聚酰亚胺纤维的扫描电镜照片

Park 等[30] 创新性地对聚酰胺酸（PMDA/ODA）先进行部分化学亚胺化处理，再通过湿法纺丝制备得到部分环化的聚酰胺酸纤维，由于凝固剂与聚酰亚胺间相互作用减弱，使其向纺丝溶液的扩散速率变慢，所制备的纤维结构致密，经过进一步高温环化得到聚酰亚胺纤维。虽然最终得到的纤维强度仅为 0.4GPa，模量仅为 5.2GPa，但他们发现，与未处理的聚酰胺酸纺丝液相比，化学环化后的 PAA 纺丝液在相同的凝固浴中扩散速率变慢（图 6-8），这有利于避免皮芯结构的产生，纤维内部形成更均匀、更致密的结构；同时，部分环化的初生纤维具有更好的力学强度，该方法解决了在干喷湿纺过程中纤维需承受高倍牵伸而聚酰胺酸纤维本身无法承受高倍牵伸的难题，为利用干喷湿纺制备高性能聚酰亚胺纤维开辟了新的研究思路。

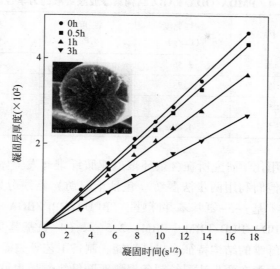

图 6-8 部分环化聚酰胺酸溶液在水中的凝固扩散速率及
纤维扫描电镜照片

东华大学张清华等[31] 为优化两步法湿纺制备聚酰亚胺纤维的工艺路线，借助理论和实验三元相图，详细探究了前驱体聚酰胺酸在 $H_2O$、乙醇和乙二醇等凝固剂中的双扩散行为，见表 6-3，三种凝固剂对 PAA 的凝固能力为 $H_2O$>乙二醇>乙醇。其中，乙醇/PAA 体系的相互作用参数非常小，仅为 0.28，表明与其他两种凝固剂相比，乙醇的凝固能力最弱，而水则具有最强的凝固能力。在研究的三种凝固体系中，临界点组成对应的聚合物浓度皆低于 5%（质量分数），聚酰胺酸凝固成形主要以成核生长为主，有利于制备结构均匀致密的聚酰胺酸纤维。

表 6-3 聚酰胺酸/DMAc 和非溶剂/聚酰胺酸体系在 27℃的相互作用的参数[31]

| 组成 | DMAc/PAA | Water/PAA | Ethanol/PAA | EG/PAA |
|---|---|---|---|---|
| $\chi_{13}$ 或 $\chi_{23}$ | 0.14 | 0.95 | 0.28 | 0.68 |

近年来，随着合成技术及纺丝工艺的不断完善，利用两步法湿纺工艺制备的聚酰亚胺纤维的综合性能不断提升。受苏联特维尔化纤自由股份有限公司成功开发的商品名为 Armos 杂环芳纶的启发，将杂环二胺单体引入聚酰亚胺主链结构并通过两步法湿纺制备高性能聚酰亚胺纤维也成为研究的热点，并已取得了显著的成效。四川大学刘向阳等[32] 采用 2-（4-氨基苯基）-5-氨基苯并咪唑（PABZ）与 PMDA/ODA 共聚，利用湿法纺丝制备了高性能的聚酰亚胺纤维。研究结果表明，BIA 单体的添加量对聚酰亚胺纤维有重要影响，具体力学性能见表 6-4。当 BIA/ODA＝7/3 时，纤维的强度和模量分别达到 1.53GPa 和 220.5GPa，比 PMDA/ODA 结构纤维的强度和模量分别提高了 2.5 倍和 26 倍。利用红外线和 DMA 研究发现，PABZ 单体的引入，在分子链间产生了强烈的氢键作用，这种强烈的分子链间作用力可以明显改善纤维的力学性能。

表 6-4　PMDA/ODA/PABZ 结构聚酰亚胺纤维的力学性能[32]

| 纤维样品 | ODA : PABZ | 特性黏度（dL/g） | 强度（GPa） | 模量（GPa） | 断裂伸长率（%） |
|---|---|---|---|---|---|
| $S_1$ | 10 : 0 | 3.56 | 0.61 | 8.5 | 9.0 |
| $S_2$ | 7 : 3 | 2.73 | 0.92 | 56.6 | 6.6 |
| $S_3$ | 5 : 5 | 2.35 | 1.26 | 130.9 | 5.8 |
| $S_4$ | 3 : 7 | 1.89 | 1.53 | 220.5 | 3.2 |

　　中国科学院长春应用化学研究所在含杂环聚酰亚胺纤维开发上做了大量的研究工作，并已取得了良好的效果。他们利用两步法湿纺（包括干湿纺）路线分别开发出了 BPDA/PPD/BIA ［BIA：2-（4-氨基苯基）-5-氨基苯并咪唑］、BPDA/PPD/BOA（BOA：2-4-氨基苯基-5-氨基苯并噁唑）及 BPDA/PPD/PRM ［PRM：2,5-双（4-氨基苯基）-嘧啶］系列聚酰亚胺纤维，并对各个系列纤维的结构特征、机械性能、制备工艺等关键环节做了详细的研究。

　　近年来，北京化工大学在两步法湿纺制备聚酰亚胺纤维领域也取得了重要进展[33-35]。从分子结构设计出发，他们合成了具有高反应活性、刚性棒状的杂环二胺单体-2-（4-氨基苯基）-6-氨基-4（3H）-喹唑啉酮（AAQ），并将其引入聚酰亚胺分子结构中，通过两步法湿纺成形制备了一系列高性能的聚酰亚胺纤维。其力学性能见表 6-5，AAQ 单体特殊的结构在纤维内部形成强烈的分子链间氢键作用，此外，刚性棒状结构的加入明显改善了纤维的分子链取向及结晶结构，对于提高纤维的力学性能具有重要意义[36]。

表 6-5　BPDA/PDA/AAQ 结构聚酰亚胺纤维的力学性能

| 纤维样品 | AAQ : PDA | 氢键化程度（%） | 强度（GPa） | 模量（GPa） | 断裂伸长率（%） | $T_g$（℃） |
|---|---|---|---|---|---|---|
| co-PI-0 | 0 | 19.69 | 1.2 | 64.4 | 2.1 | 338.3 |
| co-PI-1 | 1 : 9 | 41.47 | 1.3 | 67.2 | 2.3 | 341.3 |
| co-PI-2 | 3 : 7 | 41.99 | 2.7 | 104.8 | 3.1 | 363.4 |
| co-PI-3 | 5 : 5 | 42.46 | 2.8 | 115.2 | 3.1 | 382.4 |
| co-PI-4 | 7 : 3 | 48.73 | 2.7 | 113.1 | 2.7 | 400.1 |
| co-PI-5 | 9 : 1 | 53.58 | 1.9 | 104.3 | 2.0 | 400.7 |

　　综上所述，将芳杂环单元引入聚酰亚胺主链，通过两步法湿纺工艺可制备出高强度高模量的聚酰亚胺纤维，常见杂环二胺单体及其纤维的性能见表 6-6。

表 6-6　常见杂环二胺单体及其聚酰亚胺纤维的力学性能

| 二胺单体 | 分子结构 | 强度（GPa） | 模量（GPa） | 断裂伸长率（%） | 参考文献 |
|---|---|---|---|---|---|
| BIA | $H_2N$—〔苯并咪唑〕—〔苯〕—$NH_2$ | 3.2 | 114.6 | 3.4 | [37] |

续表

| 二胺单体 | 分子结构 | 强度（GPa） | 模量（GPa） | 断裂伸长率（%） | 参考文献 |
|---|---|---|---|---|---|
| BOA | | 2.6 | 91.8 | 3.0 | [37] |
| AAQ | | 2.8 | 115.2 | 3.1 | [36] |
| PRM | | 3.0 | 130 | — | [38] |

### 2. 一步法纺丝成形

可溶性聚酰亚胺的成功合成，推动了一步法纺制聚酰亚胺纤维技术的发展。传统的一步法工艺多采用酚类溶剂（如间甲酚、对氯苯酚及间氯酚等），以醇类（甲醇、乙醇或乙二醇）或醇与水的混合物为凝固剂，采用湿法或干湿法纺丝制备聚酰亚胺纤维，所得的初生纤维可经过高倍热牵伸处理得到高强度、高模量的聚酰亚胺纤维。早期，日本京都大学的 Kaneda 等人[39] 以对氯苯酚为溶剂利用不同二胺单体和 BPDA 合成可溶性聚酰亚胺溶液，用乙醇和水的混合物为凝固浴进行一步法湿纺制备聚酰亚胺纤维，最优强度可达到 3.1GPa，对应模量达到 128GPa。与杜邦公司的 Kevlar49 纤维相比，该纤维具有更低的吸水率和较强的耐强酸性。Akron 大学的 Stephen Z. D. Cheng 等[40] 以间甲酚为溶剂，以 BPDA 和 2,2′-双三氟甲基-4,4′-二氨基联苯（PFMB）为聚合单体，通过高温一步法合成了一系列浓度为 12%~15%（质量分数）的聚酰亚胺纺丝溶液，以水和甲醇的混合物为凝固剂进行干喷湿法纺丝制备聚酰亚胺初生纤维，在 380℃牵伸近 10 倍，纤维的强度接近 3.2GPa，模量超过 130GPa。所制备的纤维在 400℃条件下热老化处理 5h，模量损失仅为 5%，显示出极佳的高温性能稳定性。可以看出，一步法工艺有利于制备高强度、高模量的聚酰亚胺纤维，然而传统的酚类溶剂不仅毒性大，而且在纤维中易残留，很难去除干净。如果合成出可溶于常规有机溶剂的聚酰亚胺，那么一步法路线制备高性能聚酰亚胺纤维则会更加方便。

东华大学张清华等[25] 从分子结构设计出发，以 PFMB、BIA 和 3,3′,4,4′-二苯酮四酸二酐（BTDA）为聚合单体，在 NMP 溶剂中通过高温一步法合成了不同二胺比例的聚酰亚胺，室温下其特性黏度为 1.83~2.32dL/g，数均相对分子质量为 31300~41000。以水和 NMP 的混合物为凝固剂，利用湿纺工艺并经高温热牵伸处理制备了一系列高强度的聚酰亚胺纤维，其拉伸强度、模量和断裂延伸率分别达到 1.37~2.13GPa、29.9~101.9GPa 和 4.57%~2.14%。相关研究工作为利用常规有机溶剂合成制备高性能聚酰亚胺纤维提供了重要的参考。

哈尔滨工业大学陈向群课题组以多聚磷酸（PPA）为溶剂，高温一步法合成出特性黏度高达 6.98dL/g 的聚酰亚胺，通过一步法干喷湿纺工艺制备了高强度、高模量的聚酰亚胺纤维，其强度介于 2.45~3.12GPa（图 6-9）[21]。相对于常规的间甲酚、对氯苯酚等酚类溶剂，多聚磷酸溶剂较为环保，毒性相对较低，容易回收，且在多聚磷酸溶剂中特殊结构的聚酰亚胺可以形成液晶相，为利用液晶纺丝技术制备高性能纤维材料提供了基础。

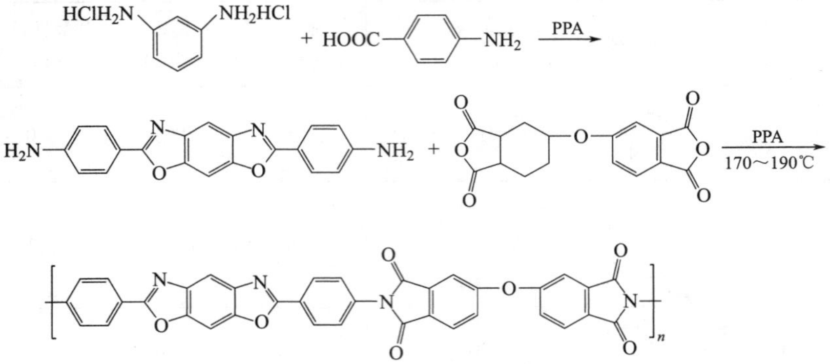

图 6-9　以 PPA 为溶剂高温一步法合成聚（苯并噁唑—酰亚胺）

## 二、干法纺丝成形

干法纺丝与熔融纺丝、湿法纺丝不同，具有独特的成纤原理。熔融纺丝是指熔融状聚合物在纺丝行程中其温度逐渐下降而使纺丝细流凝固成纤，其成形机理比较简单；湿纺纺丝是指聚合物溶液进入凝固浴中使溶剂逐渐扩散而导致聚合物固化成纤，其成纤机理比较复杂；干法纺丝是指聚合物溶液在纺丝甬道中由于受到热空气流的作用而使纺丝细流中的溶剂迅速脱除而固化成纤。成功通过干法纺丝而实现工业化生产的有聚氨酯纤维和醋酸纤维素纤维等。

相对于湿纺纺丝来讲，干法纺丝的优势在于纺速快，溶剂回收便利，其劣势在于对纺丝溶液的流变性质要求比较苛刻，试验设备的投入也比湿法纺丝高。

与其他干法纺聚合物纤维相比，聚酰亚胺的干法纺丝存在诸多不同的特点，下面结合图 6-10 简要予以说明。

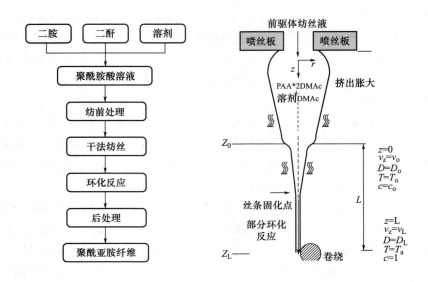

图 6-10　聚酰亚胺纤维的干法纺丝流程

　　一般来说，纺丝液细流流出喷丝孔较短的区域内，在高温甬道中溶剂即会迅速减少，这是由于纺丝液温度与甬道热吹风温度相差较大，在离开喷丝孔后溶剂发生闪蒸。开始时丝条内部含有大量的自由溶剂，溶剂扩散主要由外部的传热和传质速度控制，在大于 1/3 纺程处溶剂含量极低，丝条固化，此时溶剂的蒸发速率也接近于零。实际上对于聚酰胺酸溶液来说，其溶剂 DMAc 与聚酰胺酸存在着氢键作用，由于丝条在纺丝甬道内停留时间很短，溶剂是无法完全去除的[43]，聚酰胺酸初生丝的残余溶剂含量与卷绕速度和甬道温度紧密相关，一般在15%~40%。

　　聚酰亚胺纤维的干纺与其他纤维的最大不同在于：前驱体聚酰胺酸在高温的纺丝甬道中会发生化学反应，即环化反应，也称酰亚胺化。如图 6-11 所示，其环化可以分为两个阶段：第一个阶段从零到约 1/3 纺程处，此阶段内溶剂含量较多，溶剂大量挥发吸热，会抵消热空气的传热而使细流温度经历一个升温、降温、再升温的过程，由于在这一阶段前期丝条温度没有明显上升，聚酰胺酸酰亚胺化程度也没有明显改变。此后随着溶剂大量蒸发，丝条玻璃化转变温度逐渐增加，在约 1/3 纺程处达到一个平台值；第二个阶段从 1/3 纺程到纺程结束，细流在 1/3 纺程处会固化而成为丝条，而且热空气的传热会使丝条温度迅速上升，从而使酰亚胺化速度明显加快。在本段，由于丝条的溶剂含量没有明显变化，聚酰胺酸的绝对酰亚胺化程度并不高。

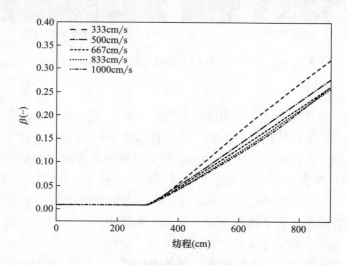

图 6-11　干纺 PAA 初生纤维随纺程及卷绕速度的变化关系

　　综上所述，与常规纤维干法纺丝不同的是，聚酰胺酸溶液细流通过溶剂的挥发形成固体纤维并发生部分环化反应，提高了初生纤维的稳定性和机械性能，为后续纤维的热处理提供了保障；此外，这种物理变化与化学反应交织在一起，增加了纤维制备的复杂性。因此，在纺丝高温甬道中，聚酰胺酸溶液相分离与聚酰胺酸纤维的酰亚胺化直接影响了纤维的结构与性能，这部分工作成为干法纺丝制备聚酰亚胺纤维的关键问题之一。

### 三、其他纺丝方法

#### 1. 液晶纺丝

在液晶纺丝中，纺丝原液通过喷丝孔时，在剪切力和伸长流动下，向列型液晶微区沿纤维轴向取向，刚出喷丝孔的已经取向的原液细流，在空气层中进一步伸长取向，到低温的凝固浴中凝固成形，分子链取向结构被保留下来，因此初生丝不经过牵伸就能得到高强度、高模量的纤维。关于聚酰亚胺液晶纺丝的研究报道较少，主要是由于前驱体 PAA 在多数极性有机溶剂中难以形成液晶相。Giesa 等[44] 先合成出特性黏度高达 5.89dL/g 的聚（酰胺—乙酯）（PAE）浆液。刚性棒状的全芳环的 PAE/NMP 溶液在温度为 80℃、浓度为 40%（质量分数）时可形成溶致型液晶，利用丙酮溶剂作凝固浴，在凝固浴中初生纤维可以高倍拉伸，利用液晶纺丝技术制备出聚酰亚胺纤维。如图 6-12 所示，经热环化得到聚酰亚胺纤维的强度和模量分别为 700MPa 和 68GPa，利用 SEM 观察到纤维呈现典型的皮芯结构。

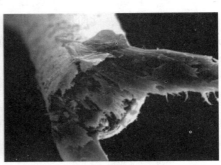

(a) 皮芯结构　　　　　　　　　　　(b) 纤维断面原纤化现象

图 6-12　PI 纤维的扫描电镜照片

**2. 熔融纺丝**

由于聚酰亚胺难溶难熔的特点，利用熔融纺丝工艺制备聚酰亚胺纤维的研究较少。日本帝人公司在 345~475℃下熔纺聚醚酰亚胺，初生纤维在 200~350℃的热管中牵伸处理，制备了聚酰亚胺纤维，但强度和模量均较低。Irwin 等采用聚酰亚胺酯在 300~400℃区间内熔融纺丝，卷绕速度为 300~500m/min，所制备初生纤维的强度仅为 0.59GPa，经过热牵伸处理，纤维的强度达到 1.55GPa，初始模量超过 48GPa。由于多数聚酰亚胺是不熔融或具有很高的熔点，采用常规的熔融纺丝工艺显然是无法实现的，为解决这一难题，目前，普遍的做法是在聚酰亚胺主链中引入酯基或醚键单元，降低其熔点，使之在可接受的温度下具有足够低的熔体黏度，从而能够熔融纺丝，因此熔纺工艺制备的聚酰亚胺纤维的耐热性能不佳。

# 第四节　聚酰亚胺纤维的结构与性能

## 一、凝聚态结构

聚酰亚胺纤维具有高模量、高强度、耐高温、耐辐射及耐溶剂等优异性能，这些性能不仅源于其特殊的化学结构，也源于分子链沿纤维轴方向的高度取向及横向的二维有序排列，即凝聚态结构。聚酰亚胺纤维被认为属于典型的半结晶型聚合物材料，通过热拉伸处理，其无定形区以及结晶区域都会沿纤维轴方向取向，提高纤维的结晶度和取向度，有利于制备高性能的聚酰亚胺纤维。

　　Wakata 等[45] 认为聚酰亚胺分子链的堆积模式可用图 6-13 的形式形象地描绘，分子链结构可用横截面为矩形的条带表示，其中灰色部分代表分子链中二酐单元，白色部分表示二胺单元。一般而言，聚酰亚胺在 X-ray 图像中多表现为无定形结构，即分子链难以紧密堆积形成三维有序的结晶结构。Saraf 等[46] 则认为，聚酰亚胺材料内部更倾向于形成一种介于晶体与无定形结构之间的"近似液晶有序区"（Liquid crystalline-like）［图 6-13（b）］。相对于完善的晶体，尽管分子链上二酐与二胺单元缩减表现为有序结构，但存在一定的无序性和错乱性；而相对于完全无序的结构，却有一定的规整性和有序性。

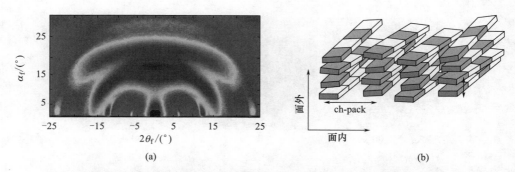

图 6-13　PMDA—PDA 结构聚酰亚胺 WAXS（a）及聚酰亚胺分子链近似液晶有序区

　　Cheng 等[40] 研究了 BPDA—PFMB 结构聚酰亚胺结晶结构，将初生纤维在 400℃条件下牵伸 6 倍之后，再在 420℃条件下，得到高度取向的晶胞呈现单斜晶系，晶胞结构参数为 $a=1.540nm$，$b=0.991nm$，$c=2.021nm$，$\gamma=56.2°$。聚酰亚胺纤维经过高倍热牵伸处理后具有更完善的结晶结构，相比未牵伸处理的聚酰亚胺薄膜或块体材料具有更加规整的结晶形态，因而更有利于研究其分子链的堆砌模式。Obata[47] 等人利用均苯四甲酸酐和联苯二胺制备出高度刚性结构的聚酰亚胺纤维，通过 WAXD 测试和计算机模拟手段相结合得到了纤维的晶胞结构，晶体呈现正交晶系，晶胞参数为 $a=0.857nm$，$b=0.551nm$，$c=1.678nm$，如图 6-14所示。

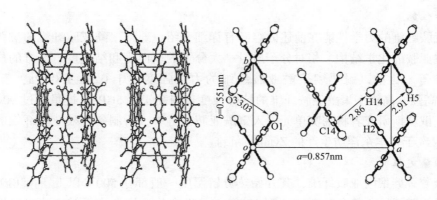

图 6-14　PMDA/BZ 结构 PI 纤维晶胞结构示意图

　　Cheng 研究组进行了大量的研究工作[40,48]，对高倍牵伸聚酰亚胺纤维的结晶结构进行了细致研究，他们利用 WAXD 测试手段，详细表征了热牵伸处理对聚酰亚胺纤维聚集态结构的影响，牵伸工序会导致平行于纤维轴方向的微晶晶面尺寸增大，而垂直纤维轴方向的晶面尺寸缩小。北京化工大学武德珍研究组[36] 研究了共聚聚酰亚胺纤维中化学结构（二胺单体比例）对纤维凝聚态结构的影响（图6-15），BPDA/PDA/AAQ 结构随着分子链中 AAQ 单体含量的提高，纤维发生结晶结构的转变；相对于均聚 BPDA/PDA 纤维而言，共聚纤维展现了更高的分子链取向度和力学性能，这主要是由于 BPDA/PDA 链节具有更强的结晶能力，限制了分子链的运动能力，而在共聚纤维中含有大量无定形区，分子链在热及应力作用下更容易被牵伸取向，分子链取向程度更高。

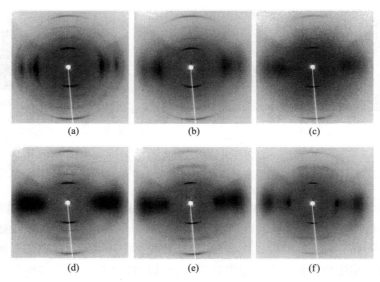

图 6-15　BPDA/PDA/AAQ 聚酰亚胺纤维 WAXD 图
二胺单体摩尔比 AAQ/PDA：(a) 0，(b) 1/9，(c) 3/7，(d) 5/5，(e) 7/3，(f) 9/1

## 二、性能

### 1. 力学性能

聚酰亚胺纤维的力学性能在前述内容已有详细介绍，通常聚酰亚胺纤维的抗张强度主要取决于聚酰亚胺的化学结构、相对分子质量、大分子的取向度和结晶度、纤维的皮芯结构以及缺陷分布等。目前，耐热型聚酰亚胺纤维的力学强度介于 0.5~1.0GPa，模量在 10~40GPa，而高强、高模型聚酰亚胺纤维的抗拉强度普遍高于 2.5GPa，模量超过 90GPa，有研究报道称，俄罗斯研究者将嘧啶单元引入聚酰亚胺主链中，所制备聚酰亚胺纤维的强度高达 5.0GPa，仅次于日本东洋纺生产的 Zylon[HT] 纤维。

### 2. 耐热稳定性

对于全芳香族聚酰亚胺纤维，其开始热分解温度一般都在 500℃ 以上，由 BPDA 和 PDA 合成的聚酰亚胺纤维，热分解温度达到 600℃，是迄今为止聚合物纤维中热稳定性最高的品种之一。

### 3. 耐酸碱稳定性

聚酰亚胺纤维在酸性环境中具有良好的稳定性，图 6-16 为几种高性能纤维经 10%（质量分数）稀盐酸溶液处理不同时间下的强度变化曲线，可以看出，经 48h 处理两种聚酰亚胺纤维的强度保持率为 30%~40%，远高于 Evonik 公司生产的 P84 聚酰亚胺纤维，而此时 Nomex 纤维几乎被破坏，无法测试其力学性能。然而，聚酰亚胺纤维耐碱性相对较差，在碱性环境中分子链会发生明显的降解，这个看似缺点的性能却给聚酰亚胺纤维有别于其他高性能聚合物纤维一个很大的特点，即可以利用碱性水解回收原料二酐和二胺。

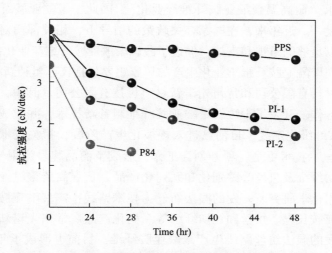

图 6-16　几种高性能纤维经酸化处理后抗拉强度的变化

#### 4. 阻燃性能

聚酰亚胺纤维被认为是有机聚合物中耐热稳定性最好的品种之一，自身具有本质阻燃的特性，且发烟率低，属于自熄性材料，在高温下不燃烧、不熔而且没有烟雾放出，可满足大部分领域的阻燃要求。由于结构的可调性和可设计性，不同的聚酰亚胺纤维产品阻燃特性有明显差别，如 PMDA—ODA 结构聚酰亚胺纤维 LOI 值为 38%，BPDA-$p$-PDA 结构聚酰亚胺纤维的 LOI 值高达 66%，P84 纤维的 LOI 值为 38%，一些特殊结构的聚酰亚胺纤维其 LOI 值甚至可高达 52%，因而可根据应用的需求选择合适单体制备阻燃性各异的聚酰亚胺纤维。

#### 5. 其他性能

聚酰亚胺纤维具有优异的耐射线辐照性能，聚酰亚胺纤维经 $1 \times 10^8$ Gy 快电子辐射处理后其强度保持率仍高达 90%。此外，聚酰亚胺纤维具有极佳的介电性能，其介电常数通常在 3.4 左右，引入氟单元、大体积侧基或其他特殊结构，聚酰亚胺纤维的介电常数可降至 2.8~3.0，介电损耗约为 $10^{-3}$，高性能、低介电的聚酰亚胺纤维在透波复合材料领域具有广泛的应用前景。

## 第五节　聚酰亚胺纤维的产业化与应用

### 一、产业化发展状况

我国相关部门已充分意识到大力发展聚酰亚胺纤维的重要性，2009 年 4 月出台的《纺织工业调整和振兴规划》中，明确提出要大力"推进高新技术纤维产业化及应用的发展，加速实现碳纤维、聚酰亚胺纤维等高新技术纤维的产业化"。2009 年国家发改委、商务部、财政部联合发布的《关于发布鼓励进口技术和产品目录的通知》中（1926 号文件），将"聚酰亚胺耐高温纤维成套装备的设计制造技术"（A151）和"聚酰亚胺耐高温纤维成套装备"（B62）列为国家鼓励引进的先进技术和重要装备。2010 年颁布的《纺织工业"十二五"科技进步纲要》中要求"耐高温聚酰亚胺纤维产业化"。因此，聚酰亚胺纤维已成为我国拟大力发展的新兴产业之一。近年来，在国家有关政策的引导下，相关部门对高性能聚酰亚胺纤维的开发和生产予以足够的重视和支持，促进了我国聚酰亚胺纤维产业化发展的进程。

目前，国内实现聚酰亚胺纤维工业化生产的厂家主要包括江苏奥神新材料股份有限公司、长春高琦聚酰亚胺材料有限公司和常州先诺新材料科技有限公司。其中，江苏奥神新材料有限公司与东华大学合作，开发了干法纺聚酰亚胺纤维制备新技术，并建成国际上首条干法纺年产 1000t 聚酰亚胺纤维生产线，目前已进入规模化生产阶段，相关技术已达到国际先进水平，其中"反应纺丝"技术更是一项开创性工作，形成了商品牌号为甲纶 Suplon© 的聚酰亚胺长丝、短丝、短切纤维及色丝等差别化和系列化产品。长春高琦聚酰亚胺材料有限公司主要以中科院长春应用化学研究所开发的湿法纺丝为技术路线生产聚酰亚胺纤维，开发出商品牌号为轶纶的聚酰亚胺长丝、短丝和短切纤维等系列化产品。常州先诺新材料科技有限公司以北京化工大学开发的湿法纺丝路线生产聚酰亚胺纤维，目前也形成了年产 30t 聚酰亚胺纤维的生产线。国际上，聚酰亚胺纤维的生产厂家主要有德国赢创工业集团（P84 纤维）和法国 Kermel 公司（Kermel 纤维）。

## 二、应用及其前景

经过数十年的发展，聚酰亚胺纤维已成为当前高性能纤维的重要品种之一，具有高强度、高模量、耐辐射、耐高温等优异综合性能的聚酰亚胺纤维产业化进程不断加快，使其在高性能复合材料、高温过滤、特种防护、航空航天、信息通讯、新型建材、环保防火等高技术领域扮演越来越重要的角色。图 6-17 展示了几种典型的聚酰亚胺纤维制品，包括高温袋式除尘器、高温辊筒、耐高温布料等。

### 1. 高温过滤

聚酰亚胺纤维在环境保护领域的应用主要是用于编织耐高温的袋式除尘器。目前，大气污染是我国面临的主要环境问题之一。在国内，袋式除尘设备年总销售额超过 300 亿元，需要耐高温滤料约 $10^9 m^2$，而且需求量呈现日益增长的态势。然而，当前高性能滤料供给严重不足，而且价格昂贵，相关产品使用寿命短，除尘效率低，不能满足日益严格的环保要求。聚酰亚胺纤维制备的袋式除尘器具有极高的补集尘粒的能力，而且特殊截面的聚酰亚胺纤维可使工业粉尘多被集中到滤料的表面，难以渗透到滤料内部，避免滤料孔隙的堵塞，可有效提高了粉尘过滤效率，再加上聚酰亚胺优良的化学特性、耐酸腐蚀性及优异的耐高温特性，使得聚酰亚胺纤维成为目前最佳的高温烟气过滤材料，广泛应用于火力发电、水泥生产及金属冶炼等行业，对于控制 PM 2.5 和 PM 10 的排放起到了重要作用。

### 2. 特种防护

聚酰亚胺纤维导热系数低［300℃导热系数 0.03W/（m·K）］，阻燃性能好，具有优良的

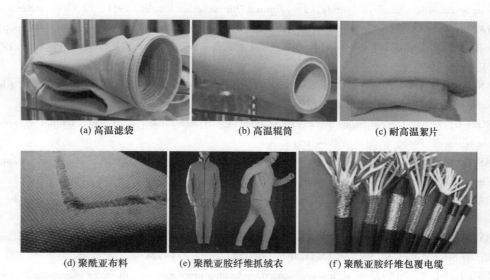

图 6-17　聚酰亚胺纤维相关制品

耐紫外线、耐热氧化性能，可用于专业防护服，如森林防火服、消防服以及化工、冶金、火力发电、地质、矿业和核工业等领域的专业防护服装。聚酰亚胺纤维的极限氧指数为 35%～50%，为自熄性材料，在高温火焰中不燃烧、不熔融，而且没有烟雾放出，利用聚酰亚胺纤维制备的防火服可极大地提高消防官兵的生命安全和作战能力。

**3. 国防安全**

聚酰亚胺纤维与其他高性能纤维相比，具有高热稳定性和弹性模量、耐辐射、有极低吸水率和质量轻等优点，在核能工业、国防军工、航空航天、空间环境等领域具有良好的应用前景。

**4. 高温绝缘纸和结构材料**

由聚酰亚胺纤维制成的纤维纸，其综合性能优于芳纶纸，可用于绝缘等级为 H 级、C 级的电动机和干式变压器。由聚酰亚胺纸制备的蜂窝结构材料可应用于轻质雷达防护罩、机舱和航空航天轻质板材等。

## 主要参考文献

[1] 董杰，王士华，徐圆，等.聚酰亚胺纤维制备及应用 [J].中国材料进展，2012，31 (10)：14-20.

[2] 张清华，陈大俊，丁孟贤.聚酰亚胺纤维 [J].高分子通报，2001 (5)：66-73.

[3] WALTER ME. Aromatic polyimides and the process for preparing them [P]. US 3179634, 1965.

[4] 王敏.新型 KERMEL TECH 纤维 [J].材料开发与应用，2004，19 (5)：32-32.

[5] 向红兵，陈蕾，胡祖明.聚酰亚胺纤维及其纺丝工艺研究进展 [J].高分子通报，2011 (1)：40-50.

[6] SVETLICHNYI V, KALNIN'SH K, KUDRYAVTSEV V, et al. Charge transfer complexes of aromatic dian-hydrides [J]. Doklady Akademii Nauk SSSR (Engl Transl), 1977 (237)：612-615.

[7] 丁孟贤.聚酰亚胺：化学，结构与性能的关系及材料 [M].北京：科学出版社，2006.

[8] ZUBKOV V, KOTON M, KUDRYAVTSEV V, et al. Quantum chemical-analysis of reactivity of aromatic diam-

ines in acylation by phthalic-anhydride [J]. Zhurnal Organicheskoi Khimii, 1981, 17 (8): 1682-1688.

[9] VOLKSEN W, COTTS P, YOON D. Molecular weight dependence of mechanical properties of poly (p,p′-oxydi-phenylene pyromellitimide) films [J]. Journal of Polymer Science Part B: Polymer Physics, 1987, 25 (12): 2487-2495.

[10] YANG CP, HSIAO SH. Effects of various factors on the formation of high molecular weight polyamic acid [J]. Journal of Applied Polymer Science, 1985, 30 (7): 2883-2905.

[11] FROST L, KESSE I. Spontaneous degradation of aromatic polypromellitamic acids [J]. Journal of Applied Polymer Science, 1964, 8 (3): 1039-1051.

[12] HASEGAWA M, MATANO T, SHINDO Y, et al. Spontaneous molecular orientation of polyimides induced by thermal imidization. 2. In-plane orientation [J]. Macromolecules, 1996, 29 (24): 7897-7909.

[13] PRAMODA K P, LIU S, CHUNG T S. Thermal imidization of the precursor of a liquid crystalline polyimide. Macromolecular Materials and Engineering, 2002, 287 (12): 931-937.

[14] PRYDE C. IR studies of polyimides. I. Effects of chemical and physical changes during cure [J]. Journal of Polymer Science Part A: Polymer Chemistry, 1989, 27 (2): 711-724.

[15] DONG J, XU Y, XIA Q, et al. Investigation on cyclization process of co-polyimides containing 2- (4-amino-phenyl) -5-aminobenzimidazole units [J]. High Performance Polymers, 2014, 26 (5): 517-525.

[16] BREKNER M J, FEGER C. Curing studies of a polyimide precursor [J]. Journal of Polymer Science Part A: Polymer Chemistry, 1987, 25 (7): 2005-2020.

[17] SHIBAYEV L, DAUENGAUER S, STEPANOV N, et al. Effect of hydrogen bonds on the solid phase cyclode-hydration of polyamic acids [J]. Polymer Science USSR, 1987, 29 (4): 875-881.

[18] KANEDA T, KATSURA T, NAKAGAWA K, et al. High-strength-high-modulus polyimide fibers I. One-step synthesis of spinnable polyimides [J]. Journal of applied polymer science, 1986, 32 (1): 3133-3149.

[19] PARK J Y, KIM D, HARRIS F W, et al. Phase structure, morphology and phase boundary diagram in an aromatic polyimide (BPDA-PFMB) /m-cresol system [J]. Polymer International, 1995, 37 (3): 207-214.

[20] SAKAGUCHI Y, KATO Y. Synthesis of polyimide and poly (imide-benzoxazole) in polyphosphoric acid [J]. Journal of Polymer Science Part A: Polymer Chemistry, 1993, 31 (4): 1029-1033.

[21] CHEN X, LI Z, LIU F, et al. Synthesis and properties of poly (imide-benzoxazole) fibers from 4,4′-oxydiph-thalic dianhydride in polyphosphoric acid [J]. European Polymer Journal, 2015 (64): 108-117.

[22] JIN L, ZHANG Q, XU Y, et al. Homogenous one-pot synthesis of polyimides in polyphosphoric acid [J]. European Polymer Journal, 2009, 45 (10): 2805-2811.

[23] HASANAIN F, WANG ZY. New one-step synthesis of polyimides in salicylic acid [J]. Polymer, 2008, 49 (4): 831-835.

[24] CHUNG I S, PARK C E, REE M, et al. Soluble polyimides containing benzimidazole rings for interlevel dielectrics [J]. Chemistry of Materials, 2001, 13 (9): 2801-2806.

[25] DONG J, YIN C, LUO W, et al. Synthesis of organ-soluble copolyimides by one-step polymerization and fabrication of high performance fibers [J]. Journal of Materials Science, 2013, 48 (21): 7594-7602.

[26] DONG J, YIN C, ZHANG Y, et al. Gel-sol transition for soluble polyimide solution [J]. Journal of Polymer Science Part B: Polymer Physics, 2014, 52 (6): 450-459.

[27] GOEL R, HEPWORTH A, DEOPURA B, et al. Polyimide fibers: structure and morphology [J]. Journal of Applied Polymer Science, 1979, 23 (12): 3541-3552.

[28] GOEL R, VARMA I, VARMA D. Preparation and properties of polyimide fibers [J]. Journal of Applied Pol-

ymer Science, 1979, 24 (4): 1061-1072.

[29] DOROGY W E, CLAIR A K S T. Wet spinning of solid polyamic acid fibers [J]. Journal of Applied Polymer Science, 1991, 43 (3): 501-519.

[30] PARK S K, FARRIS R J. Dry-jet wet spinning of aromatic polyamic acid fiber using chemical imidization [J]. Polymer, 2001, 42 (26): 10087-10093.

[31] YIN C, DONG J, LI Z, et al. Ternary phase diagram and fiber morphology for nonsolvent/DMAc/polyamic acid systems [J]. Polymer Bulletin, 2015, 72 (5): 1039-1054.

[32] LIU X, GAO G, DONG L, et al. Correlation between hydrogen-bonding interaction and mechanical properties of polyimide fibers [J]. Polymers for Advanced Technologies, 2009, 20 (4): 362-366.

[33] NIU H, QI S, HAN E, et al. Fabrication of high-performance copolyimide fibers from 3,3′, 4,4′-biphenyltetracarboxylic dianhydride, p-phenylenediamine and 2-(4-aminophenyl)-6-amino-4(3H)-quinazolinone [J]. Materials Letters, 2012 (89): 63-65.

[34] CHANG J, NIU H, ZHANG M, et al. Structures and properties of polyimide fibers containing ether units [J]. Journal of Materials Science, 2015, 50 (11): 4104-4114.

[35] CHANG J, NIU H, HE M, et al. Structure-property relationship of polyimide fibers containing ether groups [J]. Journal of Applied Polymer Science, 2015, 132 (34).

[36] NIU H, HUANG M, QI S, et al. High-performance copolyimide fibers containing quinazolinone moiety: preparation, structure and properties [J]. Polymer, 2013, 54 (6): 1700-1708.

[37] LUO L, WANG Y, ZHANG J, et al. The effect of asymmetric heterocyclic units on the microstructure and the improvement of mechanical properties of three rigid-rod co-PI fibers [J]. Macromolecular Materials and Engineering, 2016, 301 (7): 853-863.

[38] SUKHANOVA T, BAKLAGINA Y G, KUDRYAVTSEV V, et al. Morphology, deformation and failure behaviour of homo-and copolyimide fibres: 1. Fibres from 4,4′-oxybis (phthalic anhydride) (DPhO) and p-phenylenediamine (PPh) or/and 2,5-bis (4-aminophenyl)-pyrimidine (2,5-PRM) [J]. Polymer, 1999, 40 (23): 6265-6276.

[39] KANEDA T, KATSURA T, NAKAGAWA K, et al. High-strength high-modulus polyimide fibers II. Spinning and properties of fibers [J]. Journal of Applied Polymer Science, 1986, 32 (1): 3151-3176.

[40] EASHOO M, WU Z, ZHANG A, et al. High performance aromatic polyimide fibers, 3. A polyimide synthesized from 3,3′, 4,4′-biphenyltetracarboxylic dianhydride and 2,2′-dimethyl-4,4′-diaminobiphenyl [J]. Macromolecular Chemistry and Physics, 1994, 195 (6): 2207-2225.

[41] SAMUEL IR, EDGAR SC. Formation of polypyromellitimide filaments [P]. US Patents 34157821968; 1968.

[42] IRWIN RS. Filament of polyimide from pyromellitic acid dianhydride and 3,4′-oxydianiline [P]. US Patents 4640972972, 1987.

[43] XU Y, WANG S, LI Z, et al. Polyimide fibers prepared by dry-spinning process: imidization degree and mechanical properties [J]. Journal of Materials Science, 2013, 48 (22): 7863-7868.

[44] NEUBER C, SCHMIDT H W, GIESA R. Polyimide fibers obtained by spinning lyotropic solutions of rigid-rod aromatic poly (amic ethyl ester) s [J]. Macromolecular Materials and Engineering, 2006, 291 (11): 1315-1326.

[45] WAKITA J, JIN S, SHIN T J, et al. Analysis of molecular aggregation structures of fully aromatic and semi-aliphatic polyimide films with synchrotron grazing incidence wide-angle X-ray scattering [J]. Macromolecules, 2010, 43 (4): 1930-1941.

[46] SARAF R F. Effect of processing and thickness on the structure in a polyimide film of poly (pyromellitic dian-

hydride-oxydianiline) [J]. Polymer Engineering & Science, 1997, 37 (7): 1195-1209.

[47] OBATA Y, OKUYAMA K, KURIHARA S, et al. X-ray structure-analysis of an aromatic polyimide [J]. Macromolecules, 1995, 28 (5): 1547-1551.

[48] CHENG S Z, WU Z, MARK E. A high-performance aromatic polyimide fibre: 1. Structure, properties and mechanical-history dependence [J]. Polymer, 1991, 32 (10): 1803-1810.

# 第七章 聚四氟乙烯纤维

## 第一节 概述

聚四氟乙烯（PTFE）纤维具有优良的耐热性、阻燃性、耐腐蚀性、耐候（耐紫外线）性、生物相容性，使其在高技术纤维中占有最重要的位置。1953 年美国杜邦公司最早成功开发出聚四氟乙烯纤维，1957 年实现工业化生产，商品名为 Teflon®（特氟纶）[1-3]。PTFE 纤维是含氟纤维中最早工业化的特种合成纤维，其品种有单丝、复丝、短纤维及加捻长丝等主要规格[4]。由于其在含氟纤维中的重要性，国际标准化组织（ISO）给聚四氟乙烯（PTFE）纤维的种类名称为 Fluorofiber。我国把聚四氟乙烯（PTFE）纤维又称为氟纶，美国和日本称其为 Teflon（特氟纶）纤维，俄罗斯则称之为 Polyfen®（波利芬）。

由于 PTFE 纤维优良的性能，在环保、航空航天、军工国防、机械、电子、化工、医疗、纺织、建筑等各个领域得到了广泛应用。国外比较知名的品种有美国 Gore 公司的 Gore® ePT-FE 纤维、奥地利兰精公司的 Profilen®纤维、日本东丽公司的 Toyoflon® 和 Teflon® 纤维等。国内生产 PTFE 纤维的生产厂家主要包括浙江格尔泰斯环保特材科技有限公司、上海金由氟材料有限公司、常州中澳兴诚高分子材料有限公司、台湾宇明泰化工股份有限公司、上海灵氟隆膜技术有限公司、常州英斯瑞德高分子材料有限公司等。世界总年产在 2 万吨/年左右，国内产量占 50%左右。

## 第二节 聚四氟乙烯树脂的种类

聚四氟乙烯树脂是以水作为聚合介质，在引发剂、表面活性剂和其他添加剂存在的情况下，在适当的温度和压力条件下，将气态四氟乙烯（TFE）单体逐渐通入水相，通过自由基聚合得到的完全线型和高结晶度的高分子量聚合物。

根据产品状态的不同，聚四氟乙烯有悬浮树脂、分散树脂和分散液（乳液）三个主要品种。聚四氟乙烯的聚合方法主要有悬浮聚合和乳液聚合两种方法，其中悬浮树脂（又称粒状树脂，granular powder）通过悬浮聚合方法制备，分散树脂（国外通常称其为细粉树脂，fine powder）和分散液（又称乳液）则通过乳液聚合（又称分散聚合）方法制备。两种聚合方法显著不同，悬浮聚合采用少量分散剂（浓度为 5~500mg/kg，起到聚合种子的作用）或者不采用分散剂（乳化剂），聚合反应时采用剧烈搅拌，聚合产物以颗粒状浮于水面；分散聚合则采用适量的分散剂（0.1%~3%）和合适的稳定剂（一般为碳原子数 12 以上的石蜡），聚合反应时采用温和的搅拌，以避免聚合过程中发生的凝聚。分散聚合的聚合速率比悬浮聚合慢得多，典型聚合产物为带负电椭圆形胶体状颗粒分散液[4-6]。

国外 PTFE 树脂主要生产厂家有杜邦公司（Teflon®）、大金公司（Polyflon®）、旭硝子公司（Fluon®）、Dyneon 公司（Hostaflon®）、Solvay Solexis 公司（Algoflon®）等，国内 PTFE 树脂主要生产厂家有上海三爱富新材料股份有限公司、中昊晨光化工研究院、浙江巨化股份有限公司、山东东岳高分子材料有限公司等。

## 一、聚四氟乙烯悬浮树脂

PTFE 悬浮树脂是采用悬浮聚合方法制备的粒状树脂，主要由聚合和树脂后处理等工序组成。聚合体系由单体、引发剂、水、添加剂等组成，树脂后处理包括树脂洗涤与捣碎、干燥、粉碎、预烧结等工序。

根据聚合后的后处理方式不同，PTFE 悬浮树脂又分为中粒度（基础树脂）、细粒度、造粒和预烧结树脂等主要品种，其差异主要体现在表观密度、粒径、形状、硬度和流动性等方面，因此不同后处理方式得到的 PTFE 悬浮树脂，其制品加工方式及制品性能有所不同。

离开聚合釜并滤去大部分水分后，经过捣碎、洗涤（必要时经过研磨）和干燥，得到平均粒度 $100 \sim 300 \mu m$ 的中粒度基础悬浮树脂。对中粒度基础树脂以气流或其他方式粉碎，得到平均粒度在 $20 \sim 40 \mu m$、表观密度在 $250 \sim 500 g/cm^3$ 的细粒度树脂（Fine cut granular powder）。细粒度树脂的松密程度和质地像小麦面粉，压制后的坯料致密性较好，用于模压成型加工，制得的 PTFE 制品电绝缘性、机械性能和耐渗透性等较好；细粒度树脂也用于填充 PTFE 复合材料的制备和加工。在细粒度树脂基础上经过干法或湿法聚集（造粒）处理，制备出表面光滑、粉末流动性较好的造粒树脂（Pelletized granular powder）。造粒树脂的平均粒径大多为 $400 \sim 800 \mu m$，表观密度大多在 $400 \sim 900 g/cm^3$，树脂自由流动性较好，可适应模压，尤其是自动模压和柱塞挤出成型加工方式。在细粒度基础上经过预烧结和破碎处理，可以得到预烧结树脂（Presintered granular powder）。预烧结树脂的平均粒径为 $100 \sim 1500 \mu m$，表观密度在 $600 \sim 700 g/cm^3$，预烧结树脂主要用于柱塞挤出成型，用来连续加工直径 $5 \sim 50 mm$ 的棒、管和异型材等。

## 二、聚四氟乙烯分散树脂

PTFE 分散树脂是通过分散（乳液）聚合方式制备的，通常在分散剂（如全氟辛酸铵，APFO）、稳定剂（如石蜡）和引发剂等存在下，四氟乙烯单体在较高温度和压力下，且在比较温和搅拌条件下进行聚合，得到乳液状的聚合物水分散液，其中 PTFE 质量浓度一般为 $10\% \sim 30\%$。存在于分散液中未经凝聚的 PTFE 粒径为 $0.15 \sim 0.40 \mu m$，它们被分散剂包围而具有一定的稳定性，称为 PTFE 的初级粒子。

分散聚合得到的 PTFE 聚合物分散液经过稀释，在破乳剂和机械搅拌作用下实现破乳，分散液中的初级粒子凝聚成粒径较大的次级粒子，并同分散液分离，经过洗涤、干燥后得到 PTFE 分散树脂（Fine powder 或 Coagulated-dispersion powder）。PTFE 分散树脂呈白色细粉状，次级粒子平均粒径一般在 $300 \sim 1300 \mu m$，表观密度一般在 $400 \sim 500 g/cm^3$。PTFE 分散树脂由于聚合工艺和后处理条件等因素的变化以及聚合时有无加入少量改性单体、加入量的多少和加入时机等的不同，产生了很多不同品级和牌号的分散树脂，分别适应各种不同的加工方法和制品性能。

PTFE 分散树脂的分子量和结晶度一般较悬浮树脂更高，结晶度高达 98% 以上。和 PTFE 悬浮树脂不同的是，PTFE 分散树脂具有原纤化倾向，即在摩擦、挤压等剪切作用力下，PT-FE 分散树脂大分子容易从 PTFE 分散树脂颗粒表面和内部抽出，形成微纤维。干燥后的 PT-FE 分散树脂在运输和储存过程中应避免挤压，并在 19℃ 以下低温环境下保存，尽量避免其发生原纤化。

### 三、聚四氟乙烯分散液

PTFE 分散液又称 PTFE 乳液，由四氟乙烯单体通过分散聚合方式得到。为了得到更加稳定的 PTFE 分散液或浓度更高的 PTFE 浓缩分散液，一般在分散聚合得到的 PTFE 分散原液基础上加入更多的乳化剂，或者通过分散聚合原液浓缩后制备 PTFE 浓缩分散液，浓缩方法包括加表面活性剂絮凝和再分散法、直接盐析破乳法、乳化剂增浓法、物理脱水法、半透膜脱水法、高分子膜分离法等。一般 PTFE 分散液中树脂的质量百分含量为 25%~75%，市售 PT-FE 浓缩分散液中 PTFE 分散树脂含量多为 60%，PTFE 初级粒子粒径 0.2~0.3μm，其中乳化剂含量为 PTFE 树脂质量的 0~12%（浓度较低的 PTFE 分散液可不用额外的乳化剂）。为了保持分散液的储存稳定性并避免储存过程中细菌的滋生，PTFE 分散液的 pH 一般在 8.5~11。分散聚合 PTFE 粒子表面呈现负电性，因此乳化剂一般为阴离子或非离子型表面活性剂，其中以非离子型表面活性剂为主。

PTFE 分散液大多用于制备特殊涂层，如在耐高温纱线、耐高温织物（玻纤织物）或金属表面进行浸渍或涂层。使用时 PTFE 分散液可根据需要进行稀释，稀释时一般用去离子水，或含有一定浓度非离子表面活性剂的去离子水进行稀释。PTFE 分散液储存温度为 5~30℃，温度过高会出现沉淀，温度低于 0℃，会出现不可逆絮凝。长时间放置时，应在较低温度环境下储存，同时每周或每月适当搅动，以避免 PTFE 颗粒缓慢沉淀于容器底部。

## 第三节　聚四氟乙烯纤维的制备

由于 PTFE 高聚物数均分子量大多在数百万到千万之间，熔融时黏度很高（380℃ 运动黏度为 $10^{10}$~$10^{11}$ Pa·s），流动性很差；同时由于 PTFE 树脂几乎不溶于任何常见溶剂，因此 PTFE 纤维很少采用熔融或溶液加工方法，而常采用特殊的方式制备[7,8]。

PTFE 纤维的制备方法和普通合成纤维的制备有很大不同，当前商业化规模生产 PTFE 纤维的主要方法包括：以 PTFE 分散树脂为主要原料的膜裂法、以 PTFE 浓缩分散液为主要纺丝原料的载体纺丝法和以 PTFE 分散树脂为主要制备原料的糊状挤出法三种[9,10]。对于 PTFE 纤维而言，除了由 PTFE 树脂特性所决定的优异理化性能，纤维成型过程以及纤维力学性能是制备 PTFE 纤维必须要考虑的因素。由于熔融时 PTFE 树脂聚集态结构和分子构象发生很大变化，因此对于熔融再结晶后的 PTFE 难以进行充分和有效的取向调整。虽然有采用熔融方式[11] 或固态挤出[12] 方式制备 PTFE 纤维的报道，但其纤维制品力学性能相对较低，因此熔融加工方式很少有商业化生产。

### 一、膜裂法制备聚四氟乙烯纤维

膜裂法是 20 世纪 70 年代最早由美国杜邦[13]、奥地利 Lenzing[14,15] 以及后来的美国 Gore[16] 和日本大金公司[17] 发明的一类 PTFE 制备技术，主要包括切削膜裂法和拉伸薄膜膜裂法两种。国内大多文献将膜裂法制备 PTFE 纤维技术的起源归为奥地利 Lenzing 公司（剖裂剥落纺丝工艺，Split Peeling Process），在该制备方法中首先将 PTFE 树脂烧结成棒状（直径 100~300mm），然后采用先剖裂后剥落方式制备 PTFE 纤维。由于烧结熔融过程中 PTFE 超分子结构的改变[9]，剖裂剥落后难以进行高倍拉伸以提高纤维力学性能，因此该方法（切削膜裂法）主要用于制备线密度较大（单丝平均线密度 10dtex）的密封材料（盘根）用 PTFE 纤维。90 年代 Lenzing 公司[18] 采用拉伸 PTFE 薄膜膜裂法制备了平均线密度为 2.6dtex 的短纤，用于耐高温针刺毡滤料的加工；同时生产线密度 440dtex 的膜裂法 PTFE 长丝，用于针刺毡增强基布和线密度 1350dtex 的三合股 PTFE 长丝缝纫线，用于耐高温滤袋的缝合。

由于高温环保滤料的巨大需求，以及拉伸薄膜膜裂法制备 PTFE 纤维的优良力学性能，90 年代 Lenzing、Gore、大金、杜邦等公司加大了对拉伸薄膜膜裂法 PTFE 纤维的研究开发力度。Gore 公司的 PTFE 纤维种类和规格最为齐全，包括各种短纤、各种长丝及缝纫线等制品。

PTFE 膜裂法纤维制备技术是在 PTFE 拉伸薄膜加工技术[19] 上发展起来的一种技术，制备过程主要步骤为 PTFE 薄膜的制备，拉伸、分切（开纤）、定型以及加捻（长丝）或卷曲（短纤）三步，其主要制备过程如图 7-1 所示。

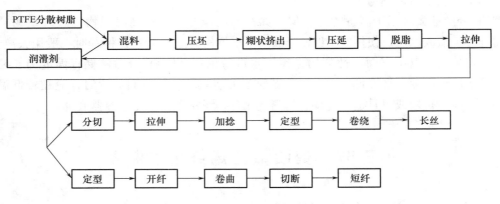

图 7-1　膜裂 PTFE 纤维的制备过程

由于 PTFE 分散树脂原料具有很高的相对分子质量和适于拉伸的超分子和聚集态结构，分散树脂颗粒在高于 30℃情况下，极易在剪切外力作用下形成高取向的微纤维，因此 PTFE 分散树脂成为膜裂法 PTFE 纤维的首选原料。

由于 PTFE 树脂熔融黏度很高，PTFE 分散树脂不适合进行熔融加工，同时由于 PTFE 分散树脂黏性较大，室温流动性较差，原料蓬松，需要在适当润滑剂（白油、石油醚、煤油等）辅助下进行糊料挤出推压成型。由于 PTFE 分散树脂易发生纤维化，混料应在 30℃以下进行，并采用 V 型混合器搅拌方式。推压成型之前需要预成型（压坯）工序，制备出糊状挤出所需的特定尺寸的坯料，预成型压力为 2~5MPa，预成型压缩比在 3:1 左右。PTFE 分散树脂经过糊料挤出为圆形和方形棒状物，糊料挤出温度在 35~70℃，挤出压缩比为 100:1~

400:1，然后经压延机压延后成为 PTFE 压延基带。压延基带脱除润滑剂（脱脂温度 100~200℃）后进行适当倍数拉伸后得到 PTFE 拉伸薄膜，脱脂后的润滑剂可以回收利用。PTFE 膜裂法长丝，一般在 PTFE 拉伸薄膜基础上，再经过分切（分切宽度依纤维细度而定，一般在 3~10mm）、多道拉伸、加捻、定型、卷绕等工序制备；PTFE 膜裂法短纤，一般在 PTFE 拉伸薄膜基础上，再经过定型、开纤、卷曲、切断等工序制备[20,21]。

膜裂法 PTFE 纤维的主要制品包括短纤和长丝两个品种，短纤线密度大多在 3~10dtex，有多种名义长度（切断长度）；长丝线密度在 90~2000dtex，由于膜裂法制备过程中扁丝为中间产品，最终的 PTFE 长丝制品多为加捻长丝，有单丝和多股加捻长丝制品。

拉伸薄膜膜裂法 PTFE 纤维强度较高，一般在 2~4.5cN/dtex，甚至高达 6cN/dtex 以上，同时膜裂法 PTFE 纤维制备过程无污染，所制备的 PTFE 纤维纯净（100% PTFE）、洁白，加工效率较高。膜裂法 PTFE 纤维的主要缺点是粗细均匀度较差，纤维较粗，纤维截面形状多为扁圆形。

我国膜裂法 PTFE 纤维制备和加工发展较晚，目前主要由浙江格尔泰斯环保特材科技有限公司、上海金由氟材料（上海市凌桥环保设备厂）有限公司、台湾宇明泰化工股份有限公司等厂家生产。

### 二、乳液纺丝制备聚四氟乙烯纤维

乳液纺丝，也称载体纺丝，是采用 PTFE 浓缩分散液和其他成纤性较好的聚合物溶液一起混合制备 PTFE 纺丝溶液，利用成纤聚合物溶液的辅助或载体作用，通过溶液纺丝方式制备中间复合纤维，然后通过烧结初生复合纤维并氧化分解纺丝载体聚合物的方式制备 PTFE 纤维。

乳液纺丝方式是最早实现产业化和最为成熟的一种 PTFE 纤维制备技术，杜邦公司早在 20 世纪 50~60 年代就申请了采用黏胶作为纺丝载体的乳液纺丝法制备 PTFE 纤维专利[22]，之后杜邦公司申请了多个乳液纺丝法制备 PTFE 纤维的专利[23-26]，其中的纺丝载体涉及黏胶、各种纤维素醚类衍生物，并将其乳液纺丝 PTFE 纤维注册为"特氟龙"纤维（Teflon®）。目前国外主要以纤维素或纤维素衍生物作为纺丝载体的 PTFE 纤维生产商为日本东丽公司，并以 Toyoflon® 作为其商品名；2002 年收购杜邦公司 Teflon® 纤维事业，成立了东丽氟纤维有限公司，以 Teflon® 为商品名生产和销售其乳液纺丝法 PTFE 纤维。俄罗斯生产以黏胶作为纺丝载体的乳液纺丝 PTFE 纤维，其商品名为"Polifen"。

乳液纺丝工艺主要包括纺丝过程、烧结过程和牵伸过程三个主要工序。

纺丝过程中纺丝液制备、纺丝温度和凝固条件等和普通黏胶和维纶湿法纺丝类似，所不同的是，由于 PTFE 分散树脂在 30℃的晶型变化，纺丝温度不能高于 30℃，否则纺丝液容易结块。温度太低，纺丝液黏度偏低。一般纺丝温度在 20~30℃为宜。

在保证纺丝顺利的情况下，纺丝液中 PTFE 树脂与纺丝载体聚合物质量比应尽可能高，以保证烧结后纤维中残留物较少，同时保证之后的牵伸性优良，以制备力学性能更好的 PTFE 纤维。

纺丝载体溶液一般选取容易成纤的纤维素衍生物类和聚乙烯醇类聚合物的水溶液，乳液纺丝时前者采用类似黏胶纤维的制备方法，后者采用类似维纶的制备方法，首先制备出 PTFE

中间纤维。在 PTFE 乳液丝条凝固过程中，充分利用载体聚合物容易在凝固液成分作用下凝固成纤的性质，以及 PTFE 分散液中 PTFE 分散树脂颗粒之间的凝聚作用，得到含有 PTFE 分散树脂和载体聚合物的混合中间纤维（即初生纤维）。

在烧结过程中，载体聚合物被高温（烧结温度一般高于 PTFE 熔点）氧化分解，PTFE 分散树脂颗粒则在高温作用下发生融合。载体聚合物在高温分解后，气体成分部分逸出，部分残渣残留在 PTFE 纤维中，残留物和载体种类及含量有关，一般成品 PTFE 纤维中残留物含量在 1%~3%，造成 PTFE 纤维多呈棕色或褐色。

烧结处理之后的 PTFE 中间纤维可以在 PTFE 树脂玻璃化温度以上进行进一步的牵伸，以改善和提高 PTFE 纤维的力学性能。热牵伸可以分多步进行，调控每道的牵伸温度和牵伸倍数，从而调控纤维的结构和力学性能。

典型的 PTFE 乳液纺丝流程如图 7-2 所示。

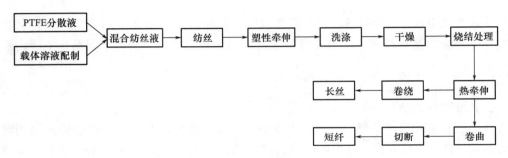

图 7-2　乳液纺丝法 PTFE 纤维的加工过程

国内常州市兴诚高分子材料有限公司申请了以黏胶作为纺丝载体的乳液纺丝法 PTFE 纤维[27] 的专利，并有乳液纺丝法 PTFE 纤维的生产和销售。杜邦公司申请了以聚苯乙烯的四氯化碳溶液作为纺丝载体进行干法纺丝的专利[28]，西安工程大学则公开了以纤维素氨基甲酸酯作为纺丝载体的乳液纺丝法 PTFE 纤维制备的研究。浙江理工大学、西安工程大学、南京际华集团 3521 等单位合作，对以 PVA 作为纺丝载体的 PTFE 乳液纺丝工艺及相关设备开发进行了系统研究，并实现了产业化生产，东华大学等报道了以 PVA 作为纺丝载体的乳液纺丝法制备 PTFE 纤维的研究[29-33]。

乳液纺丝法 PTFE 纤维制品主要包括短纤和长丝制品，国内以短纤制品生产为主，日本东丽公司（Toray fluorofiber）则既有长丝又有短纤制品。乳液纺丝法 PTFE 纤维的特点是纤维细度均匀，截面近圆形，加工效率高。由于载体聚合物的存在，烧结炭化后（残留物 1%~3%）的 PTFE 纤维多因残留炭化物而呈棕色或褐色。残留物可通过硝酸溶液漂白后得到白色乳液纺丝法 PTFE 纤维。乳液纺丝法纤维的强度偏低，一般在 0.5~2cN/dtex，热收缩率较高，一般高于 10%，同时湿纺纺丝存在一定的废水、废气和环境污染问题。

**三、糊料挤出法制备聚四氟乙烯纤维**

糊料挤出法是采用 PTFE 分散树脂颗粒和易挥发的烷烃类润滑剂按一定配比进行混合，得到 PTFE 糊料，然后通过预成型、糊料挤出制备 PTFE 初生纤维，初生纤维经过脱脂、热处理、拉伸等必要工序后，制得 PTFE 纤维。国外 Hitachi Cable 公司申请了糊料挤出法[34] 制备 PTFE 单丝的方法，浙江理工大学郭玉海等公开了 PTFE 糊状挤出纺丝方法及专用喷丝头[35,36]，何正兴等也申请了[37] 糊状挤出法制备 PTFE 单丝的方法。

糊料挤出法 PTFE 纤维制备方法是在糊料挤出法 PTFE 制品（管、棒、膜）加工基础上发展起来的，其主要制备工艺过程如图 7-3 所示。

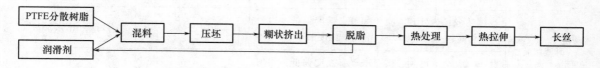

图 7-3　糊料挤出法 PTFE 加工过程

树脂原料选用初级粒子，粒径为 0.15~0.4μm，次级粒子的粒径为 450~600μm 的分散聚合 PTFE 树脂。由于 PTFE 分散树脂具有一定的黏附性，容易结块，在和润滑剂混合之前一般在低于 19℃ 条件下过筛处理。润滑剂采用低沸点、有一定黏度和表面张力的航空煤油、十氢萘、溶剂油（白油）等异构烷烃类润滑油，润滑剂含量一般为 PTFE 树脂质量的 15%~25%。混料时应注意搅拌条件，多采用 V 型混合器，低速转动混合。压坯在 1~10kg/cm² 压力下进行，压缩比例在 3:1。

糊料挤出法 PTFE 纤维具有密度大、强度高、截面圆形、细度均匀的特点，由于糊状挤出法在挤出过程中的压缩比较高，挤出压力很高，因此适合制备粗特单丝制品。糊料挤出法 PTFE 纤维中的润滑剂在脱脂过程中完全脱除，因此成品纤维全部为 PTFE。制备过程中的润滑剂可以回收再利用，生产过程比较环保。由于糊料挤出设备成型压力的限制，糊料挤出法非常适合制备单丝制品，多孔挤出复丝产品需要特殊的喷丝板设计和挤出设备，因此糊状挤出法 PTFE 纤维制备的生产效率受到一定限制。虽然有固态挤出（低于 PTFE 熔点，不采用润滑剂辅助的挤出方法）方法制备 PTFE 纤维的研究报道，但所制备的纤维强度较低[10]。

糊状挤出法 PTFE 纤维和膜裂法 PTFE 纤维的制备非常类似，由于糊料挤出法不需要制备薄膜和分切过程，因此糊状挤出法 PTFE 纤维的制备流程比膜裂法 PTFE 纤维短。国外 Gore 公司有致密 PTFE 单丝制品生产，国内则主要是上海灵氟隆膜技术有限公司生产，产量比膜裂法和乳液纺丝法 PTFE 纤维低。

## 四、三种加工技术的特点对比

膜裂法、乳液纺丝法和糊状挤出法三种主要的 PTFE 纤维制备和加工技术各有特点，所制备的 PTFE 纤维制品形态和性能有所差异，主要特点对比见表 7-1。

由于膜裂法 PTFE 纤维制备过程环保，加工效率高，制品力学性能可控度较高，制品种类和规格较多，包括不同粗细、形状、致密程度的缝纫线、长丝和短纤等制品，目前产量最高。其次是乳液纺丝法 PTFE 纤维，虽然纤维力学性能稍差于膜裂法 PTFE 纤维，但制备技术相对成熟，加工效率较高。糊状挤出法 PTFE 纤维力学性质较高，但加工效率偏低，一般用于制备特殊用途和性能要求的单丝制品，产量较低。

表 7-1　PTFE 纤维制备方法及国内外生产情况

| 纺丝方法 | 技术特点 | 纤维特点 | 国外主要生产商 | 国内主要生产商 |
|---|---|---|---|---|
| 膜裂法 | 先加工薄膜，然后分切、拉伸、加捻 | 长丝，强度高，均匀性差，细度大 | 美国戈尔、奥地利 Lenzing | 浙江格尔泰斯、上海金由氟材料、台湾宇明泰 |
| | 先加工薄膜，然后拉伸、开纤、卷曲 | 短纤，强度中等，均匀性差，细度偏大 | 美国戈尔、奥地利 Lenzing | 浙江格尔泰斯、上海金由氟材料、台湾宇明泰 |
| 乳液纺丝 | 载体纺丝、热处理、拉伸、切断 | 短纤，强度偏低，均匀性好，细度中等 | 日本东丽 | 常州兴诚、南京 3521 |
| | 载体纺丝、热处理、拉伸 | 长丝，强度偏低，均匀性好，细度中等 | 日本东丽 | |
| 糊状挤出 | PTFE 糊料直接挤出 | 纤维较粗，细度均匀，单丝为主 | 美国戈尔 | 上海灵氟隆 |

从用途来看，膜裂法 PTFE 短纤和乳液纺丝法 PTFE 短纤大量应用在高温空气过滤领域，膜裂法长丝主要应用于高温空气过滤材料用增强基布，膜裂法缝纫线主要应用于高温空气过滤用滤袋缝合。粗特膜裂法长丝则用于填料密封用盘根。乳液纺丝法长丝目前主要是日本东丽公司生产，可用于增强基布、缝纫线和填料密封，长丝强度和膜裂法长丝相比稍低一些。糊料挤出法主要制备长丝制品，尤其是单丝制品，用于增强基布和缝纫线等方面。

# 第四节　聚四氟乙烯纤维的性能

## 一、聚四氟乙烯纤维的物理性能

### 1. 力学性能

PTFE 纤维的力学性能和纤维制备方式、加工工艺及其聚集态结构等因素有关。乳液纺丝法 PTFE 纤维的牵伸倍数、取向度和强度较低，伸长率和热收缩率较大。260℃/30min 热处理后的收缩率一般在 10% 以上，经过充分定型后，高温热收缩可小于 10%。膜裂法 PTFE 纤维的牵伸倍数和取向度较高，强度可达 7cN/dtex，弹性模量达 255cN/dtex（56GPa）[38]，高温收缩率（260℃/30min）大多低于 6%，Gore 公司的 PTFE 缝纫线 RASTEX 的高温自由收缩率甚至小于 3%（260℃/30min），高温尺寸稳定性好。糊状挤出法 PTFE 纤维的细度偏粗，单丝线密度一般在 10dtex 以上，强度一般较乳液纺丝法和膜裂法所制备的 PTFE 纤维高，高温热收缩率在 5%~15%，这与其制备条件密切相关。由于 PTFE 纤维密度比传统纺织纤维高 60% 左右，因此在相同强度下，其断裂应力是传统纺织纤维的 1.6 倍左右。

PTFE 纤维的基本指标和力学性质见表 7-2。

和一些高性能纤维（对位芳纶、玻璃纤维）相比，PTFE 纤维具有优异的耐疲劳性质。由于 PTFE 分子间作用力较弱，纯 PTFE 纤维在外力作用下会发生明显的蠕变或冷流现象，蠕变现象与外载荷、时间和温度相关，通过填充纤维状或粉末状填充材料的方式可以改善其抗蠕变性。

表 7-2　PTFE 纤维的基本规格和力学性质

| 性能 | | 膜裂法 | 乳液纺丝法 | 糊状挤出法 |
|---|---|---|---|---|
| 密度（g/cm³） | | 1.2~2.2 | 2.0~2.1 | 1.8~2.2 |
| 线密度（dtex） | 长丝 | 100~2000 | 200~2000 | 400~1500 |
| | 短纤 | 3~10 | 1~10 | — |
| 截面形状 | | 扁形/近圆形 | 近圆形 | 近圆形 |
| 断裂强度（cN/dtex） | | 2~7 | 0.5~2.5 | 2~8 |
| 颜色 | | 白色 | 棕色/白色（漂白后） | 白色 |
| 断裂伸长率（%） | | 3~15 | 10~50 | 5~20 |
| 收缩率（%，260℃/30min） | | 2~6 | 6~20 | 5~15 |
| 最高使用温度（℃） | | 260~280 | 260~280 | 260~280 |

**2. 表面特性**

PTFE 纤维的表面摩擦因数很低，仅为锦纶的 1/6，且纤维分子之间的作用力较低，易在金属等摩擦副上形成转移膜，在固体润滑领域具有很好的应用价值。摩擦因数较低使得纤维之间的抱合力较低，梳理成网较困难。

PTFE 纤维的临界表面张力（$1.85 \times 10^{-2}$ N/m）很低，难以被大多数极性液体浸润，是一种表面能很低的固体材料，具有难粘和不粘特性[4,8]。

**3. 热学性能**

PTFE 纤维具有优异的耐高低温性能，在 -196~260℃ 范围内均能保持优良的力学性能，低温下具有较好的韧性。PTFE 纤维的熔点在 327℃ 以上，在 260℃ 以下可长期使用，在 120℃ 以下没有明显的热收缩，在 120℃ 以上开始发生热收缩。膜裂法 PTFE 纤维在 230℃ 高温下仍具有 1~3cN/dtex 的断裂强度，230℃ 热处理 12 h，强度保持率在 70% 以上[39]。

在正常使用温度（260℃ 以下），PTFE 纤维具有良好的热稳定性。290℃ 以上会发生一定的升华，质量损失率为 0.0002%/h[40,41]，415℃ 以上开始分解，570~650℃ 热分解速率最快。

PTFE 纤维的热导率为 0.2~0.4 W/(m·K)，在常见纤维中，热导率较高，和锦纶相似，比棉纤维高很多倍。PTFE 纤维极限氧指数大于 95%，属于难燃纤维，具有良好的阻燃性质。PTFE 纱线纯纺织物具有比 PTFE/Nomex 交织织物更好的阻燃和抑烟效果[42]。

**4. 介电和导电性能**

由于氟原子在分子链上的对称均匀分布，PTFE 纤维具有良好的介电性能。PTFE 纤维的介电常数在 -40~250℃ 范围内基本保持恒定在 2.1，介电耗损角正切值在 0.0003 左右（100MHz）。

纯的 PTFE 纤维具有很高的体积电阻率（$>10^{18}$ Ω·cm），具有优良的绝缘性能。表面电阻率大于 $>10^{16}$ Ω·cm，梳理时容易产生静电。PTFE 纤维不吸湿，因此体积电阻和表面电阻不随湿度变化而变化。

## 二、聚四氟乙烯纤维的耐腐蚀性和耐候性

PTFE 分子中 C—F 键的键能很高，F 原子围绕 C 原子主链形成螺旋形保护结构，因此腐

蚀性强酸、强碱、强氧化剂即使在高温时对 PTFE 纤维也没有腐蚀作用。PTFE 几乎不溶于所有溶剂，300℃ 以上只有含氟溶剂能够溶胀 PTFE 纤维。熔融状态的碱金属、三氟化氯以及元素氯等能对 PTFE 纤维起到明显的化学作用[4]。PTFE 纤维的耐化学腐蚀性使其在特种液体过滤、复杂烟气成分的中、高温空气过滤等应用场合，具有十分重要的应用价值。

PTFE 纤维对高能辐射比较敏感，但 PTFE 纤维的耐紫外线性能优良，直接暴露于外界的大气条件下，三年内其断裂强力仅有 2% 的下降[1]。

# 第五节　聚四氟乙烯纤维的应用领域

## 一、过滤材料

由于我国煤炭占能源消费比例高达 70% 以上，加上近 20 年来迅速的工业、经济和社会发展，煤炭在电力、冶金、建筑及工业领域的应用总量迅速增加，对我国的大气环境造成了严重影响。煤炭燃烧废气中含有不同粒径和不同成分的烟尘，由于袋式除尘器具有除尘效率高、捕集粉尘粒径范围大，在滤料选择恰当的情况下，袋式除尘器能够适应高温、高湿、高浓度的微细粉尘、吸湿性粉尘和易燃易爆粉尘等复杂和恶劣工况，袋式除尘技术在工业除尘领域应用越来越广泛。以耐高温、耐腐蚀滤料作为核心部件的袋式除尘器，在燃煤发电、垃圾焚烧、水泥、冶金等工业领域的应用发挥了重大作用[43]。

高温过滤的烟气温度一般在 150~270℃，烟气中不仅含有工业粉尘，还常伴有水蒸气、酸性气体（$SO_x$、$NO_x$、$CO_x$、HCl、HF）、碱性氧化物以及不同的含氧量，不同场合下的烟尘排放成分不同，不同纤维的耐热性、耐水解性、耐腐蚀性、耐氧化性不同[45,46]，高温烟尘过滤使用场合不同[44-46]。由于 PTFE 纤维耐高温及高温力学保持性能优良，可以长期在 260℃ 下使用，短期使用温度可以高达 280℃。同时，PTFE 具有优异的耐腐蚀和抗氧化性能。因此，PTFE 纤维是高温粉尘过滤材料（高温袋式除尘滤袋）的最佳选择。

作为高温烟尘过滤材料使用时，PTFE 纤维主要有以下几种使用方式。

（1）PTFE 短纤和其他耐高温、耐腐蚀短纤维混合，如 PPS 纤维、P84 纤维、玻璃纤维等混合[47]，通过针刺或水刺制备过滤材料，以充分利用不同纤维的性能，同时降低过滤材料制造成本。这种形式的耐高温过滤材料在燃煤电厂有大量的应用。

（2）全部采用 PTFE 短纤维加工非织造针刺或水刺滤料，适合于高腐蚀性、高氧化性及复杂烟尘成分场合。由于垃圾成分及焚烧烟气成分较为复杂，为延长滤袋使用寿命，近年来的发展趋势是采用 100% PTFE 滤料。

（3）为提高耐高温空气过滤非织造材料的强度和力学性能，PTFE 长丝（100~600dtex）机织加工成增强基布，采用混合的或全部 PTFE 短纤维针刺或水刺无纺布。具体产品包括 PTFE 长丝织物基布与 PPS 纤维网针刺或水刺毡、PTFE 长丝织物基布与 PPS/PTFE 混合纤维网针刺或水刺毡。

（4）PTFE 长丝（1000~4000dtex）作为高温空气过滤材料（滤袋）加工用缝纫线，由于 PTFE 长丝具有高强度和耐腐蚀特性，PTFE 长丝缝纫线和 Nomex 缝纫线相比，可以提高滤袋使用寿命[39]。PTFE 纤维在国内外已经大量应用于高温空气过滤材料，也是当前国内外 PTFE

纤维应用量最大的领域。PTFE 滤材使用寿命比其他材质的滤料提高 1~3 倍以上（如国外记载用 100%PTFE 纤维制成的滤料已使用 7~10 年），具有很高的性价比。

PTFE 纤维除了可以用于高温、耐腐蚀空气过滤外，还可以应用于水过滤领域。在水过滤领域中，可以使用 PTFE 超细纤维无纺布直接作为过滤介质，进行微滤操作。大多数膜过滤场合，尤其是平板膜、离子交换膜等，膜强度不够高，需要非织造或机织的支撑材料，目前大多数水过滤支撑材料采用丙纶、涤纶或锦纶制作；对于一些特殊过滤场合，如强酸、强碱、氧化性废水过滤，大多需要采用复杂的预处理程序，以中和、调节废水成分，若采用 PTFE 纤维支撑材料及 PTFE 微孔膜，则可以实现纯 PTFE 材质特种微滤。

### 二、密封和润滑材料

盘根密封（Compression packing）通常由较柔软的纱线编织而成，通过各种不同截面形状的条状物填充在密封腔体内，靠填充材料的径向压缩作用实现密封，同时起到一定润滑作用。盘根密封早期是以棉、麻等天然纤维纱线编织件填塞在密封墙体通道内，阻止非腐蚀性液体的泄漏，在高温、高腐蚀场合则采用石棉纤维。随着材料制备技术的不断发展，当前用于填料密封的纤维包括芳纶、碳纤维、石墨纤维、玻璃纤维、聚四氟乙烯纤维及其复合材料。由于填料来源广泛，加工容易，价格低廉，密封可靠，安装和更换简单，所以沿用至今。现在盘根密封经过不断的材料革新，性能大大提高，被广泛用于离心泵、压缩机、真空泵、搅拌机和船舶螺旋桨的转轴密封、活塞泵、往复式压缩机、制冷机的往复运动轴封，以及各种阀门阀杆的旋动密封等方面。

由于 PTFE 纤维具有耐高温、耐腐蚀、摩擦因数低、导热性较好，同时具有自润滑作用等特点，在旋装式和往复式动密封场合有着特殊的地位。PTFE 纤维盘根密封材料可以在 pH 0~14，温度−100~260℃，轴线速度 20m/s 以下，密封压力 8MPa 条件以下使用[48]，在卫生级要求较高、腐蚀性强、线速度高、易磨损等工况和环境下更有优势。

PTFE 纤维用于盘根密封时，一般用线密度 1000dtex 以上的长丝编织成具有一定截面形状的条状物。由于 PTFE 纤维的磨耗较大，导热性能稍差，因此很多场合下采用 PTFE 长丝和其他纤维如对位芳纶和石墨纤维长丝混合编织而成，充分利用其他纤维的耐磨性和 PTFE 纤维的低摩擦因数和自润滑特性。为提高 PTFE 盘的根耐磨寿命，可以通过浸渍含有石墨或其他润滑、耐磨材料的 PTFE 乳液，或者制备聚四氟乙烯纤维时填充石墨等材料[49,50]。乳液纺丝法制备的 PTFE 长丝比膜裂法长丝的强度低，轴线速度和使用寿命较低[51]。

关节轴承[52] 是一种特殊的滑动轴承，一般情况下作摆动、旋转和倾斜运动，其基本结构是由一个带内球面的外圈和一个带外球面的内圈组成。其特点是结构简单、承载力大、耐冲击、摩擦因数小、自润滑及维护方便。自润滑关节轴承是在轴承外圈内球面粘贴一层如聚四氟乙烯织物等低摩擦、自润滑材料，用衬垫表面对内圈外球面的滑动摩擦代替内外圈钢表面的摩擦，降低关节轴承内外圈之间的磨损，提高使用寿命。自润滑关节轴承被广泛应用于航空、航天、冶金、交通各部门，其中含 PTFE 纤维织物衬垫的自润滑关节轴承应用最为广泛。为提高衬垫织物与内外圈之间的黏结，同时为了充分发挥 PTFE 纤维的低摩擦、自润滑作用，关节轴承衬垫织物在结构上一般为非对称的，即衬垫织物一侧富含 PTFE 纤维，作为润滑面，另一侧富含其他高强度纤维，如芳纶等，作为黏结面。

### 三、建筑材料

索膜结构（Tensioned membrane structure）是用高强度柔性膜材（涂层织物）依靠自身拉应力并与支撑杆和拉索共同作用，形成稳定的曲面结构，能够承受一定外荷载。索膜结构具有造型轻巧、柔美、可设计自由度高、制作简易、安装快捷、节能、易于施工、使用安全等多种优点，在体育场、机场、旅游帐篷等建筑膜结构等方面得到广泛应用。用于建筑工程的薄膜材料分为织物类膜材和非织物类膜材两大类，其中非织物类膜材则以 PTFE 薄膜最具代表性和竞争性，织物类膜材常用的有 PVDF 或涂层覆盖聚酯纤维织物（简称 PVDF 膜材料）以及 PTFE 涂层玻璃纤维织物（简称 PTFE 膜材料）。由于 PTFE 纤维具有十分优异的耐光性和拒水防污性，该纤维也可用来制作户外用建筑膜结构和遮阳棚。由于 PTFE 纤维较传统的纺织纤维价格高，因此在建筑膜结构中大量使用的是经过 PTFE 乳液涂层的玻璃纤维织物，若采用 100%PTFE 纤维，即建筑膜结构采用经过 PTFE 乳液涂层的 PTFE 纤维织物，则建筑膜结构的采光更好，膜结构可以折叠收起，使用寿命更加耐久。

### 四、医疗卫生材料

由于 PTFE 纤维具有良好的化学惰性、生物相容性、无生物毒性、良好的抗疲劳性、低摩擦因数等特点，因此 PTFE 纤维在生物医用材料上具有良好的使用价值。

20 世纪 80 年代，欧美市场开始流行使用牙线。Lenzing 公司发明了一种聚四氟乙烯包芯纱型牙线[12]，黄斌香等则发明了制作 PTFE 牙线的方法[53,54]。美国 Gore 公司将 PTFE 膨化纤维用来制作人造韧带，DuPont 公司将 PTFE 纤维用于心脏瓣膜手术[12]、主动脉支架、医用敷料等，Lenzing 公司报道了将 PTFE 纤维用于植入性医用缝合线以及医用纺织品，尤其是皮癣患者服装和医院防褥疮床单。皮癣患者用服装包括 50%或者 100%PTFE 纤维 TEPSO® 袜子、衬衫、内衣，医用床单采用 67% PTFE 纤维和 33%棉混纺织物。采用 PTFE 纤维后，织物的导热系数较高，热阻和湿阻较小，具有比棉织物更好的热湿舒适性。利用 PTFE 纤维的低摩擦因数，可以将 PTFE 长丝和其他纤维纱线交织，加工运动保健袜品，降低穿着者脚底出现水泡的可能。

### 五、高性能绳索

在高张力、高弯曲应力等起重用途中，绳索的可靠性和耐久性至关重要。利用 PTFE 纤维的高弯曲疲劳性能，Gore 公司开发了 Omnibend PTFE 纤维高性能绳索。通过 Omnibend PT-FE 长丝和其他高性能纤维（如超高相对分子质量聚乙烯纤维、对位芳纶、芳香族聚酯纤维、玻璃纤维等）混合，可以显著提高绳索的弯曲疲劳寿命。使用了 20% PTFE 长丝的混合绳索，使用寿命可以提高 300%~500%。

### 六、其他应用

由于 PTFE 纤维有优异的耐候性能和较好的力学性能，在宇航员舱外航天服中被用做限制层和防撕裂层的关键材料。由于其优异的耐腐蚀性能，被用作氯碱电解槽用石棉隔膜的黏结，减少石棉的流失，延长隔膜的寿命[55]。PTFE 纤维的耐腐蚀性优异，其网状织物常被用作无机酸及其他腐蚀性化工产品制备过程的除雾器。PTFE 纤维还在复印机的清洁衬垫、刷、辊轮及润滑毡等方面有所应用，其耐热性、低摩擦性、耐腐蚀性得到充分利用。PTFE纤维屑或极短纤维（0.5~6mm）可用于塑料固体润滑填充剂，以改善塑料制品的耐磨性和自润滑性。

# 主要参考文献

［1］魏征，王妮.特氟纶纤维的生产、性能与应用［J］.陕西纺织，2002，1（53）：43-45.

［2］申建鸣，秦礼敏.特氟纶纤维的特性与应用［J］.国外纺织技术，2000（1）：8-10.

［3］鲍萍，王秋美.特氟纶纤维的制造、性能与应用［J］.产品用纺织品，2003（4）：35-37.

［4］张永明，李虹，张恒.含氟功能材料［M］.北京：化学工业出版社，2008.

［5］HOUGHAM Gh，CASSIDY P E，JOHNS K，et al. Fluoropolymers 1：Synthesis［M］. Aphen aan den Rijn：Kluwer Academic Publishers，2002.

［6］HOUGHAM Gh，CASSIDY P E，JOHNS K，et al. Fluoropolymers 2：Properties［M］. Aphen aan den Rijn：Kluwer Academic Publishers，2002.

［7］江建安.氟树脂及其应用［M］.北京：化学工业出版社，2014.

［8］钱知勉，包永忠.氟塑料加工与应用［M］.北京：化学工业出版社，2010.

［9］郭志洪，林佩洁，王燕萍，等.聚四氟乙烯纤维的成型方法［J］.合成技术及应用，2011，26（2）：28-32.

［10］郝新敏，杨元，黄斌香.聚四氟乙烯微孔膜及纤维［M］.北京：化学工业出版社，2011.

［11］LI M，ZHANG W，WANG C，WANG H. Melt Processability of Polytetrafluoroethylene：Effect of Melt Treatment on Tensile Deformation Mechanism［J］. Journal of Applied Polymer Science，2012（123）：1667-1674.

［12］MC GEE R L，COLLIER J R. Solid state extrusion of polytetrafluoroethylene fibers［J］. Polymer Engineering and Science，1986，26（3）：239-242.

［13］FITZGERALD E B. Process for making polytetrafluoroethylene yarn：US 4064214［P］. 1977.

［14］SASSHOFER F. Method of producing threads or fibers of synthetic materials：US 4025598［P］. 1977.

［15］SASSHOFER F. Monoaxially stretched shaped article of Polytetrafluoroethylene and process for producing the same：US 5167890［P］. 1992.

［16］ABRAMS B F. Expanded PTFE fiber and fabric and method of making same：US 5591526［P］. 1997.

［17］YAMAMOTO K. Polytetrafluoroehtylene fibers，Polytetrafluoroehtylene materials and process for preparation of the same：US 5562986［P］. 1996.

［18］SASSHOFER F. Monoaxially stretched shaped article of Polytetrafluoroethylene and process for producing the same：US 5167890［P］. 1992.

［19］Wilbert L Gore. Sealing material［P］. US 3664915，1969.

［20］徐志梁，罗文春，姜学梁.聚四氟乙烯超细纤维：CN103451758A［P］. 2013.

［21］徐志梁，罗文春，姜学梁.聚四氟乙烯纤维的制造方法：CN101967694A［P］. 2011.

［22］ARTHUR B L，EDWIN JW. Composition comprising a polyhalogenated ethylene polymer and viscose and process of shaping the same：US 2772444［P］. 1956.

［23］BLANKENBECKLER N L，JOSEPH M D II. KNOFF W F. Dispersion spinning process for poly（tetrafluoroethylene）and related polymers：US 5820984［P］. 1998.

［24］Gallup A R. Process for producing polytetrafluoroethylene filaments：US 3655853［P］. 1972.

［25］BLANKENBECKLER N L，JOSEPH M D II，KNOFF W F. Dispersion spinning process for polytetrafluoroethylene and related polymers：US 5723081 ［P］. 1998.

［26］ BLANKENBECKLER N L, JOSEPH M D II, KNOFF W F. Dispersion spinning process for polytetrafluoroethyl-ene and related polymers：US 5762846 ［P］. 1998.

［27］ 何正兴，卢小强，李仕金.聚四氟乙烯棕色纤维加工设备：CN1966784B ［P］. 2005.

［28］ CLARENCE B. Method of preparation of filaments from polytetrafluoroethylene emulsion：US 3147323 ［P］. 1964.

［29］ 马训明.PTFE 乳液的凝胶纺丝及其性能研究 ［D］. 杭州：浙江理工大学，2008.

［30］ 马训明，郭玉海，陈建勇，等.聚四氟乙烯纤维的凝胶纺丝 ［J］. 纺织学报，2009, 30 (3)：10-12.

［31］ 何志军，张一心，孙天翔，等.载体纺丝中 PTFE/PVA 干重比对 PTFE 纤维性能的影响 ［J］. 中国纤检，2012 (6)：84-85.

［32］ 张天，胡祖明，肖家伟，等.湿法纺丝制备 PTFE 纤维的后处理工艺研究 ［J］. 合成纤维工业，2013, 36 (2)：31-33.

［33］ 张磊，胡祖明，于俊荣，等.PVA/PTFE 浆液中硼酸质量分数对 PVA/PTFE 纤维性能的影响 ［J］. 高科技纤维与应用，2013, 38 (4)：29-33.

［34］ SHIMIZU M. Process of making PTFE fibers：US5686033 ［P］. 1997.

［35］ 郭玉海，陈建勇，冯新星，等.一种特氟纶缝纫线的制备方法：CN1974898 ［P］. 2007.

［36］ 郭玉海，马训明，阳建军，等.糊料挤出成型聚四氟乙烯纤维的喷丝头：CN101089253 ［P］. 2007.

［37］ 何正兴，陆小强，李仕金.高强度聚四氟乙烯纤维及其制造工艺：CN1966786 ［P］. 2007.

［38］ CLOUGH N E. ePTFE 纤维技术的创新：性能、应用和机会 ［J］. 国际纺织导报，2010 (6)：10-16.

［39］ 唐娜.耐高温缝纫线的力学性能及失效机制研究 ［D］. 杭州：浙江理工大学，2012.

［40］ FRANKENBURG P E, SCHWEIZER M. Fibers, 10. Polytetrafluoroethylene Fibers ［M］. Hoboken New Jersey：Wiley 2012.

［41］ 李建强，刘宏.氟纶纤维的特性、应用及鉴别检验 ［J］. 中国纤检，2002 (9)：22-24.

［42］ 张明霞.聚四氟乙烯膜裂成纱工艺及其性能研究 ［D］. 青岛：青岛大学，2009.

［43］ 蔡伟龙，罗祥波.我国袋式除尘高温滤料的发展现状及发展趋势 ［J］. 中国环保产业，2011 (10)：18-22.

［44］ KUMAR V. 纺织品过滤材料及其应用 ［J］. 张威，译.国外纺织技术，2004 (1)：34-40.

［45］ 王玲玲，李亚滨.高性能纤维在高温烟气过滤中的应用 ［C］. 2010 年全国过滤材料和工业呢毡高新技术推广应用交流会，112-117.

［46］ 王冬梅，邓洪，吴纯，等.高温过滤材料的应用及发展趋势 ［J］. 中国环保产业，2009 (6)：24-29.

［47］ 邱新标.聚四氟乙烯纤维复合针刺毡滤料的研发与应用 ［J］. 非织造布，2009, 17 (6)：17-21.

［48］ FLITNEY R. Seals and Sealing Handbook ［M］. Elsevier Science Ltd, 2007.

［49］ 王仕江，曹开斌，狄艳春.石墨填充改性 PTFE 纤维编织盘根的研制 ［J］. 液压气动与密封，2012 (10)：82-84.

［50］ VEIGA J C C. Advanced PTFE Compression Packing Filaments ［M］. Rio de Janeiro：Teadit Industria e Comercio Ltd. Rio de Janeiro, Brazil.

［51］ 张向钊.密封填料的发展趋势——几种新型密封填料 ［J］. 阀门，1999 (1)：39-42.

［52］ 李迎春，邱明，苗艳伟.PTFE/芳纶纤维编织衬垫自润滑关节轴承的黏接性能及摩擦学性能 ［J］. 中国机械工程，2016, 27 (2)：222-229.

［53］ 黄斌香，黄磊.聚四氟乙烯牙线：CN201290778Y ［P］. 2008.

［54］ 黄斌香，黄磊.一种聚四氟乙烯牙线：CN201558188U ［P］. 2010.

［55］ 邵明.聚四氟乙烯改性剂的制备及性能 ［J］. 中国氯碱，2006 (6)：19-21.

# 第八章　聚苯硫醚纤维

## 第一节　引言

聚苯硫醚（Polyphenylene Sulfide，PPS）纤维通常由线性高分子量 PPS 树脂经过熔融纺丝制备而成[1]，属于高性能纤维的一个重要品种。PPS 纤维具有众多优异的物理化学性能，其耐化学腐蚀性仅次于聚四氟乙烯，在 200℃ 下没有溶剂可以将其溶解；其极限氧指数在 35% 以上，属于性能优异的阻燃材料[2]；其耐高温性好，在 150~200℃ 可以长期使用；它的相对热传导率仅为 5（以空气为 1），保温性好[3]。PPS 纤维具有良好的机械性能、优良的电绝缘性能、出色的耐疲劳性和抗蠕变性能，尺寸稳定性好，在高温下和吸湿后尺寸几乎不变。

PPS 纤维的应用领域广泛。在高温过滤领域，PPS 短纤维产品已经广泛应用于燃煤电厂烟道气袋式除尘的滤材；作为较为理想的耐热和耐腐蚀材料，PPS 纤维制成的针刺毡可用于造纸工业的烘干机，其针刺非织造布或机织物可用于制作电子工业的特种用纸；其还可用于化学品过滤、FGD 系统的除雾器、电子产业中的电池隔膜、高温领域的复合材料及防护服、防化服等领域[4]。随着 PPS 技术的不断发展，应用领域不断拓展，PPS 纤维的需求量呈逐年增加趋势[5]。

PPS 树脂最早由美国菲利浦石油有限公司（Phillips Petroleum Co. Ltd）于 1971 年首次实现工业化生产。但由于聚苯硫醚树脂熔点高达 285℃，且结晶快、难控制，加上树脂合成技术的不稳定等都对纤维制备造成很大困难，所以直到 1979 年 Phillips 公司才合成出适于纺丝的线型聚苯硫醚树脂，并于 1983 年实现 PPS 短纤维的工业化生产，打开了聚苯硫醚作为纤维用途的大门。1987 年后，日本的东丽、东洋纺、帝人等公司也相继推出了自己的聚苯硫醚纤维产品。2000 年，日本东丽公司并购了美国 Phillips 公司的 PPS 纤维事业部，成为全球最大的 PPS 纤维生产商[6]。

国内聚苯硫醚纤维研究开始于 20 世纪 90 年代初。四川大学、天津工业大学、四川省纺织工业研究所和中国纺织科学研究院等研究单位先后开展了聚苯硫醚纤维的研究工作，但受限于纤维级 PPS 树脂的生产，国内 PPS 纤维的发展进程缓慢。2004 年，四川华拓科技有限公司与四川大学合作实现了国内纤维级 PPS 树脂的产业化，并开始与中国纺织科学研究院合作开发 PPS 纤维制备技术。2006 年，四川省纺织研究所与江苏瑞泰科技有限公司合作，建设了国内首条 1500t/a 的 PPS 短纤维生产线；2008 年，中国纺织科学研究院承建的 5000t/a 的 PPS 纤维生产线在四川得阳科技有限公司投产运行，首次实现了利用国产 PPS 树脂进行短纤维的生产。随着 PPS 聚合技术的发展，纤维级聚苯硫醚树脂的生产厂家不断增多，先后出现了四川鸿鹤、浙江新和成和甘肃敦煌等一批纤维级 PPS 树脂的生产企业，四川安费尔、江苏金泉和浙江新建等一批企业投入到 PPS 纤维的生产制造中；2011 年，广东斯乐普特种材料有限公司的聚苯硫醚（PPS）纺粘针刺+水刺滤料成功投产，拓展了 PPS 纤维的加工及应用领域。2017 年，湖北应城天润产业用布有限公司建成了 PPS 熔喷生产线，实现了 PPS 熔喷非织造布产业化生产。随着国产纤维级原料的普及，PPS 纤维的生产企业及加工制造方式开始增加，国内 PPS 纤维的生产进入了发展的快车道。

# 第二节　聚苯硫醚树脂

## 一、化学结构

聚苯硫醚又称对聚苯撑硫醚、聚次苯基硫醚，它是苯环在对位上与硫原子相连而构成的大分子线型刚性结构，分子结构式如图 8-1 所示。聚苯硫醚树脂为结晶聚合物，密度为 1.36g/cm³，熔点为 280～290℃，玻璃化温度为 85～92℃[7]，在空气中加热至 430℃以上才能开始分解，PPS 有相当好的化学稳定性，200℃以下不溶于大多数有机溶剂[8]。

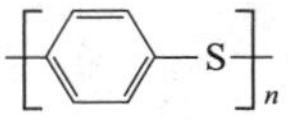

图 8-1　聚苯硫醚的结构式

## 二、流变行为

测定聚苯硫醚相对分子质量及其分布需要在超高温凝胶渗透色谱仪（GPC）上进行。聚苯硫醚以 $\alpha$-氯萘作溶剂，采用 GPC 法在 280℃条件下进行分析，可测得线型聚苯硫醚在特性黏度公式 $[\eta] = KM^{\alpha}$ 中的 $K$ 值和 $\alpha$ 值分别为 $8.9 \times 10^{-5}$ 和 0.747。利用 $K$ 值和 $\alpha$ 值，由乌式黏度计测定未知样的 $[\eta]$ 后即可通过特性黏度公式计算聚苯硫醚的重均分子量[9]。

Kraus 和 Whitte[10] 对 PPS 流变性能研究的结果表明，PPS 的熔融指数 $MI$ 与其重均摩尔质量 $\bar{M}_w$ 的关系为：

$$\frac{3.3 \times 10^5}{MI} = K\bar{M}_w^{4.86}$$

PPS 在熔融状态下，其表观黏度随剪切速率的增加而降低，表现出切力变稀的特点，图 8-2 为不同温度下 PPS 树脂剪切速率对表观黏度的曲线[11]。很明显，熔体的表观黏度随着剪切速率的增加而减小；Hou[12] 等采用毛细管流变仪分别研究了 Phillips Petroleum 公司及 Kureha Chemical Industry 公司的 PPS 树脂，表明其均属于假塑性流体。

## 三、结晶性能

PPS 为结晶型聚合物，用 X 射线衍射测得 PPS 晶体结构属于正交晶系，其晶胞尺寸 $a = 0.867$nm，$b = 0.516$nm，$c = 1.025$nm，包括四个单体胞，$2\theta$ 为 17.5°～22.5°时出现较强的衍射峰[13]。

Maemura[14] 等采用 Phillips 公司提供的熔融指数为 250 的 PPS 树脂，在不同条件下制备了 PPS 薄膜来表征其结构参数，测定了 100% 结晶的 PPS 的结晶热熔值：$\Delta H_{f0} = 146.2$J/g；建

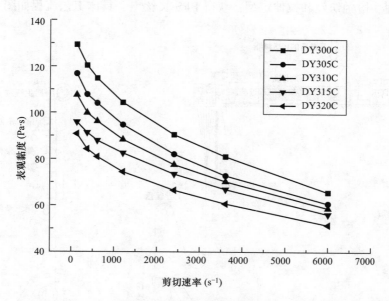

图 8-2　PPS 切片在不同温度下的剪切速率对表观黏度曲线

立了根据 WAXD 实验计算晶区取向因子的方法；并从理论上计算了 PPS 的特征双折射 $\Delta n_{cry}^0$ 和 $\Delta n_{am}^0$ 的值：$\Delta n_{cry}^0 = 0.2795$，$\Delta n_{am}^0 = 0.258$，为 PPS 的结构研究提供了基础数据。

利用对 PPS 树脂的结晶性能分析结果，可以得到该原料在结晶性能和熔融性能方面的信息，对确定纺丝和牵伸定型工艺具有指导意义（表 8-1）。

表 8-1　Ryton 0320 和 PPS-HC 的 DSC 数据[2]

| 样品 | $T_c$（℃） | $\Delta H_c$（J/g） | $T_m$（℃） | $\Delta H_m$（J/g） |
|---|---|---|---|---|
| Ryton 0320 | 105.9 | 9.22 | 282.6 | 48.3 |
| 得阳 PPS | 121.2 | 3.12 | 280.6 | 46.2 |

从表 8-1 的数据能够看出，两种 PPS 树脂在冷结晶性能和熔融性能上有一定的区别，冷结晶峰值相差 16℃，而且冷结晶放热的热熔值也有区别，因此，两种原料在纤维加工过程中应采用不同的牵伸定型工艺条件。

# 第三节　聚苯硫醚纤维的制备方法

制备 PPS 纤维主要采用熔融纺丝的方法。目前，主流的工业化制备工艺主要是采用纺丝、牵伸两步法制备 PPS 长丝或短纤维。

## 一、聚苯硫醚长丝的制备

PPS 纤维是根据纤维成型性能和拉伸性能的要求，以纺牵两步法的工艺路线为基础，通过对树脂前处理、熔融纺丝和拉伸定型，获得 PPS 长丝[3]，具体工艺流程如图 8-3 所示。

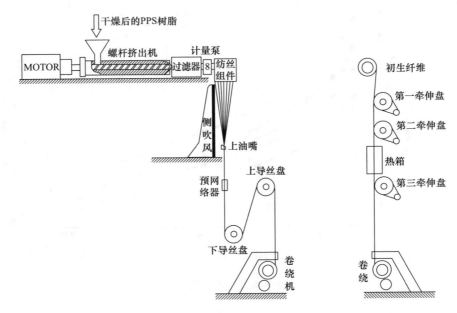

图 8-3　PPS 长丝加工流程示意图

将纤维级 PPS 树脂经真空干燥或绝氧热空气干燥，使树脂含水率降低到 30mg/kg 以下。干燥后的 PPS 树脂通过螺杆挤出机加热、熔融形成熔体，经过滤器过滤、计量泵的精确计量后进入纺丝箱体，在纺丝组件中经熔体匀化与分配从喷丝孔挤出，从喷丝孔挤出的熔体细流在侧吹风的作用下冷却成型，然后经上油、卷绕得到 PPS 初生纤维，PPS 初生纤维一般纺丝速度在 500~1200m/min。卷绕得到的 PPS 初生纤维在恒温恒湿环境下放置，以平衡纤维纺制过程中的内应力。然后将初生纤维在平牵机上进行拉伸，拉伸温度一般在 80~100℃，拉伸倍数在 3~4.5 倍，拉伸后的纤维经热定型，制备得到性能稳定的成品 PPS 长丝，热定型温度一般在 160~200℃。PPS 长丝的断裂强度一般在 3.5~5.0cN/dtex。

## 二、聚苯硫醚短纤维生产工艺

PPS 短纤维的加工与涤纶短纤维的加工流程相仿，分为前纺和后纺。前纺与 PPS 长丝纤维加工流程相似，工艺流程如图 8-4 所示。PPS 树脂经干燥、螺杆熔融挤出、过滤、计量后经纺丝组件匀化、分配后从喷丝孔挤出形成 PPS 熔体细流，熔体细流在环吹风作用下冷却固化成纤维，然后经曳引机集束进入盛丝筒，形成 PPS 初生纤维，纺丝速度一般在 800~1200m/min。在盛丝筒中的 PPS 初生纤维经平衡后，进入 PPS 短纤维加工的后纺流程。

PPS 短纤维后纺阶段主要是完成纤维的牵伸、卷曲、定型和切断打包。盛有 PPS 初生纤维的盛丝筒按一定数量集中，将其中的 PPS 初生纤维从丝筒中取出、集束后进入导丝机，经导丝机牵伸后的 PPS 丝束进入浸油槽添加后纺油剂，然后在第一道七辊和第二道七辊牵伸机的作用下完成第一级拉伸，拉伸在水浴牵伸槽中完成，一般牵伸水浴的温度在 75~90℃；第一级拉伸后在第三道七辊牵伸机的作用下经过蒸汽牵伸箱完成第二级牵伸，蒸汽牵伸箱中蒸

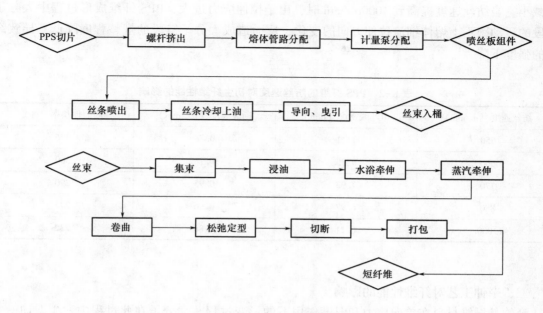

图 8-4 PPS 短纤维的制备流程

汽温度在 115~130℃。PPS 短纤维的牵伸倍数一般在 3.2~3.8 倍，一般第一级牵伸为总牵伸倍数的 90% 左右。牵伸后 PPS 丝束进入卷曲机卷曲，然后经松弛定型箱干燥、定型后进入切断工序，切断成固定长度的短纤维，然后打包得到 PPS 短纤维产品。

# 第四节　聚苯硫醚纤维的制备工艺与性能

PPS 纤维的性能与其树脂性能及加工工艺条件均有直接关系，在纤维制备的过程中，纺丝工艺是控制 PPS 纤维超分子结构形成的关键，而 PPS 大分子链段的结晶和取向是决定纤维性能的主要因素。

### 一、纺丝工艺对初生纤维性能的影响

纺丝温度是影响 PPS 纤维制备的关键工艺参数。通常根据熔点和熔体流动速率大致确定 PPS 的纺丝温度。一般纤维级树脂的熔体流动速率在 100~350g/10min（315℃，5kg 重锤，模孔孔径 2.095mm，长径比 4：1 条件下测试），树脂熔融指数低，对应纺丝温度较高，反之较低。PPS 树脂的熔点较高，纺丝时通常纺丝温度设定在 310~330℃。不同的纺丝温度下，PPS 熔体的流动性能及热稳定性差异较大，因此纺丝时需要选择合适的纺丝加工温度。纺丝温度偏低时，PPS 纤维的可纺性较差，易出现毛丝、断丝，纤维强度低；纺丝温度偏高，树脂流动性好，但易出现滴流现象，可纺性差。

在合适的纺丝温度下，PPS 初生纤维的断裂强度随纺丝速度的提高而增大，见表 8-2。随着纺丝速度的提高，PPS 纤维的喷丝头拉伸比增大，纤维变细，大分子链段趋向于拉伸方向排列，取向增加，分子间的作用力同时增大，形变减小，纤维的断裂强度增加，断裂伸长

率减小。当纺丝速度提高到 1000m/min 时，由于拉伸应力过大，PPS 纤维成形过程中大分子链段的运动跟不上熔体细流拉伸方向的变化，反而造成大分子链段的规整程度降低，导致纤维的强度下降[15]。

表 8-2　PPS 纤维的纺丝速度对初生纤维性能的影响

| 纺丝速度（m/min） | 单丝线密度（dtex） | 断裂强度（cN/dtex） | 断裂伸长率（%） |
|---|---|---|---|
| 550 | 11.1 | 0.78 | 326 |
| 660 | 9.35 | 0.78 | 309 |
| 770 | 7.93 | 0.95 | 290 |
| 880 | 6.97 | 0.96 | 274 |
| 1000 | 6.21 | 0.88 | 232 |

## 二、牵伸工艺对纤维性能的影响

牵伸是纤维材料在单向应力和温度作用下的形变过程，大分子在此过程中发生取向，并发生结晶，而且两者是相互关联的。如表 8-3 所示，牵伸使 PPS 纤维的密度增加，晶区取向 $f$ 较初生纤维的牵伸倍数大幅度提高，表明纤维在牵伸应力及温度作用下产生的晶粒较容易沿纤维轴向取向，但其取向程度与温度的提高关系不大；在牵伸倍数固定时，随着牵伸温度的提高，PPS 纤维的断裂强度呈现先增长后下降的趋势；牵伸温度变化会引起纤维晶区结构发生变化，随着牵伸温度的提高，结晶度逐渐增加[16]。

表 8-3　不同牵伸温度对纤维结构和断裂强度的影响

| 样品 | 牵伸温度（℃） | 密度（g/cm³） | 结晶度 $X_c$（%） | $f$ | $f_c$ | $f_{am}$ | 断裂强度（cN/dtex） |
|---|---|---|---|---|---|---|---|
| PPS 初生纤维 | — | 1.3290 | 9 | 0.08 | — | — | 0.9 |
| PPS-O-1 | 70 | 1.3439 | 22 | 0.85 | 0.88 | 0.84 | 4.6 |
| PPS-O-2 | 80 | 1.3455 | 24 | 0.86 | 0.88 | 0.85 | 4.7 |
| PPS-O-3 | 90 | 1.3502 | 28 | 0.87 | 0.91 | 0.85 | 4.8 |
| PPS-O-4 | 100 | 1.3513 | 29 | 0.85 | 0.89 | 0.83 | 4.5 |
| PPS-O-5 | 110 | 1.3532 | 30 | 0.83 | 0.89 | 0.80 | 3.7 |

在 PPS 牵伸过程中，牵伸倍数也是影响纤维性能的主要因素。随着牵伸的进行，纤维的结晶度由初生纤维的 9% 迅速升高至 20%，但是随着牵伸倍数的增加，纤维的结晶度并未进一步增高，影响不大。即牵伸温度是影响结晶度的主要因素。

从表 8-4 中可以看到，$f_{am}$ 值几乎与牵伸倍率成线性增长关系，结合断裂强度的变化趋势，表明断裂强度取决于非晶区的取向情况[17]，随着牵伸倍数增长，非晶区取向因子 $f_{am}$ 与 PPS 纤维的断裂强度成正比关系。

表 8-4 牵伸倍数对纤维结构和断裂强度的影响

| 样品 | 牵伸倍数 | 结晶度 $X_c$（%） | $f$ | $f_c$ | $f_{am}$ | 断裂强度（cN/dtex） |
|---|---|---|---|---|---|---|
| PPS-D-1 | 3.0 | 20 | 0.77 | 0.79 | 0.77 | 1.5 |
| PPS-D-2 | 3.3 | 20 | 0.81 | 0.88 | 0.79 | 3.6 |
| PPS-D-3 | 3.6 | 20 | 0.82 | 0.84 | 0.82 | 4.1 |
| PPS-D-4 | 3.9 | 20 | 0.85 | 0.88 | 0.84 | 4.2 |
| PPS-D-5 | 4.2 | 20 | 0.86 | 0.87 | 0.86 | 4.6 |

### 三、热定型工艺对纤维性能的影响

纤维加工过程中多采用热定型的方式消除牵伸过程中产生的内应力，使纤维内部大分子链段趋向于热力学平衡态，稳定纤维性能；热定型一般在远高于纤维玻璃化温度之上进行，在这一过程中纤维同时会发生结晶、晶粒结构完善以及取向和解取向。

从表 8-5 可以看出，随着热定型温度升高，PPS 纤维的结晶度由 20% 增长至 31%；同时，牵伸过程中形成的晶粒在热和定型张力的作用下取向进一步提高，纤维的 $f_c$ 由 0.88 增大到 0.96。另外，随着热定型温度的提高，纤维的断裂强度呈先增大后减小趋势，在 190℃ 时达到最大值。综合而言，加工过程中，提高 PPS 纤维的热定型温度有利于晶区取向的完善及纤维强度的增加，但在过高的热定型温度下，纤维非晶区取向下降，会造成纤维断裂强度降低[16]。

表 8-5 热定型温度对纤维结构和断裂强度的影响

| 样品 | 定型温度（℃） | 结晶度 $X_c$（%） | $f$ | $f_c$ | $f_{am}$ | 断裂强度（cN/dtex） |
|---|---|---|---|---|---|---|
| PPS-T-1 | 160 | 20 | 0.86 | 0.88 | 0.85 | 4.43 |
| PPS-T-2 | 170 | 21 | 0.86 | 0.94 | 0.84 | 4.58 |
| PPS-T-3 | 180 | 25 | 0.86 | 0.95 | 0.84 | 4.72 |
| PPS-T-4 | 190 | 28 | 0.87 | 0.96 | 0.84 | 4.80 |
| PPS-T-5 | 200 | 31 | 0.87 | 0.96 | 0.83 | 4.75 |

### 四、聚苯硫醚纤维的性能

#### 1. 力学性能

PPS 长丝和短丝的物理机械性能分别见表 8-6 和表 8-7。

表 8-6 聚苯硫醚牵伸丝物理性能指标[18]

| 物理性能 | | 优等品 | 一等品 | 合格品 |
|---|---|---|---|---|
| 线密度偏差率（%） | | ±3.0 | ±4.0 | ±5.0 |
| 线密度变异系数（%） | ≤ | 1.50 | 1.80 | 3.00 |
| 断裂强度（cN/dtex） | ≥ | 4.00 | 3.60 | 3.30 |
| 断裂强度变异系数（%） | ≤ | 8.00 | 10.00 | 12.00 |

表8-7 聚苯硫醚短纤维的物理性能指标[19]

| 序号 | 项 目 | | 1.56~2.22dtex | | | 2.22~3.33dtex | | | 3.33~6.67dtex | | |
|---|---|---|---|---|---|---|---|---|---|---|---|
| | | | 优等品 | 一等品 | 合格品 | 优等品 | 一等品 | 合格品 | 优等品 | 一等品 | 合格品 |
| 1 | 断裂强度（cN/dtex） | ≥ | 4.20 | 3.90 | 3.60 | 3.90 | 3.60 | 3.30 | 3.60 | 3.30 | 3.00 |
| 3 | 线密度偏差率（%） | | ±8.0 | ±10.0 | ±12.0 | ±8.0 | ±10.0 | ±12.0 | ±8.0 | ±10.0 | ±12.0 |
| 4 | 长度偏差率（%） | ≤ | ±3.0 | ±6.0 | ±10.0 | ±3.0 | ±6.0 | ±10.0 | — | — | — |
| 5 | 超长纤维率（%） | ≤ | 1.5 | 2.5 | 3.0 | 2.0 | 2.5 | 3.0 | — | — | — |
| 6 | 倍长纤维含量（mg/100g） | ≤ | 15.0 | 30.0 | 40.0 | — | — | — | — | — | — |
| 7 | 疵点含量（mg/100g） | ≤ | 10.0 | 30.0 | 40.0 | 10.0 | 30.0 | 50.0 | 15.0 | 30.0 | 50.0 |
| 10 | 180℃干热收缩率（%） | ≤ | 5.0 | | | | | | | | |

### 2. 耐热稳定性

在热塑性高分子材料中，PPS以耐热性见长。研究发现[20]，PPS在空气中的热裂解分为线型链段部分裂解和交联结构的裂解；热失重分析（TGA）表明，PPS在氮气保护下以20℃/min的速率升温时，约在500℃时失重开始加剧，达到起始重量的40%时，失重即基本保持不变，直到温度高达1000℃。在空气中，当温度达700℃时失重趋于完全。

PPS含硫量高，本身即有阻燃的能力，其极限氧指数可达35%。由聚苯硫醚纤维加工成的制品很难燃烧，把它置于火焰中虽会燃烧，但一旦移去火焰，燃烧立即停止，且燃烧物不脱落，其阻燃性达到UL-94V-0级，它是一种能在恶劣环境下长期使用的特种纤维。

### 3. 耐化学腐蚀性

PPS纤维在200℃以下不溶于已知溶剂，具有突出的化学稳定性，仅次于聚四氟乙烯纤维。对大多数无机酸、碱和有机的酸、醇、酯、芳烃、脂肪烃及氯代烃等皆不受腐蚀。在高温下，放置在不同的无机试剂中一周后能保持原有的强度。只有高温下的强氧化剂才能使纤维发生剧烈的降解。

由聚苯硫醚纤维制成的非织造布过滤织物在93℃的48%硫酸中具有良好的强度保持率；在93℃、10%氢氧化钠溶液中放置两周后，其强度没有明显变化[21]。具体数据见表8-8。

表8-8 PPS纤维的耐腐性

| 化学试剂 | 温度（℃） | 保持时间（d） | 强度保持率（%） |
|---|---|---|---|
| 浓盐酸 | 93 | 7 | 100 |
| 硫酸（48%） | 93 | 7 | 100 |
| 浓硫酸 | 93 | 7 | 10 |
| NaOH（30%） | 93 | 7 | 100 |
| 四氯化碳 | 沸煮 | 7 | 100 |
| 氯仿 | 沸煮 | 7 | 100 |
| 甲苯 | 沸煮 | 7 | 15~90 |

# 第五节　聚苯硫醚纤维的应用和发展

聚苯硫醚纤维具有优异的耐高温、耐腐蚀、阻燃性能，近年来在环境保护、化学工业（过滤）和军工等领域中得到越来越广泛的应用[22,23]，如用于热电厂的高温袋式除尘滤袋、电绝缘材料、阻燃材料和复合材料等。该纤维针刺非织造布或机织物可用于热的腐蚀性试剂的过滤，是较为理想的耐热和耐腐蚀材料。用 PPS 纤维制成针刺毡带可用于造纸工业的烘干机上，也可用于制作电子工业的特种用纸。其单丝或复丝织物还可用作除雾材料[24]。另外，还可用作缝纫线、各种防护布、耐热衣料、电绝缘材料、电解隔膜和刹车片等。

经过十余年的发展，我国初步建立了 PPS 纤维的工业化产业链，但产品质量和品质与国外相比仍有一定差距，我国开发的 PPS 复合皮芯纤维技术、复合超细纤维、纺黏和熔喷非织造布技术，目前还处于起步阶段。但我国仍然具有广阔的应用市场及发展前景，目前除了少量国内的生产企业生产的聚苯硫醚纤维以外，还需要从日本部分进口。随着我国科技的发展，国内聚苯硫醚生产装置不断建成投产，我国的 PPS 纤维的品质将会稳定提高，品种也将更加丰富。

## 主要参考文献

［1］叶光斗，刘鹏清，李守群，等.聚苯硫醚纤维发展现状及应用［J］.北京服装学院学报，2007，27（4）：52-59.

［2］代晓徽，戴厚益.聚苯硫醚纤维的研究开发［J］.高科技纤维与应用，2004（4）：26-30.

［3］山田，李晔.聚苯硫醚纤维概论和应用［J］.国外化纤技术，2012，41（2）：45-47.

［4］许永绥.高性能纤维学［M］.北京：世界图书出版公司，1998：10-14.

［5］罗益锋.世界高科技纤维发展新动向［J］.纺织导报，2003（1）：12-15.

［6］王桦，覃俊，陈丽萍.聚苯硫醚纤维及其应用［J］.合成纤维，2012，41（3）：7-12.

［7］LOPEZ L C, WILKES G L. Crystallization kinetics of poly（p-phenylene sulfide）effect of molecular-weight［J］. Polymer, 1988, 29（1）：106-113.

［8］魏章申，李文廷.PPS 的生产及其应用［J］.河南化工，2001（1）：6-7.

［9］CHOI K-J, Sujeev K. Annual Technical Conference-ANTEC［C］. Conference Proceedings, 1995, 2, 1805-1808.

［10］KRAUS G, WHITTE W M. Melt rheology of polyphenylene sulfide［C］. 28th Macromolecular Symposia. IUPAC, 1982, 558.

［11］吴鹏飞，等.国产纤维级聚苯硫醚树脂性能研究［J］.非织造布，2011，19（2）：12-14.

［12］HOU C, ZHAO B, YANG J, et. al. A study on rheological behavior of polyphenylene sulfide［J］. Journal of Applied Polymer Science, 1995, 56（5）：581-590.

［13］TABOR B J, MAGRE E P, BOON J. The crystal structure of poly-p-phenylenesulphide［J］. European Polymer Journal, 1971, 7（8）：1127-1133.

［14］MAEMURA E, CAKMAK M, WHITE J L. Characterization of Crystallinity and Orientation in Poly-p-phenylene sulfide［J］. International Polymer Processing, 1988（3）：79-85.

[15] 张勇，相鹏伟，张蕊萍，等.纺丝速度对聚苯硫醚纤维结构与性能的影响 [J]. 高分子材料科学与工程，2015，31（7）：114-118.

[16] 黄庆，吴鹏飞，崔宁，等.聚苯硫醚纤维的抗张强度与工艺和结构的关系 [J]. 高分子学报，2012（3）：326-333.

[17] SAMULES R J. Structure and Polymer Properties [M]. New York：John Wiley &Sons，1974.

[18] 中华人民共和国纺织行业标注，FZ/T 54268—2013 聚苯硫醚牵伸丝.

[19] 中华人民共和国纺织行业标注，FZ/T 52017—2011 聚苯硫醚短纤维.

[20] 蒋世承，等.热分析用于研究聚对次苯基硫醚的相转变级热裂解反应动力学 [J]. 高分子学报，1979（2）：101.

[21] 李刚，刘婷，陈彦模，等.聚苯硫醚纤维的研究及发展 [J]. 合成技术及应用，2005，20（3）：30-33.

[22] 肖为维，徐僖.聚苯硫醚纤维研究 [J]. 高分子材料科学与工程，1993，9（2）：103-108.

[23] 娄可宾，沈恒根，杜柳柳.燃煤锅炉用高温滤料研究与应用 [J]. 工业安全与环保，2007，33（4）：16-19.

[24] 赵永冰.聚苯硫醚纤维的发展和市场前景 [J]. 合成纤维，2016，45（8）：25-26.

# 第九章　聚醚醚酮纤维

## 第一节　引言

高性能聚醚醚酮（Polyether ether ketone，PEEK）纤维，属于特种有机高分子纤维，由聚醚醚酮树脂经高温熔融纺丝制得，是一种全芳香族半结晶型纤维。自 1982 年聚醚醚酮纤维问世以来，便成为特种纤维研究热点。PEEK 纤维具有耐高温、强度高、耐化学腐蚀、耐辐照、抗蠕变、高阻燃、耐磨和高温耐水解性能优异等特性。在航天、航空、核能、信息、通讯、电子电器、石油化工、机械制造和汽车等领域的高技术中得到了成功应用。

聚醚酮酮（PEKK）于 1962 年由美国杜邦公司科研人员 Bonner 利用亲电路线（图 9-1）首次合成出来，高相对分子质量的聚醚醚酮（PEEK）的首次合成则是 1972 年由英国 ICI 公司科研人员 Rose 采取亲核取代路线（图 9-2）制备出来的。

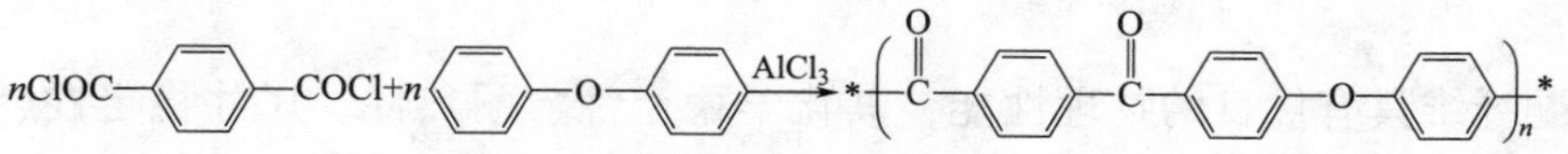

图 9-1　聚醚酮酮 Bonner 合成方法

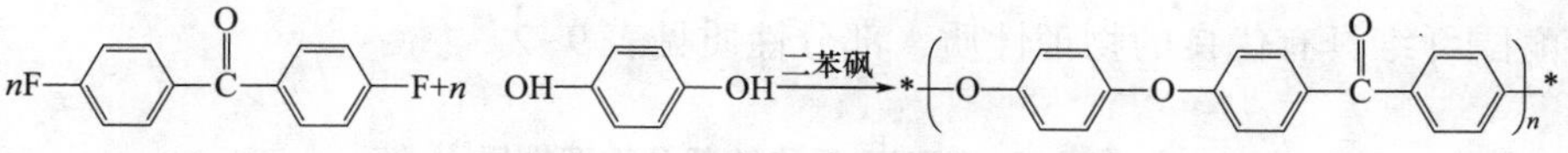

图 9-2　高分子量聚醚醚酮的合成方法

自 20 世纪 80 年代 PEEK 得到蓬勃发展，其中以 ICI 公司的 Victrex®（威格斯）为代表的 PEEK 树脂先行商品化，德国巴斯夫（BASF）、美国杜邦公司等也相继研发出类似产品[3]。从此，聚芳醚酮的发展进入一个新阶段（表 9-1）。同期以吉林大学为代表的国内多家科研机构对聚芳醚酮的研究也相继展开。先后开发出了聚醚醚酮（PEEK）、聚醚酮（PEK）、聚醚醚酮酮（PEEKK）、联苯聚醚醚酮（PEDEK）等一系列耐高温特种工程塑料，并在"八五""九五"和"十五"期间实现了批量化生产，满足了国内军工和民用市场的需求。

表 9-1　典型聚芳醚酮及性能

| 产品 | 结构式 | $T_g$（℃） | $T_m$（℃） | 研发企业 |
|---|---|---|---|---|
| PEEK | 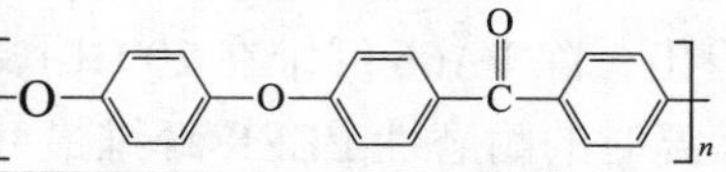 | 143 | 334 | ICI（Victrex） |

| 产品 | 结构式 | $T_g$（℃） | $T_m$（℃） | 研发企业 |
|---|---|---|---|---|
| PEK | | 158 | 373 | ICI（Victrex） |
| PEKK | | 170 | 388 | Dupot（Aretone） |
| PEKEKK | | 166 | 384 | BASF（Ultra PEK） |
| PEEKK | | 162 | 367 | Hoechst（Hostatec） |

# 第二节　聚醚醚酮纤维的性质

聚醚醚酮纤维具有优良的物理性能，其化学稳定性、耐热性、尺寸稳定性、难燃性和自熄性良好，聚醚醚酮纤维还可回收再利用，原料回收率可达90%[1]。

## 一、物理性质

聚醚醚酮纤维具有优良的物理性质，部分性质见表9-2。

表9-2　PEEK 纤维的部分物理性质[3]

| 密度（g/cm³） | 1.32 | 比热容［kJ/(kg·℃)] | 1.30 |
|---|---|---|---|
| 熔点（℃） | 343 | 电阻（Ω/cm） | $5×10^{16}$ |
| 玻璃化转变温度（℃） | 143 | 抗紫外线性 | 良 |
| 最高使用温度（℃） | 250 | 抗放射线性 | 优 |
| 导热率［W/(m·℃)] | 0.25 | 吸湿率（%） | 0.1 |

## 二、物理机械性能

聚醚醚酮纤维具有良好的机械性能，通常状态的拉伸强度为 400~700MPa，伸长率 20%~40%，模量 3~6GPa。聚醚醚酮纤维在 200℃下 24h 的强度仍能保持 100%，在 300℃还能保持一定强度（图 9-3）。聚醚醚酮纤维柔韧与弹性较为均衡，抗冲击性能比钢丝好，该纤维还具有良好的耐磨性能。从图 9-4 可以看出，除 PA66 纤维在 20℃时具有超强的耐磨性外，其他纤维的耐磨性都较 PEEK 纤维差，而高温时的耐磨性 PEEK 纤维最好[1,4]。

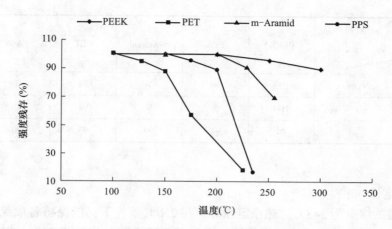

图 9-3 PEEK 纤维和其他纤维在不同温度下的强度残存比较

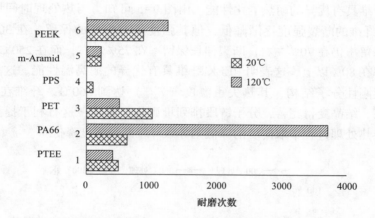

图 9-4 PEEK 纤维和其他纤维的耐磨性比较

## 三、化学稳定性

聚醚醚酮纤维耐溶剂性非常优良，除浓硫酸外，其他化学试剂很难对其造成腐蚀，与其他树脂耐化学性的比较见表 9-3。聚醚醚酮纤维还具有优良的抗水解性，在高温水或高温蒸汽中仍能保持其优良的性能。

表 9-3　聚醚醚酮及其他纤维在化学品作用下的强度保持率[3]

| 强度保持率（%）　纤维样品　　　试剂 | PEEK | PPS | m-Aramid | PET | PA66 | PP |
|---|---|---|---|---|---|---|
| 硫酸（10%） | 100 | 100 | 32 | 98 | 0 | 100 |
| 氢氧化钠（10%） | 100 | 100 | 36 | 0 | 71 | 100 |
| 硝酸（10%） | 100 | 62 | 0 | 0 | 0 | 100 |

续表

| 强度保持率（%）  纤维样品 试剂 | PEEK | PPS | m-Aramid | PET | PA66 | PP |
|---|---|---|---|---|---|---|
| 漂白液 | 100 | 36 | 7 | 94 | 7 | 63 |
| 过氧化氢（5%） | 100 | 5 | 9 | 94 | 0 | 30 |
| 亚甲基氯化物 | 94 | 94 | 90 | 93 | 90 | 80 |

## 四、热稳定性

PEEK 纤维的熔点为 343℃，热稳定性好。在 250℃ 条件下仍能保持各项优良的性能，可长期使用，在 300℃ 时能够维持部分特性。聚醚醚酮纤维限氧指数为 32%，燃烧时释放烟气少，可广泛应用于各个领域。

聚醚醚酮纤维具有优异的耐热老化性能。由图 9-5 可知，当热处理时间增长和热处理温度升高，PEEK 纤维的断裂强度逐渐降低，但其强度仍有很好的保留。在 300℃ 下持续处理 7d，纤维强度保留率仍在 70% 左右，断裂伸长保留率在 75% 左右，而在 250℃ 下连续处理 7d，纤维强度保留率在 80% 以上，这表明 PEEK 纤维具有优异的耐高温性能。这是由于 PEEK 纤维具备全芳香族刚性分子结构，其热失重温度（$T_{d5\%}$）达到 560℃。纤维在热处理过程中，结晶度显著提高，结晶变得完善，分子链段排列堆砌规整紧密，这有利于提高纤维的耐热老化性能，而纤维热处理过程中取向度的降低则导致纤维断裂强度降低[5]。

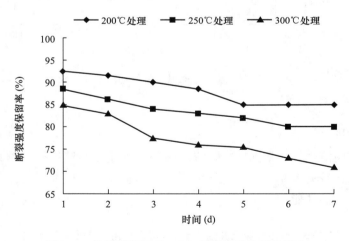

图 9-5　热处理时间对 PEEK 纤维力学性能的影响

## 五、尺寸稳定性

有研究表明[5]，聚醚醚酮纤维具有很好的尺寸稳定性。图 9-6（a）所示是 PEEK 纤维干热收缩率（试样在 220℃ 条件下牵伸 2 倍，在不同的热定型温度下定型，松弛定型比为 2%，定型时间为 30s）；图 9-6（b）所示是 PEEK 纤维另一测试条件下的干热收缩率（试样在

220℃下牵伸2倍后，在240℃下定型30s的不同松弛定型比）。从图9-6（a）可见，在200~240℃，纤维干热收缩率随着温度升高而逐渐降低；温度达240℃后，干热收缩率稍增高；由图9-6（b）可见，PEEK纤维干热收缩率随松弛定型比增加而逐渐减小。分析其原因是处理温度升高和松弛定型有利于纤维在热定型过程中充分的松弛收缩，消除内应力，这使纤维的超分子结构更加稳定和完善；而当温度过高，分子链段运动过于激烈则不利于形成稳定的超分子结构，因此干热收缩率又略微增大。因此，在适当温度和充分松弛下热定型，纤维干热收缩率可以控制在2%左右，这表明PEEK纤维具有优异的尺寸稳定性[5]。

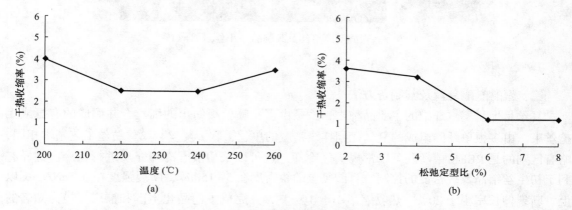

图9-6　热定型温度与松弛定型比

# 第三节　聚醚醚酮纤维的制备方法

## 一、聚醚醚酮单丝及其制备方法

聚醚醚酮纤维的主要品种有复丝、单丝，两者都属长丝，单丝采用熔融纺丝法制备，工艺基本流程如图9-7所示。首先PEEK树脂经单螺杆（或栓塞式）挤出机加热熔融，并由螺杆（或栓塞）挤压通过纺丝组件中的单（多）孔喷丝板形成单（多）根丝条，再进行冷却、热辊牵伸、热松弛，最后卷绕成筒。纺丝组件中通常配有多层金属过滤网或各层过滤网间填充金属粉或石英砂等以过滤纺丝液中的杂质。纺丝适宜温度为370~420℃，初生丝拉伸适宜温度为190~260℃，牵伸比多为（2.0~3.5）：1。松弛热定型温度250~320℃，松弛定型比为（0.8~0.98）：1。纺制单丝时可采用单头单位纺丝，亦可单头多位纺丝。PEEK单丝喷丝板孔径直径多为0.1~1.8mm。研究表明，通过高温熔融纺丝工艺，已经可以制备出直径0.07~2.0mm（50~40000dtex）、断裂强度25~40cN/tex、断裂伸长率25%~40%、200℃空气中热收缩率2%以内的PEEK单丝[6,13,16-19]。

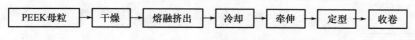

图9-7　PEEK单丝制备基本流程

聚醚醚酮单丝能够用于编织工业用过滤网布、苛刻环境使用的管线护套、传送带增强体、刷子等，还可以用于球拍弦、乐器琴弦等（图9-8）。

图9-8　聚醚醚酮单丝及其制品（单丝过滤网）❶

## 二、聚醚醚酮复丝及其制备方法

复丝是聚醚醚酮纤维的主要品种之一，是由多孔喷丝板纺出的细丝合并而成的有捻或无捻丝束。由多根单纤维组成的复丝比同样线密度的单丝柔软。复丝与单丝纺丝工艺基本相同，略有区别的是PEEK单丝既可以常规空气冷却，也可以采用液态冷却介质进行骤冷，这样有利于初生丝结晶及线密度的控制。目前复丝的线密度在5~15dtex、断裂强度在6.5cN/dtex以上、断裂伸长率小于20%、热收缩率小于1%[20]，并完成了商品化生产和推广。最为知名的英国Zyex公司（位于Gloucestershire Stonehouse）的复丝产品（Zyex牌），是目前PEEK纤维市场较好的商业品牌之一。Zyex复丝和短纤维是20世纪80年代末开发并进入市场的，其应用范围不断扩大。复丝产品可用于干法过滤和化学分离，如高温压毡、高温气体过滤布[7]。PEEK复丝产品也可用于医疗方面，如制作骨板、螺钉、过滤材料、肠和韧带的修复材料、导管与器官代用材料、器官移植等，还用在体育用绳、编织带、刷子和帘子线等领域（图9-9）。

图9-9　聚醚醚酮复丝纤维及其制品（过滤布）❶

❶　聚醚醚酮纤维及其制品部分由高性能聚合物合成技术国家地方联合工程实验室（吉林大学）和江苏常州创赢新材料科技有限公司提供。

### 三、中空聚醚醚酮纤维及其制备方法

中空 PEEK 纤维是指纤维轴向有细管状空腔的长丝。该纤维具有一定的孔隙率，贯通纤维轴向，具有管状空腔。中空 PEEK 纤维突出的优点是质量轻，耐磨性优越。据报道英国 Zyex 公司已经研制出新型耐高温 PEEK 空心单丝，并申请了专利（USP 6132872），主要为轻型耐磨编织带使用。此 PEEK 单丝的孔隙率最高可达体积的 80%，外径为 0.07~0.8mm。孔隙率为 10%~40% 时，其耐磨性达到或超过实心单丝。此专利还称，孔隙率 20%~80% 可使编织带包覆性更好。中空 PEEK 纤维可以使较为昂贵的 PEEK 制成的产品既节约费用，又减轻质量。

中空 PEEK 纤维单丝采用熔融纺丝法制备。首先 PEEK 树脂经单螺杆挤出机加热熔融，并由螺杆挤压通过纺丝组件中的环形喷丝孔形成中空丝条，再进行骤冷、热辊牵伸、热松弛，最后卷绕成筒。纺丝组件中通常有多层金属过滤网或各层过滤网间填充金属粉或石英砂等。通常的做法是，圆形孔板喷嘴外径 4.4mm，内径 2.2mm，中心喷嘴接通空气。熔融纺丝温度一般在 380℃ 以上，计量输送速度为 2~15g/min。空心纤维丝后牵伸倍数为 2.5~3.0，然后在 310~340℃ 使之松弛，最多可松弛原长度的 15%。此种方法生产的单丝直径为 0.2~0.55mm，孔隙率为 25%[8]。

与实心 PEEK 单丝相比，空心单丝的耐磨性能更被使用者关注。空心单丝采用往复法同实心纤维作比较。独根纤维在一根陶瓷棒上（直径 3.12mm），以包覆角 90°、作用张力 3N、频率约 0.7 的条件下往复运动，往复运动行程约 30mm，环境温度为 25℃±3℃，每一根丝断裂的往复次数都记录下来。实验表明，PEEK 空心纤维耐磨性比实心纤维有较大改善，其耐磨性提高了 3~4 倍。而 PEEK 实心纤维在强度、断裂伸长和抗张系数方面优于空心纤维，见表 9-4。

**表 9-4 PEEK 空心纤维单丝和实心单丝性能比较[9]**

| 单丝 | 直径（mm） | 孔隙率（%） | 摩擦试验（次） | 断裂强度（$T$）（cN/tex） | 断裂伸长率（$E$）（%） | 抗拉系数（$T \cdot E^{1/2}$） |
|---|---|---|---|---|---|---|
| 空心 | 0.33 | 23 | 16,895 | 25.8 | 24.1 | 126 |
| 实心 | 0.35 | 0 | 4,224 | 34.0 | 38.0 | 209 |
| 空心 | 0.28 | 23 | 19,265 | 26.4 | 19.0 | 115 |
| 实心 | 0.28 | 0 | 6,652 | 37.0 | 28.2 | 197 |

中空 PEEK 单丝之所以耐磨，是因为当加上机械压力时，空心单丝的表面会向内弯曲，摩擦面积增大，机械力被更大的表面积分担。据报道，这种 PEEK 空心单丝编织成筒状的编织带一般是由 16 根单丝构成，螺旋形的编织单丝与轴向呈 30° 角。这种编织带线密度 3.3g/m。Zyex 公司还把直径 0.28mm 的实心 PEEK 单丝用同样的方法编织成同样结构的编织带，其线密度为 4.4g/m。两种试验的编织带都是模拟电缆外包覆磨损情况。对比耐磨实验结果表明，PEEK 空心纤维编织带比实心纤维编织带的保护作用好 25%[9]。

### 四、聚醚醚酮超细纤维及其制备方法

超细纤维的定义说法不一，一般把线密度 0.3dtex（直径 5μm）以下的纤维称为超细纤

维。国外已制出 0.00009dtex 的超细丝，如果把这样一根丝从地球拉到月球，其重量也不会超过 5g。我国目前已能生产 0.14~0.3dtex 的超细纤维（图 9-10）。

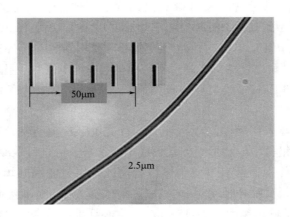

图 9-10　超细聚醚醚酮纤维丝（直径约 2.5μm）

据文献报道[10]，德国德累斯顿聚合物研究所 H. BRÜNIG 等人研制了微细 PEEK 纤维和超细 PEEK 纤维，目的是制备与碳纤维细度（直径 7μm）匹配的 PEEK 纤维，并与碳纤维（Toray 东丽）混纺制备 CF/PEEK 混合纱线。微细纤维线密度达到 1dtex（10μm）或 1.5dtex（12μm）。超细 PEEK 纤维线密度可达到 0.2dtex、0.1dtex，甚至 0.06dtex。但在纺制超细 PEEK 纤维（0.06dtex）时，纺丝过程不稳定，数秒钟超细丝即断裂。

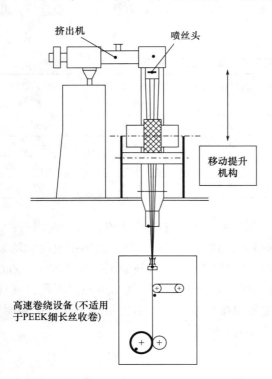

图 9-11　高温试验挤出纺丝设备示意图[9]

### 1. 微细 PEEK 纤维丝的制备

微细和超细 PEEK 纤维也使用熔融纺丝法制备，制备过程同普通 PEEK 纤维一致，但对物料供应量和卷绕速度有一定的要求，或者尽可能减少 PEEK 熔体输送量，或者尽可能提高 PEEK 丝条的卷绕速度。

制备 PEEK 微细及超细纤维所使用的高温试验挤出纺丝设备如图 9-11 所示，PEEK 树脂常用牌号为 Victrex151G。当物料供应量恒定时，牵伸倍率、丝条线密度依赖于卷绕速度，如图 9-12 所示。由于高温试验挤出纺丝设备最小物料熔体供应量是 5g/min，配以 24 孔喷丝板，设定供应量为 5.5g/min，则每孔物料熔体恒定供应量为 0.23g/min。为了获得线密度为 1dtex 的 PEEK 纤维，需要卷绕速度达到 2000m/min，而此时出现大量丝条破裂，纺丝过程不稳定。可见，通过提高纺丝卷绕速度制备线密度 1dtex 的 PEEK 纤维并不可行。图 9-13 所示的是物料供应计量与纤维线密度的关系，从图中可以看出，减少每孔物料供应量可有效降低卷绕速度和获得相应线密度（1dtex）的PEEK 纤维。拉伸前和拉伸后的纤维线密度依赖于恒定卷绕速度条件下的每孔物料供应量。实验中使用喷丝板孔数至少 48 孔，实验结果见表 9-5，试验可纺性优良。可见，制备微细PEEK 纤维减少物料供给量比提高卷绕速度更有效。

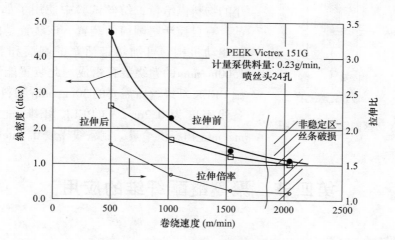

图 9-12　线密度与卷绕速度的关系[10]

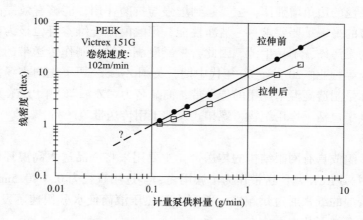

图 9-13　线密度与物料供应量的关系[10]

表 9-5　线密度为 1.5dtex 和 1.0dtex PEEK 丝的熔融纺丝条件（PEEK Victrex® 151G）[10]

| 纺丝条件 | 实验 1 | 实验 2 |
|---|---|---|
| 纺丝温度（℃） | 400 | 400 |
| 卷绕速度（m/min） | 1500 | 1500 |
| 供料量（g/min） | 10.8 | 7.2 |
| 平均单孔供料量（g/min） | 0.225 | 0.15 |
| 线密度（总，dtex） | 7.2（f48） | 4.8（f48） |
| 每根单丝线密度（dtex） | 1.5 | 1.0 |
| 直径（μm） | 12 | 10 |

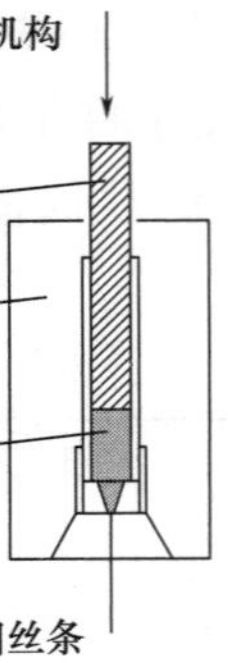

驱动机构

活塞

加热器

熔体

细丝条

收卷装置（略）

图 9-14　自控活塞圆筒装置示意图[9]

### 2. 超细 PEEK 纤维的制备

为了制备低于线密度 1dtex 的超细 PEEK 纤维，减少物料供给量尤为必要。有研究报道[10]，挤出纺丝实验设备物料供应量最小为 5g/min，为了进一步得到更小的物料供给量，纺丝试验中使用了如图 9-14 所示的具有自控活塞圆筒的装置。该装置是由可调节速度的驱动机构、可加热带活塞的圆筒和卷绕速度达到 1500m/min 的卷绕装置组成。此装置能够实现制备超细 PEEK 纤维丝所需要的 30mg/min 物料供给量，可制备线密度为 0.2dtex 的 PEEK 纤维，也能实现 0.15mg/min 物料供给量，制备线密度 0.1dtex 的纤维。

# 第四节　聚醚醚酮纤维的应用

## 一、传送带领域

PEEK 纤维因其机械性能优良，耐腐蚀性和抗磨作用好，被用作造纸工艺螺旋卷的连接部或者网眼聚酯毛毯的边角增强体，主要起到增强与抗磨作用，能够有效提高传送带的使用寿命。作为传送带的另一重要要求——洁净性能，聚醚醚酮纤维本身也极为出色，它自身洁净且对其他接触物无污染，不易生菌。因此，聚醚醚酮纤维是制作传送带的优良材料，适用于食品加工和制药等行业。20 世纪 80 年代中期，英国 Zyex 公司率先向市场推出了聚醚醚酮单丝，开发的目标是制造高温干燥用的传送带，商品名为 "Zyex"。由 PEEK 纤维制作的传送带有多种类型，其中包括干燥用织物、螺扣式及加工用传送带等产品。

### 1. 干燥用织物

这种织物通常织成具有网眼结构的传送带，主要用来将产品送入高温环境中进行相关作业。在造纸工业中，PEEK 基传送带作为干燥用途，多选用直径为 0.4~0.5mm 的单丝织成双层结构，由它带着湿的纸张通过烘箱或一系列大的热压滚筒使水分快速蒸发[11,12]。PEEK 单丝织造的传送带具有如下几方面优点。

（1）织造完成后，PEEK 织物易于整理，其整理方法与聚酯织物相似[11]。

（2）PEEK 具有较高的 $T_g$，由其制成的传送带宽度即使达到 10~12m，其表面尺寸也十分稳定[11]。

（3）PEEK 纤维耐温度及蒸汽性能优异，低于 200℃ 时材料基本不发生变化。即使在 150℃ 的高压水蒸气下作用下，PEEK 基传送带连续使用 7d，传送带的性能也几乎没有变化。而在同样条件下，聚酯和聚酰胺基的传送带基本就会毁坏[11]。

（4）PEEK 基传送带表面抗黏性好。PEEK 织物与水的接触角为 86°，明显超过锦纶织物（72°）、PET 织物（77°），具有较小的吸附性，这使其在造纸领域应用具有突出的优势[11]。

### 2. 螺扣式传送带

螺扣式传送带关键部位之一是螺扣连接，能满足螺扣连接的热塑性材料较少，其中

PEEK 和 PET 是为数不多的几种。这种螺扣形式是拉链式联结，是由相交叉的螺旋通过其中插入第三根垂直的单丝或枢轴线实现的，PEEK 纤维最初涉足的织物领域即是作为单丝和轴线。PEEK 纤维的加入使原来全聚酯传送带最薄弱的部件得到了有效的联结，同时极大地提高了传送带的耐化学腐蚀性、耐磨性，改进了传送带的质量[11]。

全 PEEK 传送带即是通过许多螺扣编织成完整的传送带，这类织物传送带具有滑动轨迹的截面，它可以用来替代原来应用的非织造布、纺织加工用的金属丝传送带。这种 PEEK 传送带所选用的 PEEK 单丝的直径为 0.5~0.9mm，并具有符合工艺要求的收缩性。这类传送带具有以下优点[11]。

（1）具有极佳的耐疲劳性及韧性，受力后的回复性好。

（2）优异的耐磨性能使 PEEK 基传送带具有优良的抗机械损伤性。在某些环境下，金属丝传送带会发生永久变形，而 PEEK 基传送带可以恢复原形，不留下凹陷或损伤痕迹。

（3）PEEK 纤维表面有良好的自清洁性，再使用螺扣式织法，织物表面光滑，传送带具有很强的抗粘作用。如果被传送产品对表面光洁度要求很高，把产品从一种加工环境带到另一种加工环境，要求产品不能黏附在传送带上，传送带的这种性能则更加重要。

（4）PEEK 纤维的密度比金属低，同样功效的传送带，PEEK 基的传送带比金属带节约能源。

**3. 加工用传送带**

加工用 PEEK 传送带织物有多种结构，有的传送带与其他纤维混纺编织而成，有的还要经过涂层。与其他用途的 PEEK 基传送带一样，耐高温、耐化学腐蚀性是传送带至关重要的性质。这要求传送带在整个加工过程中的不同环境条件下仍然保持其原有的功能。从 PEEK 纤维种类来看，这类织物可以是单丝、束丝或短纤维等材料织成，这主要取决于加工工艺对传送带的要求。PEEK 纤维的另一个重要性能是其抗张强度大，可以保证传送带横向尺寸的稳定性。同时，PEEK 纤维的耐疲劳性好，用 PEEK 纤维制成的传送带能很好地紧附在传送辊上，不会因为使用时间长而松弛[11,12]。

加工用的传送带主要用于化学工业、木浆制造业、印花定型、织物胶以及食品工业。它的优点如下[11]。

（1）耐化学惰性，水蒸气以及大多数化学物质对传送带几乎无影响。

（2）耐磨性好，对于 PEEK 基的传送带，如使用 PEEK 作为缝纫线对传送带加固的话，传送带的耐磨性更加突出，同时 PEEK 纤维也是一种理想的缝纫线。

（3）易于控制尺寸，PEEK 纤维可以在 180~260℃进行热处理，这可以控制制备符合传送带工作环境要求的无收缩 PEEK 纤维。

## 二、过滤网布领域

聚醚醚酮纤维具有抗油污、耐腐蚀特性，因此它能被编织成细密的机织物，用于航空飞机和汽车的燃料过滤器。聚醚醚酮在高温、高湿、高压等环境下仍能保持优良的性能，因此由聚醚醚酮单丝（0.15~0.30mm，也可用聚醚醚酮复丝）织造带压式过滤织物可用于化工药品生产领域，帮助粉末浆脱水或过滤热熔融黏合剂；也用于医学领域，在透析、诊断装置或者层析仪器中使用，可以保证纯净度[13]。

### 三、高温滤材领域

高温滤材包含了稀布为基衬的增强织物，利用针刺方法将短纤维附于稀布上针刺而成。这种针刺毡具有细小孔洞，纤维疏松曲折地形成网状，从而能分离高温烟气中的小颗粒。增强用 PEEK 稀布面密度为 $50\sim100g/m^2$，这种比表面重的过滤效果最好。由于 PEEK 纤维的质量比强度较大，因此在减轻稀布质量时，可以加入更多的短纤维，增加过滤网的厚度从而提高过滤效果[11-14]。

将卷曲的 3.3dtex 的 PEEK 短纤维针刺成紧实的毡，它的面密度为 $400\sim550g/m^2$。这种 PEEK 非织造针刺毡袋可用于以煤为能源的发电厂、工业用焚化炉的烟气过滤，效果极佳。与用其他材料制成的气体过滤毡相比较，PEEK 基过滤材料的热稳定性比 Nomex、PPS 等材质好。同时 PEEK 毡具有很好的尺寸稳定性，可在对耐磨要求高的场合广泛应用[11]。

PEEK 基过滤织物的优异性能主要体现在强度及韧性，它对大多数废气（包括 $NO_x$、$SO_2$、HCl 等）具有优异的抗腐蚀性[11]。另外，PEEK 纤维是理想的缝纫线，常用于 PEEK 纤维基或是其他材料混织的滤尘袋连接用线。

### 四、医学领域

由于 PEEK 纤维纯度高、无毒（FDA 认可）、耐消毒性、耐射线透射，有良好的人体相容性，使得其医用前景十分广阔。例如细密的机织网可以用作疝气修复手术和外科再造手术（如眼眶的修复）的增强体，作肠和韧带修补材料，导管和气管的代用材料等制品，特制的纤维材料可以用于移植的器官上长期使用。PEEK 纤维织制的过滤网因其无污染、耐腐蚀、能高温蒸煮清洗，在透析、诊断装置以及层析仪器中使用，能够保证仪器纯净度要求。用于医疗场合的 PEEK 产品还包括管状体、连接体、过滤装置和过滤器板等用途[15]。

### 五、纤维混杂复合材料

PEEK 纤维与其他增强纤维（芳纶、玻璃纤维、碳纤维、玄武岩纤维等）通常采取非预浸方式混杂，混杂方式包括混合纱线（Commingled yarn）、核芯纺纱线（Cospined yarn）、包缠纱线（Cowrapped yarn）以及加捻纱线（Cotwisted yarn），图 9-15 给出了这四种混杂方式的示意图。这些混杂纤维纱线通常使用织造、编织和针织方法织制成织物。通过施加热和压力，热塑性纤维熔融并形成增强纤维的基体。两种类型的纤维混合越密切，增强纤维在最终复合材料部件中被浸渍的越好。

### 六、其他领域

黑色 $0.2\sim0.3mm$ 的 PEEK 单丝编织成衬套，可用来保护与飞机发动机和汽车排气系统相近的电子线路。在这种使用场合，PEEK 纤维优良的耐弯曲疲劳性能、耐磨损和耐剪切性能都显得很重要。PEEK 纤维可编织成绳索，用于过滤织物和带的增强体；在航天和原子能工业中的高性能刷子、过滤布、隔音材料等领域也可使用 PEEK 纤维。PEEK 纤维还可用于文体用品，如网球拍弦，能在高速交变应力的作用下保持良好均匀的弹性回复。如作为琴弦，能使乐器具有较好的音质和耐用性能。

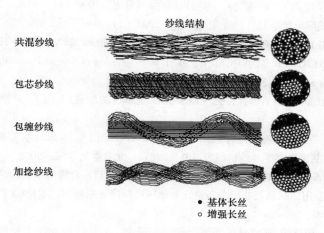

图 9-15　纤维混杂方式示意图[20]

# 第五节　聚醚醚酮纤维的产业化与展望

聚醚醚酮纤维是一种重要的高性能纤维，在工业、航空航天、医学、环保等方面具有广泛的用途。目前全球 PEEK 类纤维商品化主要是由 ZYEX 公司垄断，国内仅有江苏常州创赢新材料科技有限公司形成商品化生产能力，这使得国内聚醚醚酮纤维由科研向市场化、商品化转化迈出重要一步。ZYEX 公司则于 2016 年被 PEEK 著名生产商威格斯（Victrex）收购，使得威格斯基于 VICTREX™ PEEK 开拓新的市场。威格斯旗下的 TxV 航空复合材料公司，采用新型工艺生产零件，以推动聚芳醚酮（PAEK）在航空工业的商业化应用，并与 Magma 全球公司合作，率先应用在深海石油和天然气聚合物输送管道方面。

在全球加紧对 PEEK 纤维及其应用大力研发的同时，我国也在通过行政部门、行业协会和企业联盟加大对 PEEK 纤维的研发扶持，实现纺丝级 PEEK 树脂与 PEEK 纤维的技术突破和稳定生产，提高 PEEK 纤维应用和研发技术，促使国产 PEEK 纤维商品化和工业化，带来更大的经济和社会效益。

## 主要参考文献

［1］牛海涛，焦晓宁，程博闻. 聚醚醚酮（PEEK）纤维的特性及其应用［J］. 北京纺织，2004（3）：30-32.

［2］吴忠文. 特种工程塑料聚芳醚酮［J］. 化工新型材料，1999（11）：18-20.

［3］赵纯，张玉龙. 聚醚醚酮［M］. 北京：化学工业出版社，2008.

［4］李明月，焦志峰，张天骄. 聚醚醚酮纤维的制备、性能及应用［J］. 化工新型材料，2012（5）：116-128.

［5］胡安，刘鹏清，徐建军，等. 聚醚醚酮纤维的结构和性能［J］. 合成纤维工业，2009（6）：14-17.

［6］栾加双. 聚醚醚酮纤维的制备及性能研究［D］. 长春：吉林大学化学学院，2013.

［7］ 毕鸿章. Zeus 公司开发 PEEK 纤维 ［J］. 高科技纤维与应用，2009（4）：45.

［8］ 卫亚明. 空心聚醚醚酮单丝 ［J］. 产业用纺织品，2002（2）：44.

［9］ LIGHTWEIGHT A B RASION RESISTANT BRADING ［P］. USP 6132872，2000-10-17.

［10］ BRüNIG H，BEYREUTHER R，VOGEL R，et al. Melt spinning of fine and ultra-fine PEEK-filaments ［J］. Journal of Materials Science，2003（38）：2149-2153.

［11］ BRISCOE N A，MCINTOSH B M，宣亮. PEEK 纤维基织物的新进展 ［J］. 产业用纺织品，1992（1）：33-36.

［12］ 栾加双，叶光斗，王贵宾. 聚醚醚酮纤维的发展现状与应用 ［J］. 合成纤维工业，2010（5）：46-48.

［13］ 李明月. 熔融法纺制聚醚醚酮纤维的研究 ［D］. 北京：北京服装学院，2008.

［14］ 汪晓峰，李晔. 耐高温纤维的发展及其在产业领域的应用 ［J］. 合成纤维，2004（2）：1-4.

［15］ 2002 中国国际产业用纺织品及非织造布论坛暨德国高新产业用纺织技术论坛. PEEK 纤维材料在医疗上的应用 ［C］. 上海，2004.

［16］ 于建明，边栋材，周晓峰. 聚醚醚酮纤维牵伸工艺研究 ［J］. 天津纺织工学院学报，1996（1）：23-27.

［17］ 李明月，张天骄. 聚醚醚酮熔纺工艺的研究 ［J］. 北京服装学院学报（自然科学版），2008（4）：47-51.

［18］ LUAN J S，ZHANG S L，GENG Z，et al. Influence of the Addition of Lubricant on the Properties of Poly（ether ether ketone）Fibers ［J］. Polymer Engineering & Science，2013，53（10）：2254-2260.

［19］ LUAN J S，ZHANG S L，GENG Z，et al. Preparation and characterization of high-performance poly（ether e-ther ketone）fibers with improved spinnability based on thermotropic liquid crystalline poly（aryl ether ketone）copolymer ［J］. Journal of Applied Polymer Science，2013，130（2）：1406-1414.

［20］ B. -D. Choi，O. Diestel，P. Offermann. 12th International Conference on Composite Materials（ICCM）. Comm-ingled CF/PEEK hybrid yarns for use in textile reinforced high performance rotors. Paris，France，1999.

# 第十章　碳化硅纤维

## 第一节　引言

碳化硅（SiC），又称莫桑石（Moissanite）、金刚砂（Emery），是一种典型的共价键结合的化合物。纯天然的 SiC 产物在地球上非常罕见，只在少数陨石中被发现，但在外空间富含碳的红外星球上则是非常普通。1891 年，Edword 和 G. Acheson 在碳中加硅作为催化剂合成金刚石时，却意外制得了碳化硅。碳化硅最初应用是基于其超硬性能，广泛地应用于机械加工行业，随着人们的深入研究，又发现它还有许多优良性能。诸如：高温热稳定性、高温热传导性、耐酸碱腐蚀性、低膨胀系数、抗热震性好等，于是人们就试图以各种方法将粉粒状的材料做成连续不断的纤维，但都没有成功[1]。

20 世纪初，科学家们改变思路，开始尝试合成含硅和碳的有机化合物，再将含硅碳的化合物拉制成纤维，并经高温热处理，最终获得含 Si—C 结构的无机纤维。1975 年，日本东北大学金属材料研究所的矢岛圣使（S. Yajima）教授成功制备出世界第一根碳化硅纤维丝（SiC Fiber），1980 年，我国国防科技大学的冯春祥教授团队制备出了具有我国自主知识产权的连续碳化硅纤维（Continuous SiC Fibers），随后美国也于 1986 年由道康宁公司（Dow Corning）制备出了 SiC 纤维，1996 年德国拜耳公司（Bayer）制备出含 B 的碳化硅纤维等[2]。

连续 SiC 纤维是一种具有高比强度、高比模量、耐高温、抗氧化、耐化学腐蚀及优异电磁波吸收特性的多晶陶瓷纤维，可用作高耐热、耐氧化材料和聚合物基、金属基及陶瓷基复合材料的高性能增强材料。但由于 SiC 纤维及其复合材料的产业化链条涉及化工合成、化纤成型、热工控制、有机—无机转变、晶型筛选、织造设计、表界面改性处理、工装准备以及复合材料制备等多学科、多领域，又加上技术封锁等因素，至今能够产业化的国家和单位屈指可数。

SiC 纤维的高温性能是其他无机纤维无法比拟的。碳纤维在有氧状态下，350℃ 左右开始氧化而受到很大限制；玻璃纤维模量较低（<100GPa），且在 600℃ 时强度急剧下降，故不适于用作陶瓷基复合材料[3]；虽然氧化物陶瓷纤维的抗氧化性能比较优异，但由于高温条件下晶粒的快速增长和晶界扩散的原因，会导致其强度下降并产生强烈蠕变的现象使其不适合用于高温增强材料。SiC 纤维在高温下却仍能保持其诸多的优良特性，所以 SiC 纤维有着其他纤维无可替代的作用，在高技术领域特别是航天航空领域有广泛的应用前景。比如，SiC 纤维增强钛基复合材料主要应用于航天飞机（NASP）结构件上，以达到减质、提高耐受工作温度的作用（如 McDonell Douglas 公司、Rockell 公司等）；由于 SiC 热导率高、热膨胀系数匹配好的优点，被应用于航空发动机底板上（如 Rolls Royce 公司、Pratt&Whittney 公司）；SiC 纤维与金属铝复合，形成具有轻质、耐热、高强度、耐疲劳等优点的复合材料，可用作飞机、

汽车等机械部件及体育运动器材等方面；SiC 纤维增强陶瓷基复合材料比超耐热合金的质量轻，具有耐高温与增韧陶瓷的特性，可用作宇宙火箭和喷气式飞机的发动机等耐热零部件。同时，这种复合材料也是高温耐腐蚀核聚变炉的防护层材料[4]。

自人类 20 世纪初认识到 SiC 纤维的特殊工程技术价值后，经历了百余年的发展，SiC 纤维材料已经成为航空航天、军事装备、核能工业、半导体、特种化工、特殊光学材料等高技术领域不可或缺的先进陶瓷材料，故被称为 21 世纪继碳纤维之后出现的又一种国际新型战略性纤维材料，受到国内外材料界的广泛关注[5]。

# 第二节　碳化硅材料的结构及性质

## 一、碳化硅的结晶形态和晶体结构

碳化硅主要分为 $\alpha$-SiC 和 $\beta$-SiC 两种类型，其中 $\alpha$-SiC 为面心六方晶系，$\beta$-SiC 的晶体结构为立方晶系[6]。碳化硅晶格的基本结构单元是相互穿插的 $SiC_4$ 和 $CSi_4$ 四面体。四面体共边形成平面层，并以顶点与下一叠层四面体相连形成三维结构。由于四面体堆积次序不同，可形成不同的结构，至今已发现几百种变体，其中，$\alpha$-SiC 存在着 3C、4H、6H 和 15R 等250 多种型体[7]（图 10-1）。

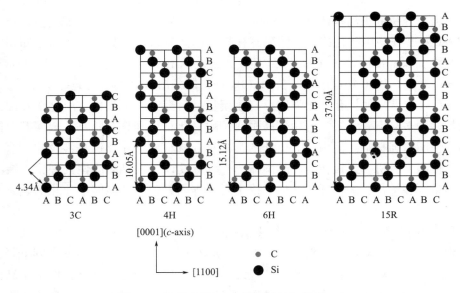

图 10-1　不同型体 SiC 的双层叠加序列 0-1

在 SiC 多种多型体之间存在着热稳定性关系，当温度低于 1600℃时，SiC 以 $\beta$-SiC 为主，它属于面心立方（fcc）闪锌矿型结构，单胞中分子数为 4，晶格常数 $a = 0.4359\text{nm}$；当温度高于 1600℃时，$\beta$-SiC 缓慢转变成 $\alpha$-SiC 的各种多型体；当温度为 2000℃左右时，易生成4H—SiC；当温度在 2100℃以上时，更易生成 15R 和 6H 多型体；当温度在 2200℃以上时，生成稳定的 6H—SiC 型体[8]。SiC 中各种型体之间的自由能相差很小，即使存在微量杂质固熔现象也会引起多型体之间的转变[9]。虽然这些多型体的晶格常数各不相同，但它体内的物质无明显变化。例如，$\alpha$-SiC 的各类多型体的密度基本相同，即为 $3.217g/cm^3$，$\beta$-SiC 的密度则为 $3.215g/cm^3$[10]。

碳化硅是一种典型的共价键化合物，但也具有部分离子性。有理论计算指出，78%的 Si—C 键属于共价键，而22%属于离子态。由于 Si 和 C 原子较小，键长短，共价性强等因素，决定了碳化硅会具有难以烧结、高硬度、有一定的机械强度等一系列特点，其平均键能为 300kJ/mol。常见的 SiC 多型体见表 10-1。

**表 10-1　SiC 常见多型体及相应的原子排列**

| 多型体 | 晶体结构 | 单位晶胞参数 | 原子排列次序 |
|---|---|---|---|
| C（$\beta$- SiC） | 立方 | 1 | ABCABC |
| 2H（$\alpha$- SiC） | 六方 | 2 | ABABAB |
| 4H（$\alpha$- SiC） | 六方 | 4 | ABCBABCB |
| 6H（$\alpha$- SiC） | 六方 | 6 | ABCACBABCACBA |
| 8H（$\alpha$- SiC） | 六方 | 8 | ABCABACBA |
| 15R（$\alpha$- SiC） | 棱方 | 15 | ABCACBCABACABCBA |

## 二、碳化硅的基本特性

碳化硅纯品为无色晶体，相对分子质量 40.10，密度 $3.215 \sim 3.217g/cm^3$，熔点 2700℃（升华），结构与金刚石相似，硬度仅次于金刚石，莫氏硬度约 9.4。工业碳化硅由于含有游离铁、硅、碳等杂质而呈浅绿色或黑色金属光泽，具有极高的折射率，并能产生明显的双折射现象，在紫外光下呈黄色和橙黄色，无电磁性，具有高硬度、高化学惰性、高热稳定性和半导体性[11]。

碳化硅具有良好的力学性能、热稳定性、传热性能和优良的化学稳定性。单晶 SiC 的热导率可达到 500W/（m·K）以上，远高于绝大多数半导体材料，室温下高于所有金属。高热导率使 SiC 器件可在高温下长期稳定工作，便于高密度、大功率器件集成。SiC 的化学稳定性好，材料内部不存在杂质扩散，因此，SiC 有很强的耐酸、碱能力，氢氟酸和浓硫酸都与它不发生反应，室温下能抵抗任何刻蚀剂[12]，这使得 SiC 器件可在高温、苛刻或腐蚀性环境中正常工作。SiC 禁带宽较宽，在相同辐射条件下，在 SiC 中产生的电子—空穴对比在 Si 和 GaAs 中产生的要少，SiC 临界位移能相对较大，因此其抗辐射能力强。在高温条件下，SiC 表面产生一层致密牢固的 $SiO_2$ 氧化膜，氧气在 $SiO_2$ 膜中的扩散系数非常小，可阻止氧化反应的深入进行，因此，SiC 还具有良好的高温特性，如高温抗氧化性好、高温强度高、蠕变性小、热传导性好、密度小，被首选为热机的耐高温部件，诸如作高温燃气轮机的燃烧室、涡轮的静叶片、高温喷嘴等。SiC 的抗热震性好、弹性模量高等特点使得材料能够在极冷、极热等交变环境中得到应用[13]。

但当 SiC 被用做高温保护材料时，应该避免使它与 $H_3PO_4$、$Na_2O_2$、PbO、$PbCrO_4$ 或熔融的 $Na_2CO_3/KNO_3$ 混合物接触，因这些化合物亦可毁坏表面保护膜而使其内部继续氧化。SiC 的主要特性见表 10-2。

表 10-2　SiC 的主要特性

| 性能 | 指标 |
|---|---|
| 摩尔质量（g/mol） | 40.097 |
| 颜色 | 无色（添加 B、N、Al 是棕色；添加 Si、C、Fe 呈浅绿色或黑色） |
| 理论致密度（g/cm$^3$） | 3.211（6H 型 $\alpha$-SiC） |
| 密度（g/cm$^3$） | 2.7~3.15 |
| 莫氏硬度 | 9.2~9.5 |
| 熔点 | 无（在 2545℃、101.325kPa 中分解；在 2830℃、3546.375kPa 中分解成 Si、SiC$_2$ 和 SiC$_3$） |
| 摩尔热熔 [J/(mol·K)] | $\alpha$-SiC　27.69<br>$\beta$-SiC　28.63 |
| 生成热（$-\Delta H$）（在 298.15K）[kJ/(mol·K)] | $\alpha$-SiC　25.73<br>$\beta$-SiC　28.03 |
| 热导率 [W/(m·K)] | $\alpha$-SiC　40.0~680（受物相、缺陷影响大）<br>$\beta$-SiC　25.5 |
| 线膨胀系数（10$^{-6}$/℃） | $\alpha$-SiC　5.12<br>$\beta$-SiC　3.80 |
| 300K 下的介电常数 | $\alpha$-SiC（6H）　9.66~10.03<br>$\beta$-SiC　9.72 |
| 电阻率（Ω·m） | $\alpha$-SiC　0.0015~10$^{-3}$<br>$\beta$-SiC　10$^{-2}$~10$^6$ |
| 德拜温度（K） | $\alpha$-SiC　1200<br>$\beta$-SiC　1430 |
| 能隙（eV） | $\alpha$-SiC（6H）　2.86<br>$\beta$-SiC　2.60 |
| 受激能隙（4.2K/eV） | $\alpha$-SiC（6H）　3.023<br>$\beta$-SiC　2.39 |
| 超导转变温度（K） | 5 |
| 弹性模量（GPa） | 475（293K 时）<br>441（1773K 时） |
| 剪切模量（GPa） | 192 |
| 体积模量（GPa） | 96.6 |
| 泊松比 | 0.142 |
| 弯曲强度（MPa） | 350~600 |
| 抗氧化性 | 由于表面形成 SiO$_2$ 层，抗氧化性极好 |
| 耐腐蚀性 | 在室温几乎是惰性 |

　注　数据来源：CVD 法 SiC 连续纤维制备技术 [D]. 西安：西北工业大学，2006.

# 第三节 碳化硅纤维的制备方法

SiC 纤维是通过化学的或物理的方法，形成的以 Si—C 结构为主要成分的一种无机纤维。目前，制备连续 SiC 纤维的方法主要有化学气相沉积法（Chemical Vapor Deposited, CVD 法）、粉末烧结法（Powder Sintering, PS 法）、化学气相反应法（Chemical Vapor Reaction, CVR 法）、先驱体转化法（Preceramic Polymer Pyrolysis, 3P 法）等[14-17]。

## 一、化学气相沉积法

最早实现连续制备 SiC 纤维的方法是 CVD 法。该方法是以超细钨丝或碳单丝为基材，将氯硅烷（如三氯甲基硅烷）类气体在氢气流下热解反应，生成 $\beta$—SiC 微晶沉积而形成的一种复合纤维。

其发展历程为，Gareis 等于 1961 年申请了世界上首个利用钨丝作为芯材沉积制备碳化硅纤维的专利。德国的 Gruler 进一步研究，在 1977 年实现了连续钨芯碳化硅纤维的制备，其抗拉强度、弹性模量分别达 3.7GPa 和 410GPa。Mehemy 等则在基材上做了进一步尝试，于 1975 年报道了在单根碳丝上沉积，制备出碳化硅纤维的方法。我国同期也在进行研究，在直径 12μm 超细钨丝载体上，中国科学院沈阳金属研究所石南林等采用射频加热装置连续沉积制得钨芯碳化硅纤维，其直径为 100μm，连续长度大于 1000m，抗拉强度大于 3.2GPa，弹性模量大于 400GPa。

影响 CVD 法制备碳化硅纤维质量的主要因素有芯材质量、反应前预处理情况、反应气体流量、配比和浓度、沉积温度、时间、真空度等。

CVD 法制备的 SiC 纤维纯度高，且具有优异的力学性能、抗氧化耐烧蚀性能、抗高温蠕变性能，以及与金属基、陶瓷基体的相容性能。由于芯材所采用的单根碳丝或者钨丝的直径为 10~30μm，所得 SiC 纤维的直径一般都大于 100μm，直径太粗，柔韧性太差而不利于后续复合材料预制体的编织与成型。另一方面，在高于 500℃时，碳芯 SiC 纤维的芯材料会发生严重的氧化反应，导致纤维耐高温性能严重下降。此外，CVD 法碳化硅纤维的生产周期长，生产设备昂贵，成本较高，生产效率低，导致 CVD 法 SiC 纤维在陶瓷基复合材料（CMC）中的实际应用受到极大限制。

目前，采用化学气相沉积法制备连续碳化硅纤维的主要公司有英国 BP 公司（采用钨芯生产连续 SiC 纤维），其主要牌号有 SM1040、SM1140 和 SM1240 系列；美国的 Textron 特种纤维公司（采用碳芯生产连续 SiC 纤维），其主要牌号有 SCS-2、SCS-6 和 SCS-8 三种。

## 二、粉末烧结法

粉末烧结法主要将 $\alpha$-SiC 粉（亚微米级）、烧结助剂（如 B 或 C）与高聚物的溶液或熔体均匀混合，然后经过熔融纺丝或干法挤出成型制得含有高聚物、烧结助剂等多组分的 SiC 初生纤维，再经高温除去高聚物和致密化烧结，最终得到连续 SiC 纤维。

该法制备的连续 SiC 纤维，高温条件下晶粒尺寸稳定，抗蠕变性能优势明显。但是，该纤维的原丝是靠有机黏结剂（如 PE、PVAc 等）将 SiC 粉体粘聚起来的，在制备过程中，随着原丝表面及内部有机物的去除，会留下较大的孔洞无法修复，致使纤维力学性能低（1.0~1.2GPa）。

采用粉末烧结法制备连续 SiC 纤维的公司主要有美国的 Carborundum 公司，其生产的 SiC 纤维的直径在 25μm 左右，α-SiC 的含量在 99% 以上，且密度和模量较高，但由于纤维的抗拉强度低、纤维直径大等缺点，导致其在高性能陶瓷基复合材料（CMC）上的应用受到了很大限制，目前 Carborundun 公司已经停止生产该纤维[18]。

### 三、化学气相反应法

化学气相反应法（CVR）也称碳热还原法，是近年出现的一种新的制备方法，该工艺简化了制备流程，降低了 SiC 纤维的制备成本。其主要反应原理是，$SiO_2$ 或 SiO 与碳素纤维之间发生原位碳热还原反应从而生成 SiC 纤维。

$$SiO_2（s）+C（s）\longrightarrow CO（g）+SiO（g）$$
$$SiO（g）+2C（s）\longrightarrow 2CO（g）+SiC（s）$$

例如将 $SiO_2$ 粉末分散于聚丙烯腈（PAN）纺丝液内，纺制后得到的 PAN 纤维均匀含有 $SiO_2$ 粉末，然后让该纤维在高温的惰性气氛下裂解即可得到 SiC 纤维（拉伸强度约为0.1GPa）；或者把碳源改成活性碳纤维，把硅源改成气态 SiO，在真空条件下，通过气相渗透或气相反应将碳纤维逐步全部转化为 SiC，然后再在 $N_2$ 氛围下进行高温热处理（1600℃），得到的 SiC 纤维全部由 β-SiC 微晶构成。

碳热还原法制备的 SiC 纤维具有良好的耐高温性能，因为其氧含量低（约为 1.3%），但纤维孔隙率高，故而模量和抗拉强度都比较低。最近 Kaoru Okada 等提出了一种有效降低孔隙率的方法，该方法主要是将制得的 SiC 纤维在含硼气氛下高温烧结，提高致密度，从而提高纤维的模量和抗拉强度。

虽然碳热还原法的发明大大降低了 SiC 纤维的生产成本，使 SiC 纤维大范围的应用以及大批量工业化成为可能，但这种方法所产 SiC 的使用性能有待进一步提高，因此到目前为止，化学气相反应法的 SiC 纤维还没有商品化。

### 四、先驱体转化法

先驱体转化法制备陶瓷材料由日本矢岛圣使（Yajima）教授和法国的 Verbeek 教授于 20世纪 70 年代中期所开创，Verbeek 教授没有继续延伸做出纤维，而矢岛圣使教授做出了全世界第一根碳化硅纤维而名留青史。可以说，先驱体转化法是制备陶瓷材料领域的一次重大变革，并且近年来该方法的各种应用越来越广泛[19]。

该工艺最早用于制备碳纤维，随着成功开发出各种新型有机聚合物先驱体，纤维品种才逐渐由碳纤维发展到碳化硅纤维。Yajima 教授等人将聚碳硅烷（Polycarbosilane，PCS）作为先驱体制备出了细直径 SiC 连续纤维，从此拉开了用先驱体法制备连续碳化硅纤维的序幕[20]。

所谓的先驱体转化法，就是把有机聚合物作为先驱体，利用其可溶或者可熔等特性使其成型后，经高温裂解使其从有机物变为无机陶瓷材料。其工艺流程如图 10-2 所示，主要可分

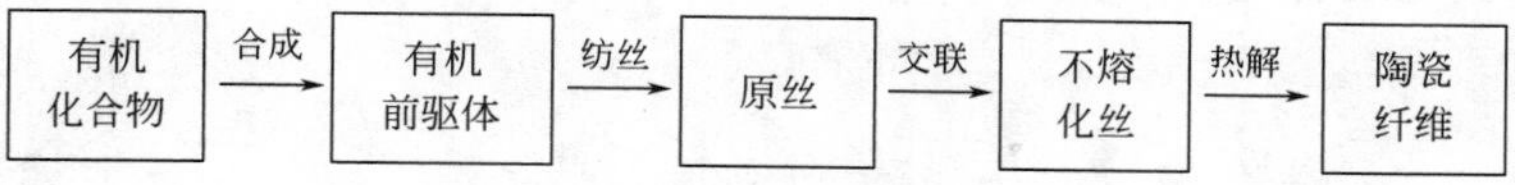

有机
化合物 → [合成] → 有机
前驱体 → [纺丝] → 原丝 → [交联] → 不熔
化丝 → [热解] → 陶瓷
纤维

图 10-2 先驱体转化法制备陶瓷纤维的工艺流程

为：陶瓷有机先驱体合成、有机先驱体纤维制备（即纺丝）、先驱体纤维的不熔化处理（即交联）、高温下使交联后的纤维热解（无机化），从而得到陶瓷纤维[21]。这些工序中至关重要的是先驱体的合成，SiC 陶瓷纤维的流程指标和产品性能直接受到先驱体合成的影响。

**1. 先驱体要尽可能同时具备的基本条件**

（1）原料易得，且可以通过分子设计合成具有特定组成的有机先驱体。

（2）合成的先驱体应该是可溶或可熔的，室温下稳定，毒性小。

（3）有良好的纺丝性能，从而可以容易获得连续的先驱体纤维。

（4）有良好的交联性，即含有一定的活性基团。要想在高温裂解过程中保持纤维的形状，先驱体必须经过交联，而交联主要依靠活性基团的相互连接。

（5）在高温裂解中，先驱体纤维转化成所需纤维的过程应具有较高的产率，通常应大于 50%以上。

以上几方面的要求有时相互制约，难以同时满足，因此在设计先驱体时通常根据需要而有所侧重[22]。

**2. 先驱体转化法的优势**

（1）通过分子设计，先驱体的组成可以控制，从而可以获得有不同用途和功能的陶瓷纤维。

（2）适用于细直径连续陶瓷纤维的制备，细直径纤维的可编织性更加优良，所以该工艺所产纤维可成型复杂构件，并且纤维具有高强度、高模量的力学性能。

（3）适于工业化生产，该工艺生产效率高，成本较低。

由于以上的显著优势，自先驱体转化法制备连续 SiC 纤维技术开发以来，世界各国纷纷进行开发和研究[23]。

# 第四节 先驱体转化法连续 SiC 纤维的制备

先驱体转化法是指以含有目标陶瓷元素的高聚物为先驱体，利用其可溶、可熔等特性实现成型后，经高温热分解处理，使之从有机物转变为无机陶瓷材料的方法与工艺。先驱体方法充分利用了有机高分子聚合物易于成型加工，尤其是易于制备低维材料的优点，可以制备一般陶瓷材料制备方法难以制备的陶瓷纤维和薄膜[24,25]。

先驱体转化法制备 SiC 纤维的生产工艺主要分为四个阶段，即合成、纺丝、不熔化处理（上述交联为一种不熔化处理的方式）、烧成。首先由二甲基二氯硅烷（Dimethyldichlorosilane，DMDCS）与钠缩合成聚二甲基硅烷（Polydimethylsilane，PDMS），再经高温（450～500℃）热分解、重排，缩聚转化为 PCS；然后 PCS 经熔融纺丝制得连续 PCS 纤维；将 PCS

纤维在空气中预氧化或者电子束辐照得到不熔化 PCS 纤维；最后经高温（1250~1800℃）烧成制得 SiC 纤维[26,27]。

## 一、SiC 先驱体的合成

SiC 陶瓷纤维先驱体常见的合成方法有：矢岛法、开环聚合法、硅氢化法、共聚法、共混法，另外还有热裂解法、溶胶—凝胶法、电化学法、光化学法、聚合物金属化法、缩聚法等[28-30]。因篇幅所限，本书主要介绍矢岛法。

矢岛法以氯硅烷（如二氯二甲基硅烷）为原料，利用活泼金属（如金属钠）的脱氯作用，制备出硅—硅键为主链的聚甲基硅烷（如聚二甲基硅烷，PDMS），在惰性气氛保护下经高温裂解、聚合重排制得聚碳硅烷（PCS）。改变合成条件可以制备出多种陶瓷先驱体。

（1）由聚甲基硅烷直接在高压反应釜中发生高温裂解重排反应，制备 Mark I 型 PCS。

（2）为了改善 Mark I 型 PCS 的成丝性能，在合成 PDMS 的过程中加入二苯基二氯硅烷，按照与 Mark I 类似的方法合成了 Mark II 型 PCS。

（3）为提高安全性，降低生产成本，避免使用高压釜并提高 PCS 的收率，在反应体系中添加少量的聚硼硅氧烷（Polyborodiphenysiloxane，PBDPSO），在 350℃ 裂解重排，合成 Mark III 型 PCS，即 PC-B。

矢岛圣使发明的三种合成 PCS 的方法如图 10-3 所示，Mark I 与 Mark II 型 PCS 在合成时均使用了高压釜，Mark III 型 PCS 的合成工艺相对简便，但是在 Mark III 中加入的助剂却引入了氧，导致最终获得的 SiC 纤维性能不如 Mark I、Mark II 的好，因此，Mark I 型 PCS 成为被广泛认可的标准型产品[31]。我国国防科技大学冯春祥等，采用常压高温合成工艺，制备出了具有我国自主知识产权的高性能 PCS（简记为 KD-PCS）。

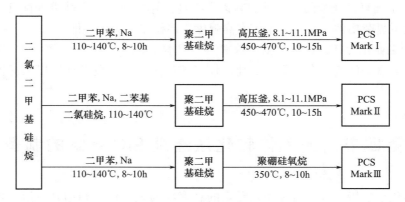

图 10-3　三种合成 PCS 的方法

最早合成的 PCS 是 Mark I 型 PCS（也称 PC-470），也是目前最成功的 SiC 纤维陶瓷先驱体。理想化的 PCS 结构如图 10-4（a）所示。但研究发现 PC-470 中存在着 $SiC_3H$ 和 $SiC_4$ 两种结构单元，由此推断其中存在着环状或支链结构，从而进一步提出 PCS 的结构模型如图 10-4（b）所示[32]。Mark I 和 Mark II 化学组分基本相同，可以发现其 C/Si 比均大于 1。

目前，矢岛法已经实现了工业化制备，以日本碳素公司（Nippon Carbon）生产的尼卡纶

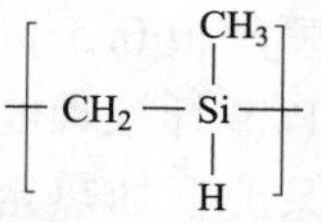

(a) PCS的重复单元

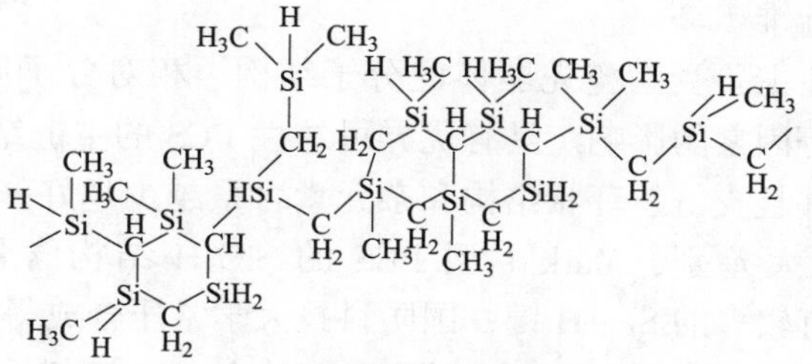

(b) PCS的结构模型

图 10-4　PCS 的分子结构

（Nicalon）系列为代表。20 世纪 90 年代以来，人们纷纷改进矢岛法，在先驱体中引入异质元素，对 PCS 进行物理与化学改性，制备出各种含异质元素的新型 SiC 陶瓷纤维。国外以日本宇部兴产公司（Ube Industries）的"基拉诺"（Tyranno）系列为代表，国内国防科技大学的赵大方、余煜玺、胡天娇等对含铝陶瓷先驱体及纤维进行了研究，王亦菲等对含钛陶瓷先驱体进行了研究，中国科学院化学研究所的徐彩虹等对含锆的陶瓷先驱进行了研究[33]。

　　从理论分析，矢岛法所制备的 SiC 陶瓷纤维先驱体并不是最理想的，但是从稳定性、实用性以及可工程化等角度上讲，目前只有矢岛法实现了连续工业化生产，其他方法都因存在着各自的问题而未能得到广泛应用。因此，今后 SiC 陶瓷纤维先驱体分子设计与合成的努力方向是所制得的先驱体应该杂元素含量少，具有较高的陶瓷产率并兼顾可纺性、稳定性以及原料成本，可以从两方面着手考虑，一是另辟蹊径，研究新的合成方法，合成出更符合设计与合成原则的先驱体；二是优化提升，对矢岛法进行改进。

　　鉴于 PCS 是最成功和最有代表性的 SiC 纤维先驱体，因此主要以 PCS 先驱体制备 SiC 纤维为例进行后序工艺介绍。

## 二、先驱体纤维的纺丝成型

　　由于 PCS 相对分子质量较低，是一种脆性材料，通常制备 PCS 连续纤维的方法有熔融纺丝法、干法纺丝法等。脆性先驱体材料的无损或低损成丝是制备连续 SiC 纤维的关键技术之一。与一般化纤成型过程相比，它具有特殊性。

　　（1）PCS 相对分子质量相对较低，分子结构中含有较多支链，线性度差。

　　（2）熔体黏流活化能高，黏度对温度有强烈的依赖性，温度的细小变化可导致其黏度产生较大变化。

　　（3）原料为脆性，无法造粒，PCS 中含有活泼的 Si—H 键，容易与氧气、水气等发生交联而不能再融化。

　　（4）PCS 纤维十分脆弱，其强度为 4~5MPa（仅为尼龙丝的 0.6%~1.3%），比玻璃纤维更脆（其勾结强度只有玻璃纤维的 10% 左右）。

（5）熔纺固化区域极短，纤维离开喷丝板 0.5cm 左右即固化，且无法进行二次牵伸[34]。因此，制备直径均一、连续不断的 PCS 纤维难度极高。

首先将 PCS 装入熔融釜内，在 $N_2$ 保护下加热至 PCS 熔化，保温使其充分熔融、陈化、脱泡，冷却至纺丝温度后加压，熔体流经过滤网、喷丝板，在空气中冷却固化成丝，将丝条缠绕在收丝筒上，即得纤维[35,36]。

PCS 成形过程可纺性主要受陶瓷先驱体的分子结构、相对分子质量及其分布、软化点、熔程以及纺丝成型工艺等因素的影响。具有优异可纺性 PCS 的主链结构尽可能是以硅—碳键为主链的线形大分子，并且支链、环状结构和杂元素含量越少越好。不同类型的 PCS 化学组成相近，但结构却有较大差别，Mark Ⅰ 型 PCS 的 $SiC_3H$ 结构含量最高，没有 Si—Si 键（$SiC_xSi_{4-x}$ 结构），并含有较多的 Si—H 键；国防科技大学常压合成得到 KD-PCS 与 Mark Ⅰ 型 PCS 类似，只是 Si—H 键含量略低；而 Mark Ⅲ-PCS 中的 Si—H 键含量很低，并且含有大量的 Si—Si 键。合成方法决定了不同类型 PCS 结构上的差异，由此也决定了其可纺性和最终 SiC 纤维性能的差异。

PCS 与一般纺制化学纤维的高聚物相比，不管哪种类型的 PCS，都是一种相对分子质量很低、支化度较高且多分散的有机聚合物，其结构决定了纤维的可拉伸性能差、原丝强度极低，有稍触即断的特点，因此，PCS 的可纺性必然受到很大的限制。PCS 是由聚二甲基硅烷经热解重排、缩聚转化制得的，其相对分子质量及其分布对纤维成形有较大影响。PCS 熔点的提高与其高分子量部分含量的增加基本呈线性关系。分子间的缩合必然引起分子中支化与交联结构增多，其柔顺性逐渐降低，可纺性逐渐变差。当 PCS 含有较多超高分子量部分时，这部分分子相当于微凝胶，在纺丝过程中成为杂质，使 PCS 不易脱泡，导致 PCS 纤维产生竹节状，基本丧失可纺性。

纺丝工艺对可纺性的影响较为明显，包括纺丝温度、集束卷绕方式、纺程等。PCS 的可纺温区非常窄，在可纺温区以外，2~3℃ 温度变化，都有可能使其黏度发生显著变化。所以选定合理的纺丝温度及精确控制纺丝温度对制备 SiC 纤维原丝显得非常重要。研究发现，温度即使只波动 1℃，纤维直径至少波动 4% 左右。这说明，要保证最终纤维直径的离散系数在一定值以内，除严格控制收丝速度、泵供速率等参数以外，严格控制温度是很有必要的。合理的纺丝温度不仅是指适宜的温度及其控制，熔筒、纺丝组件、喷丝板、保温通道以及环境温度之间的合理匹配也是非常重要的[37-39]。纺丝用聚碳硅烷必须严格控制纯度，去除微凝胶、杂元素含量（如氧、钠、铬等）、杂质（如机械杂质、结焦炭等）、气泡、溶剂、机械油脂等杂质。在 PCS 的熔纺中，气泡也是产生原丝断头的主要原因之一，由于 PCS 相对分子质量分布有一定宽度，低相对分子质量挥发组分在纺丝温度下汽化，形成微细气泡，会引起纺丝断头，并且纤维中残留的气泡和固形物也会造成纤维结构缺陷，显著降低 SiC 纤维的力学性能[40,41]。杂元素的存在会加速 PCS 暴露在空气中的反应，形成二次凝胶，并使制备的 SiC 在耐温性、抗氧化烧蚀性、电磁性能等方面存在严重的内在质量问题，且非常不容易被后期发现。

### 三、不熔化处理

经熔融纺丝得到的 PCS 纤维可熔、可溶、性脆，不能直接进行高温陶瓷化处理，为了使其能够承受住最终强烈的热冲击，保持纤维形状不发生熔融并丝，并获得较高的陶瓷收率，非常有必要对 PCS 纤维进行不熔化处理，使 PCS 有机分子内部发生交联，形成三维网络的大分子结构，固定纤维形状，达到不熔不溶的状态，保证后期的烧成处理。因碳纤维原丝形成三维网络结构的主要过程在空气调节下进行，通常称为预氧化。PCS 纤维不熔不溶的过程可以在多种条件甚至无氧调节下获得，因此，常将 PCS 类纤维的交联称为不熔化。经过不熔化处理的纤维应该光滑、柔顺，有一定的强度，从而在高温热处理时能够保持纤维形状并获得较高的力学性能。因此不熔化交联处理是一个极其重要的环节。

**1. 空气氧化交联法**

20 世纪 70 年代国外即采用空气氧化交联法（Air Oxidation Curing）研制 SiC 纤维，它是传统的交联方式，该方法是在加热的空气中使 PCS 发生氧化交联[42]。空气不熔化是利用聚碳硅烷结构中活泼的 Si—H 键在空气中的氧化反应，在 PCS 分子间形成 Si—O—Si 交联结构，从而实现不熔化处理。空气氧化交联法的特点是工艺简便，比较适合于制备比表面积高的纤维，不需要特殊设备，在一般的实验条件下就可进行。但此法存在一个致命的缺点，就是空气交联过程中，纤维中的氧含量增高，氧的引入使纤维抗拉强度在温度高于 1300℃ 时就迅速下降[43]。日本 Nippon Carbon 公司生产的 Nicalon 纤维就使用了空气氧化交联法，该纤维中的氧含量高达 15%，并且存在 $SiO_2$ 和 $SiC_xO_y$ 等结构，从而严重影响了纤维的高温性能。这个缺点极大地限制了空气氧化交联法的应用，随着对纤维性能需求的不断升级，研究者们寻求了许多降低氧含量的交联方法。

**2. 辐射交联法**

辐射交联法（Irradiation Curing）是利用高能电子束或 γ 射线的能量引发 PCS 交联，常用的方法有电子束辐射、离子辐射、中子辐射、γ 射线辐射、紫外线辐射、激光辐射、微波辐射等，其特征是不引入氧，也不需加入引发剂。采用辐射交联法可有效地降低纤维中的氧含量，得到性能更为优异的 SiC 纤维。然而，现有报道结果表明，PCS 较难发生辐射交联反应，文献认为要达到必要的交联程度（凝胶含量≥80%），必须以高剂量率在真空或无氧气氛下辐照 10MGy（通常的辐射加工剂量在 10MGy 数量级）以上[44]，这不但使材料的制造成本大幅度上升，而且给辐照工艺带来苛刻的要求，因此辐射交联方法设备昂贵、成本较高，极大地限制了其在高性能 SiC 纤维中的实际应用。另外，紫外线照射、激光及微波辐射交联也有报道，但交联处理方式尚不成熟，还没有应用于实际生产中。

**3. 化学气相交联法**

化学气相交联法（Chemical Vapour Curing）就是 PCS 原丝与卤代烃或不饱和烃的蒸气在特定温度下进行不熔化处理，不饱和烃主要有环己烯、正庚烯、辛炔。例如，$NO_2+BCl_3$ 处理法，将 PCS 原纤维经 $NO_2$ 不熔化处理后再经 $BCl_3$ 处理，然后在 Ar 气中处理到 1600℃ 后可制得含硼的 SiC 纤维。该纤维的氧含量小于 0.1%（质量分数），在 1800℃ Ar 气中处理 12h 后强度保持率为 87%，并且没有微观结构的变化，在空气中 1370℃ 暴露 12h 后强度仍能保持 66%。日本的特殊无机材料研究所所长谷川良雄等人将 $\overline{M}_n = 2060$ 的 PCS 在 370℃ 时熔融纺成纤维，并在特定温度下通入含有不饱和烃类的蒸气，对 PCS 纤维进行不熔化处理，在 1300℃ 的 $N_2$ 气氛中热处理后制得含氧量少于 2%（质量分数）的 SiC 纤维，该纤维的室温抗拉强度可保持到 1400℃，杨氏模量可保持至 1550℃[45]。化学气相交联法与空气氧化交联法相比，所制得的 SiC 陶瓷纤维具有更低的含氧量和更好的高温稳定性以及极好的机械性能。与辐射交联法相比，经济实用，适用于一般的实验室研究应用。

#### 4. 热交联法

热交联法（Thermal Curing）是在一定温度下活性基团与先驱体分子进行交联的方法[46]。PCS 的低预氧化+热交联法（Low Oxidation Thermal Curing，LOTC）首先由国防科技大学提出并实施应用，是指在高温的作用下使高聚物发生自交联，从而达到在没有或尽可能少引入氧的情况下实现纤维的不熔化处理，其原理如图 10-5 所示。

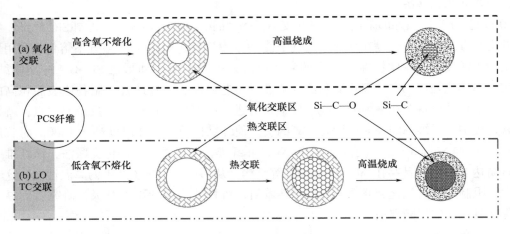

图 10-5　LOTC 不熔化原理

LOTC 法实质上是将交联过程分为两步：第一步是先将 PCS 原纤维在空气条件下进行低度的预氧化，使纤维表面形成交联保护层，保证轻度交联的 PCS 原纤维进行热交联时，不至于因温度过高而熔化并丝或分解；第二步是在惰性气氛中，在相对高的温度下热交联数小时，则可保证在不引入氧的条件下，使 PCS 纤维内部实现良好的交联。LOTC 法的优点是可以降低最终烧成纤维中的缺陷。高预氧化纤维在通过高温烧成时，表面首先迅速无机化，形成硬质的致密表皮，当纤维内部未交联的低分子量部分和无机化过程中放出的裂解气体逸出纤维表面时，将严重地破坏纤维表面的连续相，产生孔洞缺陷，从而降低纤维性能；虽然低预氧化纤维在经历高温的热交联处理时也有小分子物质放出，可此时纤维表面仍为有机的软质结构，这种有机软质结构即使被破坏，也可以在高温烧成时通过高温产生的二次交联作用而重新实现连续相的生成。LOTC 工艺缓解了纤维最终烧成过程中表面所承受的小分子物质逸出时产生的压力，减少了纤维中缺陷的生成。LOTC 法方便实用，在一般实验条件下就可进行。

在此基础上发展起来的热化学交联，综合使用了热交联和化学交联技术。交联过程中也可以通过对催化剂的选择和控制，在惰性气氛下按照特定的升温制度，使 PCS 纤维在催化剂的催化交联作用下获得不熔不溶的热固性结构。热化学交联中常用的催化剂有金属络合物（如第Ⅳ族金属元素衍生物）、有机引发剂（如过氧化物）等。该技术的优点是通过催化剂的化学反应使 PCS 生成空间网络结构，因此对设备要求不高，且交联后的纤维含氧量低。但由于制备样品是在无水无氧条件下进行，所以对环境要求严格。这是一种比较有前途的交联方式[47]。

不同交联方式的选择对先驱体法制备 SiC 纤维的最终生成物至关重要，对先驱体转化法制备 SiC 纤维中聚碳硅烷（PCS）的各种不熔化处理方式见表 10-3。

**表 10-3　各种不熔化处理方式优缺点的比较**

| 不熔化处理方式 | 优点 | 缺点 | 氧含量 | 代表产品 |
|---|---|---|---|---|
| 空气氧化交联 | 简单，经济，可操作性好 | 氧含量高，制品性能差 | 高 | Nicalon、Tyranno LoxM、ZM、AM |
| 电子束辐射交联 | 无氧交联 | 设备昂贵，成本高，操作复杂 | 低 | Hi-Nicalon、Tyranno LoxE、ZM、SA |
| 紫外线辐射交联 | 无氧交联 | 交联程度低 | 低 | Hi-Nicalon（试验） |
| 化学气相交联 | 无氧交联 | 环保性差 | 低 | Sylramic |
| 热交联 | 处理简单，操作性好 | 交联程度低 | 高 | Si—C—O |
| 低预氧化热交联 | 设备简单，操作性好 | 氧含量偏高，制品性能一般 | 高 | Si—C—O |

## 四、SiC 纤维的制备

### 1. 不熔化纤维的高温热处理

PCS 不熔化纤维只有经过高温热处理，才能转变为 SiC 纤维。PCS 不熔化纤维在转化为 SiC 纤维的过程中从有机结构转变为无机状态，其组成和结构发生了巨大的变化，下面就从 PCS 不熔化纤维的无机化转变角度着手，阐述影响制备高性能 SiC 纤维的因素。

有机的 PCS 不熔化纤维逐渐演变成无机 SiC 纤维的过程，称之为纤维的高温烧成。为控制 SiC 纤维的晶型结构，需要对其进行再次高温热处理，称之为高温烧结。不熔化处理后的 PCS 纤维为强度较低的不熔不溶有机纤维，从不熔化 PCS 纤维出发经过高温烧成得到 SiC 纤维的过程是一个由有机物到无机物的转变过程，在高纯惰性气氛保护下，经过高温（1300℃左右）处理，PCS 不熔化纤维发生热裂解，释放出 $H_2$、$CH_4$ 和其他有机小分子物质，纤维发生急剧收缩与失重，与此同时，纤维强度不断提高。因此在这个转变过程中会伴随着热量和质量的变化。其热解过程大致分为以下几个阶段[48]。

第一阶段，室温至 550℃，主要是小分子 PCS 挥发逸出，脱—H、脱—$CH_3$ 的缩合反应阶段，纤维中未交联的分子从外到内进一步交联，PCS 分子继续发生缩合反应，分子间的交联结构进一步发展与完善。

第二阶段，550~750℃，此时分子侧链有机基团（如 Si—H、Si—$CH_3$ 以及 Si—$CH_2$—Si 中的 C—H 等）发生热分解，伴随 $H_2$ 和碳氢化合物等小分子物质从纤维中大量逸出和纤维的急剧收缩与失重，这是有机物向无机物转化的关键阶段。

第三阶段，750~1200℃，纤维转变成无定形的 Si—C—O 相，$\beta$-SiC 晶体开始形成，释放出 $H_2$ 和 CO 等气体，基本实现无机化。随着温度的上升，纤维的密度、抗拉强度和杨氏模量增加，抗拉强度在 1200℃ 左右达到最大。无机化过程中保护气氛的类型和流量、烧成速率、最高温度及施加张力与否对最终 SiC 纤维的力学性能都有较大影响。

第四阶段，1200~1400℃，CO 逸出，氢全部消失，SiC 晶粒迅速长大，形成连续的 SiC 结晶相，同时 $SiO_2$（Si—O—C）含量下降，自由碳含量略上升，电学性质仍属半导体。

第五阶段，1400℃以上，SiO 和 CO 继续逸出，SiC 微晶结构出现明显晶粒粗化现象，同时无定形 $SiO_2$（Si—O—C）的含量急剧下降。

**2. 影响 SiC 纤维性能的因素**

在制备先驱体 SiC 纤维的整个工艺过程中，影响因素繁多而且交叉作用，每个因素的变化都对 SiC 纤维的力学性能产生很大影响。

材料的强度取决于材料内部原子及分子间的结合力。就 SiC 纤维而言，Si 原子主要以共价键与 C 原子结合而形成原子晶体，理论上 SiC 陶瓷纤维应具有很高的强度，但因为整个制备工艺中各种因素的相互影响，使得材料中存在许多宏观缺陷（如裂纹、气孔、杂质等）和微观缺陷（如晶界、位错、空穴等），导致 SiC 陶瓷纤维强度的实测值远低于它的理论值。除此以外，SiC 陶瓷纤维的宏观组成也是影响其性能的重要因素。SiC 陶瓷纤维中，除主要组成 $\beta$-SiC 外还存在氧和过剩的游离碳。有报道指出，氧主要以 $SiO_2$ 的形式存在，过量的碳主要以无定形方式存在，而过多的游离碳和氧的存在都会导致 SiC 陶瓷纤维在高温下性能降低。

造成以上问题的原因与 SiC 纤维生产的各个工序密切相关。首先，SiC 纤维的原料（聚碳硅烷）的组成、结构以及质量是影响 SiC 纤维性能的本质因素。因在后续烧成阶段，虽然聚碳硅烷纤维经过不熔化交联处理，但低相对分子质量聚碳硅烷的挥发是不可避免的。如果先驱体中低相对分子质量成分过多，则挥发加剧，导致缺陷增加、性能和产率下降；若高相对分子质量 PCS 含量过高，影响进一步交联，对裂解不利。因此，控制 PCS 原丝中相对分子质量的分布及含量对最终 SiC 纤维的性能也非常重要，见表 10-4。

**表 10-4 不同先驱体对 SiC 纤维组成、性能的影响**

| 单体 | 先驱体[①] | 纤维元素组成（质量分数,%） | 抗张强度（GPa） | 弹性模量（GPa） |
|---|---|---|---|---|
| $Me_2SiCl_2$ | PCS | $Si_{56.4}C_{31.3}O_{12.3}$ | 2.5~3.3 | 182~210 |
| $MeHSiCl_2$ | PCS | $Si_{64}C_{30}O_6$ | 1.1 | 210 |
| $Me_2Si_2Cl_4$ | PCS | $Si_{52~75}C_{24~47}O_{0.5~6}$ | 1.7 | 210 |

①不同结构的聚碳硅烷系列。

其次，聚碳硅烷可纺性及其成丝工况对最终 SiC 纤维的质量影响较大。聚碳硅烷是一种高支化度脆性材料，其成丝性能主要受陶瓷先驱体的分子结构、相对分子质量及其分布、软化点、熔程以及纺丝成型工艺等条件影响。适宜纺制 SiC 纤维的先驱体结构是线性度越高、支链和环状结构越少、其相对分子质量分布越窄，纺丝溶液的黏度越稳定越好。因此，PCS 的可纺性必然受到很大的限制。系列 PCS 对可纺性的影响见表 10-5。

**表 10-5 系列 PCS 对可纺性的影响**

| 项目 | 软化点（℃） | 支化度（$A_{Si-CH_2}/A_{Si-CH_3}$） | 可纺性 |
|---|---|---|---|
| PCS-1 | 203 | 1.01 | 非常好 |
| PCS-2 | 218 | 1.34 | 差 |
| PCS-3 | 224 | 1.19 | 好 |
| PCS-4 | 227 | 1.23 | 差 |
| PCS-5 | 230 | 1.27 | 不可纺 |

再者，不熔化纤维是聚碳硅烷纤维经过合适的方法发生交联而制得的，而不同的熔化处理方式可得到不同元素成分、不同氧含量、不同性能的 SiC 纤维，因此，选择合适的交联方式是制备高性能 SiC 纤维关注的重点[49]。不熔化处理方式对 SiC 性能的影响见表 10-6。

**表 10-6 不熔化处理方式对 SiC 性能的影响**

| 牌号 | | 不熔化处理方式 | 组成（质量分数） | 拉伸强度（GPa） | 弹性模量（GPa） | 耐高温性能 |
|---|---|---|---|---|---|---|
| Nicalon | Nicalon | 空气氧化交联 | $Si_{56.6}C_{31.7}O_{11.7}$ | 3.0 | 220 | <1250℃ |
| | Hi-Nicalon | 电子束辐射 | $Si_{62.4}C_{37.1}O_{0.5}$ | 2.8 | 270 | Ar/1500℃/10h（>2.0GPa） |
| | | γ 射线辐射 | | 2.1 | 220 | >1500℃ |
| | | 不饱和烃交联 | | 4.5 | 230 | Ar/1500℃/8h（>1.4GPa） |
| | Hi-Nicalon S | 电子束辐射 | $Si_{68.9}C_{30.9}O_{0.2}$ | 2.6 | 420 | Ar/1600℃/10h（~1.8GPa） |
| Tyranno | Lox M | 空气氧化交联 | $Si_{55.4}Ti_{2.0}C_{32.4}O_{10.2}$ | 3.3 | 187 | Ar/1500℃/h（~1.2GPa） |
| | Lox E | 电子束辐射 | $Si_6Ti_{2.0}C_{37}O_{5.0}$ | 3.4 | 206 | Ar/1500℃/h（~2.4GPa） |
| | ZM | 空气氧化交联 | $Si_{55.3}Zr_{1.0}C_{33.9}O_{9.8}$ | 3.3 | 192 | Ar/1600℃/h（~1GPa） |
| | ZMI | 空气氧化交联 | $Si_{56.6}Zr_{1.0}C_{34.8}O_{7.6}$ | 3.4 | 200 | Ar/1600℃/h（~1.8GPa） |
| | ZE | 电子束辐射 | $Si_{61}Zr_{1.0}C_{35}O_{2.0}$ | 3.5 | 233 | Ar/1600℃ /h（~2.6GPa）<br>Ar/1900℃/h（~1.5GPa） |
| | AM | 空气氧化交联 | $Si_{53.4}Al_{2.0}C_{33.8}O_{12}$ | 2.8 | 180 | Ar/1600℃/h（~0.5GPa） |
| | SA | 电子束辐射 | $Si_{67.8}Al_{2.0}C_{31.3}O_{0.3}$ | 2.8 | 420 | Ar/1900℃/h（>2.5GPa） |
| Sylramic | | $NO_2/BCl_3$ 交联 | $Si_{68}B_{0.4}C_{31.5}O_{0.1}$ | 2.6 | 450 | Ar/1800℃/12h（>2.0GPa） |
| | | | $Si_{55.6}B_{2.3}Ti_{2.1}C_{28.5}$ | 3.2 | 380 | Ar/1550℃/10h（>2.8GPa） |
| Siboramic | | 空气氧化交联 | $Si_{34}B_{11.6}N_{40}C_{12}O_1$ | 4.0 | 290 | Air/1500°C/50h（~80%） |

**注** 此处耐高温性能是指：在不同气氛中，特定温度下保温一段时间后纤维的拉伸强度变化。
数据来源：吴义伯，等. 聚碳硅烷制备连续 SiC 纤维的不熔化处理工艺研究进展［J］. 材料导报，2006（7）.

此外，高温无机化是先驱体 SiC 纤维制备工艺的最后一道工序，也是影响 SiC 纤维性能的关键。该工序伴随着组分的大量挥发，SiC 晶型、晶粒、密度等发生变化，因此，热处理方式、保护气氛的种类及流量、烧成过程中丝条上的张力大小、烧结过程中停留时间等参数都会对最终 SiC 纤维的性能产生决定性的影响。

综上所述，先驱体转换法制备 SiC 纤维的组成、结构、缺陷是影响其性能的关键因素，而这些因素受整个制备工艺各个阶段的影响，这些因素不是简单的加和性积累而是乘积倍数性叠增，任何阶段的失败都会导致前功尽弃，因此，只有严格控制各个环节才能生产出性能卓越的 SiC 纤维产品。

## 五、SiC 纤维的发展

1975 年，日本东北大学的矢岛圣使教授在实验室制备出了世界上第一根碳化硅纤维，开创了从聚碳硅烷出发制备 SiC 纤维的新方法。但是从实验室制备到工业化生产，则经过了漫长的过程。日本碳素公司尽管已有碳纤维生产的成熟技术，在取得了碳化硅纤维专利的实施权后，经过近十年的努力，耗资数十亿日元，才基本实现了碳化硅纤维的工业化生产。为满足聚合物基、金属基、陶瓷基复合材料的不同需求，日本碳素公司开发出了碳化硅纤维的系列工业化产品，并逐步完善形成了陶瓷级、高体积电阻率（HVR）级、低体积电阻率（LVR）级和碳涂层的 Nicalon 系列纤维。日本宇部兴产公司是继日本碳公司之后又一家从事先驱体法生产连续碳化硅纤维的公司，该公司自 1984 年获得矢岛教授的专利后，用 4 年时间建成月产吨级的连续纤维生产线，产品以 Tyranno 为商品名销售，其产品主要有耐热级（LoxM、LoxE、S、ZM、ZMI、ZE、SA）与半导体级（A、C、D、F、G、H）两个系列共 10 多种产品[50]。

尽管日本碳公司和宇部兴产公司都已经推出了 SiC 纤维，但第一代 SiC 纤维中存在无定形的 $SiC_xO_y$ 复合相高温分解逸出小分子气体，导致纤维在高温下发生明显失重，内部产生缺陷，并伴随着晶粒迅速长大，从而破坏了控制纤维力学强度的非晶态连续相，致使第一代 SiC 纤维的高温力学性能急剧下降，其长时使用温度不超过 1250℃，而对于陶瓷基复合材料等应用领域，需要更高的使用温度。经分析，科学家们认为氧是形成 $SiC_xO_y$ 复合相导致 SiC 纤维在高温下丧失性能的根本原因。日本 Okamura 等在惰性气氛中采用电子束辐照对 PCS 原纤维进行不熔化处理后，得到了氧含量少于 0.5%（质量分数，下同）的 SiC 纤维。该纤维在 1500℃氩气中处理 10h 仍能保持 2.0GPa 的拉伸强度，2000℃氩气中处理 1h 后仍能保持纤维形状。日本碳公司对这一技术进行了工业化开发，于 1995 年制得了第二代新型低氧含量的 SiC 纤维，商品名为 Hi-Nicalon。日本宇部兴产株式会社的 TyrannoLox-E、Tyranno ZM 和 Tyranno ZE 一起构成了第二代 SiC 纤维。

虽然第二代 SiC 纤维中氧的质量分数降低，纤维内部自由碳的质量分数相对较高，但碳元素在高温氧的作用下，很快失去作用，又由于第二代 SiC 纤维的晶粒尺寸较第一代大，纤维的耐热性有一定提高，保持最大抗拉强度的温度从第一代的 1200℃提高到 1300℃。

第三代 SiC 纤维主要包括碳公司的 Hi-Nicalon Type S、宇部兴产公司的 Tyranno SA 纤维。面对日本企业在碳化硅纤维开发上获得的成功，美国和西欧也加强了连续碳化硅纤维工业化生产的研究与开发，并力图在高性能碳化硅纤维方面占有一席之地。美国 Dow Corning 公司开发出了含氮的硅化碳纤维，商品名为 Sylramic；德国 Bayer A G 公司开发出了含硼—氮的碳化硅纤维（SiBN3C），商品名为 Siboramic[51]。三代 SiC 纤维的主要结构和性能见表 10-7[52]。

表 10-7　三代 SiC 纤维的主要结构和性能

| 项目 | 牌号 | 抗拉强度（GPa） | 杨氏模量（GPa） | 导热系数[W/(m·K)] | 伸长率（%） | 结晶形态 | 晶粒尺寸（nm） | 热膨胀系数（$10^{-6}$/K） |
|---|---|---|---|---|---|---|---|---|
| 第一代 | Nicalon | 3.0 | 200 | 3 | 1.4 | 无定形 | 2.2 | 3.2 |
| | Tyranno Lox-M | 3.3 | 185 | 1.5 | — | 无定形 | — | — |
| 第二代 | Hi-Nicalon | 2.8 | 270 | 8 | 1 | 微晶 | 5.4 | 3.5 |
| | Tyranno Lox-E | 3.4 | 206 | | 1.8 | 无定形 | — | — |
| | Tyranno ZMI | 3.4 | 200 | 2.5 | 1.7 | 无定形 | | 4.0 |
| | Tyranno ZE | 3.5 | 233 | | — | 无定形 | — | — |

续表

| 项目 | 牌号 | 抗拉强度（GPa） | 杨氏模量（GPa） | 导热系数［W/(m·K)］ | 伸长率（%） | 结晶形态 | 晶粒尺寸（nm） | 热膨胀系数（$10^{-6}$/K） |
|---|---|---|---|---|---|---|---|---|
| 第三代 | Tyranno SA1 | 2.8 | 375 | 65 | 0.7 | 多晶 | 38 | 4.5 |
| | Tyranno SA3 | 2.9 | 375 | 65 | — | 多晶 | — | — |
| | Sylramic | 3.2 | 400 | 46 | 0.7 | 多晶 | 40~60 | 5.4 |
| | Sylramic iBN | 3.5 | 400 | >46 | — | 多晶 | — | — |
| | Hi-Nicalon S | 2.5 | 400~420 | 18 | 0.6 | 多晶 | 10.9 | — |

注　数据来源：连续 SiC 纤维制备技术进展及其应用，航空制造技术，2012（18）：105-107.

国防科技大学于 1978 年开始进行先驱体转化法制备连续 SiC 纤维的研究与开发。在武器装备预先研究、国家"863"和国家自然科学基金等的资助下，对 SiC 纤维关键原料的合成、制备路线、工艺技术与生产线建设等开展了一系列的研究，研制了系列化连续 SiC 纤维，并已小批量供给国内航空、航天、兵器等应用部门使用。在国防科技大学的基础上，苏州赛力菲陶纤有限公司是国内首家实现先驱体法制备连续 SiC 纤维的企业[3]。

# 第五节　连续 SiC 纤维的应用与展望

碳化硅纤维的用途涉及面很广，以其优异的耐热性和机械性能，可将它分为作耐热材料用和作复合材料的增强纤维用两方面。Nicalon SiC 纤维，抗张强度为 2.8~3.0GPa，抗张模量为 180~200GPa，在空气环境中可在 1000℃下长期使用，在 1200℃下短期使用，这种优异的耐热性与抗氧化性决定了它在高温氧化性环境中的应用。作为高耐热、耐氧化材料和聚合物基、金属基及陶瓷基复合材料的高性能增强纤维，碳化硅纤维与树脂、金属、陶瓷相容性优异，其复合材料在外部载荷冲击下，基体首先承载发生变形，进而产生裂纹；随着载荷增加，裂纹持续扩展，并在连续相基体和增强相 Si 纤维连接界面处发生偏转，并通过基体残余应力、裂纹扩展受阻、界面解离合裂纹偏转、纤维桥联、纤维断裂和拔出等增强补韧机制，使得其复合材料性能远优于基体单一材料的性能。

## 一、SiC 纤维的主要应用

### 1. 用作耐热材料

碳化硅纤维在耐高温传送带、金属熔体过滤材料、高温烟尘过滤器、汽车尾气收尘过滤器等许多方面有着广泛的应用前景，见表 10-8。做为一个应用实例，美国宇航局（NASA）将 Nicalon 纤维的织布用作航天飞机外壁防热瓦的耐热密封材料，采用这种材料有效地解决了航天飞机再入大气层时受热膨胀使防热瓦剥离的问题[4]。

表 10-8　碳化硅纤维作为耐热材料的用途

| 分类 | 应用领域 | 具体用途 | 使用形态 |
|---|---|---|---|
| 耐热材料 | 连续热处理炉 | 网状带 | 布 |
| | 输送高温物质用 | 传送带 | 布 |
| | 金属的精炼，压延，铸接，焊接作业 | 耐热帘，金属熔液过滤器，隔热材料 | 布、绳、网 |
| | 环境保护（排烟中的脱尘，脱硫，脱 NO$_x$ 装置） | 衬垫，过滤器，袋式受尘器 | 毡、布 |
| | 化学工业，原子能 | 过滤器 | 毡、布 |
| | 汽车工业排气处理 | 催化剂载体 | 毡、布 |
| | 燃烧器械 | 喷灯嘴 | 毡、布 |
| | 检测元件 | 红外敏感元件 | 毡、布 |

近年来，由于世界的排气法规愈来愈严，因此船舶公司看好含钛可耐 1300℃ 的 SiC 纤维，将其作为船舶排气时的高温柴油微粒滤材（DPF）使用。该材料 2008 年在日本用于芦野湖的游览船上，2009 年又被应用于部分渡轮上。因此，这种含钛 SiC 短纤维针刺毡作为柴油汽车排放烟尘收集装置的需求量，在高峰期曾达 80t/a。而且，随着环保事业的不断升级，防止公害条例的制定，碳化硅纤维需求量还会增加。"F1"方程式赛车的大部分车队的排气管材料，都已采用 Tyranno 纤维增强陶瓷构件，并且有扩大其应用部位的趋势。

**2. 在复合材料中的应用**

（1）用作树脂基复合材料。可以采用与玻璃纤维和碳纤维同样的复合方法用 Nicalon SiC 纤维增强环氧树脂制得复合材料，而且不需要表面处理，即能获得优异性能[5]。碳化硅纤维与环氧等树脂复合，可制作各种性能优异的复合材料，与碳纤维 FRP 相比 Nicalon FRP 具有较高的耐压缩强度、较高的耐冲击强度和优异的耐磨损性，同时 Nicalon 环氧树脂复合材料具有优异的电性能。SiC 纤维与聚酰亚胺树脂的复合材料也正在开发中。

先驱体法 Nicalon 碳化硅纤维也可作为增强剂来增强热塑性树脂基体，例如增强 PEEK 和 K-Ⅲ等，表 10-9、表 10-10 为采用综合表面处理和 P 上浆法处理的碳化硅纤维增强 PEEK 和 K-Ⅲ 的性能。SiC 纤维增强的树脂基复合材料主要用在喷气式发动机、直升机螺旋桨、飞机与汽车构件等领域。

表 10-9　HVR Nicalon/热塑性树脂基复合材料的性能（1）

| 树脂 | 纤维体积含量（%） | ±45°，室温 | | | | |
|---|---|---|---|---|---|---|
| | | 弯曲强度（MPa） | 短梁剪切强度（MPa） | 拉伸强度（MPa） | 抗拉模量（GPa） | 剪切模量（GPa） |
| DCC-2/PEEK | 44 | 959 | 70 | 183 | 22 | 6.4 |
| DCC-2/K-Ⅲ | 52 | 1449 | 111 | | | |
| P 上浆/K-Ⅲ | 51 | 1274 | 76 | | | |

**注**　数据来源：碳化硅纤维及其复合材料，新型碳材料，1996，11（1）。

表 10-10　HVR Nicalon/热塑性树脂基复合材料的性能（2）

| 树脂 | 空隙率（%） | ±45°，177℃，48h，沸水中湿热性能 | | | | |
|---|---|---|---|---|---|---|
| | | 弯曲强度（MPa） | 短梁剪切强度（MPa） | 拉伸强度（MPa） | 抗拉模量（GPa） | 剪切模量（GPa） |
| DCC—2/PEEK | 2.0 | 581[①] | 47[①] | 97 | 10.6 | 2.4 |
| DCC—2/K-Ⅲ | 2.7 | 1204 | 63 | | | |
| P 上浆/K-Ⅲ | 3.9 | 532 | 56 | | | |

①135℃，24h，沸水中。

数据来源：碳化硅纤维及其复合材料，新型碳材料，1996，11（1）.

Nicalon SiC 纤维的比电阻与制备工艺有关，在一般工艺条件下制备的纤维比电阻为 $10^6 \sim 10^7 \Omega \cdot cm$，提高制备温度可大幅度降低比电阻，但同时也会使力学性能下降。用表面涂层、电子束照射等方法，也可降低 SiC 纤维的比电阻，由此开发出具有不同电阻率的 Nicalon 纤维。据报道由 Nicalon 纤维/环氧树脂复合材料的介电常数，由于使用低比电阻的 Nicalon 纤维（LVR 级 Nicalon）而提高，使用高体积电阻的 Nicalon 纤维（H 级 Nicalon）而使之降低。因此，HVR 级 Nicalon 纤维增强的 PMC，由于其优良的透波性而用作雷达天线罩和飞行器的结构材料，使用 LVR 级 Nicalon 纤维增强的 PMC，因其吸波性而被用于结构吸波材料[6]。

（2）用作金属基复合材料。碳化硅纤维可与金属铝等复合，形成的复合材料具有轻质、高强度、耐疲劳、耐热等优点，可用作飞机、汽车、机械的构件及体育运动器材等领域。

碳化硅纤维复合材料的特点有以下几点。

① 比强度和比模量高。碳化硅复合材料包含 35%～50% 的碳化硅纤维，因此有较高的比强度和比模量，通常比强度提高 1~4 倍，比模量提高 1~3 倍。

② 高温性能好。碳化硅纤维具有卓越的高温性能，碳化硅增强复合材料可提高基体材料的耐高温性能，比基体金属有更好的高温性能。

③ 尺寸稳定性好。碳化硅纤维的热膨胀系数比金属小，仅 $(2.3 \sim 4.3) \times 10^{-6}/℃$，碳化硅增强金属基复合材料具有很小的热膨胀系数，因此也具有良好的尺寸稳定性能。

④ 不吸潮，不老化，使用可靠。碳化硅纤维和金属基体性能稳定，不存在吸潮、老化、分解等问题，保证了使用的可靠性。

⑤ 有优良的抗疲劳和抗蠕变性。碳化硅纤维增强复合材料有较好的界面结构，可有效地阻止裂纹扩散，从而使其具有优良的抗疲劳和抗蠕变性能。

⑥ 有较好的导热和导电性。碳化硅增强金属基复合材料保持了金属材料良好的导热性和导电性，可避免静电，减少温差。

碳化硅纤维复合材料具有卓越的力学性能、良好的热物理性能、优异的抗疲劳和抗蠕变性能。研究表明，即使纤维体积含量为 30% 的 Al 基复合材料，其弯曲强度仍为超硬铝的 1.8 倍，拉伸强度为超硬铝的 1.3 倍。Nicalon/Al—Ni[7] 合金复合材料直到 400℃ 其抗拉强度甚至没有下降。由热压铸造的方法制得的铝基复合材料可以制作飞机、汽车部件、普通机械零件及体育用品等。例如用浇铸的方法已制得铝基复合材料汽车连杆。

Nicalon 纤维增强 Al 基复合材料有望用作飞机结构材料。目前用钛制作的某些构件可以用纤维增强铝基复合材料构件来代替，使机体轻量化，降低燃料消耗。当马赫数为 2.5，发动机、机翼以及起落架机体表面温度升高到 210℃ 时，无法应用铝合金，必须采用钛合金，增加了质量（Ti 的密度是 4.5，超硬铝是 2.7），因此在 100~300℃ 使用钛合金的部位改用 Nicalon/Al 复合材料，除减质外，还可耐气动加热。此外，碳化硅纤维增强钛基（$Ti_6Al_4V$）复合材料的抗拉强度达 1.7GPa，抗拉模量 193GPa，比 $Ti_6Al_4V$ 钛合金有成倍提高。其应用见表 10-11。

表 10-11　碳化硅增强铝基复合材料的应用

| 研制单位 | 应用 | 效益 |
| --- | --- | --- |
| LTV 公司、Textron Systems 公司 | 战术导弹发动机外壳、单翼 | 减质 |
| Lockheed 公司 | 先进战斗机尾翼、后机身 | 减质 |
| 多家公司 | 自行车车架 | 质量轻 |
| General Electric 公司 | 电子组件底板 | 热导率高，膨胀系数匹配 |
| Rockwell 公司、McDonell Douglas 公司、General Dynamic 公司、Pratt & Whittney 公司 | 航天飞机（NASP）结构件 | 减质，提高工作温度 |
| Northrop 公司、McDonell Douglas 公司、Lockheed 公司 | 先进战斗机后机身、起落架、扭力管 | 减质 |
| General Electric 公司、Textron Lycoming 公司、Rolls Royce 公司、Pratt & Whittney 公司、Allison 公司、Garrett 公司 | 航空发动机底板 | 热导率高，膨胀系数匹配 |

（3）用作陶瓷基复合材料。近年来，开发在高温下保持高强度的陶瓷成了一大技术课题，也是国际上的研究热点。研究表明，SiC 纤维增强陶瓷可以保持陶瓷的高温强度，而且大大改善了陶瓷特有的脆性。例如 Nicalon 纤维增强玻璃复合材料在 1100℃ 下断裂韧性 $K_{IC}$ 为 30MPa·$m^{1/2}$。这种材料已经在火箭和飞机喷气发动机的耐热部件得到使用。Nicalon 增强 LAS 复合材料的特性见表 10-12，从表 10-12 可以看出从室温至 700℃ 有明显的增强效果[8]。

表 10-12　Nicalon/LAS 复合材料的特性（纤维的体积含量＝50%）

| | |
| --- | --- |
| 弯曲强度（MPa） | 610（室温） |
| | 820（800℃） |
| | 870（1000℃） |
| 断裂韧性（MPa·$m^{1/2}$） | 17（室温） |
| | 25（1000℃） |
| 热膨胀系数（℃$^{-1}$） | 2.2×10$^{-6}$（0°方向） |
| 热传导率 [W/（m·K）] | 1.465 |
| 密度（g/cm$^3$） | 2.5 |

注　数据来源：《连续 SiC 纤维应用概况. 材料导报》，1997，11（6）：64-66。

在 Nicalon 纤维中，NL-202 和 NL-607 品牌的都是适于制作陶瓷基复合材料的增强纤维，尤其是 NL-607 纤维，其表面涂覆有 30nm 厚的碳层，作为 CMC 的增强纤维表现出优良的特性。Nicalon 纤维表面涂覆碳层厚度从 9nm 增加到 130nm 时，比电阻降到 0.1Ω·cm，它与硼硅酸盐玻璃复合材料的弯曲强度从 360MPa 增加到 1520MPa。

先驱体浸渍热解法制成的由 Nicalon 纤维增强 SiC 复合材料（商品名为 Nicaloceram）在 800℃[40] 空气中曝露 100h，其弯曲强度不变，在 1000℃空气中暴露 1h 后强度虽下降 50%，但可保持 100h 不再降低。在 800℃加热 1h 后再投入水中，弯曲强度不变，并且不出现热降解[9]，表现出优异的抗热震性。目前"Nicaloceram"纤维已可制得面积达 1 m² 的平板，也可制成管状或其他形状的产品。

由于 Hi-Nicalon 纤维[10] 的耐高温性优异，可用作陶瓷基复合材料，比较用 Hi-Nicalon 与 NL-202 Nicalon 纤维制成的 Nicaloceram 的弯曲强度（纤维体积分数 26%），在 1300℃暴露 1h 后，Hi-Nicalon/SiC 复合材料的弯曲强度为 280MPa，而后者仅为 80MPa，这说明 Hi-Nicalon 与陶瓷基体有更优良的相容性。

除了增强 SiC 外，Nicalon 短纤维增强 $Si_3N_4$ 热压制品的研究也取得明显效果。如添加 6% 的 Nicalon 短纤维，可使 $Si_3N_4$ 强度提高 55%，在垂直于纤维方向上的强度也能提高 20%。法国的研究者用 Nicalon SiC 纤维及其编织物增强 NaSiCon [$Nal+xZr_2Si_xP_{2-x}$ （$0<x<3$）]作微波吸收材料，该材料轻质高强，耐热性好，是一种很有前途的吸波材料。英国航天工业局（AEA）将 40%（体积分数）的连续 SiC 纤维增强陶瓷基复合材料用于新型航天飞行器获得成功。该材料用热压或静压成型，既轻又坚固，能承受强大的空气动压力，还能经受航天器重返大气层时的极高温度，能满足航天器的严格要求，且成本低廉，使用方便，是钛合金和镍基耐热合金的理想替代物。美国德克斯特朗特种材料公司生产的连续 $SiC/Si_3N_4$ 陶瓷在 1370℃时抗拉强度超过 276MPa，已将其用于火箭发动机航天飞机等的隔热瓦等。法国"幻影"2000 战斗机的 M53 发动机鱼鳞板内侧也采用了 $SiC_f/SiC$ 陶瓷基复合材料。

在航空方面，新一代战斗机的动力发展必须依靠高推重比航空发动机的突破，提高推重比的主要有效途径有两点，一是提高发动机的工作温度，二是降低结构质量。传统的高温合金已很难达到这些要求，因此迫切需要发展新一代耐高温、低密度、高性能的热结构材料。在各类新型耐高温（1100℃以上）、低密度（3.0g/cm³ 以下）材料中，连续纤维增韧碳化硅陶瓷基复合材料（Silicon Carbide Ceramic Matrix Composite，CMC—SiC）具有独特的优势，它克服了金属材料质量大、耐温低、结构陶瓷可靠性差和脆性大、氧化物陶瓷基复合材料抗蠕变性差、碳/碳复合材料（C/C）高温抗氧化性差和强度低等各种缺点，成为推重比达 10 以上的航空发动机不可或缺的热结构材料，具有提高使用温度、大幅减质和提升综合性能的巨大潜力。

CMC—SiC 具有耐高温、抗烧蚀、抗氧化、高比强、低密度、高比模、抗疲劳蠕变以及对裂纹不敏感、不发生灾难性损毁等诸多优点。其密度为 2.0~2.5g/cm³，仅为高温合金和铌合金的 1/3~1/4，钨合金的 1/9~1/10。潜在的最高使用温度为 1650℃，比高温合金高 400~500℃。CMC—SiC 纤维与基体间适当的界面结合强度、低膨胀系数和一定孔隙率，又使其具有优异的抗热震疲劳和抗机械疲劳性能。

目前，CMC—SiC 主要有两大类。

（1）碳纤维增韧碳化硅陶瓷基复合材料（Carbon fiber reinforced silicon carbide ceramic matrix composites，$C_f/SiC$）。

（2）碳化硅纤维增韧碳化硅陶瓷基复合材料（Silicon carbide fiber reinforced silicon carbide ceramic matrix composites，$SiC_f/SiC$）。碳纤维的优势在于其具有相对便宜的价格且容易获得，因而成为陶瓷基复合材料考核、研究与应用的第一选择。CMC—SiC 的应用覆盖范围全面，可以满足瞬时寿命（数十秒至数百秒）、短限寿命（数十分钟至数十小时）和长寿命（数百小时至上千小时）不同类型的服役需求。

当 $C_f/SiC$ 用于固体火箭发动机时（瞬时寿命），使用温度为 2800~3000℃，用于液体火箭发动机（短限寿命），使用温度为 2000~2200℃，即使用于长寿命航空发动机，其使用温度也达到了 1650℃，$C_f/SiC$ 还不能达到这一要求。由于 $SiC_f/SiC$ 比 $C_f/SiC$ 抗氧化性能更强，用于长寿命航空发动机的 $SiC_f/SiC$ 有效使用温度目前为 1450℃，因此，提高 SiC 纤维的使用温度是关键。且连续 SiC 具有碳纤维所不具备的许多优异特性，又由于氧化物陶瓷材料其密度、热膨胀系数、导热系数、电磁性能等失配均限制其应用。国内外普遍认为，航空发动机热端部件获得应用概率最大的应该是 $SiC_f/SiC$，今后将表现出更为广泛的应用前景。

法国 Snecma 公司的 CMC—SiC 经过了三代的优化设计与制造，其中，第一代为 CERASEP A373 材料［SiC（Nicalon）/SiC］，第二代为 CERASEP A400 材料［SiC（Nicalon）/Si—B—C］，第三代为 CERASEP A500 材料 SiC（Hi-Nicalon）/Si-B-C，使得 CMC—SiC 性能和应用得到全面发展。CMC—SiC 在航空发动机上应用的部位主要有：尾喷管、燃烧室、涡轮机燃烧室、喷口导流叶片、涡轮叶片、涡轮壳环等部件。法、美两国将尾喷管构件在推重比 10 一级航空发动机上进行了应用考核和演示验证。其中 M88—2、M53—2 发动机已经使用法国 Snecma 公司研制的 CMC—SiC 喷管调节片和密封片 10 年以上，结果表明，这些新型构件的抗热震疲劳性能明显优于高温合金，并且减质达 50%。美国研制的 CMC—SiC 燃烧室构件累计工作时间 15000h，最高考核温度达 1200℃，并且通过了全寿命 5000h、高温段 500h 的测试，即将进入应用考核。在涡轮构件方面，CMC—SiC 构件可以大幅提高耐温性能，并且减质 50% 以上。

随着材料制备、加工以及考核验证技术的逐渐完善，SiC/SiC 复合材料的应用日趋广泛，目前已经实现在多型号航空发动机热端构件领域的应用，如 F110—GE—129 发动机尾喷管，EJ200 发动机的燃烧室、火焰稳定器、尾喷管调节，Trent800 发动机涡轮外环以及 F136 发动机涡轮导向叶片等发动机热端构件。采用 $SiC_f/SiC$ 复合材料热端构件，可以大幅节省冷却气量，提高工作温度，降低结构质量，提高使用寿命。此外，美国 GE 公司与 CFM 公司合作研制的 $SiC_f/SiC$ 复合材料涡轮罩环已经成功应用于空客 A320 和波音 737MAX 飞机的 LEAP 发动机，这也是 $SiC_f/SiC$ 复合材料首次应用于商用发动机高压涡轮部件。GE 航空公司于 2015 年初通过 F414 型航空发动机验证机，首次验证了陶瓷基复合材料低压涡轮叶片的应用，这是世界上首个陶瓷基复合材料航空发动机转动部件。同时，GE9X 发动机将把陶瓷基复合材料的应用进一步扩展到燃烧室内外衬套、高压涡轮一级和二级导向器以及一级罩环上[11]。

国内 SiC/SiC 复合材料构件研制始于 20 世纪 80 年代，主要研制单位包括国防科学技术大学、西北工业大学、中航工业复材中心、航天材料及工艺研究所等单位，目前已经具备构件研制和小批量生产能力。

总之，CMC—SiC 复合材料，尤其是 $SiC_f/SiC$ 被认为是继 $C_f/C$ 之后又一新型战略性材料，可大幅度提升武器装备的性能，各个国家都在这一领域进行研究。此外，CMC—SiC 在高速刹车、核能、高温气体过滤、燃气轮机热端部件和热交换器等方面还有非常广泛的应用潜力。

### 3. 其他应用

用碳化硅纤维制作电子敏感元器件产品，则其性能也得到很大提高，这其中的应用实例包括日本将碳化硅纤维首次用于探测器探头。

东京大学和日本碳化物工业公司等单位联合的一个研究小组开发成功红外探测器，其关键部分是将数十根碳化硅纤维安置成短梳子状，形成探测基元，它可探测出随微弱电压变化而产生的红外线。广泛用于大厦和商店的传统防盗红外探测器大部分是热电型或热电堆型的，其中分别使用的是陶瓷晶体或两个或更多的热电偶。热电型具有高的敏感性，但无法探测静止物体；热电堆型能探测静止物体，但需要长的响应时间（大约40ms），不适于移动的物体。新型探测器在9ms内即可对移动物体做出快速响应，同时还能探测静止物体。通过电极改进，响应时间还可以进一步缩短。它的关键部分探测基元就包含了具有热导性能的碳化硅纤维，可以有效地分散装置内部产生的热量，而且耐高温，耐化学品侵蚀，这些优点使它很适用于防盗和防火探测器[12]。

### 二、碳化硅纤维的发展前景

先驱体转化法制得的 SiC 纤维，拥有碳纤维所不具备的许多优异特性，在用作耐热材料及复合材料增强纤维两方面，表现出广阔的应用前景。1992 年，在日本研究发展公司授权下，日本碳化物工业公司被要求在三年内开发出制备耐热碳化硅纤维工艺并获得研究开发基金超过 10 亿日元。此外，国际上数十年来对 SiC 纤维在调节/密封片、高温涡轮叶片、高温燃烧室等部件上进行了相关典型件测试，甚至在实现工程化应用等方面都有所突破，取得了令人满意的研究结果。

在这些应用的基础上，目前 SiC 纤维的应用开发正在高速发展中，尽管由于军事上的应用敏感性，有些应用未见报道，但也可以看出这一趋势。如作为耐热密封材料，Nicalon 纤维的织布已在美国航天飞机上广泛使用，而 SiC 纤维增强树脂基复合材料，不但拥有优良的机械特性，而且具备碳纤维所没有的透波性与吸波性，正在被用作飞机机体结构材料。尤其是航空发动机，发动机使用寿命的提高，燃油消耗的降低是众多发动机制造商关注的焦点。以波音 787—梦想号客机为例，在使用了超过 50% 的先进复合材料之后，油耗下降了 20% 左右。根据英国宇航专家 Andrew Walker 教授预测，到 2020 年，飞机的飞行燃油成本还有望进一步下降 29%~31%，其中 17%~19% 源自发动机。就军用发动机而言，现阶段各国研究的重点是战机降低服役成本，其关键所在就是进一步提高发动机推重比。现有推重比 10 一级的发动机涡轮进口温度均突破了 1500℃，如 M88—2 型发动机涡轮进口温度达到 1577℃，F119 型发动机涡轮进口温度达到 1700℃左右，而目前正在研制的推重比 12~15 的发动机涡轮进口平均温度将达到 1800℃以上，这远远超过了高温合金及金属化合物的使用温度。目前，耐热性能最好的合金材料是镍基高温合金，在采用隔热涂层，同时设计先进的冷却结构的情况下，其工作温度也只能达到 1100℃左右。因此，面对先进航空发动机目前的高要求，现有的高温合金材料体系已经难以满足，要发展具有更高推重比的航空发动机，必须开发新型长寿命、轻质、耐高温、高强度的发动机热端部件材料。而陶瓷基复合材料恰能够满足上述要求，故而能够替代高温合金在发动机高温部件上的应用，一举成为最具应用潜力的材料[13]。

因此，欧盟、美国、日本等国家和地区在陶瓷基复合材料领域开展了多个国家级的研究计划并投入大量人力、物力，如 UEET（Ultra-efficient engine technology）计划、NASA 的 IHPTET（High performance turbineEngine technology）、日本的 AMG（Advanced materials gas-generator）计划等，对陶瓷基复合材料在航空航天领域，特别是航空发动机热端部位的应用进行了详细的规划研究，以期将发动机热端部件的服役温度提高到 1650℃，甚至更高。其中在 NASAN+3 先进发动机项目中，GE 公司对先进材料在未来（2030~2035 年）航空发动机领域的应用进行了梳理和预研，应用包括燃烧室、低压涡轮叶片、高压涡轮叶片、高压涡轮罩环、涡轮导向叶片等发动机静止和转动等部位。

由于保密的限制，SiC 连续纤维在某些敏感领域的应用，尤其是军事上的使用情况难以为人所全部了解，但从上述应用实例和日本对我国进行产品禁运的政策以及美国将该纤维用于军事及高技术领域的事实，足以看出先驱体转化法生产连续纤维的巨大军事意义及其发展前景。

## 主要参考文献

［1］陈建军，彭志勤，董文钧，等. 先驱体制备 SiC 纤维的发展历程与研究进展［J］. 高科技纤维与应用，2010，35（1）：35-42.

［2］张卫中，陆佳佳，马小民，等. 连续 SiC 纤维制备技术进展及其应用［J］. 航空制造技术，2012（18）：105-107.

［3］马小民. 耐高温连续碳化硅纤维的性能探讨及应用［J］. 陶瓷基复合材料应用，201，4（6）：104-108.

［4］李楠，顾华志，赵慧忠. 耐火材料学［M］. 北京：冶金工业出版社，2010.

［5］张云龙，胡明，张瑞霞. 碳化硅及其复合材料的制造与应用［M］. 北京：国防工业出版社，2015.

［6］赵稼祥. 碳化硅纤维及其复合材料［J］. 新型碳材料，1996，11（1）：15-19.

［7］Ishikawa T. Recent developments of the SiC fiber Nicalon and its composites, including properties of the SiC fiber hi-Nicalon for ultra-high temperature［J］. Composites Science and Technology，1994（51）：135-144.

［8］冯春祥，王应德，邹治春，等. 连续 SiC 纤维应用概况［J］. 材料导报，1997，11（6）：64-59.

［9］Bouillon E，Mocaer D，Pailler R，Villeneuve J F. Composition Microstructure property relationships in ceramic monofilaments resulting from the pyrolysis a polycarbosilane precursor at 800℃ to 1400℃［J］. Journal of Materials Science，1991（26）：11517-1530.

［10］Clark T J，Arons R M，Stamatoff J B，Rabe J. Thermal degradation of Nicalon SiC fiber［J］. Ceramic Engineering and Science Proceedings，1985，6（7-8）：576-578.

［11］Maeda M，Nakamura K，Yamada M. Oxidation resistance evaluation of silicon carbide ceramics with various additives［J］. The Journal of the American Ceramic Society，1989，72（3）：512-514.

［12］汪多仁. 碳化硅纤维的开发与应用进展［J］. 高科技纤维与应用，2004，29（6）：43-45

［13］焦健，陈明伟. 新一代发动机高温材料——陶瓷基复合材料的制备、性能及应用［J］. 航空制造技术，2014（7）：62-69.

# 第十一章　连续玄武岩纤维

## 第一节　引言

　　玄武岩属于火山喷发后形成的天然矿物，是由火山喷发的高温熔融岩浆冷却凝固后形成的一种矿石，呈现黑色或暗绿色的致密或多孔状结构，目前广泛分布于世界各地[1,2]。中文玄武岩一词，是根据在日本兵库县玄武洞率先发现了橄榄石玄武岩而命名[3]。

　　玄武岩主要化学成分有 $SiO_2$、$Al_2O_3$、$CaO$、$Fe_2O_3$ 等，其中 $SiO_2$ 质量比为 45%~53%、$Fe_2O_3$ 为 5%~15%，主要矿物为基性长石和辉石，次要矿物有橄榄石、角闪石及黑云母等[4,5]。密度在 $2.8 \times 10^3 ~ 3.3 \times 10^3 kg/m^3$。岩石均为暗色，一般为黑色、灰色或褐绿色等。2000 多万年前，中国也是一个多火山的国家，境内蕴藏有丰富的玄武岩[6]，但是并非所有的玄武岩都可以制备玄武岩产品。

　　玄武岩具有抗压性强、压碎值低、抗腐蚀性强、吸水率低的特点，可以直接破碎后用于建筑材料。玄武岩也是目前岩棉的主要原料，以 50%~85% 质量比的玄武岩外加 15%~50% 的矿渣、方解石、白云石等为辅助熔剂，通过高温熔融法离心式成型可制备岩棉[7,8]。

　　连续玄武岩纤维是以天然玄武岩为原料，将其挑选、破碎后在约 1500℃ 高温下煅烧熔融，经过一定的工艺流程制成，具有良好物理化学性能的连续纤维[9]。连续玄武岩纤维的直径一般在 7~16μm，长度达几万米，后文提到的玄武岩纤维均指连续玄武岩纤维。由玄武岩制备玄武岩纤维一般需要两个条件，首先是必须在制备工艺上具有良好的熔融成纤性能，其次是特定的化学组分能赋予玄武岩纤维良好的理化性能，两者缺一不可。

　　1923 年，法国的 Paul Dhe 在美国申请了一项关于制备玄武岩纤维棉的专利。苏联的莫斯科玻璃塑料研究所自 1953 年开始从事玄武岩纤维的研究，并于 1985 年在乌克兰纤维厂成功投产了世界上第一条连续玄武岩纤维生产线，利用 200 孔铂铑合金漏板实现了玄武岩连续纤维的规模化生产。虽然 20 世纪 50~60 年代美国也从事玄武岩纤维的研制，但是随着 1968 年康宁公司推出商业化的 S—2 玻璃纤维，美国因高强玻璃纤维而逐渐停止了对玄武岩纤维的研究。目前生产连续玄武岩纤维的主要国家有乌克兰、俄罗斯和中国。由于中国对玄武岩纤维的重视，目前我国从事玄武岩纤维的生产企业数量和市场应用总量都超过了国外的总量。

　　玄武岩纤维与其他纤维相比，具有很多优异的性能。

　　(1) 有非常宽的使用温度范围，软化点高达 960℃，高于玻璃纤维的使用温度范围。

　　(2) 有优异的化学稳定性，耐辐照、耐久性、耐酸性、耐烧蚀、耐水解、耐核辐射等性能良好。

　　(3) 力学性能比普通玻璃纤维普遍高出 15%~20%。

　　(4) 有较高的吸音系数和体积电阻率。

（5）绿色环保，具有优良的环境友好性。

鉴于玄武岩纤维的优异性能，目前已被加工成无捻粗纱、有捻纺织纱、短切纤维等初级产品或各种类型的制品及其复合材料，广泛应用于建筑、消防、环保、交通、航空、航天、军工、工程塑料和电力等领域[10]，具有综合性能好、性价比高、产业链长、用途广等优势。玄武岩纤维在正常生产制备过程中不产生有毒物质，无废气、废水、废渣排放，是一种绿色环保纤维材料[11]。玄武岩纤维产业具有鲜明的特征，比如，原料来源充沛、资源利用高效、综合性能优越、生产工艺简洁、环境友好等。因此，玄武岩纤维顺应了全球绿色经济的发展趋势，符合我国可持续发展战略。

# 第二节　玄武岩纤维制备工艺

玄武岩纤维制备包括原料破碎、熔融、拉丝等工序，总体制备工艺流程如图 11-1 所示。

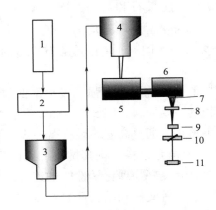

图 11-1　制备玄武岩纤维的工艺流程

1—矿石　2—破碎　3—碎石仓库　4—窑炉料斗　5—熔化池

6—工作池（包括喂料道）　7—铂铑合金拉丝漏板　8—拉丝喷雾冷却系统

9—浸润剂涂覆器　10—拉丝排线器　11—高速拉丝机

## 一、原料

玄武岩因产地不同其成分波动很大，因此不是所有的玄武岩都能生产纤维。根据国内外玄武岩纤维的实际生产，发现能顺利制备成玄武岩纤维的矿石成分见表 11-1[12]。

表 11-1　用于制备连续纤维的玄武岩的化学成分

| 化学成分 | $SiO_2$ | $Al_2O_3$ | $Fe_xO_y$ | CaO | MgO | $Na_2O+K_2O$ | $TiO_2$ |
|---|---|---|---|---|---|---|---|
| 质量分数（%） | 45~60 | 12~19 | 7~15 | 4~12 | 3~7 | 2.5~6.0 | 0.9~2.0 |

可以看出，$SiO_2$ 的范围超出了常规的玄武岩范畴，而 $SiO_2$ 含量在 53%~63% 的火山岩一般称之为中性的安山岩[13]，虽然有资料[4]指出玄武岩不能严格按照 $SiO_2$ 含量来划分，需要

结合矿产同源、共生以及结构来区分，而实际上目前很多厂家采用安山岩作为原料生产连续纤维。

## 二、熔融工艺

根据熔融工艺不同，生产玄武岩纤维的方法有火焰浅层熔化工艺和电熔水冷式池窑法。

火焰浅层熔化工艺由苏联开发，中国引进了该生产工艺，其窑炉示意图如图 11-2 所示。由于玄武岩透热差，因此采用薄层熔化，熔化池面积大、液面浅。由于熔化温度与拉丝温度的差异以及拉丝液面压力的要求，该工艺需要使用铂金导流管进行成型，该铂金导流管的维护对玄武岩纤维的生产至关重要。

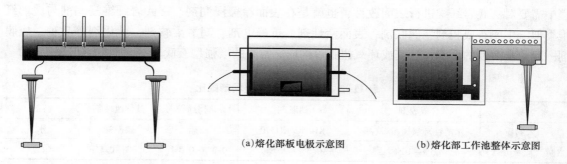

(a)熔化部板电极示意图　　　　(b)熔化部工作池整体示意图

图 11-2　乌克兰的火焰炉示意图　　　图 11-3　中国玄武岩纤维全电熔炉示意图

我国于 21 世纪初自行开发了电熔水冷式池窑法制备玄武岩纤维，如图 11-3 所示。该方法使用板状钼电极通电，加热熔化玄武岩，窑炉内衬采用白泡石砖，整体分为熔化池和工作池两部分。由于钼电极中的金属钼很容易被玄武岩熔体中的 $FeO_x$ 发生置换反应，因此钼电极消耗很快，导致该熔化方式的窑炉寿命较短，目前国内这种窑炉的使用寿命在 3~10 个月。为了提高钼电极的使用寿命，目前也有一些企业采用侧面或底部插入棒状电极，便于电极消耗后推进实现窑炉寿命的延长，但是由于操作维护等原因目前仍处于尝试阶段。此外，根据以上两种工艺的优缺点，有些单位也在尝试火电混熔玄武岩窑炉的工艺，如在火焰浅层熔化窑炉中局部使用电极加热，或者在电极水冷式池窑顶部增加火焰助熔等方面有一定的尝试，但是实际效果还有待进一步研究。

玄武岩熔化工艺中主要有以下几个难点。

（1）玄武岩熔体透热性差，在窑炉中的纵向温度可以相差几百度，如果没有内部电加热，只能采用浅液面技术，导致效率低下。

（2）由于 $FeO_x$ 易与钼电极发生置换反应，因此如何有效解决电极消耗问题也非常重要。

（3）高温玄武岩熔体对耐火材料具有非常强的侵蚀性能，普通耐火材料的使用寿命都较短，根据目前的耐火材料情况看，含铬材料具有良好的抗玄武岩侵蚀能力，其中致密铬砖最好，铬锆刚玉砖及高铬砖次之。

## 三、拉丝工艺

玄武岩连续纤维的拉丝工艺与玻璃纤维类似，但拉丝温度较高，一般为 1280~1330℃下连续拉丝。玄武岩中较高含量的铁氧化物在高温下对铂铑合金会产生一定的消耗，一般通过提高铑含量或者锆弥散来提高抗侵蚀能力，延长铂铑合金漏板的使用寿命。随着玄武岩纤维拉丝漏板的不断增大，如何抑制大尺寸漏板高温变形也是一个关键性的难题。

玄武岩纤维拉丝主要为 400 孔，当采用 800 孔以上拉丝工艺时，受玄武岩流量、耐火材料侵蚀以及自身品质影响，易造成断丝而影响成品率。玄武岩拉丝工艺与玄武岩熔液深度有关，为提高成品率一般采用 6~10cm 的浅液面拉丝工艺；而深拉丝液面具有快速引丝的优点，是高品质玄武岩纤维拉丝工艺的发展方向。

### 四、纤维表面处理

为了提高玄武岩纤维与基体材料的亲和度，降低纤维自身在空气中的老化速度，在生产过程中需要对玄武岩纤维进行表面改性，也就是在表面涂覆浸润剂。玄武岩纤维浸润剂与玻璃纤维类似，主要有成膜剂、偶联剂、表面活性剂、抗静电剂、润滑柔软剂、乳化剂等品种。成膜剂一般由水溶性的聚酯、酚醛或环氧树脂等构成。常规的增强型玄武岩浸润剂配方见表 11-2。

**表 11-2　常见的增强型浸润剂配比**

| 名称 | 成膜剂 | 偶联剂 | 润滑剂 | 其他改性剂 | 溶剂 |
|---|---|---|---|---|---|
| 引入物质 | 水溶性环氧树脂/聚酯 | KH550/KH570 | 石蜡 | 硝酸锂 | 水 |
| 含量（质量分数） | 5%~10% | 0.3%~0.5% | 0.3%~0.5% | 0.3%~0.5% | 余量 |

# 第三节　玄武岩纤维的结构与性能

### 一、主要成分

玄武岩纤维由多种元素组成，其中 Si、Mg、Fe、Ca、Al、Na、K、O 等主要元素成分占 99% 以上。和玻璃纤维相似，玄武岩纤维的元素全部以氧化物存在，主要为 $SiO_2$、$Al_2O_3$、CaO、FeO、$Fe_2O_3$、MgO、$TiO_2$、$Na_2O$ 等。玄武岩纤维的化学组成与无碱玻璃纤维（E 玻璃纤维）、高强玻璃纤维（S 玻璃纤维）的成分比较见表 11-3。

**表 11-3　玄武岩纤维与 E 玻璃纤维、S 玻璃纤维成分比较**

| 化学成分 | 玄武岩纤维（%，质量分数） | E 玻璃纤维（%，质量分数） | S 玻璃纤维（%，质量分数） |
|---|---|---|---|
| $SiO_2$ | 45~60 | 52.0~53.4 | 60~70 |
| $Al_2O_3$ | 12~19 | 13.5~14.5 | 17~27 |
| $B_2O_3$ | — | 8.0~9.0 | — |
| CaO | 4~6 | 18.5~19.5 | 0~10 |
| MgO | 3~4 | 3.6~4.4 | 5~10 |
| $Na_2O+K_2O$ | 2.5~4.0 | 0~1 | <1 |
| $TiO_2$ | 0.9~2.0 | 0~2 | <0.5 |
| $Fe_2O_3+FeO$ | 7~15 | 0~6 | 痕量 |
| F | — | 0~0.5 | |

$SiO_2$ 是地壳中含量最大的氧化物，是几乎所有岩石及风化后土壤的主要成分之一，也是构成玻璃或玄武岩网络体的主要成分之一。$SiO_2$ 在玄武岩纤维中的含量一般为 45%~60%（质量分数），在玄武岩纤维中构成骨架，赋予玄武岩纤维良好的化学稳定性、热稳定性、透明性，较高的软化温度、硬度和机械强度等，但 $SiO_2$ 含量增大时，熔融温度升高，高温黏度增大。

玄武岩纤维中的 $Al_2O_3$ 含量为 12%~19%（质量分数），$Al_2O_3$ 有利于提高化学稳定性，降低玄武岩的析晶倾向，对热稳定性和机械强度有利，但是会提高玄武岩的黏度，降低玄武岩的柔韧性，不利于后期编织。

FeO 和 $Fe_2O_3$ 是玄武岩区别于普通玻璃的最主要组分之一。我国《玄武岩纤维无捻粗纱》（GB/ 25045—2010）国家标准中规定，氧化铁含量（$FeO+Fe_2O_3$）的质量分数应大于 7%。常规玻璃中的氧化铁含量一般低于 0.5%，氧化铁会对玻璃的颜色、导热及玻璃网络体产生一定的影响。$Fe^{2+}$ 作为玻璃的修饰体一般有六配位和五配位结构，而 $Fe^{3+}$ 作为网络形成体一般为四配位结构。$Fe^{3+}$ 对玻璃网络体的作用就像 $Al_2O_3$ 一样，在较小的含量范围内有一定的补充增强作用。在一定温度下，当 $Fe^{3+}$ 浓度增加时，黏度也增加。$Fe_xO_y$ 含量会在一定程度上改变玄武岩的熔融工艺，影响纤维的力学性能，也会影响外观颜色。$Fe_xO_y$ 含量越高，纤维的颜色会越深，呈古铜色，乃至深褐色，当 $Fe_xO_y$ 含量达到 9.5%（质量分数）左右时，纤维呈现金黄色。

## 二、主要性能

### 1. 力学性能

玄武岩纤维含有较高的 $Al_2O_3$ 和碱土金属氧化物，而碱金属氧化物含量较低，其力学性能介于普通玻璃纤维与高强玻璃纤维之间。莫氏硬度 5~6，具有优异的耐磨抗拉性能，抗拉强度最高可达 4.84GPa，高于碳纤维、芳纶、E 玻璃纤维等高性能纤维，与 S 玻璃纤维相当。在 70℃水环境下持续 1200h 后，玄武岩纤维的强度仍保持在 75% 以上，远高于一般玻璃纤维；普通玻璃纤维在 100~250℃时拉伸强度都有一定程度的降低，但是玄武岩纤维的拉伸强度反而能提高 20%~30%。玄武岩纤维与其他纤维的各项性能对比见表 11-4。

表 11-4 玄武岩纤维与其他纤维的性能比较[12,14]

| 性能 | 玄武岩纤维 | E 玻璃纤维 | S 玻璃纤维 | 碳纤维 HS（高强） | 对位芳纶 |
|---|---|---|---|---|---|
| 密度（g/cm³） | 2.65~3.05 | 2.55~2.62 | 2.46~2.49 | 1.78 | 1.44 |
| 抗拉强度（GPa） | 3.0~4.8 | 3.1~3.8 | 4.6~4.8 | 3.1~5.0 | 2.7~3.0 |
| 弹性模量（GPa） | 79~100 | 76~78 | 88~91 | 230~240 | 120~130 |
| 断裂延伸率（%） | 3.15~3.20 | 3.0 | 5.60 | 1.20 | 2.30 |
| 导热系数［W/(m·K)］ | 0.031~0.038 | 0.034~0.04 | 0.036~0.040 | 5~185 | 低 |
| 电阻率（Ω·m） | $1\times10^{12}$ | $1\times10^{11}$ | $1\times10^{11}$ | $2\times10^{-5}$ | $>1\times10^{11}$ |
| 吸声系数 | 0.9~0.99 | 0.8~0.93 | 0.8~0.93 | 小 | 小 |
| 软化点（℃） | 960 | 850 | 1056 | | |
| 最高使用温度（℃） | 700 | 350 | 300 | 2000 | 250 |
| 最低使用温度（℃） | −258 | −63 | — | | |
| 耐化学性 | 耐酸，耐碱 | 耐碱一般 | 耐碱一般 | 良好 | 耐酸一般 |

**2. 化学稳定性**

玄武岩纤维结构上属于特种硅酸盐玻璃纤维，以硅氧四面体网络为主，具有良好的化学稳定性和较强的耐酸、耐碱性能[15]，如图 11-4 和图 11-5 所示，这也是玄武岩纤维区别其他纤维最主要的性能之一。近几年关于玄武岩纤维耐酸碱性的研究较多[16-18]，此外由于玄武岩纤维与硅酸盐的天然相容性，在水泥等碱性介质中能保持良好的稳定性，是各种混凝土优良的增强材料。

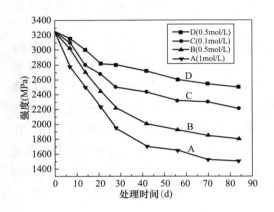 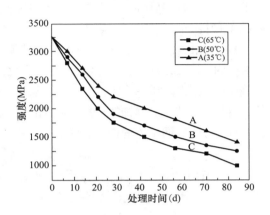

图 11-4　不同浓度盐酸介质室温下　　　　　图 11-5　不同温度下 0.1mol/L 氢氧化钠介质
　　　　处理后玄武岩纤维的强度变化　　　　　　　　　　处理后玄武岩纤维的强度变化

**3. 耐热稳定性**

玄武岩纤维为非晶态无机硅酸盐，耐温性、绝热性能好，无热收缩现象[19,20]。其使用温度范围一般为-258~700℃，软化点高达 960℃，远超过玻璃纤维的-60~450℃使用温度。玄武岩纤维在 500℃下的抗热震稳定性优良，原始质量分数损失不到 2%，900℃时仅损失 3%；在 600℃工作时，其拉伸强度仍能保持原始强度的 80%，在 860℃下工作仍不会出现收缩，而此温度下耐温性能优异的矿棉拉伸强度仅能保持 50%~60%，而碳纤维约在 300℃就有 CO 和 $CO_2$ 产生，玻璃棉则完全破坏。因此，玄武岩纤维可用于制造防火服中的隔热面料、防火毯、防火帘等阻燃材料以及高温过滤领域的过滤基布、过滤材料、耐高温毡等[21]。另一方面，玄武岩纤维具有良好的耐低温性能，能长时间在低温条件下使用，即使处于低温液氮（-196℃）环境下也能保持良好的性能，因此是一种优良的低温绝热材料。

**4. 其他性能**

玄武岩纤维的热传导系数仅为 0.031~0.038W/（m·K），低于常规的隔热保温材料，可用于汽车、船舶的隔热以及管道、热工设备及高温容器的保温等领域。

玄武岩纤维吸音效果好，其吸音系数为 0.90~0.99，高于无碱玻璃纤维和硅酸盐纤维，具有优良的透波性和一定的吸波性，吸音、隔音和隐身性能都很好，可制作隐身材料。

玄武岩纤维绝缘性能好，介电系数低，其电阻率为 $1×10^{12}Ω·m$，大大高于玻璃纤维及其他纤维，利用这一介电特性和吸湿率低、耐温好的特性，可制造仪器仪表、电动机及各种电器中的附件（如齿轮、轴承、密封件等），减轻自身质量，提高可靠性，延长使用寿命；也可以用它制成高质量印刷电路板和风力发电叶片的增强材料。采用专门浸润剂处理过的玄武岩纤维，其介电损耗角正切比一般玻璃纤维低 50%，可用于制造新型耐热介电材料。

由于碱金属氧化物含量低，铝氧化物和铁氧化物含量高，玄武岩纤维的吸湿性非常低，低于其他纤维材料，可应用于诸如公路、码头及水坝等湿度较高地区的基础设施，具有良好的防渗抗裂性能。

### 三、玄武岩纤维的产品形式

玄武岩纤维拉丝后，根据实际需要可形成三类基本产品：玄武岩纤维短切纱、有捻纺织纱及无捻粗纱。

玄武岩短切纱是纤维束通过短切的形式，制备成 $3\sim20\mu m$ 的短纤维，均匀分散到基体中，起到拉伸骨架增强作用。这种纤维主要用于混凝土、复合材料及部分聚合物增强材料中。

将玄武岩纤维原丝或股纱中的单纱，通过加捻设备纺制成纱，加捻后根据其呈现的倾斜方向不同有 S 捻和 Z 捻，得到有捻纱。纱线加捻的每一扭转以角位移 360° 为一个捻回，纱线沿轴向单位长度内的捻回数即为捻度。有捻纱可制成玄武岩纤维绳、各种编织布等纺织品。

多股平行玄武岩纤维丝束或单股玄武岩纤维丝束不加捻并合而成的集束体，即为无捻粗纱，包括合股纱无捻粗纱和直接无捻粗纱两种。直接无捻粗纱是指在拉丝漏板下一定数量的单丝直接卷绕成的无捻粗纱。用玄武岩纤维无捻粗纱可直接织成单向布、多轴向布和其他无捻粗纱布等，也可用于拉挤树脂基复合筋、格栅、网格、预浸布等树脂基复合材料的增强材料。

# 第四节　玄武岩纤维的应用

### 一、混凝土复合材料

混凝土复合材料是目前玄武岩纤维最主要的应用途径，目前全世界 70% 以上的玄武岩纤维用于混凝土基复合材料。

#### 1. 水泥混凝土增强材料

普通水泥混凝土具有韧性差、抗冲击性能低、易开裂等缺点，为了提高水泥基混凝土的使用寿命，改善施工性能及耐候性，添加纤维作为增强材料是高性能水泥混凝土的发展方向。玄武岩纤维为无机硅酸盐材料，与常规的硅酸盐水泥具有非常好的界面结合力，作为水泥混凝土增强材料具有亲和力好、天然绿色、强度高、耐候性好等优点。在水泥混凝土中掺入质量比约为 0.5%，长度 6~30mm 的玄武岩短切纤维后，发现水泥基混凝土的抗开裂、抗疲劳及耐候性能显著提升。有研究表明[22]，当玄武岩纤维在混凝土中的体积分数为 1% 时，混凝土的弯拉强度同比提高了 60% 以上，弯曲韧性指数也提高了 5 倍以上。而且纤维增强混凝土的抗弯冲击破坏性能提高了 40% 以上。

#### 2. 沥青混凝土增强材料

沥青混凝土是指用一定颗粒级的矿石及矿粉等，加入一定比例的沥青混合搅拌而成混合料。沥青需高温加热且易开裂，因此与钢纤维、有机纤维及普通玻璃纤维相比，具有耐高温性、耐水性等特点的玄武岩纤维是近几年快速发展的沥青混凝土增强材料。玄武岩纤维短切后具有较好的界面亲和力、分散性、力学性能和化学稳定性，不仅能提高了沥青混凝土抗裂、抗压性能，还能延长混凝土路面的使用寿命，降低公路养护成本。

将玄武岩纤维短切分散后掺入沥青混合料中，可提高沥青混凝土的整体力学性能，已得到广泛应用[23,24]。当玄武岩纤维掺入沥青混合料后，直径约 $10\mu m$ 长度 $6\sim30mm$ 的纤维改变了沥青混凝土的微观结构，提高了其抗拉性能和低温抗裂性能。此外，由于纤维材料的比表面积大，对沥青有较强吸附作用，可有效阻止沥青从底部向上的扩散，缓解沥青路面的泛油现象。一般玄武岩纤维占沥青混合料的质量分数为 $0\sim0.5\%$，考虑到玄武岩纤维的成本，它常常被用于增强沥青路面的罩面层和抑制反射裂缝的中面层，起到了延长路面寿命、降低养护成本的效果。

## 二、聚合物基复合材料

与传统有机纤维相比，玄武岩纤维在聚合物基复合材料中应用虽然较晚，但近几年发展非常快。比如，利用玄武岩纤维的高温摩擦因数稳定、热衰退性小、制动噪音低的特点制备汽车摩擦材料，如西班牙 GALFE 公司已将玄武岩纤维增强复合材料用于摩托车刹车片的制造。

### 1. 热固性复合材料

玄武岩纤维制备的热固性复合材料，不仅有良好的刚度和强度，还具有优异的增强、耐磨、阻燃、防爆、抗弹以及耐腐蚀等性能，可以用于各种机械设备的外部结构件或部分高强度结构件，如飞机车船的外壳、阻燃材料甚至防弹外壳或服饰等[25,26]。如苏联就采用超细玄武岩纤维制备了"联盟—19"号宇宙飞船的部分结构材料，使得该飞船顺利完成与美国"阿波罗"号宇宙飞船的第一次对接。此外玄武岩纤维制备的结构材料在飞机、炮弹、军舰等军工行业也有广泛的应用，可以部分替代昂贵的碳纤维来降低制造成本。

鉴于玄武岩纤维的耐高温、高强度、透波及绝热吸音等特性，该纤维在特种民用设备也有应用。比如，利用玄武岩纤维制备的热固性复合材料，已应用于雷达防护罩、基站天线整流罩、高压输送设备中的电绝缘材料等领域。

### 2. 热塑性增强复合材料

由于可持续发展需要，可回收利用的热塑性复合材料得到快速发展，与热固性复合材料相比，热塑性树脂有种类多、选择性大、存期长、韧性高、可循环利用等优点。例如，利用短切玄武岩纤维和聚丙烯制备的片状热塑性复合材料，具有膨胀系数低、比强度高和韧性好的特点，已成功应用于汽车顶部。也有研究表明[27]，玄武岩纤维增强热塑复合材料具有较好的抗拉伸性能，在一定范围内，随着增强纤维体积分数的增加，制备的复合材料的拉伸性能相应提高，具有较好的抗冲击性。此外，玄武岩纤维的阻燃、高强、隔热隔音及低成本的特点，可以解决目前汽车内饰强度不够高、受热易挥发产生有害气体以及隔热吸音性差等缺点。

## 三、金属基复合材料

玄武岩纤维具有良好的耐热性能、力学性能、表面亲和力以及较高的性价比，是一种优良的金属基材的增强组分。纤维增强的金属基复合材料的力学性能优异，可应用于特殊服役环境领域。金属基复合材料的性能，对加工热处理和表面涂覆改性工艺要求很高，目前关于玄武岩纤维作为金属基材的增强材料大多处于理论研究阶段，实际应用相对较少。

### 四、编织用玄武岩纤维

由于耐高温、阻燃、吸音和高强度等特性，直径 6~15μm 的玄武岩纤维可以直接或者与其他纤维混纺后制备高温除尘布袋、高温传送带、消防用阻燃防火服等。以色列还曾利用玄武岩纤维作为防弹背心的阻尼层。此外鉴于玄武岩纤维较宽的使用温度范围，特别是耐低温性能，编织成玄武岩纤维电子布已应用于升空的天宫二号的太阳能电池板的增强材料及其他增强复合材料。

为了弥补玄武岩纤维易脆易"滑"的弱点，该纤维也可与其他化学纤维混编制成具有特殊功能的新型纺织品[28,29]。如徐哲[30] 通过对玄武岩纤维与碳纤维的混编结构设计，分析了混编结构对织物力学性能、密度以及纤维界面浸润性的影响，发现引入玄武岩纤维确实能够改善复合材料的绝热性能，对复合材料的其他性能也有一定的改善。

### 五、其他

玄武岩纤维还可以与各种树脂复合做成片、棒或栅格状，作为增强材料广泛应用于桥梁、隧道及体育馆等混凝土建筑中，特别是玄武岩复合筋在潮湿或盐碱等易腐蚀的特殊地段能有效替代钢筋用于混凝土结构的修复或补强。同时，玄武岩纤维还可二次成型制成棉状，利用玄武岩纤维的耐热、保温、吸音等特性来制备建筑物外墙保湿防火材料，目前玄武岩纤维防火保温板已经在实际工程中得到了应用。

玄武岩纤维还可以用作高温过滤材料，特别是汽车或轮船尾气的过滤。英国和俄罗斯等欧洲国家已有利用玄武岩纤维来实现汽车及轮船等行业尾气吸收的报道，中国在这方面还刚刚起步。

## 第五节 玄武岩纤维的发展

### 一、产业现状

2002 年，"玄武岩连续纤维及其复合材料"被列入中国"863"计划及国家火炬计划，2011 年再次将"玄武岩纤维规模化生产技术及工艺优化关键技术研究与示范"列入国家科技支撑计划，使玄武岩纤维得到快速发展。目前约有 20 家公司从事玄武岩纤维的生产，如浙江石金玄武岩纤维股份有限公司、四川航天拓鑫玄武岩实业有限公司、江苏天龙玄武岩连续纤维股份有限公司、山西晋投玄武岩实业有限公司、山西巴赛奥特科技有限公司、河南登电玄武石纤有限公司、山东聚源玄武岩纤维股份有限公司等。随着玄武岩纤维生产技术的不断提升和应用研究的深入，该纤维的其他优越性能不断被发现，展现了良好的市场发展前景。

国际上对玄武岩纤维的研究也非常重视，目前关于这方面的论文非常多[31,32]，日本、德国和美国等发达国家都加强了对连续玄武岩纤维这一新型无机非金属纤维的研究开发，并取得了一系列新的应用研究成果。

## 二、主要难题

目前玄武岩纤维的发展还存在很多技术难题，基础研究和应用研究不充分、生产规模小、多漏板深液面难以实现是其主要问题。这些问题造成了目前玄武岩纤维的性价比不匹配、单位生产成本较高的状况。

虽然在熔制过程中，玄武岩熔体对耐火材料有非常强的侵蚀能力、对铂铑坩埚的侵蚀也比玻璃纤维严重，但仍有对应的解决方法，并不会严重制约其规模化生产。目前真正制约玄武岩纤维规模化的技术难题主要有两点。

（1）玄武岩的深黑色使得火焰传热效率很低，火焰窑炉的深度一般仅 20cm 左右，浅层熔化导致效率低下。

（2）$FeO_x$ 易与常规的玻璃电熔炉用金属钼电极发生置换反应，导致钼电极消耗很快，电极使用寿命往往超过 6 个月。

## 三、发展方向

进入 21 世纪后，节能和环保成为世界发展的主要话题之一，发展绿色经济是必然趋势，玄武岩纤维的天然环保可降解等优势得到进一步拓展。

### 1. 组分优化

玄武岩纤维属于天然纤维，这是其天然优势，也是限制其发展的一个瓶颈。在改进玄武岩纤维的组分方面，虽然有人提出外来组分的加入会丧失玄武岩纤维的绿色环保特性，但是随着规模化生产的实现，其组分优化将是其必然的发展方向。关于玄武岩纤维的组分优化一般有两种思路：一是，不同玄武岩矿石的精确搭配，实现优质玄武岩纤维的优化，这种优化需要建立全国各地的玄武岩矿石组分资料库，并通过原料筛选实现玄武岩纤维的组分优化；二是，通过添加部分改性剂，如加入氧化锆提高耐碱性能，加入氧化铁或者气氛控制铁的不同化合价来实现玄武岩纤维中组分的优化。

### 2. 制备规模化

玄武岩纤维规模化生产将大大降低玄武岩纤维的制备成本，目前的制备工艺主要有三大类，即火焰熔化工艺、电熔化工艺和火电混溶的熔化工艺。要发展深液面的池窑必须采用以电为主、火焰为辅的工艺，这是玄武岩纤维生产规模化、池窑化的必由之路。

### 3. 纤维混编化

不同的纤维有不同的应用优势，玄武岩纤维具有耐热性和绝缘性等优点，玻璃纤维具有较好的耐温性和编织性能，而化学纤维具有良好的抗折编织性能，因此不同纤维的混编能充分利用不同纤维的优势，达到很好的整体效果。随着玄武岩纤维应用的进一步拓宽，这方面的技术将进一步得到发展，从而使玄武岩纤维的各种优异性能得到充分的体现和应用。

### 4. 应用功能化

局限于制备工艺等因素，玄武岩纤维很多性能并没有得到推广应用，如玄武岩纤维的超低温度服役性能、高电绝缘性能及隔音性能等。

此外，关于玄武岩纤维浸润剂的研究目前很少[33]，而这方面的研究在玻璃纤维行业非常突出[34,35]，通过表面改性制备的各种功能化的玄武岩纤维也是目前的研究热点之一[36]。玄武岩纤维配套的浸润剂的深入研发，对玄武岩纤维功能化的应用至关重要，展现了良好的发展前景。

# 主要参考文献

［1］ JAMSHAID H，MITREA R. Green material from rock：basalt fiber-a review ［J］. Journal of Textile Institute，2016，107（7）：923-927.

［2］ FIORE V，SCALICI T，BELLA GD，et al. A review on basalt fiber and its composites ［J］. Composites B，2015，74（1）：74-94.

［3］ 李鄂荣，刘乃隆. 玄武岩名称的演变 ［J］. 地球，1991（3）：13.

［4］ 池际尚. 中国东部新生代玄武岩及上地幔研究 ［M］. 武汉：中国地质大学出版社. 1988：24.

［5］ 虞鹏鹏. 玄武岩分类、特征及形成构造背景 ［J］. 中山大学研究生学刊. 2013，34（3）：56-64.

［6］ 刘嘉麒. 绿色高新材料——玄武岩纤维具有广阔前景 ［J］. 科技导报，2009：1.

［7］ 王晓磊，潘云. 岩棉在建筑上的应用与发展 ［J］. 建筑节能，2016，302（44）：53-56.

［8］ ADAMCZYK Z，KOMRAUS J. An investigation of distribution of iron compounds in rock wool production ［J］. Materials and Manufacturing Processes，2001，16（4）：577-587.

［9］ 胡显奇. 我国连续玄武岩纤维的进展及发展建议 ［J］. 高技术纤维与应用，2008，1（6）：112-115.

［10］ 胡显奇，申屠年. 连续玄武岩纤维在军工及民用领域的应用 ［J］. 高技术纤维及应用，2005，30（6）：33-38.

［11］ 胡显奇. 玄武岩纤维另辟蹊径 ［J］. 纺织科学研究，2016（3）：32-35.

［12］ 谢尔盖，李中郢. 玄武岩纤维材料的应用前景. 纤维复合材料，2003，17（3）：17-20.

［13］ 石钱华. 国外连续玄武岩纤维的发展及其应用 ［J］. 玻璃纤维，2003（4）：27-30.

［14］ 齐风杰，李锦文，李传校，等. 连续玄武岩纤维研究综述 ［J］. 高科技纤维与应用，2006，31（2）：42-46.

［15］ 黄凯健，邓敏. 玄武岩纤维耐碱性及对混凝土力学性能的影响 ［J］. 复合材料学报，2010，27（1）：151-156.

［16］ 高鹏锟，胡微微，赵党锋，等. 聚丙烯、玄武岩纤维和耐碱玻璃纤维耐碱性能对比分析 ［J］. 天津纺织科技，2011，22（1）：19-21.

［17］ 姚勇，徐鹏，刘静，等. 国内外玄武岩纤维耐腐蚀性能对比研究 ［J］. 合成纤维工业，2015，38（5）：43-47.

［18］ WEI B，CAO HL，SONG SH. Tensile behaviour contrast of basalt and glass fibers after chemical treatment ［J］. Materials Design，2010，31（9）：42-44.

［19］ LI XE. Application of basalt fiber in the high temperature flue gas filtration ［J］. Progress in Textile Science Technology，2007（5）：18-23.

［20］ LU Z，XIAN G，LI H. Effects of exposure to elevated temperatures and subsequent immersion in water or alkaline solution on the mechanical properties of pultruded BFRP plates ［J］. Composites B，2015（77）：421-430.

［21］ 李福洲，李贵超，王浩明，等. 玄武岩纤维纱线的耐高温性能研究 ［J］. 功能材料，2015，3（46）：3060-3064.

［22］ Hassan M，Benmokrane B，Elsafty A，et al. Bond durability of basalt-fiber-reinforced-polymer（BFRP）bars embedded in concrete in aggressive environments ［J］. Composites B，2016（106）：262-272.

［23］ 陈昌宇. 玄武岩纤维沥青混合料路用性能与应用研究 ［D］. 长沙：长沙理工大学，2012：2-7.

［24］ 刘福军. 玄武岩纤维沥青混合料路用性能研究 ［D］. 哈尔滨：哈尔滨工业大学，2010，3-6.

［25］ LIU Q，SHAW MT，PARNAS RS. Investigation of basalt fiber composite aging behavior for applications in transportation [J]. Society of Plastics Engineers Polymer Composites, 2006, 27 (1): 475-483.

[26] ZHANG X, PEI X, WANG Q. Friction and wear properties of basalt fiberreinforced/solid lubricants filled poly-imide composites under different sliding conditions [J]. Journal of Applied Polymer Science, 2009, 4 (6): 18-25.

[27] 林希宁, 张凤林, 周玉梅. 玄武岩纤维及其复合材料的研究进展 [J]. 玻璃纤维, 2013 (2): 39-45.

[28] CHAIRMAN C, KUMARESHBABU S. Mechanical and abrasive wear behavior of glass and basalt fabric-rein-forced epoxy composites [J]. Journal of Applied Polymer Science, 2013, 130 (1): 120-130.

[29] 刘桂彬. 三维机织玄武岩纤维复合材料的制备及力学性能研究 [D]. 大连: 大连工业大学, 2015.

[30] 徐哲. 玄武岩纤维混杂复合材料性能研究 [D]. 哈尔滨: 哈尔滨工业大学, 2009.

[31] TABI T, EGERHAZI AZ, TAMAS P, et al. Investigation of injection mouldedpoly (lactic acid) reinforced with long basalt fibres [J]. Composites A, 2014 (64): 99-106.

[32] DHAND V, MITTAL G, RHEE K, et al. A short review on basalt fiber reinforced polymer composites [J]. Composites B, 2015 (73): 166-180.

[33] 王广健, 尚德库, 胡琳娜, 等. 玄武岩纤维的表面修饰及生态环境复合过滤材料的制备与性能研究 [J]. 复合材料学报, 2004, 21 (1): 38-41.

[34] WARRIER A, GODARA A, ROCHEZ O, et al. The effect of adding carbon nanotubes to glass/epoxy compos-ites in the fibre sizing and/or the matrix [J]. Composites A, 2010 (41): 532-538.

[35] 汪庆卫, 吴欣, 王宏志, 等. 表面修饰碳纳米管对玻璃纤维及复合材料的性能影响 [J]. 功能材料, 2015, 46 (23): 2001-2005.

[36] 杨佳慧. 玄武岩纤维的表面处理及其复合材料性能研究 [D]. 上海: 东华大学, 2015.

# 第十二章　其他高性能纤维

## 第一节　新型碳基纤维

### 一、碳纳米管纤维

1991年，通过高分辨率透射电子显微镜，日本科学家 Iijima 在真空电弧蒸发石墨电极过程中发现了碳纳米管（Carbon nanotues，CNTs）[1]，自此对 CNTs 的研究成为科学领域的热点之一。CNTs 是以碳原子六角网面为单元构成的准一维结构，具有优异的力学性能，极高的导电率和热导率、良好的化学稳定性和热稳定性、较低的密度和高比表面积等特性，其拉伸强度超过 100GPa，杨氏模量高达 1 TPa，断裂伸长率为 15%~30%，其理论强度比钢材料高出近 100 倍，而密度却只有钢材的 1/6，因此被科研工作者称为未来的"超级纤维"。然而 CNTs 的直径为纳米量级，其无序排列及易于团聚的性质，使得 CNTs 的物理性质在宏观上难以把握。如何将 CNTs 优异的物理性能从分子层面提升到宏观尺度，是一个十分具有挑战性的问题。

CNTs 独特的一微结构使其在构建高性能纤维材料方面具有巨大的潜力。CNTs 纤维与碳纤维同为碳系类纤维状材料，但两者的制备工艺截然不同。CNTs 纤维的制备，无需碳纤维制备中诸如前驱体交联氧化、碳化等复杂过程，通过其管间范德华力、表面的官能团等作用，即可排列组装成宏观的连续纤维。目前，CNTs 纤维的制备方法主要有阵列抽丝法、湿法纺丝法、化学气相沉积（Chemical vapor deposition，CVD）直接纺丝法、气凝胶直接纺丝技术等[2,3]。

湿法纺丝是最早被用于制备 CNTs 纤维的方法，以形成 CNTs 的稳定分散液为基础和关键。CNTs 纤维的湿法纺丝借鉴于传统纺丝工艺，将 CNTs 分散液以一定的速度注入凝固浴中即可以连续抽出 CNTs 纤维。2000 年，Poulin 研究小组将单壁碳纳米管（SWCNTs）分散于浓度为 1.0%（质量分数）的十二烷基硫酸钠溶液中，以一定的注射速度注入聚乙烯醇（PVA）溶液中，首次连续抽出 CNTs 纤维（图 12-1）[4]。纤维具有一定的柔性（可以打结而不断），其杨氏模量为 9~15GPa，拉伸强度在 150MPa 左右。此后，Poulin 小组通过纤维溶胀后拉伸 160%、热拉伸等手段对 CNTs 纤维进行处理，可将其强度提高至 1.6GPa[4]。2003 年，Dalton 等在 Poulin 研究工作的基础上，利用有机溶剂的蒸气，对 CNTs 纤维进行致密化处理，其强度提升至 1.8GPa，断裂吸收能量可达 570J/g，远远超过 Kevlar 纤维（33J/g）和蜘蛛丝（165J/g）的断裂吸收能[5]。为避免凝固浴中聚合物和表面活性剂对纤维性能（如电学、热学特性）的影响，Rice 大学的 Smalley 等以超强酸为溶剂，以水为凝固浴，制备了致密且具有良好取向的 CNTs 纤维，模量提升至 120GPa，但由于纤维存在孔洞和表面缺陷，强度仅为 116MPa[6]。

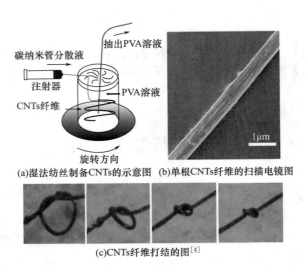

(a)湿法纺丝制备CNTs的示意图　(b)单根CNTs纤维的扫描电镜图

(c)CNTs纤维打结的图[4]

图 12-1　CNTS 纤维的制备

　　阵列抽丝法需先制备出有序排列的 CNTs 阵列，然后从阵列中通过连续抽丝制备成纤维。

　　首先制备出可供连续抽丝的阵列。将涂覆有催化剂的基板放入高温反应炉中，然后再载气的作用下，通入含有碳氢化合物的碳源溶液，然后垂直的 CNTs 阵列便可在基板上长出。利用阵列进行抽丝时，当最外层被拉出纺成纤维时，邻近的 CNTs 会缠在被拉出纤维的尾部，从而连续不断地被抽出并纺制成纤维，形成 CNTs 互相缠绕的网状结构。2002 年，清华大学的范守善团队首次从 CNTs 阵列中抽出长度为 30cm、直径为 200μm 的 CNTs 纤维[7]。R. Baughman 研究组也通过该方法，获得了良好力学性能的 CNTs 纤维，经机械打结以及高/低温处理都不会对其强度和柔性产生任何影响，显示了较高的力学稳定性[8]。Los Alamos 国家实验室的朱运田研究组也利用该方法，从不同高度的阵列中抽出了拉伸强度和模量分别为 3.3GPa 和 263GPa 的 CNTs 纤维，CNTs 排布紧凑、取向度高，具有较高的断裂吸收能量（约 1000J/g），显示了较高的力学性能[9]。此外，通过加捻[8]、高温处理及溶剂的后处理[10] 等方式可以进一步提高 CNTs 纤维的性能。

　　制备 CNTs 纤维另一种常见的方法为 CVD 直接纺丝法，即在高温反应炉炉口直接将 CNTs 的宏观絮状产物纺制成纤维。2004 年，英国剑桥大学的 Windle 小组发现，在垂直的 CVD 生长炉中，利用载气的携带作用，将二茂铁、乙醇和噻吩的混合物由上而下注入高温熔炉反应区，在低温区生成 CNTs 气溶胶，可以直接被卷制，形成具有高断裂伸长率和较高导电性的纤维[11]。李亚利研究组在此基础上进行了工艺改进，用浮动化学气相沉积法成功制备出强度可达 1GPa 以上的数千米长 CNTs 纤维[12]。美国 Nanocomp 公司也通过该法实现了纤维的批量生产，所制备的纤维强度可达 3GPa。

　　综上所述，湿法纺丝可以大批量生产 CNTs 纤维，且得到的纤维密度较低（1.2～1.5g/cm³），柔韧性很高，但由于 CNTs 的分散大多需借助分散剂的辅助或需对 CNTs 进行功能化改性，会使 CNTs 结构遭到破坏，且纤维的取向度下降，从而极大地影响了其力学性能。此外，纤维的均匀性较难控制也是湿法纺丝制备 CNTs 纤维存在的主要问题。阵列纺丝法与湿法纺丝法几乎同时起步，但阵列抽丝法制备的纤维直径更均匀、纯度更高，催化剂和无定形碳的质量分数只占 2%~4%，且纤维中 CNTs 取向较高，并具有较好的力学性能和电学性能。另外，在纺丝中可以引入如拉伸、浸润、干燥、热处理等多种处理手段来实现 CNTs 的高性能化和功能化。然而该方法对 CNTs 阵列的要求较高，制备工序较为复杂，制备效率不高，从而制约了其进一步大规模发展。CVD 直接纺丝法可制备连续的 CNTs 宏观纤维，具有制备过程简单、连续性好、效率高、成本低等优点，有望实现大规模连续性生产。但是由于该方法中需要加入催化剂，使纤维中的杂质含量偏高，且所制备的纤维在 CNFs 的取向度、直径的均匀性和纤维性能一致性等方面仍需进一步提高。此外，由于纤维需要从温度高达 1200 ℃ 的氢气氛围中直接抽出，在操作的安全性及对环境的影响等方面也会制约其大规模发展。

相比于碳纤维，CNTs 纤维是一种新型的碳基纤维，具有诸多方面的优势。据报道，CNTs 纤维的力学强度和模量均可与碳纤维相媲美，并具有极高的韧性，在高强纤维及增强复合材料等方面具有极大的发展潜力。此外，在电学、热学等领域，CNTs 纤维优异的导电性、良好的导热性能、低密度、高强度使其可成为代替金属的新型轻质传输电缆；CNTs 纤维的结构和物性变化会随着外界因素，诸如电势、外力、化学环境等的变化而发生急剧的变化，可应用在微电子器件、智能传感等领域；由 CNTs 纤维可制成柔性的线状储能器件，如超级电容器、锂离子电池等，也表现出了出色的电化学性能和稳定性等特点，从而在储能器件和可穿戴电子产品等领域有巨大应用前景。尽管近年来对 CNTs 纤维的研究取得了不少实质性进展，但仍需要进一步发展低成本、大批量、高可控性 CNTs 的制备方法及开发低成本纺丝及后处理等关键技术的突破，从而加速 CNTs 纤维实现产业化的步伐。

### 二、石墨烯纤维

2004 年，通过胶带反复剥离石墨的方法，英国曼彻斯特大学的 K. S. Novoselov 和 A. K. Geim 等研究学者首次获得了只有一个碳原子厚度（0.335nm）的单层石墨烯（Graphene），从此掀开了碳材料的新篇章[13]。石墨烯是由碳原子以蜂窝状结构连接起来的二维片状材料，这一独特的物理结构赋予了其诸多独特的性能，如优异的力学性能和导电导热性能、独特的光学性能等[14]，其杨氏模量可达 1TPa，拉伸强度可达 130GPa，电导率可达 $1 \times 10^6$ S/m[15,16]。然而石墨烯不能熔融，加上其内部的大 $\pi$ 键促使其发生聚集，难以形成均一的分散液，因此石墨烯的后续加工具有一定的难度。氧化石墨烯（GO）是由鳞片石墨通过氧化插层过程得到的一种石墨烯衍生物，含有大量的羟基、羧基和环氧基等官能团，在极性溶剂中具有良好的分散性，且可以方便地还原为石墨烯，为石墨烯的后续加工提供了可能。

石墨烯纤维是由石墨烯组装而成的新型碳基纤维，它不仅继承了石墨烯高导电、高导热等优点，同时兼具纤维材料的高柔性、低密度、微结构可控调节等特点[17-19]，自 2011 年见诸文献报道以来得到了快速发展[20]，可作为导电织物、散热材料等，并在柔性超级电容器等领域具有应用潜力[21]。目前石墨烯纤维的制备方法主要有液晶湿法纺丝法、水热法和化学气相沉积法。

2011 年，浙江大学的高超团队发现了 GO 的溶致液晶性现象，其液晶内部具有有序排列取向及更长程层状有序的结构特征[22]。GO 溶液的溶致液晶性是实现石墨烯宏观组装的关键，也是连通石墨烯优越性能和宏观材料高性能的桥梁。石墨烯纤维的液晶湿法纺丝类似于传统高分子的湿法纺丝过程，即将 GO 纺丝原液从喷丝孔定量挤出，随后注入凝固液中固化成凝胶纤维，经过充分的溶剂交换后固化干燥形成 GO 纤维，再经还原即可得到石墨烯纤维。为确保氧化石墨烯凝胶纤维的均匀性和连续性，可采用旋转凝固浴或利用辊筒来收集凝胶纤维 [图 12-2（a）、(b)][23]。旋转凝固浴适用于制备少量纤维，但纤维的运动速度受纤维表面与凝固浴间摩擦力的影响很大，不与凝固液旋转速度成比例，难以精确控制。而利用辊筒收集纤维的装置能够提供连续的牵伸力和稳定的速度，有利于生产牵伸比精确、可收缩的纤维。

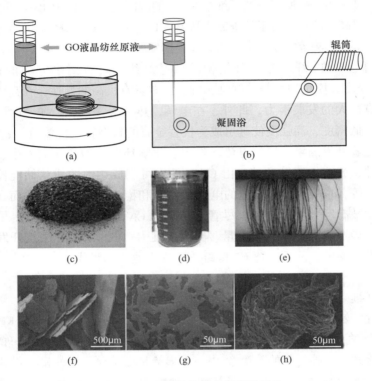

图 12-2　石墨烯的工艺流程及图片

（a）、(b) 氧化石墨烯湿法纺丝流程　　(c) 天然石墨的照片　　(d) 氧化石墨烯水
溶液照片　　(e) 石墨烯纤维的照片　　(f) 天然石墨的扫描电镜图
（g）氧化石墨烯的扫描电镜图　　(h) 石墨烯纤维的扫描电镜图[20-24]

利用液晶湿法纺丝法，高超团队首次制备了连续的石墨烯纤维，研制了利用"石墨—氧化石墨烯—石墨烯纤维"路径常温加工制备碳基纤维的新技术 [图 12-2（c）~（h)][17,22]。所得到的 GO 纤维不但具有较高的拉伸强度（102MPa），而且具有良好的韧性，能够紧密打结 [图 12-2（h)]；经氢碘酸还原后获得石墨烯纤维，拉伸强度可提高至 140MPa，并且具有良好的导电性（2.5×10⁴ S/m）；利用更大尺寸的 GO（4~40μm）和 CaCl₂ 引入的离子键作用，并采用旋转凝固浴为凝固纤维施加拉力，可获得拉伸强度为 502MPa、电导率为 4.1×10⁴ S/m 的石墨烯纤维[24]；通过液晶湿法纺丝、多段拉伸、细特化、高温处理等方法可获得超细高性能石墨烯纤维，其拉伸强度可达 1.45~2.2GPa，模量为 282~400GPa，导电率为 8×10⁵S/m[25]。经掺杂后，导电率可提升为 10⁷S/m 量级，比导电率超过金属铜。石墨烯纤维可用作高效电热丝，在 4~5V 支流电压下，可快速升温至 400~500℃。此外，俞书

宏团队将 GO 溶液注入含有十六烷基三甲基溴化铵的水溶液中，经凝固、干燥、还原后制备了拉伸强度为 182MPa 的石墨烯纤维[26]。Wallace 研究小组从 GO 液晶出发，利用不良溶剂沉淀、离子交联、聚电解质排斥等原理进行湿法纺丝得到的石墨烯纤维，其热导率为 1435W/(m·K)，远高于多晶石墨和其他三维碳基材料[27]。Tour 研究小组分别采用大尺寸和小尺寸的 GO 原料制备石墨烯纤维，研究也发现大尺寸原料制备的石墨烯纤维具有更高的柔韧性[28]。傅强团队[29]、朱美芳团队[30] 也采用 GO 液晶湿法纺丝方法实现了连续的石墨烯纤维的制备。

和湿法纺丝类似，水热法也是制备石墨烯纤维的常用方法，但水热法制备的纤维，其尺寸和长度受预先设计的管道限制，影响了其实际应用[31]。水热法为一步制备石墨烯纤维的方法，通过煅烧装有 GO 分散液的密闭玻璃管来制备纤维，干燥过程中纤维失水收缩，形成致密结构。同时，毛细管施加的剪切力以及表面拉伸张力驱动石墨烯片沿纤维轴向排列。由于水热过程中石墨烯层间的相互作用，自组装形成的石墨烯纤维拉伸强度可以达到 180MPa，进一步热处理后强度可达 420MPa[32]。水热法纺丝过程的连续稳定性不如湿法成型，但水热法更适用于制备功能化石墨烯纤维。例如，通过原位或后处理的方式将 $Fe_3O_4$ 和 $TiO_2$ 纳米颗粒引入石墨烯纤维中，得到的纤维分别具有磁效应和光感效应。将铜丝在纺丝过程中嵌入玻璃管并在结束后抽走，则可以形成 1m 长的单层或者多层石墨烯微管。这些微管可以有选择性地在特定位置进行功能化，在管内壁或者管外壁具体的位置通过成型方法进行精确调控。这对于未来智能设备的开发具有很重要的启发，例如生产自供能微型电动机等[33]。

除了上述制备石墨烯纤维的方法外，还有一些文献报道比较少的制备方法，但所制备的纤维长度也比较有限，例如化学气相沉积法（CVD）辅助合成、电泳组装法、碳纳米管纱线法等。CVD 辅助合成与 CNTs 纤维的阵列抽丝法类似，即将 CVD 法生长的石墨烯膜直接拉出石墨烯纤维。首先将 CVD 法所制备的石墨烯膜从基底上转移到乙醇、丙酮等有机溶剂中，然后从溶剂中直接拉出纤维结构。这种方法具有很强的可调控性，可通过控制溶剂的表面张力和蒸发速率改变所得纤维的形态和孔洞结构。Li 等[34] 将利用 CVD 所制备的石墨烯薄膜在有机溶剂中直接抽取，形成具有多孔褶皱结构的纤维，通过对表面张力和溶剂蒸发的控制，得到了结构可控的石墨烯纤维。Chen 等[35] 利用类似的方法在铜网上生长石墨烯，抽成纤维后，用氯化铁和盐酸溶液除去基底，便得到具有较高的电导率和良好的柔韧性的石墨烯纤维。电泳组装法是将作为正极的石墨针插入含石墨烯纳米带的胶体溶液中，在电极间加上 1~2V 的恒定电压，利用石墨针的提拉即可得到石墨烯纤维[36]。该方法不需使用任何聚合物或表面活性剂，但产率较低，不适用于大规模生产。此外，用 CNTs 制成石墨烯纳米带，然后用化学拉拽法从紧密排列的 CNTs 膜上可以拉出 GO 纳米带纱网，然后经拉伸、干燥便可得到致密化的纱线[37]。

石墨烯纤维实现了由天然石墨常温制备新型碳基纤维的目标。尽管大量的研究工作展示了其巨大的发展空间和令人振奋的应用前景，然而与传统的碳纤维和 CNTs 纤维相比，石墨烯纤维的技术处于起步阶段，各方面的研究还有很大的提升空间。如何提高纤维中二维纳米片间的相互作用从而提高纤维的力学强度，如何利用有效的还原方式或制备方法获得高导电的石墨烯纤维以及进一步拓展石墨烯纤维在导热和散热领域的应用等仍是很重要的研究课题。

# 第二节　其他无机纤维

## 一、玻璃纤维

玻璃纤维（Glass fiber 或 Fiberglass），是一种性能优异的无机非金属材料，其种类繁多，且具有不燃、耐高温、绝缘、拉伸强度高等优点以及良好的化学稳定性等特性，使其产品在增强复合材料、绝缘以及保温隔热材料等领域有着广泛的应用。但玻璃纤维也存在着性脆、耐磨性差的缺点[38]。

玻璃纤维工艺创立于 1938 年，美国欧文斯科宁公司首先发明了用铂坩埚连续拉制玻璃纤维和用蒸汽喷吹玻璃棉的工艺，标志着玻璃纤维工业的诞生。目前生产玻璃纤维的国家有三十多个，纤维品种有近五千余种。我国的玻璃纤维工业始于 1958 年，20 世纪 80 年代池窑拉丝法新工艺的引入，极大地加快了我国玻璃纤维行业的发展，使产品的质量进一步提升，产量逐年增加。

玻璃纤维的制造方法主要有坩埚法和池窑法两种。坩埚法是先将玻璃配合料混合后在高温下熔成玻璃球，然后将其在电加热的铂坩埚内进行二次加热熔化，形成玻璃熔液，再高速拉制成具有一定直径的玻璃纤维原丝。这种生产工艺的工序繁多，耗能高，成型工艺不稳定，基本上已被淘汰。另一种为池窑法，这种生产工艺是将玻璃配合料在池窑中高温熔成玻璃液，经澄清和均化后，流入装有许多铂铑合金漏板的成型通路中，玻璃液流出后经高速拉制，得到玻璃纤维原丝。相比于坩埚法，池窑法工艺的拉丝温度合理，工艺比较稳定，具有能耗小、产品质量高、易实现规模化生产等特点，目前已成为国际上的主流工艺。用这种方法生产的玻璃纤维，占全球总量的 85% ~ 90%。玻璃纤维的制品主要有玻璃带、玻璃布、单向织物、立体织物、槽芯织物、异性织物、组合玻璃纤维及玻璃纤维编织物等品种[39]。

玻璃纤维的主要成分为二氧化硅（$SiO_2$），其构成了纤维的骨架，同时还含有多种金属氧化物（如氧化铝、氧化钙、氧化硼、氧化镁、氧化钠等）。根据生产原料的组分不同，玻璃纤维的品种繁多，性能各异。例如，无碱玻璃（E 玻璃）纤维具有良好的绝缘性和机械性能，可生产绝缘玻璃纤维和高强度玻璃纤维，是目前用量最大的增强基材，但其不耐无机酸腐蚀，不适合在酸性环境中使用；中碱玻璃（C 玻璃）纤维具有较好的耐化学性能，主要用于生产过滤织物与包扎织物；高碱玻璃（A 玻璃）纤维在酸性介质下稳定性良好，但其耐水性差，很少用于增强基材，大都为短纤维，可用于铅酸蓄电池的电极隔板材料等；耐碱玻璃（AR 玻璃）纤维耐碱性优良，可用于水泥增强基材等[40]。此外，随着复合材料向高性能化与多功能化的不断发展，世界各国均致力于开发具有更高性能的玻璃纤维产品。通过对玻璃组分和纤维结构的不断优化，并结合特定的制造工艺（如玻璃熔制、纤维成型、后处理等），各种高性能的特种玻璃纤维材料也相继推出，大致可以分为结构类特种玻璃纤维和功能类特种玻璃纤维。结构类特种玻璃纤维主要包括高模量玻璃纤维和高强度玻璃纤维等，功能类玻璃纤维主要有石英玻璃纤维、高硅氧玻璃纤维、低介电玻璃纤维、超细玻璃纤维、耐辐照玻璃纤维和异型玻璃纤维等。特种玻璃纤维通常总量不大，但在某些特定性能方面表现突出。

### 1. 高强度玻璃纤维

高强度玻璃纤维，又称 S 或 R 玻璃纤维，其化学组分有 S 级的二氧化硅—三氧化二铝—

氧化镁（$SiO_2$—$Al_2O_3$—$MgO$）和 R 级别的 $SiO_2$—$Al_2O_3$—$MgO$—$CaO$ 两类。这种化学组分的玻璃纤维具有高强度、高模量、耐高温和抗腐蚀等特性，尽管各种高强度玻璃组分的质量分数不尽相同，但其中主要氧化物的含量均比 E 玻璃纤维高，其中 $Al_2O_3$ 的含量均在 25% 左右。与 E 玻璃纤维相比，S 玻璃纤维的拉伸强度可提高 30%~40%，弹性模量可提高 10%~20%，并具有更高的耐冲击、耐高温、耐疲劳性能和化学稳定特性[41]。

美国欧文斯科宁公司于 20 世纪 50 年代最早研制了 S 玻璃纤维。我国中材科技股份有限公司南京玻璃纤维研究设计院（简称中材科技南玻院）于 1968 年也开始了对 S 玻璃纤维的开发，并于 60 年代中期将研制成功的高强 2 号玻璃纤维（HS2）投入工业化生产。目前，世界上拥有 S 玻璃纤维生产技术的国家有美国（S 系列）、法国（R 系列）、日本（T 系列）、俄罗斯（BM 系列）和中国（HS 系列）[42]。

S 玻璃纤维生产的关键技术是玻璃熔制与纤维成型。因 $SiO_2$—$Al_2O_3$—$MgO$ 系统玻璃熔制和析晶上限温度高，析晶速度快，玻璃液黏度大，气泡难排出，从而导致拉丝连续作业性能较差。通过调节 $SiO_2$—$Al_2O_3$—$MgO$ 组分的比例，并引入三氧化二镧（$La_2O_3$）、氧化锂（$Li_2O$）等改性氧化物，改善玻璃的析晶性能，可形成较佳的纤维拉丝成型黏度。目前，国内 S 玻璃纤维熔制以电熔技术为主，采用耐火材料内衬池窑拉制纤维，单线生产能力是国外的 2~4 倍[43]。

S 玻璃纤维制品主要有机织布和无捻粗纱等制品，同时也开发了高强/碳纤维、高强/石英纤维混杂布，以及高强纱织造的编制套、多轴向织物、三维立体织物等系列产品，可广泛应用于国防军工、航空航天、船舶工业等领域，如复合材料枪托、防弹头盔、防弹服、飞机雷达罩、直升机机翼等，并且随着其在民品工业领域的推广，在化工管道、高压压力容器等方面也有广泛的应用潜力。

**2. 石英玻璃纤维**

石英玻璃纤维是由透明的石英玻璃棒熔融后经喷吹、拉制而成，是一种超纯硅氧纤维，$SiO_2$ 含量达到 99.9% 以上。石英玻璃纤维具有优异的电绝缘性、耐温性、机械性能，主要用作结构材料、电绝缘材料、耐烧蚀材料、透波材料、绝热材料及防护材料等领域。法国的圣戈班公司于 1963 年拉制出第一根石英玻璃纤维。目前，该公司的石英玻璃纤维在全世界处于领先地位，我国的湖北菲利华石英玻璃股份有限公司也是全球少数具有石英玻璃纤维批量产能的制造商之一[44]。

石英玻璃纤维具有很高的耐热性，这是由 $SiO_2$ 固有的耐温性决定的，一般石英玻璃纤维能长期在 1050℃ 下使用，瞬时耐温高达 1700℃，耐温性仅次于碳纤维，同时，石英玻璃纤维具有很低的膨胀系数和优越的抗温度剧变能力，因此在航天航空、国防军工等领域是很好的隔热保温及耐烧蚀防护材料。此外，石英玻璃纤维具有优异的电绝缘性，在所有矿物纤维中，其介电常数与损耗系数是最好的，在高温和高频下，仍能表现出很好的电绝缘性，同时，石英玻璃纤维具有低密度（$2.2g/cm^3$）、不吸湿和良好的机械性能，拉伸强度达 3.6GPa，拉伸模量大于 78GPa，因此在高温隔热、高温过滤、半导体等领域也有着广泛且重要的应用。

**3. 高硅氧玻璃纤维**

高硅氧玻璃纤维是组分中 $SiO_2$ 含量在 96% 以上的连续玻璃纤维，与石英纤维一样，是最优质的耐高温材料之一，可长期在 900℃ 环境下使用，可应用于航天器防热烧蚀材料、耐高温绝热体、防火防护、高温气体或液体过滤等领域。

美国 Hitco 公司在 19 世纪 40 年代率先进行了高硅氧玻璃纤维的商业化生产，随后，美国 Harveg 公司、俄罗斯玻璃钢科研联合体等企业均有高硅氧烷纤维及制品的研究及生产报道。20 世纪 60 年代初，中材科技南玻院也开始了高硅氧烷玻璃纤维的研究工作，目前所制备的高硅氧玻璃纤维纱线，性能均达到国外同类产品的先进水平，可应用于航天耐烧蚀透波材料和民用耐高温绝缘材料，扩大了高硅烷玻璃纤维制品的种类和应用领域[45]。

高硅氧玻璃纤维是以含有一定组分的原始玻璃为原料，按照普通玻璃纤维的生产工艺制成布和纱等制品，然后经酸处理去掉其他成分，再经热烧结得到的高硅氧制品。原始玻璃的化学组分不但影响高硅氧玻璃纤维的制造工艺，而且对最终产品的结构和性能有很大影响。一般国际上生产高硅氧玻璃纤维的原始玻璃成分有三类：普通无碱玻璃为主的多元组分、硅—钠二元组分和硅—钠—硼三元组分。我国主要采用硅—钠—硼三元组分的原始玻璃生产高硅氧玻璃纤维[46]。制品中的 $SiO_2$ 含量决定着产品的耐温性能，$SiO_2$ 含量越高，其耐温性能越高。

高硅氧玻璃纤维的耐高温性能接近石英纤维，并具有较好的化学稳定性，具有良好的耐磨性和绝缘性能，在高温和高湿条件下绝缘性能优良，在热冲击和超高辐射条件下也具有较好的结构稳定性，且其较石英纤维成本低[47]，因此受到高度的重视和广泛的研究，并已在许多要求苛刻的应用领域得到大规模应用，进一步开发高性能的高硅氧玻璃纤维制品将具有极大的市场前景。

**4. 低介电玻璃纤维**

低介电玻璃纤维，又称 D 玻璃纤维，由低介电玻璃拉制而成，属高硼高硅玻璃组成，具有介电常数及介电损耗低、密度低、介电性能不受环境和频率的影响等特点，其介电常数和介电损耗均低于 E 玻璃纤维，可作为高性能飞机雷达罩的一种增强基材，具有宽频带、高透波和质轻等特点。

低介电玻璃纤维首先于 20 世纪 60 年代末被美国研制出，欧美等国家在 80 年代末已将其应用于飞机电磁窗、高性能飞机雷达、隐身及印刷线路板等领域。1974 年，我国也研制出介电常数为 4.6、介电损耗为 0.004 的 $D_1$ 低介电玻璃纤维；随后，$D_2$、$D_3$、$D_k$ 等一系列介电常数可调的低介电玻璃纤维也于 90 年代先后被研制出来。随着信息产业和电子通讯逐渐朝向高频、大容量和小型化的方向发展，低介电玻璃纤维也逐渐被应用于印刷线路板基材，如日本研制的 NE 玻璃纤维，介电常数<4.5，介电损耗<0.001，法国圣戈班生产的低介电玻璃纤维介电常数为 4.3，介电损耗为 0.001，均可用于制造覆铜板基材。我国的 $D_2$、$D_3$、$D_k$ 低介电玻璃纤维的介电常数≤4.0，介电损耗≤0.003，其中可将具有良好生产工艺性能的 $D_3$ 和 $D_k$ 低介电玻璃纤维制造成电子级布、无捻粗纱等多种制品，将其用于增强印刷线路板或缠绕复合材料，能使复合材料的介电常数降低 10% 以上[39]。

**二、陶瓷纤维**

陶瓷纤维是具有陶瓷化学组分的纤维，是先进复合材料高性能增强纤维的一个重要品种，具有质量轻、强度高、耐高温、热稳定性好、导热率低、比热容小等优点，广泛应用于机械、冶金、化工、石油、电子等行业，在高温结构材料和耐磨、耐蚀材料等方面具有较好的应用前景。

陶瓷纤维 1941 年由美国巴布韦尔考克斯公司以天然高岭土为原料，利用电弧熔融喷吹的方法所制得。20 世纪 40 年代后期，美国生产的硅酸铝系列陶瓷纤维首次应用于航天领域，60 年代，美国研制出多种应用工业窑炉壁衬的陶瓷纤维。目前国外企业在原有陶瓷纤维的基础上，在熔体内加入氧化锆、氧化铬等来提高陶瓷纤维的使用温度，加入氧化钙、氧化镁等成分，可以使纤维具有新的功能[48]。

我国的陶瓷纤维从 20 世纪 70 年代开始生产，90 年代末开始迅速发展。目前国内压缩了普通硅酸铝纤维产品的生产，扩大了高纯硅酸铝纤维、含铬纤维、含锆纤维以及多晶氧化铝纤维的生产规模，并开发了功能性的多晶氧化锆纤维、氮化硅纤维、碳化硅纤维和硼化物纤维等新产品，极大地扩展了陶瓷纤维的应用领域。

陶瓷纤维种类繁多，从微观结构形态上可分为玻璃态的非晶质纤维和结晶质纤维；从成分上可以分为氧化物陶瓷纤维和非氧化物陶瓷纤维；从陶瓷纤维制品上可以有陶瓷纤维棉、毯、毡、板、纸等制品。

## 1. 氮化硼纤维

氮化硼（BN）纤维兼具 BN 和纤维材料各自所特有的优良性能，如低密度、高强度、导热性好、耐高温、耐腐蚀、透波性强等，是一种理想的耐高温透波纤维，在核工业、电子工业及复合材料等领域显示了良好的应用前景[49]。在 2000 ℃ 以内的惰性气氛中，BN 纤维具有较好的结构稳定性，强度也不会下降，可作为增强相制备陶瓷基复合材料，用在航空航天的天线罩等部位已展现出优异的透波承载性能，这使得 BN 纤维成为新型陶瓷纤维领域的研究热点。

BN 纤维的研究最早起源于美国的金刚砂公司。20 世纪 60 年代 Economy J 等报道了以硼酸（$B_2O_3$）为原料制备 $B_2O_3$ 前驱体纤维[50]，之后，苏联、日本、中国等先后开展了 BN 纤维的研究。目前，BN 纤维的制备方法主要有无机前驱体法和有机前驱体法。

无机前驱体法是首先以 $B_2O_3$ 为原料制备 $B_2O_3$ 凝胶纤维，分别经低温下的氨气和高温下的氮气气氛进行氮化处理得到 BN 纤维。Economy J 首次利用该方法研制出直径为 10 μm、强度为 830MPa 的 BN 纤维，之后还研制了模量为 210GPa 的高模量 BN 纤维[51-52]。我国的山东工业陶瓷研究设计院也较早采用该方法制备出直径在 4~6 μm、定长且连续的 BN 纤维，其抗张强度为 1.0GPa，模量为 80~100GPa，并在纤维性能提高、微结构分析等方面取得了较大进展[53-55]。无机前驱体法工艺成本低廉，适合工业化生产，但由于所制备的 $B_2O_3$ 前驱体纤维是无定形的，得到的 BN 纤维基本不会产生晶体取向，由 10~15nm 细小晶粒（涡轮层状 BN 晶体）组成，因此需要对纤维进行热拉伸，以提高 BN 纤维晶体的取向度，从而改善纤维的性能[56]。此外，无机前驱体法是气固非均相反应，一般得到皮芯结构的纤维，性能在高温环境中下降很快，且前驱体纤维易吸潮，导致纤维粉化，从而降低纤维的性能。

目前高性能 BN 纤维的制备方法主要采用类似于碳纤维生产的有机前驱体转化法。该方法制备 BN 纤维的关键之一在于前驱体聚合物的合成，根据结构的不同，可以分为硼—氮前驱体和硼—氧前驱体。硼—氮前驱体具有与 BN 纤维相似的涡轮层结构，前驱体到 BN 纤维的转化并没有重大的形态重排，可通过熔融纺丝或溶液纺丝制备，但该方法合成原料昂贵、产率低、工艺条件苛刻，因此纤维的制造成本较高。硼—氧前驱体所制备的纤维通常是多孔状结构，有利于纤维在氮化中氨气的扩散，使纤维内部得到更好的氮化，具有较高的产率[57]。

国内对有机前驱体法制备 BN 纤维的研究处于起步阶段，产品性能及纤维产业化等方面与国外相比还存在较大的差距。国防科技大学的雷永鹏等人合成出线性较好、具有可纺性的聚硼氮烷，制备了直径为 10 μm、拉伸强度为 0.6GPa 的 BN 纤维[58-60]；李文华等人合成了含硅聚硼氮烷，并以此为前驱体制备了直径为 11μm、强度为 0.45GPa 的 BN 纤维[61,62]。由于 BN 纤维制备中设计的反应和影响因素较多，过程较为复杂，还有很多问题有待深入研究。

### 2. 氮化硅纤维

氮化硅（$Si_3N_4$）纤维作为一种重要的陶瓷纤维增强体，是以连续 SiC 纤维为基础和推动发展起来的。$Si_3N_4$ 纤维不仅具有优异的室温及高温力学性能，而且还有良好的耐热冲击性和耐氧化性，其在空气中的使用温度为 1400 ℃，在惰性气体中的使用温度为 1850 ℃，此外，$Si_3N_4$ 纤维还具有高绝缘性及较为适中的介电性能（介电常数在 7 左右，介电损耗 0.001～0.005），在金属陶瓷基复合材料的增强材料、防热功能材料及电磁屏蔽、透波材料等领域有着巨大的应用前景。

20 世纪 80 年代，美国 Dow Corning 公司首先以六甲基二硅氮烷和三氯硅烷合成了氢化聚硅氮烷（HPZ）前驱体，HPZ 熔融纺丝后经不熔化处理和 1200 ℃高温氮化制得 $Si_3N_4$ 纤维[63,64]。目前世界上只有美、日等少数几个国家可制备连续的 $Si_3N_4$ 纤维，除了美国的 Dow Corning 公司外，还有日本的东燃公司（Tonen）、原子能研究所（JAERI）和法国的 Domaine 大学等。

我国国防科技大学在 20 世纪 90 年代尝试了以聚硅氮烷作为前驱体制备 $Si_3N_4$ 纤维的路线，但由于前驱体易于水解氧化增加了工程化难度，随后转入聚碳硅氮烷纤维脱碳技术路线，由聚碳硅烷纤维出发，国防科技大学先后开发了 SiNC 纤维和近化学计量比的氮化硅纤维（KD-SN）[65]。厦门大学也以聚碳硅烷为前驱体制备了无色透明的 $Si_3N_4$ 纤维，纤维及原丝直径分别为 30 μm 和 22 μm，纤维的强度和模量分别为 769.2MPa 和 93.4GPa[66]。

与 SiC 纤维、BN 纤维的有机前驱体转化法相似，$Si_3N_4$ 纤维主要采用有机聚合物（聚硅氮烷、聚碳硅氮烷等）为前驱体，经聚合物的合成、纺丝、不熔化处理和高温烧成四个工序，采用干法纺丝时，不熔化处理工序可以省去。由于前驱体和制备工艺路线的差异，所形成纤维的组成结构及性能具有较大差异。采用氢化聚硅氮烷为前驱体，经干法纺丝和高温烧成所制备的 $Si_3N_4$ 纤维，具有较高的纯度，耐高温性与抗氧化性优异，适用于高性能复合材料如陶瓷基复合材料（CMC）、金属基复合材料（MMC）的增强纤维；采用聚碳硅氮烷为前驱体，经熔融纺丝、电子束交联、氨气氮化脱碳和高温烧成等工序所制备的纤维中，保留有一定含量的碳元素，为 $Si_3N_4$—SiC 复合纤维，主要作为高温绝缘套管使用。

### 3. 氧化铝纤维

氧化铝纤维，又称多晶氧化铝纤维，是目前研究和应用最广泛的高性能陶瓷纤维之一，主要成分为三氧化二铝（$Al_2O_3$），此外还含有一定量的添加剂，如二氧化硅、氧化铁等，具有长纤、短纤、晶须等形式。氧化铝纤维具有很多优良形式，如具有高强度、高模量、优异的耐热性和耐高温氧化性，以及耐腐蚀性强、抗热震性和绝热性能好等优点；与碳纤维和金属纤维相比，氧化铝纤维可以在更高温度下保持良好的抗拉强度，与金属、陶瓷基体的界面结合力强，是一种综合性能比较好的工程材料，在民用复合材料、工业及军事领域中有着非常重要的作用。

自 20 世纪 70 年代以来，世界许多发达国家开始研制开发多晶氧化铝纤维。目前已商品化的氧化铝纤维产品主要有美国杜邦公司的 FP、PRD-166 系列，美国 3M 公司生产的 Nextel 系列，英国 ICI 公司生产的 Saffil 系列和日本 Sumitomo 公司生产的 Altex 系列等[67]。国内在氧化铝纤维的溶胶—凝胶法生产工艺和热处理工艺等方面也有一定的发展，其产品在诸多领域得到了应用[68]。

由于 $Al_2O_3$ 具有高达 2050 ℃的熔点，且熔体黏度很低，连续的氧化铝纤维难以利用传统的熔融纺丝方法制得。因此制备氧化铝纤维的原料多为金属氧化物和无机盐等，主要通过将其从水相体系、溶胶或其他溶剂体系中直接纺丝制成，也可以利用黏胶丝为载体来制备。主要的制备方法有淤浆法、预聚合法、浸渍法、溶胶—凝胶法等。美国杜邦公司主要采用淤浆法，即利用黏结剂与微细的 $Al_2O_3$ 颗粒混合制成具有一定黏度的泥浆（或淤浆），然后进行纺丝，再经焙烧后得到氧化铝纤维。日本住友化学公司主要采用预聚合法，也称为前驱体转换法，首先利用聚铝硅烷的水解和聚合反应得到聚铝氧烷，然后将其溶于含有硅酸酯等辅助剂的有机溶剂中，得到前驱体纺丝液，然后采用干法纺丝得到聚铝氧烷前驱丝，再经 600℃加热和 950~1000℃的焙烧，得到连续束丝的氧化铝纤维。浸渍法，又称拉晶法，是利用制造单晶的方法，首先将顶部放置有 $Al_2O_3$ 晶核的钼管放入氧化铝熔池中，由于毛细现象，熔液升至钼管顶部的 $Al_2O_3$ 晶核处，慢速向上提拉，即得到单晶氧化铝纤维。溶胶—凝胶法是一种新型的制备连续氧化铝纤维的方法，一般以含铝的醇盐或无机盐为原料，在醋酸、酒石酸等有机酸的催化作用下，经醇解/水解和聚合反应得到溶胶，再经浓缩后纺丝得到凝胶纤维，后经热处理得到氧化铝纤维。凝胶—溶胶法工艺简单，能够得到组分均匀、纯度较高、性能均一的连续氧化铝纤维，所获得的产品具有多样化、抗拉性能好和可设计性强等特点，目前该方法已成为制备氧化铝纤维的主要方法[69]。美国 3M 公司即通过溶胶—凝胶法制备了 Nextel 系的产品。

氧化铝的生产成本相对较低，生产工艺简单，不同的制备方法造成了纤维的性能差异较大，其拉伸强度可达 312GPa，弹性模量可达 420GPa，使用温度可达 1400 ℃以上，是优良的复合材料增强体和高温绝热材料，且氧化铝纤维可以制成无纺布、编织袋、绳索等各种形状，可满足多种不同的使用性能，具有广阔的应用前景。

**4. 氧化锆纤维**

氧化锆（$ZrO_2$）纤维是一种多晶陶瓷纤维，它除具有一般陶瓷纤维的特性外，还具有熔点高、耐高温、抗氧化、耐腐蚀、硬度大、热传导率低和化学惰性优良等特点[70]。由于氧化锆的熔点极高，达 2700 ℃，使得其纤维制品成为唯一能在 1600 ℃以上超高温氧化气氛下可以长期使用的轻质耐火纤维材料；且其隔热性能优异，1000 K 时导热系数为 0.19 W/（m·K），是超高温条件下理想的绝热保温材料，在航天航空、原子能、冶金和石油化工、交通运输等行业得到了广泛的应用。

20 世纪 60 年代美国的 Zircar 公司首先开发研制出氧化锆纤维，并发现其优良性能特别适合用作高压镍氢电池的隔膜材料，其商品名为 ZYK—15 的系列产品，已成功产业化并应用于卫星等航天器中。商品名为 Saffil 的氧化锆纤维是英国帝国化学工业公司在 20 世纪 70 年代初研制出的，氧化锆陶瓷短纤维也被日本的品川耐火材料公司研制得到。20 世纪 70 年代末，山东工业陶瓷研究设计院和洛阳耐火材料研究院也开始研究氧化锆纤维，山东大学晶体材料研究所率先制备连续的氧化锆纤维[71]。

氧化锆纤维分为连续纤维和短纤维，连续纤维具有高强度、高韧性等特点，一般指长度大于 1m 的纤维，可实现三维编织，因此可用于复合增强材料；短纤维一般指长度为厘米、毫米或微米的纤维，强度一般不高，可加工成氧化锆纤维板、纸、筒、罩、异形制品等，根据其形态的不同，可以在不同的条件下使用[72]。

目前氧化锆纤维及制品的主要制备方法有浸渍法、无机盐法、溶胶—凝胶等方法。浸渍法是利用前驱体载体（如黏胶纤维等有机纤维及其纺织品）为载体，以含锆的无机盐溶液（如氯氧化锆、硝酸锆等）为浸渍液，通过载体材料在浸渍液中的溶胀来吸附含锆的盐溶液，经离心脱出多余的浸渍液，再进行高温氧化烧结，最后将有机前驱体载体热分解后得到氧化锆纤维材料。浸渍法工艺简单，可以不再经纺织工艺加工直接得到氧化锆纤维的布、纸、毡等，适合工业化生产，但这种方法不容易得到连续的长丝。无机盐法是将含锆的无机盐（或氧化锆微粉）和有机聚合物共混，经浓缩、稳定后得到适宜黏度的纺丝液，利用溶液纺丝成型，再经高温烧结得到氧化锆纤维[73]。无机盐法具有较为复杂的工艺，在纺丝后高温烧结时纤维的晶体结构不易控制。溶胶—凝胶法是以小分子含锆无机盐（含锆的醇盐）为原料，通过加水分解、蒸发、缩聚等制成一定黏度的溶胶纺丝液，经纺丝制成凝胶纤维，再高温氧化烧结后制成氧化锆纤维。利用溶胶—凝胶法所制备的氧化锆纤维可以是长丝也可以是短纤维，是获得无机纤维的主要方法之一，也是制备氧化锆纤维最有发展前景的方法[74]。

### 5. 硼纤维

硼纤维通常是指以钨丝和石英为芯材、表层为硼的皮芯型复合纤维。硼纤维具有相对于其他陶瓷纤维难以比拟的高强度、高模量和低密度等特点，其拉伸强度为 3.2~5.2GPa，拉伸模量为 350~400GPa，密度为 2.3~2.65g/cm³，具有极高的硬度，可与金属、塑料、陶瓷等进行复合，是制备高性能复合材料的重要纤维增强体之一。

美国空军增强材料研究室最早开始研制硼纤维，后以 Textron 公司为中心，面向商业规模化生产。该公司后将硼纤维与环氧树脂、金属铝等进行复合，开展了硼纤维基复合材料在航天、民用及工业用品等方面的应用研究。硼纤维是第一种用于航天的高强高模、低密度增强材料，商品化生产已有 35 年[75]。目前，具有硼纤维生产能力的国家还有瑞士、英国、日本等国。在我国，北京航空材料研究院从 20 世纪 70 年代开始研制硼纤维基碳化硼涂层，实验室所研制的带有碳化硼涂层的硼纤维，其抗拉强度达 3.7GPa，弹性模量高达 394GPa，可与美国 Textron 公司的产品相当。

商业化硼纤维的一般生产方法是化学气相沉积法（CVD）[76]。CVD 法是将三氯化硼和氢气加热到 1000℃以上，将硼还原沉积到钨丝或其他纤维状芯材上从而获得连续单丝。该方法工艺成熟，所制备的硼纤维具有较高的性能，但利用钨丝作为基体，其成本比较高。此外，还有一种有机金属法，即将硼的有机金属化合物如三乙基硼或硼烷系的化合物（$B_2H_6$ 或 $B_5H_4$ 等）进行高温分解，使硼沉积到基底上从而制备硼纤维。由于沉积温度较低，可以利用铝丝作为底丝，所以该方法的成本大大降低，但使用温度和性能也随之降低。

目前硼纤维复合材料主要应用在航空航天、军事等方面，较高的制备成本制约了其在普通民用和工业领域的应用。随着纤维增强体与基体结合理论的进一步研究，更低成本的纤维制备工艺及设备的改进优化，硼纤维基复合材料在保持优异性能的同时，成本将更加低廉，从而在未来的生产和生活中发挥更大更重要的作用。

## 第三节　芳杂环纤维

### 一、M5 纤维

Akzo Nobel 公司于 1998 年公开报道了他们最新开发成功的一种刚性的聚合物纤维，商品名为 M5，聚合物的英文全称为 poly-［2,6-diimidazo（4,5-b：4′,5′-e）-pyridinylene-1, 4（2, 5-dihydroxy）phenylene］，缩写为 PIPD。从分子结构上，它与一些杂环的高性能纤维聚合物的结构有一定的相似性，如聚对亚苯基苯并双噁唑（PBO），但 PIPD 分子内的氢键使该聚合物具备二维结构，因此具有更加优越的性能。其化学结构如下所示。

PIPD 合成是以四氨基吡啶（TAP）和二羟基对苯二酸（DHTA）为单体，加入 Ti 粉末为催化剂，以多聚磷酸（PPA）为溶剂，经缩聚反应所得[77]。用作纺丝浆液的 PIPD/PPA 溶液质量分数为 18%~20%，重均相对分子质量在 $6.0×10^4$~$1.5×10^5$，在甲基磺酸中（PIPD 质量分数 0.25%）相对黏度在 30 左右。PIPD 溶液呈现各向异性，50℃时，在较宽的质量分数范围内（4%~20%）均有液晶现象[78-79]。

M5 采用干湿法纺丝技术路线，即纺丝浆液的温度在 160 ℃左右，空气层高度在 5~15cm，经过大约 10 倍的拉伸后进入凝固浴（水，室温）。将所得初生纤维在热水中浸泡，以去除纤维中的残余溶剂 PPA。然后将初生纤维在一定的预张力下，置于 400~550 ℃的氮气氛围中进行热处理，纤维的结构和力学性能均发生较大程度的变化。

M5 具有优异的力学性能。与其他高性能纤维相比，M5 的抗断裂强度稍低于 PBO，远远高于芳纶（PPTA）和碳纤维，其断裂延伸率为 1.4%；M5 的模量是最高的，达到 350GPa；M5 的压缩强度低于碳纤维，但远高于 PPTA 纤维和 PBO 纤维，这归因于 M5 的二维分子结构[80]。此外，M5 还具有优异的阻燃性，其耐氧化降解性能与 PBO 纤维相当，高于 PPTA 纤维。燃烧实验显示，M5 即使在明火中也不能燃烧，而 PPTA 纤维在同样的条件下可连续燃烧[81,82]。与 PBO 纤维相比，M5 的极限氧指数相对较低。

作为一种高性能纤维，M5 作为复合材料的增强材料在航空航天等领域大有用武之地，可作为防护材料使用，如防弹材料、军车外壳等。目前，M5 纤维还未真正应用，由于其有优越的性能，可望在原子能工业、空间环境、救险需要、航空航天、国防建设、新型建筑、高速交通工具、海洋开发、体育器械、新能源、环境产业及防护用具等许多高技术领域得到广泛的应用。

### 二、聚苯并咪唑纤维

聚苯并咪唑（Polybenzimidazole，PBI），中文全称为聚 2,2′-间亚苯基-5,5′-双苯并咪唑纤维，是一类主链上含有苯并咪唑重复单元的杂环聚合物。PBI 纤维于 20 世纪 60 年代初由美国空军材料实验室研制成功，1983 年由 Hoechst Celanese 公司正式投产，但因成本较高，发展缓慢。此后，英国、法国、日本及苏联等国都相继开展了 PBI 纤维的研究工作[83]。其化学结构如下。

PBI 是以 3,3′,4,4′-四氨基联苯胺（TAD）和间苯二甲酸二甲酯（DPIP）为单体，通过熔融本体缩聚反应得到的。该缩聚反应首先为预缩聚，即反应温度为 270~300 ℃，反应时间为 1~2h，除去副产物苯酚后得到泡沫状预聚体，然后将其冷却和粉碎后在真空下于 375~400℃ 固相聚合 2~3h，得到黄棕色颗粒状 PBI 树脂。PBI 纤维可以通过湿法纺丝成形，纺丝前需要配制纺丝原液，即将粒状 PBI 加入硫酸—水溶液、二甲基甲酰胺（DMF）、二甲基亚砜（DMSO）和二甲基乙酰胺（DMAc）等溶剂中，配制成一定浓度的纺丝原液，再经湿法纺丝或干法纺丝成型得到 PBI 纤维，其中 DMAc 是比较适宜的纺丝溶剂。为防止纺丝原液因氧化交联而出现凝胶现象，需要在溶解及纺丝过程中保持非氧化条件。另外，为避免纺丝原液在储存中发生 PBI 的结晶析出等问题，可在溶液中添加 1%~2%（质量分数）的氯化锂，有效抑制 PBI 的结晶，提高原液稳定性，氯化锂可在后期经水洗去除[84]。

PBI 纤维具有一系列突出的性能，如抗燃性、热稳定性、吸湿性、耐强酸强碱等化学试剂、良好的纺织加工性能以及穿着舒适性等，使其在耐高温过滤织物、抗燃保护服、宇航服、飞行器内饰和防火填充物及其他许多耐高温、耐化学腐蚀方面有着重要应用，曾经用 PBI 制作阿波罗号和空间试验室宇航员的航天服和内衣。然而 PBI 纤维的高成本限制了它的广泛应用，如何降低生产成本和产品价格是进一步提高 PBI 纤维产品竞争力面临的重要问题。

### 三、聚醚酰亚胺纤维

聚醚酰亚胺（Polyetherimide，PEI），中文全称为聚 2,2-双-4-(3,4-二羧基苯氧基)苯基丙烷-二酸酐-1,3-苯二胺，是在聚酰亚胺主链上引入醚键形成的一类高聚物。PEI 在室温及高温下的力学性能、尺寸稳定性以及化学稳定性、耐热性等均类似于芳香族聚酰亚胺及多种芳杂环聚合物。此外，PEI 还具有突出的阻燃性能和低的发烟率[85]。20 世纪 70 年代，美国通用电气公司（GE）开始研究 PEI，并于 1982 年实现了商品牌号为 Ultem© 产品的商业化。PEI 的化学结构如下所示。

PEI 由 2,2-双［4（3,4-羧酸酐苯氧基）］丙烷（双酚 A 二酐）与芳香族二元胺为原料添加适量的调节剂（苯胺、苯酐等）在极性溶剂中高温缩聚[86,87]或经熔融缩聚[88]制得。其中，由双酚 A 二酐与间位芳香二胺为原料制得的 PEI 是最重要也是最成熟的产品。PEI 纤维可采用熔融纺丝成型，纺丝过程与传统熔纺工艺类似，但与其他热塑性聚合物相比，PEI 具有较高的加工温度，要求从挤压机进口到喷丝头的温度在 300~400 ℃逐渐升高，且纺丝过程需进行熔体的过滤，进而分离出固体杂质。

PEI 纤维呈金黄色，长丝复丝线密度在 150~450 dtex，长度为 60mm 短纤维的线密度在 2.8~8.3 dtex。PEI 纤维具有非晶结构，玻璃化转变温度为 217 ℃，尽管其强度比聚酰胺纤维或聚酯的小，但在高温下机械性能的保持率较高，根据对纤维在不同温度下应力、应变的实验结果，PEI 牵伸丝表现出高强力、低伸长，断裂伸长几乎不受外界影响等特点；PEI 纤维对稀酸（如氢氟酸）、盐和碱也有良好的稳定性，因此 PEI 纤维可用作腐蚀性环境和高温环境的滤袋、环境保护系统及造纸过程所需的耐热耐化学腐蚀的零件等。此外，PEI 纤维可同玻璃、芳香族聚酰胺、碳纤维等联合使用，用于制备热塑性复合材料；PEI 纤维具有难燃性，燃烧时产生的烟、热和有害气体很少，也可用于飞机等舱内装饰等方面。

### 四、芳香族聚酯

芳香族聚酯纤维，是全芳香族聚酰胺纤维开发成功之后，又一个通过高分子液晶纺丝而制得的芳杂环纤维。但是对位芳香聚酰胺（PPTA）溶解于浓硫酸形成溶致型液晶体系，制备的纺丝原液黏度高，溶解设备和工艺都比较复杂，溶剂回收投资昂贵。用酯基代替 PPTA 的酰胺基团，得到芳香族聚酯结构。有机高强度聚芳酯纤维的典型代表产品为可乐丽公司的"Vectran"，其纤维的化学结构如下所示。

由上式可知，聚芳酯纤维是将苯环成分和萘环成分以酯键连接组成的共聚物。其制造方法为，首先经高温熔融纺丝，将熔融液晶型聚合物纺成原丝，其强度为 7~8cN/dtex，然后经高温热处理以提高其拉伸强度，最后涂覆不同用途的油剂层及其他表面处理剂，进而形成产品。与产业用聚酯纤维类似，纺制的纤维线密度从细到粗，生产比较容易，具有丰富的品种，满足了对各种制品的要求。另外，也可以利用原液着色丝进行生产，开发多样性产品。

芳香族聚酯纤维以 Vectran 纤维为代表，具有优异的力学性能，其拉伸强度与 PPTA 纤维处于同一水平，为通用工业用聚酯纤维的 3 倍。高模量 Vectran 纤维（HM）是与高强度型（HT）品种不同的聚合物作为原料制成，具有更加广泛的用途。此外，芳香族聚酯纤维具有质量轻、非吸湿、低蠕变和耐切割等性能，可用于安全防护材料、绳索及网状材料，并可与树脂复合，用于高压带和增强基布、飞行器膜体、竞技用基布等领域。利用 Vectran 纤维优异的低温特性和耐切割性，美国 NASA 火星探测器分别于 1997 年 7 月及 2004 年 1 月在火星着陆时的气囊基布中便使用了 Vectran 纤维所织成的织物[89]。由于可通过向原料聚合物中加入添加剂而赋予高强芳香族聚酯纤维更多的功能性，且熔融纺丝液有利于制备差别化纤维，因此具有较好的市场前景。

# 第四节　生物质高性能纤维

## 一、蜘蛛丝及其仿生纤维

蚕丝和蜘蛛丝是重要的生物质原生纤维，由多级蛋白质结构构成。天然蚕丝和蜘蛛丝拥有优异的力学性能，尤其是蜘蛛丝，是自然界力学性能最优良的天然纤维，具有包括蚕丝在内的其他人造纤维材料所无法比拟的强固性和柔韧性[90]。

蚕丝主要由 70% 的丝素和 25% 的丝胶组成，丝素是纤维蛋白，难溶于水，丝胶是球状蛋白，易溶于水。每根蚕丝是由丝胶和包裹在内的丝素组成，具有皮芯结构，芯层为大量的原纤，结晶度为 40%~50%[91]。蚕丝本身是蛋白质，具有良好的保湿、护肤特性，且生物相容性好，可降解，具有良好的力学性能，蚕丝除了服用外，也可以用作纱布、缝合线等医药材料和生物工程材料。

蜘蛛丝和蚕丝一样都是蛋白质纤维，氨基酸组成相似，也有皮芯结构和原纤结构，结晶度只有蚕丝的一半，取向度不高[92]。蛛网中的蜘蛛丝主要有纵丝和横丝两种。纵丝，也称为牵引丝，具有非常好的力学性能，其断裂强度与 Kevlar 纤维相当（约 4GPa），断裂延伸率约为 Kevlar 纤维的 7 倍（约 35%），断裂能是同等直径钢铁纤维的 5~10 倍，是碳素纤维的 3.5 倍，高于 Kevlar 纤维，因此可以作为更好的防弹材料。目前研究表明，牵引丝中含有高度重复的氨基酸序列是其具有卓越刚性的重要原因之一。横丝，也称为环形丝，表面附着有具有黏性的球，能够捕获撞到蛛网上的猎物，具有约为牵引丝 1/4 的断裂强度，但具有很好的弹性，具有高度的伸缩性，因此可以吸收撞入网中飞行猎物所产生的冲撞能量[93]。研究表明，大量 $\beta$-螺旋结构的存在使得横丝具有卓越的弹性。除纵丝和横丝以外的蜘蛛丝也主要是由不同氨基酸重复序列组成，是具有很高刚性的丝纤维。此外，蜘蛛丝还具有良好的生物相容性和可降解性，在国防、医疗和组织工程等方面表现出极大的应用潜力。

蚕和蜘蛛的生物纺丝过程均为常温常压下的液晶纺丝，通过纺丝器控制丝的结构和特性。蚕丝的来源广泛，可通过化学或生物分解等方式回收丝素，用再生的方法生产性能良好的蚕丝。而蜘蛛丝无法从蜘蛛体内直接获得，随着基因重组蛋白技术的发展和成熟，通常通过遗传工程利用不同宿主，获得与天然蜘蛛丝蛋白相近或相同的重组蜘蛛丝蛋白，再通过纺丝加工成纤维。目前研究所用的再生加工方法主要有湿法纺丝和静电纺丝两种。

蚕丝和蜘蛛丝纤维的高强度、延展性、生物相容性等决定其在众多领域有明显的应用优势。随着分析技术、生物技术的发展，人们对蚕丝和蜘蛛丝纤维结构设计提出了更高的构想。从聚合物结构精准控制出发，利用动物丝的性质与其结构密切相关，通过加工窗口设计可控制结构，从而获得特殊的性能。同时，生物技术的发展解决了动物纺丝的局限性，可赋予纤维更高的强度、模量。此外，静电纺丝技术、复合材料设计等都能提升生物质丝纤维的服用性，大大提高它们在生物材料、药物缓释、复合增强材料等领域应用的可行性。在科技日益进步的今天，蚕丝和蜘蛛丝必将在众多高性能纤维中占有重要的一席之地。

## 二、高性能纤维素纤维

纤维素是一种十分重要的可再生资源。研究表明，从纤维素及其衍生物这类半刚性聚合物溶液中也可以得到各向异性的溶液，形成液晶态。与其他液晶高聚物相比，纤维素及其衍生物液晶具有原料来源广泛、价格低廉的特点，并兼具溶致与热致液晶性，从而成为一种新型的液晶高聚物材料。

利用纤维素及其衍生物的溶致液晶性可以制备高性能的纤维素纤维。美国杜邦公司最先于1985年利用高分子量二醋酯纤维素制得了强度为15.88cN/dtex的纤维素纤维。此后，美国北卡州立大学研究学者利用商业化的低分子量二醋酯纤维素，通过液晶直接纺丝获得了强度为10.58cN/dtex，模量为335.16cN/dtex的纤维素纤维[94]。

由于纤维素溶液的黏度随浓度的上升始终呈现上升态，即便在形成液晶后其黏度仍然上升而不下降，很难对高分子量的纤维素液晶进行纺丝加工，因此高性能纤维素纤维一般不能直接采用纤维素作为原料，而是采用纤维素衍生物纺丝成型后，再还原成纤维。例如，将三醋酸纤维素以一定浓度溶解在三氟乙酸/二氯甲烷或三氟乙酸/水中形成液晶溶液，可纺制强度为2.0GPa的纤维，经甲醇钠皂化后可获得强度为2.6GPa、模量为52.8GPa、延伸率为10%的纤维素纤维[95]。

尽管液晶纤维素及其衍生物均具有较高的取向度，但相比于其他液晶纺丝纤维来说，仍具有较低的强度和模量。主要的原因在于在所形成的胆甾型液晶中大分子链的定向有序运动较困难，同时液晶纤维素衍生物链具有多分散性，从而使所形成的纤维素纤维无法取得最佳的力学性能。因此纤维素衍生物的结构及液晶纺丝工艺需要进一步改进，例如，可先将形成的胆甾型液晶转变为向列型液晶，再进行向列液晶纺丝；也可通过纤维素衍生物结构的改性提高其均匀性，从而获得高强高模纤维素纤维。

与合成液晶高分子材料相比，液晶纤维素及其衍生物具有原料来源广泛、价格低廉、获得液晶态的途径宽广、品种多样等优点。随着纤维素及其衍生物在结构设计、液晶理论研究及液晶纺丝工艺的不断进步，高强高模量纤维素纤维必将对纤维素纤维工业产生深远而巨大的影响。

## 主要参考文献

[1] IIJIMA S. Helical microtubules of graphitic carbon [J]. Nature, 1991, 354 (6348): 56.

[2] SUN XM, CHEN T, YANG Z, et al. The alignment of carbon nanotubes: an effective route to extend their excellent properties to macroscopic scale [J]. Accounts of Chemical Research, 2012, 46 (2): 539-549.

[3] LIU L, MA W, ZHANG Z. Macroscopic carbon nanotube assemblies: preparation, properties, and potential applications [J]. Small, 2011, 7 (11): 1504-1520.

[4] VIGOLO B, PENICAUD A, COULON C, et al. Macroscopic fibers and ribbons of oriented carbon nanotubes [J]. Science, 2000, 290 (5495): 1331-1334.

[5] RAZAL J M, EBRON V H, FERRARIS J P, et al. Super-tough carbon nanotube fibers [J]. Nature, 2003, 423 (6941): 703.

[6] ERICSON L M, FAN H, PENG H, et al. Macroscopic, neat, single-walled carbon nanotube fibers [J]. Science, 2004, 305 (5689): 1447-1450.

[7] JIANG K, LI Q, FAN S. Nanotechnology: Spinning continuous carbon nanotube yarns [J]. Nature, 2002, 419 (6909): 801-801.

［8］ ZHANG M, ATKINSON K R, BAUGHMAN R H. Multifunctional carbon nanotube yarns by downsizing an ancient technology ［J］. Science, 2004, 306 (5700): 1358-1361.

［9］ XU G, ZHAO J, LI S, et al. Continuous electrodeposition for lightweight, highly conducting and strong carbon nanotube-copper composite fibers ［J］. Nanoscale, 2011, 3 (10): 4215-4219.

［10］ ZHANG X B, JIANG K L, FAN S S, et al. Spinning and processing continuous yarns from 4-inch wafer scale super-aligned carbon nanotube arrays ［J］. Advanced Materials, 2006, 18 (12): 1505-1510.

［11］ LI Y L, KINLOCH I A, WINDLE A H. Direct spinning of carbon nanotube fibers from chemical vapor deposition synthesis ［J］. Science, 2004, 304 (5668): 276-278.

［12］ JANG E Y, KANG T J, IM H, et al. Macroscopic Single-Walled-Carbon-Nanotube Fiber Self-Assembled by Dip-Coating Method ［J］. Advanced materials, 2009, 21 (43): 4357-4361.

［13］ NOVPSELOV K S, GEIM A K, MOROZOV S V, et al. Electric field effect in atomically thin carbon films ［J］. Science, 2004, 306 (5696): 666-669.

［14］ GEIM A K, NOVOSELOV K S. The rise of graphene ［J］. Nature materials, 2007, 6 (3): 183-191.

［15］ BOLOTIN K I, SIKES K J, JIANG Z, et al. Ultrahigh electron mobility in suspended graphene ［J］. Solid State Communications, 2008, 146 (9): 351-355.

［16］ LEE C, WEI X, KYSAR J W, et al. Measurement of the elastic properties and intrinsic strength of monolayer graphene ［J］. Science, 2008, 321 (5887): 385-388.

［17］ XU Z, GAO C. Graphene in macroscopic order: liquid crystals and wet-spun fibers ［J］. Accounts of chemical research, 2014, 47 (4): 1267-1276.

［18］ XU Z, GAO C. Graphene fiber: a new trend in carbon fibers ［J］. Materials Today, 2015, 18 (9): 480-492.

［19］ LI Z, LIU Z, SUN H, et al. Superstructured assembly of nanocarbons: fullerenes, nanotubes, and graphene ［J］. Chemical reviews, 2015, 115 (15): 7046-7117.

［20］ 胡晓珍, 高超. 石墨烯纤维研究进展 ［J］. 中国材料进展, 2014, 33 (8): 458-467.

［21］ XU Z, GAO C. Graphene chiral liquid crystals and macroscopic assembled fibres ［J］. Nature communications, 2011 (2): 571.

［22］ 许震. 石墨烯液晶及宏观组装纤维 ［D］. 杭州: 浙江大学, 2013.

［23］ XU Z, SUN H, ZHAO X, et al. Ultrastrong fibers assembled from giant graphene oxide sheets ［J］. Advanced materials, 2013, 25 (2): 188-193.

［24］ XU Z, LIU Y, ZhAO X, et al. Ultrastiff and Strong Graphene Fibers via Full-Scale Synergetic Defect Engineering ［J］. Advanced Materials, 2016, 28 (30): 6449-6456.

［25］ CONG H P, RRN X, WANG, et al. Wet-spinning assembly of continuous, neat, and macroscopic graphene fibers ［J］. Scientific reports, 2012 (2): 613.

［26］ JALILI R, ABOUTALEBI S H, ESRAFILZADEH D, et al. Scalable one-step wet-spinning of graphene fibers and yarns from liquid crystalline dispersions of graphene oxide: towards multifunctional textiles ［J］. Advanced Functional Materials, 2013, 23 (43): 5345-5354.

［27］ XIANG C, YOUNG C C, WANG X, et al. Large flake graphene oxide fibers with unconventional 100% knot efficiency and highly aligned small flake graphene oxide fibers ［J］. Advanced Materials, 2013, 25 (33): 4592-4597.

［28］ LI Z, LIU Z, SUN H, et al. Superstructured assembly of nanocarbons: fullerenes, nanotubes, and graphene ［J］. Chemical reviews, 2015, 115 (15): 7046-7117.

［29］ HUANG G, HOU C, SHAO Y, et al. Highly strong and elastic graphene fibres prepared from universal graphene oxide precursors ［J］. Scientific reports, 2014: 4.

［30］ CHEN L, LIU Y, ZHAO Y, et al. Graphene-based fibers for supercapacitor applications［J］. Nanotechnology, 2015, 27（3）: 032001.

［31］ DONG Z, JIANG C, CHENG H, et al. Facile fabrication of light, flexible and multifunctional graphene fibers ［J］. Advanced Materials, 2012, 24（14）: 1856-1861.

［32］ LI Z, LIU Z, SUN H, et al. Superstructured assembly of nanocarbons: fullerenes, nanotubes, and graphene ［J］. Chemical Reviews, 2015, 115（15）: 7046-7117.

［33］ LI X, ZHAO T, WANG K, et al. Directly drawing self-assembled, porous, and monolithic graphene fiber from chemical vapor deposition grown graphene film and its electrochemical properties ［J］. Langmuir, 2011, 27（19）: 12164-12171.

［34］ CHEN T, DAI L. Macroscopic Graphene Fibers Directly Assembled from CVD-Grown Fiber-Shaped Hollow Graphene Tubes ［J］. Angewandte Chemie, 2015, 127（49）: 15160-15163.

［35］ JANG E Y, CARRETERO-GONZALE J, CHOI A, et al. Fibers of reduced graphene oxide nanoribbons ［J］. Nanotechnology, 2012（23）: 235601.

［36］ CARRETORO-GONZALEZ J, CASTILLO-MARTINEZ E, DIAS-LIMA M, et al. Oriented graphene nanoribbon yarn and sheet from aligned multi-walled carbon nanotube sheets ［J］. Advanced Materials, 2012, 24（42）: 5695-5701.

［37］ 赵家琪, 赵晓明, 李锦芳, 等. 玻璃纤维的应用与发展 ［J］. 成都纺织高等专科学校学报, 2015, 32（3）: 41-46.

［38］ 祖群. 高性能玻璃纤维研究 ［J］. 技术研究, 2012（5）: 16-23.

［39］ 徐风, 聂琼, 徐红. 玻璃纤维的性能及其产品的开发 ［J］. 轻纺工业与技术, 2011, 40（5）: 40-41.

［40］ 凌根华, 李雯. 浅谈高强玻璃纤维的发展和应用 ［J］. 玻璃纤维, 2008（5）: 7-10.

［41］ 韩利雄, 赵世斌. 高强度高模量玻璃纤维开发状况 ［J］. 玻璃纤维, 2011（3）: 34-38.

［42］ 危良才. 我国高强度玻璃纤维的研制与应用 ［J］. 新材料产业, 2013（2）: 56-58.

［43］ 李刚, 欧书方, 赵敏健. 石英玻璃纤维的性能和用途 ［J］. 玻璃纤维, 2007（4）: 10-14.

［44］ 李铖, 仇小伟. 高硅氧玻璃纤维研究现状及前景 ［J］. 玻璃纤维, 2004（4）: 34-38.

［45］ 贺新民, 尤勇, 贺广东. 浅谈高硅氧玻璃纤维研究方向 ［J］. 中国电子商务, 2012（9）: 88-89.

［46］ 张增浩, 赵建盈, 邹王刚. 高硅氧玻璃纤维产品的发展和应用 ［J］. 高技术纤维与应用, 2007, 32（6）: 30-33.

［47］ 王小雅, 曹云峰. 新型纤维材料—陶瓷纤维 ［J］. 纤维素科学与技术, 2012, 20（1）: 79-85.

［48］ 周莹莹, 张昭环. 有机前驱体法制备氮化硼纤维的研究进展 ［J］. 合成纤维, 2013（6）: 35-38.

［49］ LIN R Y, ECONOMY J, MURTY H N. Exploratory Development on Formation of High Strength, High Modulus Boron Nitride Continuous Filament Yarns ［R］. CARBORUNDUM CO NIAGARA FALLS NY, 1972.

［50］ ECONOMY J, ANDERSON R V. Boron nitride fiber manufacture: U. S. Patent 3, 429, 722［P］. 1969-2-25.

［51］ ECONOMY J, LINR Y. High modulus boron nitride fibers: U. S. Patent 3, 668, 059［P］. 1972-6-6.

［52］ 陈继兴. 新型无机纤维——氮化硼纤维 ［J］. 陶瓷, 1979（3）: 26-31.

［53］ 高庆文, 张清文, 童申男, 等. 氮化硼纤维制备工艺及其设备: 中国 1059507A［P］. 1992.

［54］ 张铭霞, 唐杰, 杨辉, 等. 利用化学转化法制备氮化硼纤维的反应热力学动力学研究 ［J］. 硅酸盐通报, 2004, 23（6）: 15-19.

［55］ 张铭霞, 程之强, 任卫, 等. 前驱体法制备氮化硼纤维的研究进展 ［J］. 现代技术陶瓷, 2004, 25（1）: 21-25.

［56］ ABHIRAMAN A S, DESAI P, WADE B, et al. Formation, Structure and Properties of Boron Nitride Fibers from Polymer Precursors ［R］. GEORGIA INST OF TECH ATLANTA SCHOOL OF CHEMICAL ENGINEER-

ING，AD-A247679，1992-02-25.

[57] DENG C，SONG Y C，DE W Y，et al. A facile synthesis of 2，4，6-trichloroborazine from boron trichloride-dimethylsulfide complex and ammonium chloride ［J］. Chinese Chemical Letters，2010，21（2）：135-138.

[58] Lei Y，Song Y，Deng C，et al. Nearly stoichiometric BN fiber by curing and thermolysis of a novel poly［（al-kylamino）borazine］［J］. Ceramics International，2011，37（6）：1795-1800.

[59] Lei Y，Wang Y，Song Y，et al. Nearly stoichiometric BN fiber with low dielectric constant derived from poly［（alkylamino）borazine］［J］. Materials letters，2011，65（2）：157-159.

[60] 李文华，王军，谢征芳，等.新型氮化硼陶瓷纤维先驱体——含硅聚硼氮烷的合成与表征［J］.化学学报，2011，69（16）：1936-1940.

[61] 李文华，王军，谢征芳，等.含硅聚硼氮烷裂解转化制备氮化硼陶瓷纤维［J］.化学学报，2012，70（1）：99-102.

[62] OKAMURA K. Ceramic fibres from polymer precursors［J］. Composites，1987，18（2）：107-120.

[63] ARAI M，FUNAYAMO O，NISHIIL H. Manufacture of high purity silicon nitride fibers［J］. Jap. Kokai Tokkyo Koho JP，1987：87，125015.

[64] 胡暄，纪小宇，邵长伟，等.连续氮化硅陶瓷纤维的组成结构与性能研究［J］.功能材料，2016（47）：123-126.

[65] 周伟.聚碳硅烷先驱体法制备氮化硅纤维的研究［D］.厦门：厦门大学，2006.

[66] 乔健，刘和义，崔宏亮，等.连续氧化铝纤维的制备及应用［J］.中国陶瓷，2015，51（8）：1-5.

[67] 汪家铭.氧化铝纤维制取工艺及生产现状［J］.化工科技市场，2010，33（12）：35-38.

[68] 汪家铭，孔亚琴.氧化铝纤维发展现状及应用前景［J］.高科技纤维与应用，2010，35（4）：49-54.

[69] 熊炳坤，林振汉，杨新民，等.二氧化锆制备工艺与应用［M］.北京：冶金工业出版社，2008.

[70] 孙国勋.溶胶纺丝法制备氧化锆纤维［D］.济南：济南大学，2014.

[71] 胡利明，高芳，陈文.氧化锆纤维及其制品［J］.人工晶体学报，2009，38（1）：270-275.

[72] 张旺玺，袁祖培，王艳芝.氧化锆纤维的制备、性能和应用［J］.合成技术及应用，2009，24（4）：31-34.

[73] 张旺玺，王艳芝.高性能无机纤维的性能及应用［J］.合成纤维工业，2011，34（2）：38-41.

[74] 李承宇，王会阳.硼纤维及其复合材料的研究及应用［J］.塑料工业，2011，39（10）：1-4.

[75] SINGHA K，ANUPAM K，DEBNATH P，等.硼纤维的研究概述［J］.国际纺织导报，2013，41（9）：24-24.

[76] SIKKEMA D J. Design，synthesis and properties of a novel rigid rod polymer，PIPD orM5′：high modulus and tenacity fibres with substantial compressive strength［J］. Polymer，1998，39（24）：5981-5986.

[77] KLOP E A，LAMMERS M. XRD study of the new rigid-rod polymer fibre PIPD［J］. Polymer，1998，39（24）：5987-5998.

[78] LAMMERS M，KLOP E A，NORTHOLT M G，et al. Mechanical properties and structural transitions in the new rigid-rod polymer fibre PIPD（M5′）during the manufacturing process［J］. Polymer，1998，39（24）：5999-6005.

[79] 张清华，李兰，陈大俊.一种新型的刚性高性能纤维 M5［J］.高科技纤维与应用，2004，29（6）：35-38.

[80] WALTERS R N，HACKETT S M，LYON R E. Heats of combustion of high temperature polymers［J］. Fire and Materials，2000，24（5）：245-252.

[81] BOURBIGOT S，FLAMBARD X，FERREIRA M，et al. Characterization and reaction to fire of "M5" rigid rod polymer fibres［J］. Journal of materials science，2003，38（10）：2187-2194.

[82] 兰鸿.几种阻燃和抗燃纤维介绍［J］.合成纤维工业，1990（1）：63-64.

［83］肖长发. 聚苯并咪唑纤维及其应用［J］. 高科技纤维与应用，2003，28（3）：5-10.

［84］张露，张雯，张凯. 热塑性聚醚酰亚胺［J］. 绝缘材料，2001，33（3）：25-28.

［85］张英强，沈学宁，蔡春华，等. 新型苯并环丁烯封端的聚醚酰亚胺的合成与表征［J］. 石油化工，2005，34（8）：786-790.

［86］TAKEKOSHI T，KOCHANOWSKI J E，MANELLO J S，et al. Polyetherimides. II. High-temperature solution polymerization［J］. Journal of Polymer Science Polymer Symposia，1986，74（1）：93-108.

［87］TAKEKOSHI T，KOCHANOWSKI J E. Method for making polyetherimides：U. S. Patent 4，011，198［P］. 1977-3-8.

［88］赖光，周平，刘辅庭. 聚芳酯纤维的特性和应用［J］. 合成纤维，2012，41（1）：46-48.

［89］ZHAO A C，ZHAO T F，NAKAGAKI K，et al. Novel molecular and mechanical properties of egg case silk from wasp spider，Argiopebruennichi［J］. Biochemistry，2006，45（10）：3348-3356.

［90］谢吉祥，李晓龙，张袁松. 蚕丝和蜘蛛丝再生蛋白纤维研究进展. 纺织学报，2011，32（12）：147-156.

［91］潘志娟，李春萍，邱芯薇. 蜘蛛丝的结晶结构及其取向［J］，科学技术与工程，2002（6）：30-32.

［92］GOSLINE J M，GUERETTEP，ORTLEPP C，et al. The mechanical design of spider silks：from fibroin sequence to mechanical function［J］. Journal of Experimental Biology，1999，202（23）：3295-3303.

［93］刘海洋，王伟霞，马君志，穆晓梅. 由液晶制备高性能纤维素纤维［J］. 人造纤维，2005，185（1）：22-24.

［94］胡学超，宋丽贞. 二十一世纪的宠儿——纤维素纤维［J］. 纺织学报，1998，19（1）：62-63.

# 第十三章 高性能纤维的分析与检测方法

## 第一节 通用条件

### 一、实验室环境条件

根据 GB/T 1446—2005，碳纤维等无机纤维测试所需的实验室条件为：温度（23.0±2.0）℃，相对湿度（50.0±10.0）%。

根据 FZ/T 50032—2015，碳纤维原丝测试所需的实验室条件为：

（1）标准大气条件：温度（20.0±2.0）℃，相对湿度（65.0±5.0）%。

（2）特定标准大气条件：温度（23.0±2.0）℃，相对湿度（50.0±10.0）%。

芳纶等有机纤维参照 GB/T 6529—2008，测试条件为：

（1）标准大气条件：温度（20.0±2.0）℃，相对湿度 65.0%±4.0%，或各方同意下使用（2）、（3）可选标准大气环境；

（2）特定标准大气条件：温度（23.0±2.0）℃，相对湿度（50.0±4.0）%；

（3）热带标准大气条件：温度（27.0±2.0）℃，相对湿度（65.0±4.0）%。

### 二、数值修约与极限数值的表示和判定

该条目按 GB/T 8170—2008 执行。

### 三、取样方法

取样方法按照 GB/T 14334—2006（针对短纤维）、GB/T 6502—2008（针对长丝）、GB/T 2828.1—2012 或检验与产品标准的规定进行。

## 第二节 碳纤维分析检测方法

### 一、外观检测

碳纤维的外观参照 GB/T 3362—2005 进行检查。正常光照下，目测检验为黑色，有光泽，外观均匀，无明显毛丝，无毛团，无异物，纤维束间无粘连，易退绕，手感柔滑，无僵丝。

### 二、上浆剂含量的测定

碳纤维上浆剂含量的测定按照 GB/T 29761—2013、ISO 10548—2002 以及 GB/T 26752—2011 附录 B 进行，主要包括溶剂萃取法和高温裂解法。

**1. 溶剂萃取法**

溶剂萃取法是在萃取剂可完全除去纤维表面上浆剂的情况下使用。

方法1：萃取剂一般使用丙酮，水浴锅温度应高于萃取剂沸点10℃以上，注入量可根据索氏萃取器萃取管与回流瓶体积调整。

取碳纤维样品在（105±3）℃下干燥1h，称取3g左右，缠绕，记为 $m_1$（精确到0.1mg）；将试样置于索氏萃取器萃取管内，下接萃取瓶，注入75mL萃取剂；调节水浴锅的温度为80℃，总回流时间不少于2h；将萃取后的试样取出，置于铝盘内，在（105±3）℃条件下烘干1h；将铝盘转移到干燥器中冷却20min，准确称量，再放入在（105±3）℃的烘箱烘30min，恒重，记为 $m_2$（精确到0.1mg），两次差异小于0.2mg。

$$Q = \frac{m_1}{m_1 - m_2} \times 100 \tag{13-1}$$

式中：$Q$——上浆剂含量，%；

　　　$m_1$——萃取前试样质量，g；

　　　$m_2$——萃取后试样质量，g。

方法2：短纤维、脆性或易掉渣纤维，需将样品装入滤纸杯或用滤纸包裹后置于索氏萃取器萃取管内，滤纸杯或滤纸需经（105±3）℃干燥后使用，其他步骤按方法1操作，上浆剂含量按下式计算。

$$Q = \frac{m_2 - m_3}{m_2 - m_1} \times 100 \tag{13-2}$$

式中：$Q$——上浆剂含量，%；

　　　$m_1$——滤纸杯或滤纸质量，g；

　　　$m_2$——萃取前试样+滤纸杯或滤纸质量，g；

　　　$m_3$——萃取后试样+滤纸杯或滤纸质量，g。

**2. 高温裂解法**

高温裂解法是将样品放入高温炉中，上浆剂在高于分解温度的氮气气氛中完全分解，通过纤维质量变化计算上浆剂含量。该方法适合于高温下可完全分解上浆剂的情况。

取碳纤维样品在（105±3）℃下干燥1h，放于不锈钢网篮或陶瓷坩埚中称重，放入通有氮气的高温炉中分解，样品转移到干燥器中冷却后称量。一般样品量为2g左右，准确至0.0001g，坩埚或网篮需预先高温处理后称重，高温炉使用管式炉或小体积马弗炉，炉温450℃，氮气流量50L，纯度需大于99.996%，分解时间15min。上浆剂含量按下式计算。

$$Q = \frac{m_2 - m_3}{m_2 - m_1} \times 100 \tag{13-3}$$

式中：$Q$——上浆剂含量，%；

　　　$m_1$——坩埚或网篮质量，g；

　　　$m_2$——裂解前试样+坩埚或网篮质量，g；

　　　$m_3$——裂解后试样+坩埚或网篮质量，g。

## 三、复丝线密度测试方法

测定复丝线密度需在干燥、去浆条件下进行，样品含湿量大于0.2%（质量分数），需在

（105±3）℃下干燥。含浆条件下如使用该方法，需要注明，去浆方法按 ISO 1889—1997、GB/T 29761—2013、GB/T 26752—2011 附录 B 或 ASTM D4018—99X1 进行。

方法 1：参照 GB/T 3362—2005 附录 C、ISO 1889—1997、ASTM D4018—99 进行。把纤维复丝拉直，截取 3 根 1m 长的复丝，测量长度精确到±0.5mm。用万分之一天平称量样品，精确到 0.0001g。取 3 根复丝样品测量结果的算术平均值。

方法 2：用测长仪绕取 20m 纤维复丝，用万分之一天平称量样品，精确到 0.0001g。

复丝线密度用下式计算。

$$t = 1000m/L \tag{13-4}$$

式中：$t$——复丝线密度，tex；

　　$m$——样品质量，g；

　　$L$——样品长度，m。

## 四、密度测试方法

碳纤维密度的测试方法参照 GB/T 3362—2005 附录 C、GB/T 30019—2013、ISO 10119 2002（E）进行。

首先对样品进行处理，用丙酮浸泡 4h 去浆，烘干后使用，或按线密度测试方法中样品处理方法进行。测量温度一般选用（23.0±0.1）℃。当标准密度球标准值为 25℃时，也可使用（25.0±1.0）℃的测量温度，需在测试报告中注明。

碳纤维的密度测试方法主要有三种，即密度梯度管法、动态浮沉法和液体排除法。

### 1. 密度梯度管法

密度梯度管法测试碳纤维的密度主要包括三个步骤。

（1）轻液与重液的配制。将四氯化碳（密度 $1.596 \times 10^3 \mathrm{kg/m^3}$）与三溴甲烷（密度 $2.890 \times 10^3 \mathrm{kg/m^3}$）两种液体，按比例配制成密度不同的混合液体。重液和轻液可以是纯的溶剂，也可以是两种液体的混合液，按容积法确定四氯化碳和三溴甲烷的体积，计算公式如下。

$$\rho_m V = \rho_1 a + \rho_2 (V-a) \tag{13-5}$$

式中：$\rho_m$——混合液的密度；

　　$\rho_1$——重液的密度；

　　$\rho_2$——轻液的密度；

　　$V$——混合液的体积；

　　$a$——重液的体积；

（$V-a$）——轻液的体积。

（2）密度梯度管的配制。按要求将重液和轻液注入重力充液装置，将充液管放入密度梯度管内，打开重力充液装置搅拌和充液开关，开始往密度管内充液，直到充液完成。将标准密度球用轻液浸渍后用吊篮缓慢放入梯度管中，使这一组密度球均匀分布于梯度管的有效范围内，盖上密度梯度管盖子。置于（23.0±0.1）℃的恒温水浴中，静止 24h，稳定后即可使用。

测量每个密度球的几何中心高度，精确到 1mm，绘制密度球密度（$\rho$）对高度（$H$）的工作曲线图，精确到 0.0001g/cm³ 和 ±1mm，并计算直线拟合度，其线性相关度应大于或等于 0.99。

（3）试样密度的测定。选用 3 个试样，打结、轻液浸润、除泡、轻轻放入梯度管中，一般试样放入后 30min，其高度位置趋于稳定平衡，此时，测量其几何中心高度，按密度对高度的工作曲线图读出密度值，取 3 个试样的平均值。

**2. 动态浮沉法**

将化学纯正庚烷和二溴乙烷配成密度与被测纤维密度相近的混合液，注入带盖量筒内。用剪刀将纤维复丝剪成 0.5~1mm 长的纤维粉末，放入量筒内的混合液中，搅拌使纤维粉末分散在混合液中，盖上磨口盖。将量筒放在（23.0± 0.1）℃的恒温水浴中。如纤维在混合液里上浮或下沉，则需要相应加入正庚烷或二溴乙烷，以调节混合液密度，直至纤维粉末在混合液内均匀分布。在（23.0± 0.1）℃的水浴中放置 4h，如纤维粉末在混合液内仍均匀分布，即可认为混合液的密度与纤维的密度已经相同。用比重计测量该温度下混合液的密度，测得的混合液密度的数值就是纤维的密度值。

**3. 液体排除法**

纤维样品在空气中称量后，完全浸入液体中称量，通过样品空气–液体中密度差计算样品密度，其中液体密度需比样品密度低 0.2g/cm³。

$$\rho_{\mathrm{T}} = \frac{w_1}{w_1 - w_2} \rho_1 \tag{13-6}$$

式中：$\rho_{\mathrm{T}}$——温度 $T$ 下的样品密度，g/cm³；

$w_1$——样品在空气中的质量，g；

$w_2$——样品在液体中的质量，g；

$\rho_1$——测量时液体的密度，g/cm³，用精密比重计或其他方法测量得到。

### 五、复丝拉伸性能的测试方法

碳纤维的复丝拉伸性能试验方法参照 GB/T 3362—2005、GB/T 3362—2005、ISO 106182：2004（E）、ASTM D4018—99 进行。碳纤维复丝或纱线浸渍树脂固化后，经拉伸加载直至破坏，拉伸强度由破坏载荷除以碳纤维复丝的截面积得到，弹性模量由规定的应变线测定，碳纤维复丝的截面积用线密度除以体密度得到。

（1）试验设备及试剂。按 GB/T 1446—2005 中的规定，试验机为等速伸长型。机械式引伸计的标距为 50mm 或 100mm，光学式引伸计的标距为 150mm，其中机械式推荐使用固定式或全自动式，非固定对夹引伸计可用于大丝束碳纤维，非固定单夹引伸计不可用。浸胶工具采用方形框架或圆形框架，配备张力调节装置为佳。鼓风干燥箱的温度控制精度为 ±2℃。

试剂包括多种，环氧树脂为 E44、E51 或其他适用树脂，固化剂为三乙烯四胺，丙酮为试剂级及 AB 胶。

（2）试样制备。每组试验测 8 个试样，有效试样应不少于 6 个。

碳纤维复丝在浸胶前应预先在温度为（23±2）℃、湿度为 50%±10% 条件下调节至少 24h。试样由碳纤维浸渍树脂制成，用手工法浸胶，试样应均匀浸胶，光滑、平直、无缺陷，控制树脂含量在 35%~60 %，树脂含量按式（13-7）计算。

$$W = \frac{t_1 - t}{t_1} \times 100\%$$ (13-7)

式中：$W$——试样的树脂含量；

　　$t$——碳纤维线密度，tex；

　　$t_1$——试样（浸胶碳纤维）线密度，tex。

用 AB 胶或任何室温固化的胶黏剂粘贴加强片，加强片必须保证试样在拉伸过程中不会打滑。加强片尺寸及形状如图 13-1 所示，精度为 ±0.5mm。

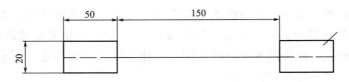

图 13-1　束丝加强片示意图

（3）拉伸试验。拉伸试验的参数设置包括夹具间距、线密度、体密度，预加载力约 10 N（约为破坏载荷的 5%），加载速度 10mm/min，生产检验可提高到 20~30mm/min，仲裁检验可降低到 2~5mm/min。

试样装入试验机的夹头，要求样条和夹头的加载轴线相重合。试样破坏在夹具内或试样断裂处离夹紧处的距离小于 10mm 时应予作废，同批试样有效试样少于 6 个时应重新测试。

（4）数据处理。拉伸强度采用式（13-8）计算。

$$\sigma = \frac{P \times \rho}{t}$$ (13-8)

式中：$\sigma$——拉伸强度，GPa；

　　$P$——最大载荷，N；

　　$\rho$——纤维体密度，g/cm$^3$；

　　$t$——纤维线密度，tex 或 g/1000m。

拉伸弹性模量用式（13-9）计算。

$$E = \frac{\Delta P \times \rho \times L}{t \times \Delta L}$$ (13-9)

式中：$E$——拉伸弹性模量，GPa；

　　$\Delta P$——由应力—应变曲线初始直线段上截取的载荷值增量，N；

　　$\rho$——纤维体密度，g/cm$^3$；

　　$L$——测量标记长度，mm；

　　$t$——纤维线密度，tex 或 g/1000m；

　　$\Delta L$——测量标记长度对应于 $\Delta P$ 的变形增量，mm。

$\Delta P$ 与 $\Delta L$ 取值参照图 13-2 与表 13-1。

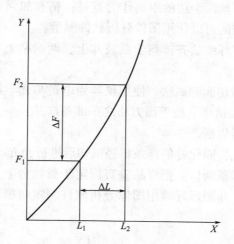

图 13-2 拉伸试验中载荷与拉伸变形量的关系

表 13-1 割线模量计算中纤维断裂伸长率和应变范围取值的关系

| 纤维的断裂伸长率 | 割线模量计算中应变的取值 |
|---|---|
| $\varepsilon \geqslant 1.2$ | 0.1%~0.6% |
| $0.6 \leqslant \varepsilon < 1.2$ | 0.1%~0.3% |
| $\varepsilon < 0.6$ | 0.05%~0.15% |

**注** 引伸计测试位移的数据为拉伸弹性模量，横梁法测试位移的数据为表观模量。机械式引伸计测试位移不能与强度测试共用同一组样条。

## 六、直径和根数的检测

碳纤维直径和根数试验方法参照 GB/T 3364—2008、GB/T 29762—2013、ISO 11567—1996 进行。主要有三种方法，方法 A 适合于束丝，方法 B 适用于圆形纤维，方法 C 适用于平行纤维束，特别适合于非圆纤维。对于复丝，方法 B、C、D 测试 20 根单丝，对于短纤维测试 50 根单丝。

（1）方法 A：计算法。该方法由复丝密度、线密度、单丝根数计算得到。

$$A = \frac{t}{\rho} \times 10^{-3} \qquad (13-10)$$

$$d = \sqrt{\frac{4t \times 10^3}{\pi \times \rho \times c}} \qquad (13-11)$$

式中：$A$——纱线/复丝截面积，$mm^2$；

$d$——复丝中单丝平均直径，$\mu m$；

$t$——复丝线密度，tex；

$\rho$——复丝密度，$g/cm^3$；

$c$——复丝中单丝根数，一般取标称值，$c = 1000$ 根。

（2）方法 B：显微镜纵向测试法。有光学显微镜法或（纤维）投影仪法。

把碳纤维整齐排列于样品台上，两端黏结导电胶，放置于电镜载物台上，调节角度、位置与焦距，用测微尺测试单丝两个边的距离作为直径；粘有加强片的单丝可以与拉伸试验配合单独测量；配有图像系统的可以使用图像分析软件测量。

电子显微镜法则是把碳纤维整齐排列于载玻片上，两端粘上导电胶，确保纤维平直，放置于扫描电镜进行测量。

（3）方法 C：显微镜横切面测试法。使用仪器为电镜与光学显微镜。光学显微镜最好使用固化抛光法，1000 倍放大倍率。按下面方法之一准备样品：

①纤维束用哈氏切断器切断。

②纤维束用固化剂固化，固化好的样条再经横切后进行抛光。

③拉伸性能试验后的样条断口。把样品垂直固定于载物台上，圆形纤维用测微尺测试单丝两个边的距离作为直径，非圆形纤维用图像分析软件测定每根单丝的截面积，按下式计算单丝表观直径。

$$d = 2\sqrt{\frac{S}{\pi}}$$ （13-12）

式中：$d$——单丝直径，$\mu m$；

$S$——单丝横截面，$\mu m^2$。

（4）碳纤维复丝纤维根数测试方法。按方法 C 制备纤维样品，垂直固定于显微镜载物台上，选取图像清晰的一束纤维拍照，数出纤维根数，可以使用计数器计数。如显微镜视场或一张打印纸不能容下整束纤维图像，可以使用拼图法记录完整图像。

### 七、单丝的力学性能测定

碳纤维单丝的力学性能测定方法参照 GB/T 31290—2014、GB 1871—1994、ISO 11566—1996 进行，包括以下步骤：

（1）试验设备及试剂。拉伸设备建议采用带有气压式夹具的等速伸长型拉伸试验机，传感器量程不大于 500cN，载荷精度为量程±载荷精度。

按图 13-3 将纤维的两端黏附在加强片的两端，加强片可以使用纸质、金属或塑料材质的产品，尺寸如图 13-3 所示。测试样品强度时，预先沿切断部指示的虚线位置剪断加强片。胶黏剂可采用环氧树脂胶、AB 胶或松香等。

（2）试样制备。当待测的纤维束丝样品表面有上浆剂时，可按第二节所述的方法去除上浆剂。待测样品贴于加强片上以方便测试。若试验机测试条件允许，可直接使用单丝测量，无需粘贴加强片。

（3）样品测量。将单纤维测试样品夹在强力仪两端夹持区，使纤维与上下夹持器垂直。贴在加强片上的单纤维试样需要将纸框放在强力仪两端夹持区，使纤维与上下夹持器垂直，夹紧纸框，用剪刀沿切断部指示线将纸框中间连接部分剪开。设定拉伸速度为 1~5mm/min，对拉伸试样加载直至试样断裂，仪器自动记录载荷—拉伸变形量曲线，计算测试结果，有效测试 20 根单丝。

（4）结果计算。单丝拉伸强度按式（13-13）计算。

$$\sigma_f = \frac{F_f}{A_f}$$ （13-13）

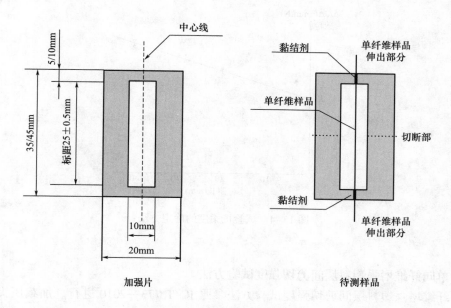

图 13-3　单纤维黏结示意图

式中：$\sigma_f$——拉伸强度，MPa；

　　　$F_f$——最大拉伸载荷（破坏载荷），N；

　　　$A_f$——单纤维的截面面积，此处视单纤维为圆形，数值根据测得的直径由圆的面积公式直接给出，$mm^2$。

单丝拉伸模量按式（13-14）计算，取值参见图 13-2、图 13-4 与表 13-1。

$$E_{fA} = \frac{\dfrac{\Delta F_{A1}}{A_f} \times \dfrac{L}{\Delta L_A}}{1 - K \times \dfrac{\Delta F_{A1}}{\Delta L_A}} \times 10^{-3} \tag{13-14}$$

式中：$E_{fA}$——拉伸模量，GPa；

　　　$\Delta F_{A1}$——载荷增量，N；

　　　$L$——标距长，即加强片之间的试样长度，mm；

　　　$\Delta L_A$——长度变化量，mm，取值范围见表 13-1；

　　　$K$——试验机柔度，mm/N，不做柔度修正时 $K$ 为 0。

（5）试验机柔度修正值的确定。拉伸试验时试验机机架、横梁、夹口夹片、样品加强片等部件可能产生微量变形，微形变的总和即试验机柔度，进行模量计算时需要修正。如果试验机具有足够的刚度，经验证 $K$ 接近 0，可以不做柔度修正，但伸裁试验必须进行柔度修正。

准备标距长度为 10mm、20mm、30mm 和 40mm 的试验加强片试样，进行拉伸测试，以各试验加强片的 $\Delta L/\Delta F$ 值对应各标距长度作图，如图 13-4 所示，回归线交于纵坐标的值即为试验机柔度 $K$。

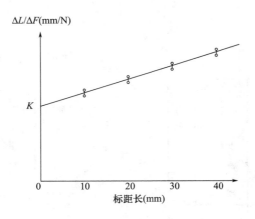

图 13-4　试验机柔度的确定方法

## 八、单向纤维增强塑料层间剪切强度试验方法

单向纤维增强塑料层间剪切强度试验方法参照 JC/T 773—2010 进行。加载压头圆角半径为（5±0.2）mm，支座圆角半径为（2±0.2）mm，样条的厚度（$h$）为（2.0±0.2）mm，宽度（$b$）为（10.0±0.2）mm，长度（$l$）为（20.0±0.2）mm，$l=20h$。试样数量 5。测试跨距 5$h$±0.3mm，加载速度（1±0.2）mm/min 或按材料规范设定的速度。

$$\tau_M = \frac{3F}{4b \times h}$$

（13-15）

式中：$\tau_M$——层间剪切强度，MPa；

$\quad\quad$ $F$——破坏/最大载荷，N；

$\quad\quad$ $b$——取 5$h$。

## 九、碳含量的测定

碳纤维碳含量的测定按照 GB/T 26752—2011 附录 A、GB/T 31292—2014、HS/T 29—2010 进行，当待测的纤维束丝样品表面有上浆剂时，应去除上浆剂。碳含量的测定主要包括有机元素分析法和高频红外碳硫分析仪法。

有机元素分析法也称燃烧吸收法。碳纤维在高效催化剂存在下，在高温、纯氧气氛中燃烧分解，生成 $CO_2$、$H_2O$ 和 $NO_x$，$NO_x$ 经还原为 $N_2$，$CO_2$、$H_2O$ 和 $N_2$，经分离检测得出相应的碳含量。分离与检测可以采用吸附管称重法、吸附—解析法或气相色谱法测得碳含量。

高频红外碳硫分析仪法是将碳纤维在高频磁场下发热产生高温、在纯氧气氛中燃烧分解产生 $CO_2$，于 4260nm 波长处产生强吸收，利用吸收定律测得碳含量。

## 十、热稳定性的测定

热稳定性是通过测试碳纤维热空气处理前后质量损失率，表征碳纤维热稳定性的，参照 GB/T 31959—2015、ASTM D4102—1982（2008）进行。

准确称取 2g 样品，于 77℃、真空度≤1.3kPa 的真空烘箱中烘干 30min，在空气循环烘箱中（375±5）℃下处理24h，或于（315±5）℃下处理500h，测量质量损失率。

$$w_{\text{h}} = \frac{m_{\text{d}} - m_{\text{h}}}{m_{\text{d}}} \times 100\% \tag{13-16}$$

式中：$w_{\text{h}}$——热空气处理后质量损失率，结果含有上浆剂，如需去除上浆剂，按第二节的方法去除；

$\quad\quad m_{\text{d}}$——干燥试样质量，g；

$\quad\quad m_{\text{h}}$——热空气处理后试样质量，g。

### 十一、体积电阻率的测定

碳纤维体积电阻率的测定参照 GB/T 32993—2016、ISO 13931—2013、QJ 3074—1998 进行。

测量纤维用刀型夹具，如图13-5所示。把测量装置的刀型电极放到伸直的碳纤维上，由刀口间电压与电流强度计算刀口间纤维的电阻值或直接由高阻表读出电阻值，再计算出纤维的电阻率。单丝样品20根，刀间距（25.0±0.2）mm；束丝3根，刀间距（200.0±0.2）mm，可调。

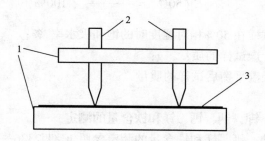

图 13-5　测量纤维用夹具

1—夹板　2—刀型电极　3—试样

$$S_{\text{f}} = \frac{\pi \times d^2 \times R}{4l} \times 10^{-9} \tag{13-17}$$

式中：$S_{\text{f}}$——单纤维电阻率，$\Omega \cdot \text{m}$；

$\quad\quad d$——纤维单丝直径，$\mu\text{m}$；

$\quad\quad R$——单纤维电阻，$\Omega$；

$\quad\quad l$——试样长度，mm。

$$S_{\text{S}} = \frac{R_{\text{S}}}{L_{\text{S}}} \times \frac{T_{\text{S}}}{\rho} \times 10^{-6} \tag{13-18}$$

式中：$S_{\text{S}}$——复丝电阻率，$\Omega \cdot \text{m}$；

$\quad\quad R_{\text{S}}$——复丝电阻，$\Omega$；

$\quad\quad L_{\text{s}}$——试样长度，mm；

$\quad\quad T_{\text{S}}$——复丝线密度，tex；

$\quad\quad \rho$——复丝密度，$\text{g/cm}^3$。

### 十二、含水率和饱和吸水率试验方法

碳纤维含水率和饱和吸水率试验方法参照 FZ/T 50031—2015 进行。选取的每个试样的质量至少为 5g，最好在 15~30g，并迅速放入密闭容器中。

**1. 含水率测试**

将样品在（105±3）℃下烘干 2h，于（23±2）℃的条件下冷却 20±1min，称取烘干前后的试样质量，计算两者差值与烘干前试样质量的百分比得到样品含水率。

$$R = \frac{m_0 - m_1}{m_0} \times 100\% \qquad (13-19)$$

式中：$R$——试样的含水率，%；

$m_0$——试样的质量，g；

$m_1$——干燥试样的质量，g。

**2. 饱和吸水率测试**

在特定大气环境下，使吸湿平衡样品置于规定温度下烘干，称取干燥前后的试样质量，两者差值与烘干后试样质量的百分比即为样品饱和吸水率。

烘干步骤同含水率测试。将试样放在调湿用大气条件下吸湿平衡 2h 以上，称量，恒重。

$$C_s(50\%) = \frac{m_2 - m_1}{m_1} \times 100\% \qquad (13-20)$$

式中：$C_s(50\%)$——试样在 50% 相对湿度时的饱和吸水率，%；

$m_1$——干燥试样的质量，g；

$m_2$——吸湿平衡后试样的质量，g。

### 十三、碳纤维中硅、钾、钠、钙、镁和铁含量的测定

碳纤维中硅、钾、钠、钙、镁和铁含量的测定参照 JC/T 2336—2015 进行。

**1. 钾、钠、钙、镁和铁含量测定**

称取一定量的试样于铂坩埚中，在马弗炉中 700℃ 下至完全灰化，用高氯酸和氢氟酸溶解得到的灰分制成盐酸—水溶液，用 ICP 或 AAS 测试，根据钾、钠、钙、镁和铁特征线强度，以该元素标准溶液为基准，测定元素含量。用 AAS 测定钙、镁时需加入氯化锶作为抑制剂。

**2. 硅含量的测定**

测定硅含量可采用硅钼蓝分光光度法。称取 1g 试样于铂坩埚中，在马弗炉中 700℃ 下至完全灰化，加入 3g 碳酸钠 1000℃ 下熔融，用 10mL 热水及 10mL 1:1 盐酸溶解，加入 20mL 水，加热煮沸，定量转移至 100mL 塑料烧杯，加入 2 滴对硝基指示剂，用 100g/L 氢氧化钠溶液滴至溶液变黄，加 2mL 1:1 盐酸、5mL 50g/L 氟化钾，摇动，加 10.0mL 20g/L 硼酸溶液、8mL 乙醇、5.0mL 80g/L 钼酸铵溶液，摇匀，加入 15mL 1:1 盐酸，定量转移至 100mL 容量瓶，加入 5mL 20g/L 抗坏血酸溶液，定容，放置 1h。700nm 处 10mm 吸收池测定吸光度，从标准曲线（以硅标液制作）上查得试液硅浓度，计算含量。

测定硅含量也可采用氟硅酸钾容量法。称取 1g 试样，完全灰化后经 KOH 熔融，加入硝酸生成硅酸，与过量氟化钾生成氟硅酸钾沉淀，分离中和后在热水中水解，生成氢氟酸，以

酚酞为指示剂，用氢氧化钠标液滴定，计算硅含量。

### 十四、灰分含量的测定

碳纤维灰分含量测试方法参照 QJ 2509—1993 进行。准确称取 5g 碳纤维至已处理、恒重的瓷坩埚中，放入马弗炉，从 300℃ 升至 900℃，灼烧至无炭黑后冷却称量，计算灰分含量。灼烧过程中需经常打开炉门或微开炉门以提供氧气。

$$A_S = \frac{m_2 - m_0}{m_1 - m_0} \times 100\% \qquad (13\text{-}21)$$

式中：$A_S$——试样灰分含量，%；

　　　$m_0$——坩埚质量，g；

　　　$m_1$——试样+坩埚质量，g；

　　　$m_2$——灼烧后灰分+坩埚质量。

# 第三节　碳化硅纤维、玄武岩纤维等无机纤维分析检测

碳化硅纤维、玄武岩纤维等无机纤维的分析检测可使用前述碳纤维分析检测方法，也可使用 GB/T 34520. X—2017 连续碳化硅纤维测试方法，包括第 1 部分束丝上浆率、第 2 部分线密度和密度、第 3 部分单纤维直径、第 4 部分束丝拉伸性能、第 5 部分单纤维拉伸性能、第 6 部分电阻率、第 7 部分高温强度保留率。

### 一、高温强度保留率测试方法

高温强度保留率是指在一定的温度条件下，某种气氛内处理一段时间后，处理前后拉伸强度百分比。可选高温热处理工艺参数见表 13-2。

$$r = \frac{\sigma_1}{\sigma} \times 100\% \qquad (13\text{-}22)$$

式中：$r$——纤维强度保留率；

　　　$\sigma$——未经高温处理的纤维拉伸强度，GPa；

　　　$\sigma_1$——高温处理后的纤维拉伸强度，GPa。

**表 13-2　连续碳化硅纤维可选高温热处理工艺参数**

| 热处理温度（℃） | 样品舟材质 | 热处理气氛 | 热处理时间（h） |
| --- | --- | --- | --- |
| 1000 | 石英、氧化铝 | 干燥空气 | 10 |
| 1200 | 石英、氧化铝 | 干燥空气 | 10 |
| 1450 | 氧化铝 | 干燥空气 | 10 |
| 1450 | 石墨、氧化铝 | Ar、He 等 | 10 |
| 1600 | 石墨 | Ar、He 等 | 1 |

**注**　热处理温度、热处理气氛、热处理时间可根据供需双方约定另行选择参数。

## 二、玄武岩纤维耐温性的测定

玄武岩纤维耐温性的测定按照 GB/T 25045—2010 附录 B 进行，处理温度为（300±3）℃，处理时间为（120±5）min，以单丝强力仪测试强度。计算同第三节一。

## 三、玄武岩纤维耐碱性的测定

玄武岩纤维耐碱性的测定按照 GBT 25045—2010 附录 A 进行，纤维置于 250mL 浓度为 1mol 的 NaOH 溶液中，（60±1）℃下回流（120±5）min，蒸馏水漂洗 3 次，1%HCl 浸泡 1~2min，蒸馏水漂洗 3 次，（105±3）℃烘箱中烘干（60±5）min，冷却。计算同第三节一。

# 第四节　高性能有机纤维的分析检测

高性能有机纤维包括芳纶、超高分子量聚乙烯纤维、PBO 纤维、聚酰亚胺纤维、PTFE 纤维、PPS 纤维、PEEK 纤维、聚芳酯纤维等。如无特别说明，适合于所有纤维。

通用试验方法有：

GB/T 6503—2017《化学纤维　回潮率试验方法》

GB/T 6504—2017《化学纤维　含油率试验方法》

GB/T 14335—2008《化学纤维　短纤维线密度试验方法》

GB/T 14336—2008《化学纤维　短纤维长度试验方法》

GB/T 14337—2008《化学纤维　短纤维拉伸性能试验方法》

GB/T 14338—2008《化学纤维　短纤维卷曲性能试验方法》

GB/T 14339—2008《化学纤维　短纤维疵点试验方法》

GB/T 14344—2008《化学纤维　长丝拉伸性能试验方法》

FZ/T 50004—2011《涤纶短纤维干热收缩率试验方法》

FZ/T 50017—2011《涤纶纤维阻燃性能试验方法　氧指数法》

## 一、高强化纤长丝拉伸性能试验方法

高强化纤长丝拉伸性能试验方法参照 GB/T 19975—2005 进行，适用于芳纶、超高分子量聚乙烯、碳纤维原丝等，不适用于碳纤维。推荐线绳夹具夹持间距为 500mm，拉伸速度为 250mm/min，测试次数为单卷装样 10 次/卷，批样品 10 卷×5 次/卷 = 50 次；对于芳纶，预加张力为（0.2±0.01）cN/dtex，其他有机纤维预张力为（0.05±0.01）cN/dtex；无捻纤维需手动加捻。

加捻捻度可用式（13-23）计算。

$$T_s = (1055 \pm 50)/\sqrt{Tt} \tag{13-23}$$

断裂强度、断裂伸长率、初始模量的测试与计算同 GB/T 14344—2008，即式（13-24）。

$$\sigma = T \times \rho \times 100 \tag{13-24}$$

式中：$\sigma$——强度，MPa；

$T$——强度，cN/dtex；

$\rho$——密度，$g/cm^3$。

## 二、间位芳纶干热收缩率试验方法

间位芳纶干热收缩率试验方法按照 FZ/T 54017—2009 附录 A 进行。取切断成短纤维前的丝，用镊子夹取一根单丝，标记两个点，20~30cm 点距，0.075cN/dtex 预张力下悬挂，精确测量两点间距离，精度 1mm，快速放入 300℃烘箱内处理，温度恢复到 300℃时计时，15min 后取出试样，空气中平衡 5min，测量长度，样品数 8 根。

$$S = \frac{L_0 - L}{L_0} \times 100\%$$ （13-25）

式中：$S$——干热收缩率；

$\quad$ $L_0$——热处理前长度，mm；

$\quad$ $L$——热处理后长度，mm。

## 三、芳纶 1414 纤维的测试方法

芳纶的线密度依照 GB/T 14343 绞丝法测试；干热收缩率按 GB/T 6505 单根法测试，处理温度为（190±3）℃，时间为（15±1）min；拉伸力学性能测试按 GB/T 19975—2005 测试，夹持距离 250mm，拉伸速度 125mm/min，拉伸模量 $M$ 的计算按式（13-26）进行。

$$M = K/Tt = E/（Et）$$ （13-26）

式中：$M$——初始模量，cN/dtex；

$\quad$ $K$——直线段斜率，cN；

$\quad$ $Tt$——线密度，dtex；

$\quad$ $F$——直线上两点间的力值增量，cN；

$\quad$ $E$——直线上两点间对应的伸长率增量。

## 四、浸胶芳纶纱线、线绳和帘线拉伸性能的试验方法

浸胶芳纶纱线、线绳和帘线拉伸性能按照 GB/T 30311—2013 进行测试，该方法适用于橡胶制品用浸胶芳纶纱、线、帘线。使用圆弧形夹具，其他条件及计算同 GB/T 19975—2005。由仪器直接得出或由拉伸曲线得出定伸长强力值 $E$。

$$E = \frac{L_1}{L_0} \times 100\%$$ （13-27）

式中：$E$——断裂或定负荷伸长率；

$\quad$ $L_0$——样品间隔长度，mm；

$\quad$ $L_1$——样品断裂或定负荷时伸长量，mm。

## 五、芳纶复丝拉伸性能测试方法（浸胶法）

芳纶复丝拉伸性能测试（浸胶法）可参照 GJB 348—1987 规定进行。芳纶复丝预处理条件：70℃干燥 8~15h，在 618 环氧树脂中 23~38℃下浸胶制备样条，并粘贴在加强片上。强力试验机拉伸速度 5~15mm/min，仲裁时的拉伸速度 10mm/min，其他同第二节所述的碳纤维

测试方法。本方法也适用于 PBO 纤维。

### 六、超高分子量聚乙烯纤维

超高分子量聚乙烯纤维的拉伸性能测试按 GB/T 19975—2005 进行。

### 七、聚酰亚胺短纤维的测试

有机纤维的力学性能测试方法基本适应于聚酰亚胺纤维的测试分析，其他特性参照 HX/T 51004—2014 进行。

**1. 纤维耐热性能测试方法**

将纤维放入 280℃ 高温烘箱，待温度恢复至 280℃ 开始计时，恒温 24h 后取出样品并冷却到室温，测定其断裂强力按式（13-28）计算。

$$\lambda = \frac{F_2}{F_1} \times 100\% \qquad (13-28)$$

式中：$\lambda$——处理后纤维的断裂强力保持率；

$F_1$——未经处理纤维的断裂强力，cN；

$F_2$——处理后纤维的断裂强力，cN。

**2. 纤维耐紫外线性能测试方法**

将 0.2g 纤维放入紫外老化试验箱的试验架，光照温度设为 60℃，冷凝温度 50℃，试验时间 150h，8h 光照，4h 冷凝，开始循环试验。试验结束后，取出纤维，60℃ 干燥并冷却到室温，测定其断裂强力，按式（13-28）计算。紫外光源是 UV-A 340 型灯。

**3. 纤维耐化学性能测试方法**

纤维先在酸性或碱性溶液中处理，再进行力学性能测试。碱性溶液采用 0.5M 的氢氧化钠溶液，温度 85℃ 处理 0.5h；酸性溶液采用 30% 硫酸，同样在温度 85℃ 处理 0.5h。按式（13-28）计算断裂强力保持率。

### 八、聚苯硫醚短纤维强力保留率试验方法

聚苯硫醚短纤维强力保留率试验方法参照 FZ/T 52017—2011 附录 A 执行，主要考查该纤维的耐高温、耐酸、耐碱性能。高温处理条件是 200℃ 处理 72h，酸性处理条件是在 93℃、48% 硫酸处理 24h，再水洗干燥；碱性条件是 93℃、30% 的氢氧化钠处理 24h，再水洗干燥。

## 主要参考资料

［1］ASTM D4018—99 碳纤维长丝和石墨纤维丝束性能的标准试验方法

［2］ASTM D4102—1982（2008）碳纤维耐热氧化性的标准试验方法

［3］GB 1033—86 塑料密度和相对密度试验方法

［4］GB/T 1446—2005 纤维增强塑料性能试验方法总则

［5］GB/T 2828.1—2012 计数抽样检验程序　第 1 部分：按接收质量限（AQL）检索的逐批检验抽样计划

［6］GB/T 3291.1—1997 纺织　纺织材料性能和试验术语　第 1 部分：纤维和纱线

［7］GB/T 3291.3—1997 纺织　纺织材料性能和试验术语　第 3 部分：通用

［8］GB/T 3362—2005 碳纤维复丝拉伸性能试验方法

［9］GB/T 3364—2008 碳纤维直径和根数试验方法

［10］GB/T 4146.1 纺织品　化学纤维　第 1 部分：属名

［11］GB/T 4146.3 纺织品　化学纤维　第 3 部分：检验术语

［12］GB/T 6502—2008 化学纤维　长丝取样方法

［13］GB/T 6503—2008 化学纤维　回潮率试验方法

［14］GB/T 6504—2008 化学纤维　含油率试验方法

［15］GB/T 6505—2008 化学纤维　长丝热收缩率试验方法

［16］GB/T 6529—2008 纺织品　调湿和试验用标准大气

［17］GB/T 8170—2008 数值修约与极限数值的表示和判定

［18］GB/T 9995—1997 纺织材料含水率和回潮率的测定烘箱干燥法

［19］GB/T 14334—2006 化学纤维　短纤维取样方法

［20］GB/T 14335—2008 化学纤维　短纤维线密度试验方法

［21］GB/T 14336—2008 化学纤维　短纤维长度试验方法

［22］GB/T 14337—2008 化学纤维　短纤维拉伸性能试验方法

［23］GB/T 14343—2008 化学纤维　长丝线密度试验方法

［24］GB/T 14344—2008 化学纤维　长丝拉伸性能试验方法

［25］GB/T 14338—2008 化学纤维　短纤维卷曲性能试验方法

［26］GB/T 14339—2008 化学纤维　短纤维疵点试验方法

［27］GB/T 16256—2008 纺织纤维　线密度试验方法　振动仪法

［28］GB/T 18374—2001 增强材料术语及定义

［29］GB/T 19975—2005 高强化纤长丝拉伸性能试验方法

［30］GB/T 23442—2009 聚丙烯腈基碳纤维原丝结构和形态的测定

［31］GB/T 25045—2010 玄武岩纤维无捻粗纱

［32］GB/T 26749—2011 碳纤维　浸胶纱拉伸性能的测定

［33］GB/T 26752—2011 聚丙烯腈基碳纤维

［34］GB/T 29554—2013 超高分子量聚乙烯纤维

［35］GB/T 29761—2013 碳纤维　浸润剂含量的测定

［36］GB/T 29762—2013 碳纤维　纤维直径和横截面积的测定

［37］GB/T 30019—2013 碳纤维　密度的测定

［38］GB/T 30311—2013 浸胶芳纶纱线、线绳和帘线拉伸性能的试验方法

［39］GB/T 31290—2014 碳纤维　单丝拉伸性能的测定

［40］GB/T 31292—2014 碳纤维　碳含量的测定　燃烧吸收法

［41］GB/T 31889—2015 间位芳纶短纤维

［42］GB/T 31959—2015 碳纤维热稳定性的测定

［43］GB/T 32993—2016 碳纤维体积电阻率的测定

［44］GJB 1871—1994 单根碳纤维拉伸性能试验方法

［45］GJB 348—1987 芳纶复丝拉伸性能测试方法浸胶法

［46］GJB 993—1990 芳纶纤维拉伸性能试验方法不浸胶法

［47］ISO 139—2005（GB 6529—2008）纺织品标准大气

［48］ISO 1889—1997 树脂增强纤维线密度的测定

［49］ISO 10119—2002 碳纤维密度测定

［50］ISO 10548—2002 碳纤维上浆剂含量的测定

［51］ISO 10618—2004（E）碳纤维浸胶纱拉伸性能的测定

［52］ISO 11566—1996 碳纤维　单丝样品抗拉性能的测定

［53］ISO 11567—1996 碳纤维　长丝直径和横截面积的测定

［54］ISO 13931—2013 碳纤维　体积电阻率测定

［55］FZ/T 50004—2011 涤纶短纤维干热收缩率试验方法

［56］FZ/T 50017—2011 涤纶纤维阻燃性能试验方法　氧指数法

［57］FZ/T 50031—2015 碳纤维含水率和饱和吸水率试验方法

［58］FZ/T 50032—2015 聚丙烯腈基碳纤维原丝残留溶剂测试方法

［59］FZ/T 52017—2011 聚苯硫醚短纤维

［60］FZ/T 54017—2009 间位芳纶短纤维

［61］FZ/T 54065—2012 聚丙烯腈基碳纤维原丝

［62］FZ/T 54076—2014 对位芳纶（1414）长丝

［63］FZ/T 63022—2014 芳纶 1313 缝纫线

［64］JC/T 773—2010 单向纤维增强塑料层间剪切强度试验方法

［65］JC/T 2336—2015 碳纤维中硅、钾、钠、钙、镁和铁含量的测定

［66］HS/T 29—2010 碳纤维中碳含量的测定　高频红外碳硫分析仪法

［67］HX/T 50009—2012 先驱体法连续碳化硅纤维

［68］HX/T 51004—2014 聚酰亚胺短纤维

［69］QJ 2509—1993 碳碳复合材料灰分含量测试方法

［70］QJ 3074—1998 碳纤维及其复合材料电阻率测试方法